下一代 广播电视网 NGB

技术与工程实践

温怀疆 主 编

陆忠强 史惠 陈华锋 副主编

清华大学出版社

北京

内 容 简 介

本书将下一代广播电视网（NGB）以及广电行业最新的"云"、"管"、"端"网络建设发展理念贯穿始终，全书依托行业发展最新动态，全面详解了 NGB 网的相关技术及有线电视网案例的设计、工程经验方法，同时在书中使用大量最新技术图表，并首次提出了部分技术概念。

全书共分 11 章，第 1 章讲解了现代有线电视网络的发展以及技术演进，系统组成概念、发展趋势等；第 2 章讲解了有线电视网络中模拟系统和数字系统的相关基础知识、系统噪声、非线性失真和线性失真、数字电视的信道编码及调制技术、数字有线电视系统的技术指标、数字电视视频信号受损类型等；第 3 章讲解了 NGB 数字广播电视平台（含模拟有线电视平台）、数字电视前端软件平台、NGB 云平台等技术；第 4 章讲解了有线网络拓扑、光传输网络、接入分配网等技术；第 5 章讲解了 NGB 交互信道数据骨干网建设、NGB 广电数据骨干网、市县级城域网、NGB 宽带数据传输技术等内容；第 6 章讲解了 EPON 技术、EOC、DOCSIS 等双向化改造技术；第 7 章讲解了 IPQAM 原理 IPQAM 规划、配置、部署与扩容等内容；第 8 章讲解了机顶盒、网元、家庭网关以及智能网关等内容；第 9 章讲解了 BOSS 系统、IPCC 系统等内容；第 10 章讲解了有线电视网络的规划原则和依据、系统主要内容设计、文件的编写准备、前端和机房的设计、骨干网设计、接入网络设计等内容；第 11 章讲解了设计案例的分析、工程经验与技术创新等内容。

本书可供高等院校电子技术专业、通信专业、广播电视专业、有线电视工程专业教学使用，也可作为电子工程师继续教育及电视台技术人员岗位培训的教材使用，还可供广播电视、有线电视网络建设和网络维护从业人员阅读参考。

图书在版编目（CIP）数据

下一代广播电视网（NGB）技术与工程实践 / 温怀疆主编. —北京：清华大学出版社，2015

ISBN 978-7-302-38398-7

Ⅰ. ①下… Ⅱ. ①温… Ⅲ. ①广播电视网 Ⅳ. ①TN949.292

中国版本图书馆 CIP 数据核字（2014）第 250993 号

责任编辑：杨如林
封面设计：铁海音
责任校对：徐俊伟
责任印制：宋林

出版发行：清华大学出版社

　　　　　网　　址：http://www.tup.com.cn, http://www.wqbook.com

　　　　　地　　址：北京清华大学学研大厦 A 座　　　　邮　　编：100084

　　　　　社 总 机：010-62770175　　　　　　　　　　邮　　购：010-62786544

　　　　　投稿与读者服务：010-62796969，c-service@tup.tsinghua.edu.cn

　　　　　质 量 反 馈：010-62772015，zhiliang@tup.tsinghua.edu.cn

印 装 者：北京密云胶印厂

经　　销：全国新华书店

开　　本：190mm×260mm　　　　印　张：26.25　　　　字　数：709 千字

版　　次：2015 年 1 月第 1 版　　　　　　　　　　　　印　次：2015 年 1 月第 1 次印刷

印　　数：1~3000

定　　价：55.00 元

产品编号：060256-01

前　言

近十年来，下一代广播电视网络（NGB）正向着数字化、网络化、交互化、高清化和多业务化方向发展，特别是在"三网融合"和"宽带中国"发展战略的时代大背景下，对原有的有线广播电视系统带来了极大的冲击和挑战，本书作者有着十多年在广播电视行业从事基层工作的实践经验，但在近年来的广电工程技术教学工作中还是深深感到有线广播电视技术的进步和变革十分迅猛，原来的知识体系已经不能适应新的技术环境的要求了，为了能适应新的信息时代的要求，在课堂教学中我们对原来的教材体系做了较大幅度大改动和补充。今年在浙江华数的半年实践学习，受到浙江华数总裁助理陆忠强老师的精心指点和大力帮助，2013 年 5 月本书作者在帮他整理修改一个内部员工培训的《有线电视》PPT 的过程中萌发了编写本书的愿望，经与陆老师商量，并经他多次指导和帮助，终于完成了全书的基本结构和目录的编制，几经易稿，于 2013 年 9 月完成一稿，在我校广电工程专业进行试用，并对试用时发现的问题进行修改和完善，并再次征求陆老师意见，在综合大家意见的基础上，做了较大幅度的调整和改进，于 2014 年 5 月完成二稿。

本书是按下一代广播电视网络（NGB）以及广电行业比较新的"云"平台、传输"管"道、用户终"端"的建设理念体系进行分章节阐述的，全书共分 11 章，第 1 章介绍现代有线电视网络的发展以及技术演进，系统组成概念、发展趋势，下一代广播电视网的建设，"云"、"管"、"端"的发展战略等；第 2 章介绍有线电视网络中模拟系统和数字系统的相关基础知识、系统噪声、非线性失真和线性失真、数字电视的信道编码及调制技术、数字有线电视系统的技术指标、数字电视视频信号受损类型；第 3 章介绍 DVB 广播平台（含模拟有线电视平台）、数字电视前端软件平台、NGB 云平台等技术；第 4 章介绍有线网络拓扑、光传输网络、接入分配网等技术；第 5 章介绍下一代广播电视网（NGB）交互信道数据骨干网建设、广电数据骨干网、市县级城域网、宽带数据传输技术简介（OTN、SDH、ATM）等内容；第 6 章介绍广播电视网络双向化、EPON技术、EOC、DOCSIS 等双向化技术；第 7 章介绍 IPQAM 概述及原理、技术要求及测试方法、IPQAM规划、配置、部署与扩容等；第 8 章介绍 NGB 网络机顶盒、网元、家庭网关以及智能网关等内容；第 9 章介绍 NGB 网络支撑与管理系统——BOSS 系统、IPCC 系统、网管系统和网络综合资源管理系统等内容；第 10 章介绍有线电视网络的规划原则依据、主要内容设计、文件编写准备、前端和机房的设计、骨干网络设计、接入网络设计；第 11 章介绍现代有线电视网络设计案例分析、工程经验与创新等。

本书的第 1、2、4、6、7、9、10 章由温怀疆编写；第 3 章出温怀疆、陈华锋和潘忠栋共同编写；第 5 章由史惠、陈仁布和叶怀璇编写；第 8 章由史惠编写；第 11 章由温怀疆、林成前和徐迎春和共同编写；全书结构内容编排与策划由陆忠强完成。本书中第 1、3、4、6、7、8、9、10 章CAD 图由 12 中广班林秀丽同学绘制，第 2 章 CAD 图由 12 广电张晋、12 中广班袁佳思同学绘制。

全书配套 PPT 由 12 信息傅晓敏同学负责制作整理。温怀疆承担主要编著工作，负责全书统稿，陆忠强参与全书审稿。

本书在编撰的过程中还得到了中国广播电视协会技术委员会的领导和专家支持和帮助，在此深表谢意。

本书材料部分来自教学教案、行业公司的技术方案和汇报 PPT 及部分已经出版发行的书刊杂志，本书还参考了百度文库内一些知名和不知名的文献以及一些网络论坛中的未留名的高手手记，在此一并表示感谢。

由于编者水平所限，不妥及错误之处在所难免，恳切希望读者给予批评指正，编者联系方式 Email：whj0531@126.com。

编　者

2014 年 8 月　于浙江传媒学院

目　录

第1章 绪 论

　　有线广播电视网络已经从传统的共用天线模式、单向广播模式发展到双向互动数据互交模式，下一代有线广播电视网可依托云技术，实现全媒体互动电视、多媒体通信、多网融合业务以及物联网业务等许多的新业态模式。

1.1 有线电视起源与发展

1.1.1 共用天线系统

　　有线电视技术起源于 20 世纪 40 和 50 年代的共用天线电视系统 MATV（Master Antenna Television）。它使用一副天线，接收的电信号经天线放大器放大，再经分配器、分支器分配后到达电视机，广泛用于高楼和接收条件较差的地区。共用天线系统的结构如图 1-1 所示，这个系统一般由前端接收放大部分和后端用户分配部分组成。

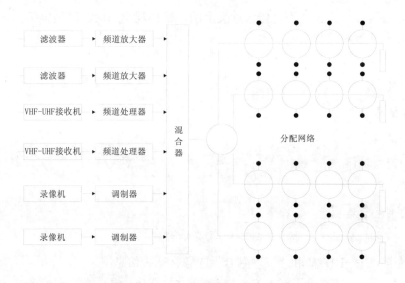

图 1-1　共用天线系统的结构示意图

1.1.2 现代有线电视网络的发展

1. 技术构架的发展

　　现代有线电视网络的技术构架的演进发展经历了从模拟到数字、从单向到双向、从固定接收到移动接收的几次蜕变过程。

（1）初始阶段——共用天线系统

世界上第一套共用天线电视系统于 1948 年在美国宾夕法尼亚州建立。共用天线系统从技术和功能角度上看比较低级，其有如下特点。

① 系统提供的电视信号较少，信号质量不高。

② 系统规模小，传输距离及覆盖面积小。

③ 功能单一。

（2）成长阶段——单向模拟有线电视系统

CATV（CAbleTeleVision 有线电视系统），也称电缆电视系统，在 20 世纪 60～70 年代得到发展。电缆电视采用了邻频传输技术，提高了频带利用率，增加了频道容量，同时采用了电平控制技术，提高了信号传输的质量。从此有线电视网络进入了快速发展阶段，主要表现在以下几个方面。

① 规模越来越大，用户越来越多。

② 节目套数越来越多，频带宽度也越来越宽。

③ 覆盖范围越来越广。

④ 功能越来越多。

⑤ 组网灵活。

⑥ 有线电视系统的设备越来越成熟。

（3）成熟阶段——双向数字有线电视网

现代有线广播电视网络已经不是传统意义上的广播电视单向网，而是集广播、交互为一体的多功能业务网，其主要特点如下。

① 全国联网。

② 双向传输。

③ 多功能的传输业务。

④ 以数字信道为主。

⑤ 信息的交换功能。

⑥ 宽带高速。

⑦ 完善的网络管理功能。

⑧ 终端多样化、智能化，最终走向各种终端的融合。

（4）发展未来——HDTV 和"三网融合"的综合宽带信息网

① **HDTV（High Definition Television 高清电视）**：2006 年全美国实现 HDTV 广播；2010 年前，英、德、法、日、韩、澳等国实现 HDTV 广播；我国已于 2010 年在全国实施 HDTV 广播，2015 年拟淘汰模拟电视。

② **"三网融合"的综合宽带信息网**：综合宽带信息网综合了图像、声音、文字和数据，模拟信号和数字信号，逐渐形成了媒体云、宽带云、通讯云以及服务云组成的云平台，借助有线和无线，广播和通信，地面的网络和天上的网络等大型综合网络，最终到达固定终端、移动终端以及跨屏的多屏终端，并且由于云技术应用的推进，终端也从对系统硬件能力要求较高的胖终端向对系统硬件能力要求较低的瘦终端逐步过渡，这些就是当前以至未来几

年新型有线电视网络的发展方向。

2. 业务演进

（1）单业务到全业务

有线电视原有的业务比较单一，主要是视频节目的直播，但随着网络能力的不断提升，现在的有线电视网络业务种类也开始逐渐丰富，不仅包括直播业务，还包括视频点播业务、视频时移业务、双向数据业务、视频通信业务、视频监控业务、广播数据业务、云服务等。

（2）家庭用户到个人用户再到集团用户

有线电视原有的业务服务对象主要是每家每户的家庭用户，由于全业务的开发与建设，现在的有线电视网络的服务对象已经不再局限于家庭用户，而是扩散到个人用户（如互联网的移动接入），随着其进一步发展，现在还有大量的集团用户购买有线电视网络的各类相关服务，其利润增长点也慢慢向个人用户和集团用户方向偏转。

3. 我国有线电视系统的发展

（1）发展概况

我国对共用天线电视系统的研究和应用是从 1964 年在北京饭店首先开始的，1974 年北京饭店建立了中国第一个共用天线系统；1989 年，湖北沙市建立了第一个城市有线电视网。有线电视系统的建设在当时主要是为了让老百姓能够收看更清晰的电视节目。

以 1990 年 11 月 2 日颁布的"有线电视管理暂行办法"为标志，中国有线电视进入了高速、规范、法制的管理轨道。

截止至 2012 年底的国家统计数据，我国有线广播电视传输干线网达到 376.1 万公里。其中，国家级光缆干线传输网 4 万公里，省级干线光缆 11 万公里。拥有 2000 多个县级网；1000 多个企业网；3500 多个社区网，有线电视用户规模达到 2.15 亿户，数字用户 1.43 亿户，有线电视用户数中家庭用户占总用户的比例达到 51.5%。

（2）向联网发展

《有线电视管理暂行办法》规定，"有线电视站要进行联网"。有线电视从共用天线系统、闭路电视系统开始起步，随着地市、县有线电视台的建立，有线电视网络逐渐实现了局部联网及区域联网。1993 年开始，全国各地开始建设光缆干线网。

（3）网台分离

1999 年 9 月 17 日，国务院办公厅下发了《关于加强广播电视有线网络建设管理意见》（国办发[1999]82 号文件），这标志着我国广播电视业新一轮改革的全面开始。该文件提出了框架性的改革措施，包括：广播电视传输网络与电视台进行分营，成立传输公司经营传输网络；电视与广播、有线与无线两台合并；停止四级办台等，规定"在省、自治区、直辖市组建包括广播电台和电视台在内的广播电视集团"。

（4）网络整合

2001 年，广电总局依据中办发 82 号文及 17 号文，分别发布了《关于加快有线广播电视网络有效整合的实施细则（试行）》（广发办字[2001]1458 号），提出了广播电视网络整合的基本思路。其主要内容是：要采用经济、技术、业务、行政等手段，加快全国广播电视网络的有效整合，建立以资本为纽带，以现有网络资产为基础，以节目为龙头，以科技创新为动力，全国联网，上下贯通的广播电视网络运营新格局，形成统一管理、统一运营、统一业务、统一标准的集团化管理新体制；广播电视网络的整合，要突出重点，分步实施；广播电视网络的整合，可采取吸收合并、收购等多种方式，应以吸收合并为主；广播电视网络的整合中凡涉及到资产重组的，要采用"重置成本法"进行资产评估；可以跨地区经营广播电视传输网络。

（5）三网融合

2010年1月13日温家宝总理主持召开国务院常务会议，决定加快推进电信网、广播电视网和互联网"三网融合"。"三网融合"路线图清晰地展现在人们面前：2010年至2012年重点开展广电和电信业务双向进入试点，探索形成保障"三网融合"规范有序开展的政策体系和体制机制；2013年至2015年，总结推广试点经验，全面实现"三网融合"。

三网融合是指电信网、广播电视网、互联网在向宽带通信网、数字电视网、下一代互联网演进过程中，三大网络通过技术改造，其技术功能趋于一致，业务范围趋于相同，网络互联互通、资源共享，能为用户提供语音、数据和广播电视等多种服务。三网融合不意味着三网的物理整合，而主要是指高层业务应用的融合。三网融合应用广泛，遍及智能交通、环境保护、政府工作、公共安全、平安家居等多个领域。以后的手机可以看电视、上网，电视可以打电话、上网，电脑也可以打电话、看电视。

（6）宽带中国战略

2013年8月17日国务院颁布了《"宽带中国"战略及实施方案》，方案要求统筹接入网、城域网和骨干网建设，综合利用有线技术和无线技术，结合基于互联网协议第6版（IPv6）的下一代互联网规模商用部署要求，分阶段系统推进宽带网络发展。方案对有线电视网络也提出具体时间表：全面提速阶段（至2013年底），加快下一代广播电视网建设，推进"光进铜退"和网络双向化改造，促进互联互通。全国有线电视网络互联互通平台覆盖有线电视网络用户比例达到60%。推广普及阶段（2014-2015年），继续推进下一代广播电视网建设，进一步扩大下一代广播电视网覆盖范围，加速互联互通，全国有线电视网络互联互通平台覆盖有线电视网络用户比例达到80%。优化升级阶段（2016-2020年），全国有线电视网络互联互通平台覆盖有线电视网络用户比例超过95%。

（7）中国广播电视网络有限公司挂牌成立。2014年5月28日，中国广播电视网络有限公司在国家新闻出版广电总局西门正式挂牌。这标志着全国几百家有线电视网络分散的体系有望成为统一的市场主体，并赋予其宽带网络运营等业务资质，成为继移动，电信，联想后的"第四网络运营商"。

1.2 下一代广播电视网络（NGB）

1.2.1 有线电视系统的基本组成

有线电视系统（包括数字有线电视系统）从功能上来说，都可以抽象成如图1-2所示的系统模型，由信号源、前端、传输系统、用户分配网四个部分组成。

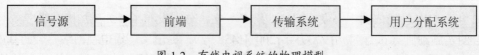

图1-2 有线电视系统的物理模型

图1-2中，信号源中的各种设备负责提供系统所需的各类优质信号；前端是整个系统的信号

处理中心，它将信号源输出的各类信号分别进行处理和变换，并最终形成传输系统可传输的射频（包括模拟调制和数字调制）信号；传输系统将前端产生的射频信号进行优质稳定的远距离传输；而用户分配系统则负责将信号高效地分配传送到千家万户。

1.2.2 有线电视系统分类

由于有线电视系统的综合性、复杂性以及系统的相互关联性很强，因此这个系统有多种分类方法。

（1）按是否数字调制可分为模拟有线电视系统和数字有线电视系统。

（2）按网络规模的大小可将有线电视网络分为 A、B、C 三类。每一类网络所服务的用户数宜符合表 1-1 规定。

表 1-1　网络规模分类

网络规模类别	网络中的用户数
A	60 万以上（含 60 万）
B	10 万以上（含 10 万）、60 万以下
C	10 万以下

（3）按干线传输方式可分为全电缆系统、光缆与电缆混合系统、微波与电缆混合系统、卫星电视分配系统等。

（4）按传输带宽和是否邻频传输可分为非邻频，VHF 系统、UHF 系统和全频道系统；邻频，550MHz 系统、750MHz 系统、860MHz 系统、1000MHz 系统等。

（5）按数据传输方向可分为单向系统与双向系统。

1.2.3 传统有线电视系统

所谓的传统有线电视系统，是指采用邻频或隔频传输方式，只传送模拟电视节目的单向有线电视系统，由前端、干线传输系统以及用户分配网等组成。图 1-3 是传统有线电视系统示意框图。

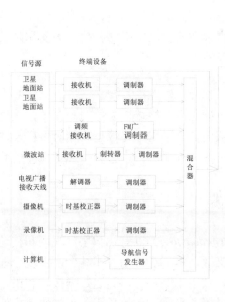
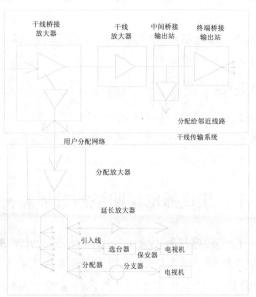

图 1-3　传统有线电视网络组成框图

1. 前端

前端是位于信号源和干线传输系统之间的设备组合。其任务是把从信号源送来的信号进行滤波、变频、放大、调制、混合等，使其适合在于线传输系统中进行传输。

大型有线电视系统的前端可能有一个本地前端和多个远地前端及中心前端，其中直接与系统干线或与作干线用的短距离传输线路相连的前端称为本地前端（相当于主前端），经过长距离地面或卫星传输把信号传递过去的叫远地前端（相当于本地前端的信号源前端）；设置于服务区域的中心的端，称为中心前端。

2. 干线传输系统

干线传输系统的任务是把前端输出的高频复合电视信号优质稳定地传输给用户分配网，其传输方式主要有光纤、同轴电缆和微波三种。

光纤传输是通过光发射机把高频电视信号转换至红外光波段，使其沿光导纤维传输，到接收端再通过光接收机把红外波段的光变回高频电磁波信号。光纤传输具有频带很宽、损耗极低、抗干扰能力强、保真度高、性能稳定可靠等突出的优点。

电缆传输是技术最简单的一种干线传输方式，具有设备可靠、安装方便等优点，但电缆对信号电平损失较大，每隔几百米就要安装一台放大器，会引入较多的噪声和非线性失真，干线现在很少使用。

微波传输是把高频电视信号的频率变到几 GHz 到几十 GHz 的微波频段，或直接把电视信号调制到微波载波上，定向或全方位向服务区发射。优点是施工简单、成本低、工期短、收效快，所传输信号质量也较高。缺点是容易受建筑物的阻挡和反射，雨、雪、雾等对微波信号有较大的衰减。

3. 用户分配网

用户分配网的任务是把有线电视信号高效而合理地分送到户。用户分配网由分配放大器、延长放大器、分配器、分支器、用户终端盒以及连接它们的分支线、用户线等组成。

分支线和用户线通常采用较细的同轴电缆，以降低成本和便于施工。分配器和分支器是用来把信号分配给各条支线和各个用户的无源器件，要求有较好的相互隔离、较宽的工作频带和较小的信号损失，以使用户能共同收看、互不影响并获得合适的输出电平。分配放大器和延长放大器的任务是为了补偿分配网中的信号损失，以带动更多的用户。

4. 用户终端

传统的有线电视网络主要传输模拟单向的信号，因此用户终端较为单一和简单，主要包括电视机和收音机。现代有线电视网络由于已经实现了双向交互，用户终端也就相对多样一些，除电视机和收音机外，还有智能网关、家庭网关、网元设备、机顶盒、计算机、云终端甚至手机等。

1.2.4 下一代广播电视网络的发展和构架

下一代广播电视网（**NGB，Next Generation Broadcasting**）以有线数字电视网和移动多媒体广播网络为基础，以高性能宽带信息网核心技术为支撑，将有线与无线相结合，实现全程全网的广播电视网络，不仅可以为用户提供高清晰的电视、数字音频节目、高速数据接入和语音等三网融合业务，也可为科教、文化、商务等行业搭建信息服务平台，使信息服务更加快捷方便。根据

《"宽带中国"战略及实施方案》要求，按照高速接入、广泛覆盖、多种手段、因地制宜的思路，推进接入网建设。按照高速传送、综合承载、智能感知、安全可控的思路，推进城域网建设。逐步推动高速传输、分组化传送和大容量路由交换技术在城域网应用，扩大城域网带宽，提高流量承载能力；推进网络智能化改造，提升城域网的多业务承载、感知和安全管控水平。按照优化架构、提升容量、智能调度、高效可靠的思路，推进骨干网建设。

有线广播电视网络双向化、信号数字化、业务多样化和管理智能化是下一代广播电视网络的发展方向。

NGB 有线广播电视网络由技术平台、传输网络、用户终端和运营支撑系统组成。

（1）技术平台是整个有线广播电视网络业务承载核心，它负责与业务市场进行无缝对接，直接承载具体的业务，它由 DVB 广播平台、*IP（Internet Protocol，网络之间互连的协议）*数据平台和融合通讯平台等组成。

（2）传输网络是整个有线广播电视网络传输的物理通道，它负责将技术平台上的内容数据进行交换和分发，它由骨干传输网络、城域传输网络以及用户接入网络组成。

（3）用户终端是有线电视业务产品的直接使用者，它随有线电视网络和技术的发展，外延不断发生着变化。按目前的认识我们可以把它归纳成双模高清数字电视云终端、全业务数字电视云终端、窄带高清数字电视云终端、基础数字电视云终端、云电脑一体机、云伴侣和移动智能终端软终端等几种。

（4）运营支撑系统是保证业务安全、可靠、稳定并灵活运营，充分利用网络资源的关键，它从开始产生到逐步稳定成型经历了多年的实践和改进，在 NGB 有线广播电视网络中我们可以大体将它划分为两大类——*BOSS（Business Operations Support System，业务运营支撑系统）*和*IPCC（IP Call Center，IP 呼叫中心）*，这是一种新的呼叫中心建设思路，其主体架构是从传统的电信交换网及专有应用服务器转变为开放式，基于 IP 的语音的数据集成网。

NGB 网络集电视、电信和计算机网络功能为一体，网络中除了传送广播电视节目外，还传输以数据信号为主的其他业务，以适应信息技术的不断发展和网络业务的需求。NGB 网络正向着宽带综合业务网发展，真正成为"信息高速公路"的重要组成部分，如图 1-4 所示。

NGB 有线广播电视网络通过数字光纤骨干环网与其他系统联网，传输各种数字广播电视、VOD 数字视频信号，以及通过与公共电信网实现互联互通以传送数字电话下行信号和数据。系统中数字电视信号源主要是数字卫星电视、数字电视广播、视频服务器等，数据信号源则是由电信网、计算机网提供。

系统的前端相当于一个多媒体平台，由卫星中频信号分配器、DVB 复用器、扰码器、QAM调制器、DVB-S 接收转发器、MPEG-2/H.264/H.265 编码器、混合器、以及管理数据的服务器、路由器、交换机等设备组成。

在干线传输系统中，NGB 有线广播电视网络利用 *OTN（Optical Transport Network，光传输网）/SDH（Synchronous Digital Hierarchy，同步数字体系）* 技术建设长距离数据传输骨干网，传输光缆干线结构逐步向环形双向化发展，拓展网络的传输带宽以进一步提高网络的传输容量和网络运行的可靠性。

接入网系统中，光结点覆盖范围进一步缩小，结合 *PON（Passive Optical Network，无源光网络）* 技术，逐步实现光纤到路边（FTTC）和无源同轴网络（FTTA），大大提高双向通信的接通率，进一步提高网络的可靠性，降低信号的回传噪声。

在交互接入系统中，NGB 有线广播电视网络在 HFC 基础上，利用有线、无线接入的多种优势提供广播电视和交互的接入业务，实现互联网接入、视频点播、可视电话、会议电视、远程教育、远程医疗等业务。

NGB 有线广播电视网络具有复杂和完善的网络管理控制系统，它的基本结构如图 1-4 所示。

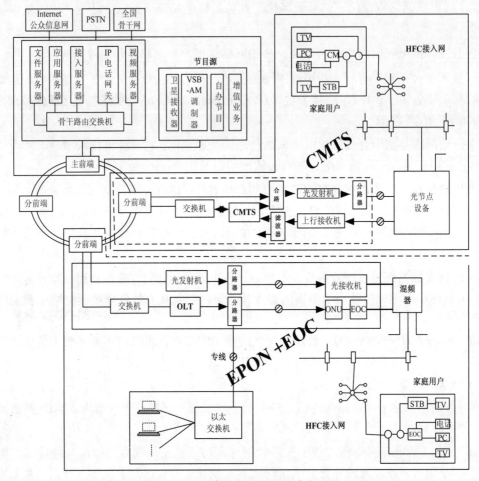

图 1-4　NGB 有线电视网络的基本结构

1.2.5　NGB 有线广播电视网络的两个信道

NGB 有线广播电视网络不是只传输电视的广播网，它必须是能够承载包括视频、语音、数据在内的多种业务的、可管理、可运营的网络。但它又不完全与电信城域网相同。NGB 有线广播电视网络是由广播、交互两个信道组成的用射频电缆、光缆、微波、数据电缆或及其组合来传输、分配和交换图像、声音及数据信号的城域宽带、多业务有线广播电视网络，**简称 MAN（Metropolitan Area Network，城域网）**。

广播信道（BC，Broadcast Channel）是一个单方向传输宽带广播式信号（包括视频、音频及数据）的传输信道。利用广播信道构建的传输和分配网络总称为广播平台，其接入网可由传输层和分配层构成。

交互信道（*IC*，*Interactive Channel*）是一个双向传输交互式信号、建立在业务提供商和用户之间的、用来为用户提供业务的传输信道。利用交互信道构建的传输、分配和交换平台总称为交互平台，其城域网可由核心层、汇聚层和接入层构成。

这两个平台共同构成 NGB 有线广播电视网络，如图 1-5 所示。每个平台的承载网均可由骨干网、城域网和接入网构成，如图 1-6 所示。

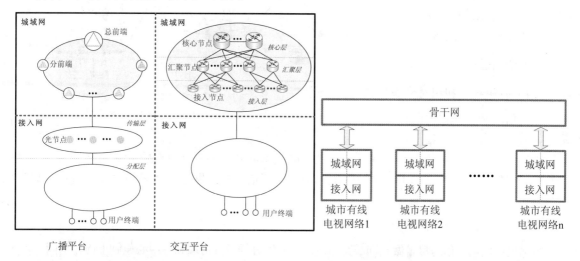

图 1-5　NGB 有线电视网络的两个平台　　　　　图 1-6　NGB 有线电视网络层次结构

1. 广播信道的基本结构模型

广播信道的基本结构模型通常由一个总前端和若干分前端、一级和二级光链路干线、用户分配网三大部分组成。一级光链路采用"路由走向环型、物理连接星型"拓扑结构；二级光链路一般采用星型拓扑结构，按需也可组成环型拓扑。大型城域网中可能存在三级光链路。其结构模型如图 1-7 所示。

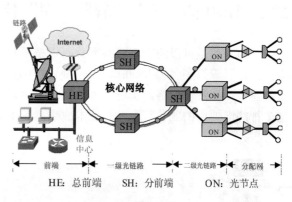

图 1-7　广电城域网广播信道基本结构模型

2. 交互信道的基本结构模型

（1）交互信道的类型

交互信道的基本结构类型有公用电信网、宽带 IP 网以及广电城域网等。

① 公用电信网的基本结构主要包括长途网、中继网和接入网。

② 宽带 IP 网的基本结构主要包括骨干层、汇聚层和接入层。

③ 广电城域网的基本结构主要包括骨干网和接入网。

骨干网是指 NGB 有线电视城域网交互信道中由主中心和多个分中心组成的完成核心层加汇聚层功能构件的集合。

接入网是指有线电视城域网交互信道中从分中心至用户数据终端之间完成接入层功能构件的集合。

构筑有线电视城域网交互信道的目的在于发挥有线电视城域网传输介质的宽带优势，开展双向交互性的扩展和增值业务。

（2）交互信道结构模型

骨干网通常采用环型拓扑结构，接入网采用星型拓扑结构。目前的接入方式主要有面向集团用户光纤接入和面向公众用户的HFC接入、以太网接入及无线接入。其结构模型如图1-8所示。

3.两个信道的关系

（1）有机统一和相对分隔

广播信道和交互信道既有机统一又有相对分隔，广播平台的

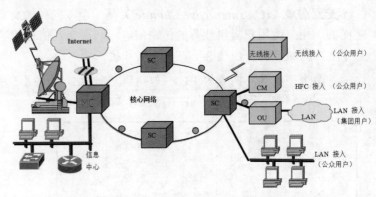

MC：主中心 SC：分中心 CM：线缆调制解调器 OU：光接收单元

图1-8 城域网交互信道结构模型

一级光链路干线和交互信道骨干网光纤通过"同缆不同芯"的空间分隔方式组合在一起。广播信道的二级光链路干线和同轴电缆用户分配部分与交互信道接入网通过"各自占用不同的频段"的频分复用/时分复用方式加以区分。

（2）两个信道的路由一致性

城域网中的两个信道尽量做到同一路由，同一光缆分纤，分前端和分中心原则上应使用同一机房。

1.2.6 NGB 的"云"、"管"、"端"技术

国内一些重量级的广电网络运营商把技术平台、传输网络、客户终端和运营支撑系统综合称为"云"、"管"和"端"，并提出了"通过打造媒体云（电视云）、宽带云、服务云、通信云，建设覆盖区高速骨干网络，实现业务快速部署运营、节省投资、降低运营成本、盘活存量资产，满足多种终端使用的业务需求"的技术战略。图1-9为"云"、"管"、"端"技术构架。

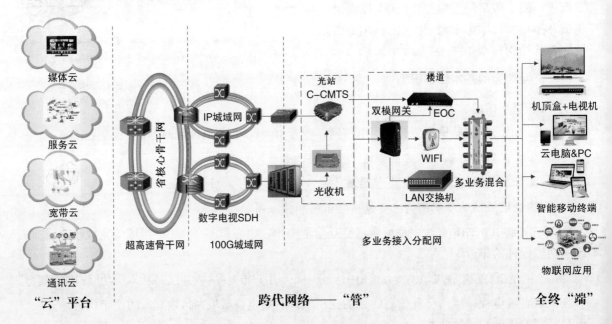

图1-9 "云"、"管"、"端"技术构架

在"云"、"管"、"端"技术中，通常把技术平台和运营支撑系统称"云"，包括媒体云（电视云）、宽带云、通信云（以上三个属于技术平台范畴，运营支撑系统属于服务云范畴）；"管"包括各级各类传输接入网络，如国家高速骨干网、有线无线接入网、家庭覆盖网以及政企专网等；"端"包括各种各样的终端接收设备，如机顶盒、云电脑、云伴侣以及职能移动终端等。

1.2.7　NGB 网络总体技术平台及系统

面向三网融合的 NGB 网络总体技术框架由网络与业务承载技术体系、运营支撑技术体系和监管技术体系三大部分组成，如图 1-10 所示，主要由以下几个部分组成。

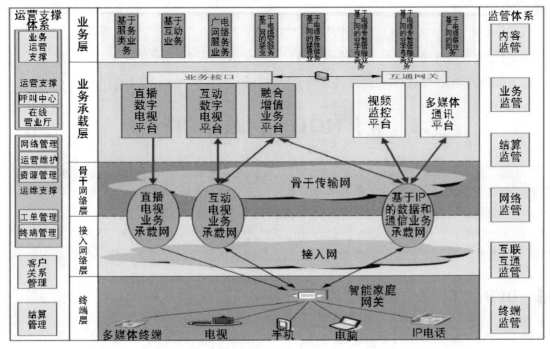

图 1-10　面向三网融合的 NGB 网络总体技术框架

（1）数字电视直播平台。

（2）互动电视点播平台。

（3）融合增值业务平台。

（4）融合通信业务平台（含视频会议，视频监控）。

（5）运营支撑系统。

（6）监管系统。

1.2.8　NGB 相关标准

1. 已发布标准

（1）GY/T 245－2010《电视接收机有线数字电视接收卡接口技术规范》。

（2）GY/T 246－2011《数字版权管理系统与 IPTV 集成播控平台接口技术规范》。

（3）GY/T 255 - 2012《可下载条件接收系统技术规范》。

（4）GY/T 258 - 2012《下一代广播电视网（NGB）视频点播系统技术规范》。

（5）GY/T 259 - 2012《下一代广播电视网（NGB）视频点播系统元数据规范》。

（6）GY/T 265 - 2012《NGB 宽带接入系统 HINOC 传输和媒质接入控制技术规范》。

（7）GY/T 266 - 2012《NGB 宽带接入系统 C - DOCSIS 技术规范》。

（8）GY/T 267 - 2012《下一代广播电视网（NGB）终端中间件技术规范》。

（9）GY/T 269 - 2013《NGB 宽带接入系统 C - HPAV 系统技术规范》。

2. 制定中的标准

（1）《NGB 内容分发交换系统架构和接口技术规范》。

（2）《有线电视网络 EPON 系统技术规范》。

（3）《基于 EPON+EoC 宽带接入技术综合网管及设备管理信息库（MIB）。

1.3 基于 NGB 三网融合的新业务

以双向、互动、跨域、互通、多业务、可信、可管为特征的下一代广播电视网（NGB），将创新广电的发展业态，为国家打造全新的传播体系；以直播交互融合、网台实时互动、跨屏幕移转、跨网络递送为代表的新型数字电视服务，将丰富广电的业务模式，满足人民群众不同层次的文化需求；以文字、图片、音频、视频等数据信息和家庭及城市感知信息的传输、交换为基础的 NGB 多媒体通信系统，将开辟广电发展的新空间，基于广电网络向用户提供全面的三网融合服务。

1.3.1 DVB+OTT 融合电视业务

OTT（Over The Top）源于篮球，是"过顶传球"之意，是指基于开放互联网的视频、语音等服务，终端可以是电视机机顶盒、电脑、PAD、智能手机等，其业务涵盖的范围很广，它包括各种门户网站、网络游戏、网上购物、网上银行、VoIP、即时通讯等。融合电视业务将广电直播业务 DVB 与互联网业务 OTT 无缝衔接起来，是广电行业真正意义上的三网融合。直播电视在新闻、体育、综艺以及收视习惯方面的优势，使它不会消亡，点播和互动又是 OTT 的强项，因此将 DVB 与 OTT 结合起来可以充分发挥它们各自的优势和强项，使广电行业能更稳健地发展。严格意义上来说，融合电视业务不属于技术模式创新，而仅仅是商业模式层面的创新，其终端的实现方式仅仅是一个很小的技术环节。

1. DVB+OTT 融合电视业务类型

（1）直播电视

原有直播业务目前主要采取 **DVB（*Digital Video Broadcasting，数字视频广播*）** 和模拟混合播出两种方式，新的直播电视采取 DVB+OTT 融合技术，实现了直播状态下的互动业务模式。

（2）高清和极清（4K）电视

依据国际通讯联盟（ITU）像素标准，普通高清的分辨率为 1920 像素×1080 像素，超高清分辨率（Ultra High Definition，UHD）为 3840 像素×2160 像素，为前者的 4 倍水平，业内将此技术通称为极清（4K）。高清和极清（4K）电视由于传输码流较高，大量人群收看时更适合通过直播平台传输。因为即使是采用 HEVC（H.265）编码，"4K"电视的传输码率也达 30～40Mbps。

（3）数字音频广播

数字广播电台提供了更清晰的广播音频，可通过电视终端，收听不同的广播频道。通过对广播频道的分类，用户可以更方便地查询到自己喜爱的广播内容。

（4）视频点播

VOD（Video On Demand，视频点播）对于每一个点播请求，服务器都要输出一个对应的视频流，这个可以通过广电的 IPQAM 发送，DVB 机顶盒接收，但如果直接采取 OTT 方式，更有利于提高效率、降低成本，而且这是 OTT 业务的强项，目前有许多视频节目网站已经做得很好了，如优酷、土豆、爱奇艺等。

NVOD（Near Video On Demand，准视频点播），NVOD 可支持任意多用户的点播请求，可以解决带宽的矛盾，但每个用户可能需要等待较长的时间。

（5）时移电视业务

时移电视业务是指观看电视时，可以自主控制播放过程，随时可对当前播放的电视节目进行快退、回去观看几分钟甚至几小时前的电视节目，还可进行暂停、快进操作，变"人等节目"为"节目由人"模式，实现随时收看任意错过的节目，用户可随时观看频道过去的节目，能让时光"倒流"。

2. OTT 与 IPTV 的区别

（1）内容提供商的区别

IPTV 的提供商通常是新闻出版广电管辖的公司，是需要执照的。而 OTT 的内容提供商现在很多，有广电和文广的，也有互联网企业。

（2）传输方式的区别

IPTV 是基于 H.264 这类流媒体协议的，OTT 是基于 https 的，强调的是接入的无关性；同时支持各类平板、电视、手机电视等，同时可以根据网络情况动态调整带宽，达到节省带宽的目的；并能在更低带宽下获得更好的图像质量；IPTV 是走运营商的 IP 专网，OTT 可以走运营商专网，也可以走公网，还可以由其他企业搭建自己的网络。

（3）机顶盒的区别

码流不一样，机顶盒当然就不一样了，支持的终端也不一样，机顶盒可以集成，但是功能肯定不一样了。OTT 全是点播，而且格式混乱，需要机顶盒很强的处理和转码能力，IPTV 有直播和点播，格式比较统一。

（4）对于用户的区别

对于消费者来说，区别不是很大。OTT 甚至可以集成到 IPTV 的节目单里，OTT 相当于就是多一个互联网视频点播的功能。

从长远的趋势来看，二者其实还是有融合趋势的，毕竟 IPTV 能做，OTT 只是编码方式不同而已。支持 OTT 和 IPTV 业务都要求网络必须有回传通道。

1.3.2　全媒体互动增值业务

全媒体互动电视业务包括音、视频会议、电视支付、电视财经以及信息化服务等。

1. 农村音、视频会议

利用视频会议系统对关系村民日常民生话题的会议实时收看，可以实现村务、政务公开，发挥村民的监督作用；同时，可以利用视频会议更方便地实现"文化下乡"、开展党先进性教育学习等，给镇和村之间提供了信息互动平台，如图 1-11 所示。

图 1-11　农村音、视频会议

音频广播可以根据会议发起者的需要，针对党员、基干民兵、全体村民分别召开。参会人员在家中通过机顶盒就可以参与会议，会议发起人可通过固定电话或手机就可以组织会议。

2. 电视游戏

电视游戏，以轻薄短小的精致游戏类型为主，上手快，耗时少，因此成为许多用户乐意接受的休闲娱乐方式，此外还有联网棋牌游戏、3D 动感游戏等。

3. 电视支付

数字电视支付，实现缴纳养路费、燃气费、数字电视费、华数宽带费、红十字爱心捐赠、订阅报刊、在线订票、电费、行政执法费用等。

4. 电视商场

在数字电视上实现用户的购物需求，任何人都可以通过数字电视访问虚拟商店，不受空间限制。电视商城不但可以完成普通商店可以进行的所有交易，同时它还可以通过多媒体技术为用户提供更加全面的商品信息。

5. 电视财经

财经直通车让股民在家就可以查看股市行情、查询个股资讯，已开通网上交易权限的股民，都可以通过电视进行股票交易。

6. 阳光政务

市民与政府沟通的桥梁，发布最新的各种文件法规、公告、各项议案提案及办事指南。

7. 行业视窗

用户通过门户服务的业务导航和服务信息，可以快速地找到自己关注的栏目，使用到运营商提供的服务，如图 1-12 所示。

图 1-12　行业视窗

8. 电视卫生医疗服务

通过数字电视机顶盒终端平台，及时发布医疗健康的卫生服务信息，便于电视用户及时了解到本地或者异地的医疗机构提供的医疗卫生服务。

1.3.3　新业态互动电视业务

新业态互动电视业务包括直播频道应急信息发布、互动电视检索和关联推荐、定向推送、投票交互电视、OC 频道和互动电视检索等。

1. 应急信息发布

可用于重要公共信息的发布，方便用户查询，如市政紧急信息公告、运营商新产品上线公告、割接维护信息等，如图 1-13 所示。

图 1-13　应急信息发布

2. 电视拉帘

电视拉帘业务实现了频道预览，增强了用户体验，并通过订购信息的发布，方便了用户订购，极大地推动了付费频道的发展，如图 1-14 所示。

图 1-14　电视拉帘

3. 个性气象站

用户在看电视的同时，可以方便地查询世界各地的气象信息。随着业务发展，将提供晨练、穿衣指数等全方位的气象信息服务。

4. 收视率调查

在用户收看电视的过程中，将用户各项行为进行记录并反馈给管理中心，对用户消费行为进行汇总分析，获得用户基本消费行为数据，包括栏目收视率调查，产品及服务使用率调查，便于运营商及时了解用户需求，提供更适合用户的产品和服务，通过运营决策分析，挖掘潜在的市场。

5. 定向推送

定向推送是指运营商通过分析用户消费行为，跟踪和分析不同用户群或者不同时间段用户所关注和感兴趣的内容，整理用户使用习惯，以此为依据向用户推送其关注和感兴趣的内容，提高运营商提供的服务的使用效率。

6. 互动电视检索

互动电视检索，能根据关键字词、日期进行智能检索，让用户更迅速地找到喜爱的电影、电视剧。

7. 互动实时投票

在直播状态下，电视观众通过遥控器操作可实现与电视直播节目的实时互动。

8. OC 频道

音乐频道应用基于 OC Streaming 技术将音乐在电视上完美呈现。OC Streaming 改变了原来数据广播只有图文和简单背景音乐的枯燥应用表现方式，给人以视觉、听觉多角度、强有力的震撼效果。

1.3.4　多网融合新业务

多网融合新业务包括：电视信息定制、电视信息搜索、电视短信等。

1. 电视信息定制

将自己感兴趣的话题或者主题加以订阅，形成自己的个性化页面门户，直接访问感兴趣的内容。

2. 电视信息搜索

以搜索引擎的模式，实现人们在电视上搜索的模式，把互联网的信息用整合和分享等方式，搭建视频、音频、图像、文字四位一体的互联网时代全媒体。

3. 电视短信

电视短信，开创数字电视新的沟通方式，对于使用手机、电脑不多的老人，他们在享受丰富多彩的数字电视节目的同时，还可以通过电视机接收到儿女们发来的短信祝福。

4. 电视通讯录

电视通讯录可以方便用户之间的交流沟通，可提供好友联系方式的管理功能，利用电视的家庭共享性，方便通讯录信息进行家庭内部及家庭之间的共享，而无需用户记忆大量联系方式。

1.3.5 基于 NGB 的多媒体通信业务

基于 NGB 的多媒体通信业务包括电视机与手机之间的通信业务、PC 到电视机之间的通信业务、电视机之间的通信业务、商务 TV 业务等。

1. 跨屏电视短信/彩信

跨屏电视短信/彩信利用了电视的便利性和更好的视觉感受，实现了电视、手机和电脑之间的信息互联互通，如图 1-15 所示。

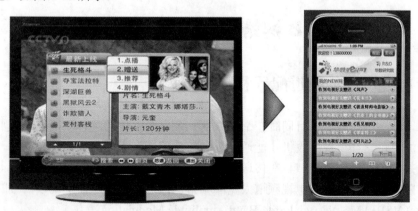

图 1-15　跨屏电视短信/彩信

2. 影视分享

影视分享可以实现电视与手机之间，电视与电脑之间的跨网络的通讯融合、用户融合，基于跨网络运营的内容平台，及跨网络运营的赠送平台，实现电视终端与手机、电脑等终端之间的影视赠送。

3. 电视邮箱

电视邮箱可提供全方位的消息阅读和管理功能，用户可通过电视终端，方便及时地收发和管理消息。

4. 视频游戏

进入数字电视在线游戏的游戏，游戏进行后启用机顶盒伴侣可视通信功能，可以在玩游戏的同时相互通话并看到对方的视频，游戏画面和视频通话画面可以是画中画，也可以单独显示，从而使游戏更加生动和丰富。

1.3.6 基于 NGB 的物联网业务

下一代广播电视网将成为未来我国物联网的基础承载网络和最重要的接入网络，通过资源和应用的整合，以数字电视服务为基础，逐步实现智能家庭和智能城市，最终实现感知中国，达到广电网络和广电业务泛在化的目标，如图 1-16 所示。

图 1-16　基于 NGB 的物联网业务

1.4　NGB 网络的频率划分和频率设置

1.4.1 地面电视广播的频道配置和频带宽度

众所周知，要使多套电视节目同时在空间或同一条电缆中传送，必须将它们分别调制到不同频率的高频载波上，这样电视接收机才能通过将高频头调谐到不同的频率来实现每一套节目的正确接收。也就是说，不同的电视节目在传送时必须被安排到一个个不同的"频道"上。由于无线电频率资源有限，不可能给一个电视频道太宽的频带，故地面电视广播中视频信号的调制都采用残留边带调幅（VSB-AM，Vestigial Side-Band Amplitude Modulation）方式。

地面电视广播能够使用的无线电频率主要有 48.5MHz～108MHz、167MHz～223MHz、470MHz～566MHz 和 606MHz～958MHz 四个频段，我国规定的开路电视频道配置方案如图 1-17 所示。

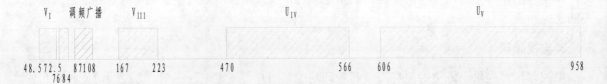

图 1-17　开路电视频道配置方案

我国原来规定的开路电视频道一共有 68 个，但第 5 频道与调频广播使用的频段重叠，一般不再使用。目前无线广播电视实际使用的一般是个 47 频道（1～4，6～48），其中每个频道的带宽都是 8MHz，其频率范围是 f_v-1.25 到 f_v+6.75MHz，其中，f_v 是图像载波频率，而伴音副载波频率 f_a 比图像载频高 6.5MHz。在 VHF 频段，可分成三个部分，其中，V_I 频段为 1～4 频道，频率范围从 48.5MHz 至 84MHz，但三、四频道之间有 3.5MHz 的频率间隔（主要是为了避开电视中频 38MHz 的二次谐波干扰）；在 V_{III} 频段，有 6～12 频道，频率范围为 167MHz～223MHz；调频广播则位于 V_I 和 V_{III} 之间。在 UHF 频段，则分成两个部分，U_{IV} 频段为 13～24 频道，频率范围为 470MHz～566MHz，U_V 频段为 25～68 频道，频率范围为 606MHz～958MHz。所有这些频道的序号都是连续排列的，但其中某些序号相邻的频道的频率却相差很多（如 DS12 与 DS13）。

1.4.2　NGB 网络的频率划分和频道配置

早期的有线电视系统完全是地面开路电视的公共接收系统，因而当时的有线电视系统中采用的频道配置方案也完全照搬了开路的频道设置，这就是当时的所谓"全频道系统"。

随着有线电视的发展，全频道方案已经不能满足要求，人们开始寻求一种更能体现有线电视特点的方案。该方案中，考虑到与开路电视的兼容，开路的频道设置完整保留，这便是有线电视的标准频道；除此之外，还要开发利用有线电视独有的可用频道。从图 1-17 中可以看出，在调频广播与 6 频道之间有 59MHz 间隔，在 12 频道与 13 频道之间有 247MHz 的间隔，在 24 频道与 25 频道之间有 40MHz 的间隔。这些频率被分配给邮电、军事等通信部门（例如我国寻呼机全国联网与区域联网的频率为 152.650MHz、151.350MHz 及 150.725MHz 等），开路电视信号不能采用，否则会造成电视与通信的互相干扰。因为有线电视系统是一个独立的、封闭的系统，一般不会与通信造成互相干扰，可以采用这些频率以扩展节目的套数。这就是有线电视系统中的增补频道。在 5 频道和 6 频道之间，除调频广播外，还有 59MHz 的间隔，可以传 7 套电视节目，我们选择 111MHz～167MHz 这个范围，并分别命名为增补 1 频道至增补 7 频道；在 12 频道和 13 频道之间有 247MHz 的间隔，也可以增加 30 个增补频道，分别命名为增补 8 至增补 37 频道。在 24 频道和 25 频道之间有 40MHz 的间隔，可以增加 5 个增补频道，分别命名为增补 38 至增补 42 频道。这样，750MHz 邻频系统的频道容量为 84 个频道（42 个标准频道，42 个增补频道）；862MHz 邻频系统的频道容量为 98 个频道（56 个标准频道，42 个增补频道）。

在 CMTS+CM（Cable Modem Termination System +Cable Modem）双向有线电视系统中，由于同轴电缆分配网实现双向传输只能采用频分复用的方式，故系统中必须考虑上、下行频率分割问题。

低分割（美标）方案，5MHz～30MHz 上行，30MHz～48.5MHz 为过渡带，48.5MHz 以上全部用于下行传输，频道资源可以得到最充分的利用。

中分割（欧标）方案，5MHz～65MHz 上行，65MHz～87MHz 为过渡带，下行传输只能从 87MHz 开始。

行标 GY/T106-1999 中规定，上行频率范围为 5MHz～65MHz，过渡带为 65MHz～87MHz，这样，下行传输便只能从 87MHz 开始，原来的 DS_1～DS_5 频道就无法使用了，因此，750MHz 双向系统所拥有的下行频道资源实际上应为 79 个频道（37 个标准频道，42 个增补频道）；862MHz 的双向系统所拥有的下行频道资源实际上应为 93 个频道（51 个标准频道，42 个增补频道）。详细的频率分割和频率配置方案见图 1-18 和表 1-2 所示。

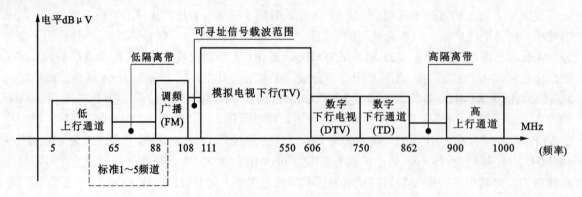

图 1-18　有线网络频率分割和频道配置方案

表 1-2　有线网络电视频道划分表

频道名称	频率范围 MHz	图像载波频率 MHz	伴音载波频率 HHz	中心频率 HHz	频道名称	频率范围 MHz	图像载波频率 MHz	伴音载波频率 HHz	中心频率 HHz
Z-1	111~119	112.25	118.75	115	DS-15	486~494	487.25	493.75	490
Z-2	119~127	120..25	126.75	123	DS-16	494~502	495.25	501.75	498
Z-3	127~135	128.25	134.75	131	DS-17	502~510	503.25	509.75	506
Z-4	135~143	136.25	142.75	139	DS-18	510~518	511.25	517.75	514
Z-5	143~151	144.25	150.75	147	DS-19	518~526	519.25	525.75	522
Z-6	151~159	152.25	158.75	155	DS-20	526~534	527.25	533.75	530
Z-7	159~167	160.25	166.75	163	DS-21	534~542	535.25	541.75	538
DS-6	167~175	168.25	174.75	171	DS-22	542~550	543.25	549.75	546
DS-7	175~183	176.25	182.75	179	DS-23	550~558	551.25	557.75	554
DS-8	183~191	184.25	190.75	187	DS-24	558~566	559.25	565.75	562
DS-9	191~199	192.25	198.75	195	Z-38	566~574	567.25	573.75	570
DS-10	199~207	200.25	206.75	203	Z-39	574~582	575.25	581.75	578
DS-11	207~215	208.25	214.75	211	Z-40	582~590	583.25	589.75	586
DS-12	215~223	216.25	222.75	219	Z-41	590~598	591.25	597.75	594
Z-8	223~231	224.25	230.75	227	Z-42	598~606	599.25	605.75	602
Z-9	231~239	232.25	238.75	235	DS-25	606~614	607.25	613.75	610
Z-10	239~247	240.25	246.75	243	DS-26	614~622	615.25	621.75	618
Z-11	247~255	248.25	254.75	251	DS-27	622~630	623.25	629.75	626
Z-12	255~263	256.25	262.75	259	DS-28	630~638	631.25	637.75	634
Z-13	263~271	264.25	270.75	267	DS-29	638~646	639.25	645.75	642
Z-14	271~279	272.25	278.75	275	DS-30	646~654	647.25	653.75	650
Z-15	279~287	280.25	286.75	283	DS-31	654~662	655.25	661.75	658
Z-16	287~295	288.25	294.75	291	DS-32	662~670	663.25	669.75	666
Z-17	295~303	296.25	302.75	299	DS-33	670~678	671.25	677.75	674
Z-18	303~311	304.25	310.75	307	DS-34	678~686	679.25	685.75	682
Z-19	311~319	312.25	318.75	315	DS-35	686~694	687.25	693.75	690

续表

Z-20	319~327	320.25	326.75	323	DS-36	694~702	695.25	701.75	698
Z-21	327~335	328.25	334.75	331	DS-37	702~710	703.25	709.75	706
Z-22	335~343	336.25	342.75	339	DS-38	710~718	711.25	717.75	714
Z-23	343~351	344.25	350.75	347	DS-39	718~726	719.25	725.75	722
Z-24	351~359	352.25	358.75	355	DS-40	726~734	727.25	733.75	730
Z-25	359~367	360.25	366.75	363	DS-41	734~742	735.25	741.75	738
Z-26	367~375	368.25	374.75	371	DS-42	742~750	743.25	749.75	746
Z-27	375~383	376.25	382.75	379	DS-43	750~758	751.25	757.75	754
Z-28	383~391	384.25	390.75	387	DS-44	758~766	759.25	765.75	762
Z-29	391~399	392.25	398.75	395	DS-45	766~774	767.25	773.75	770
Z-30	399~407	400.25	406.75	403	DS-46	774~782	775.25	781.75	778
Z-31	407~415	408.25	414.75	411	DS-47	782~790	783.25	789.75	786
Z-32	415~423	416.25	422.75	419	DS-48	790~798	791.25	797.75	794
Z-33	423~431	424.25	430.75	427	DS-49	798~806	799.25	805.75	802
Z-34	431~439	432.25	438.75	435	DS-50	806~814	807.25	813.75	810
Z-35	439~447	440.25	446.75	443	DS-51	814~822	815.25	821.75	818
Z-36	447~455	448.25	454.75	451	DS-52	822~830	823.25	829.75	826
Z-37	455~463	456.25	462.75	459	DS-53	830~838	831.25	837.75	834
Z-37+	463~471	464.25	470.75	467	DS-54	838~846	839.25	845.75	842
DS-13	470~478	471.25	477.75	474	DS-55	846~858	847.25	853.75	850
DS-14	478~486	479.25	485.75	482	DS-56	858~862	855.25	861.75	858

为适应当前三网融合的发展，一些广电运营商又对 NGB 网络频谱资源进行了进一步开拓，使同轴电缆上的频谱范围从 5MHz~1GHz 扩展到 5MHz~2.7GHz 甚至 4GHz。其频率配置方案见图 1-19 所示。

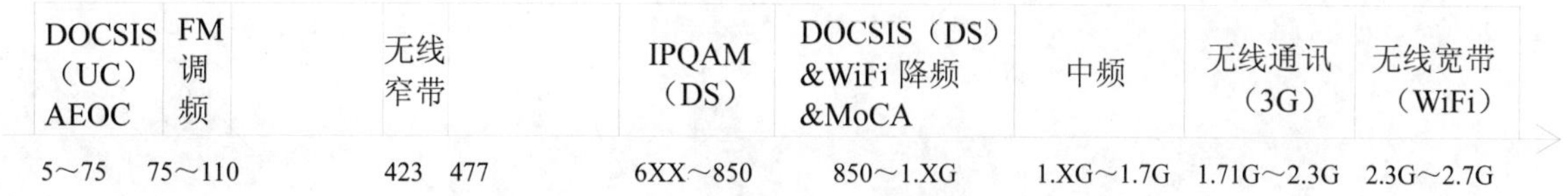

DOCSIS（UC）AEOC	FM调频	无线窄带		IPQAM（DS）	DOCSIS（DS）&WiFi 降频 &MoCA	中频	无线通讯（3G）	无线宽带（WiFi）
5~75	75~110	423	477	6XX~850	850~1.XG	1.XG~1.7G	1.71G~2.3G	2.3G~2.7G

图 1-19　NGB 网络频谱资源配置方案

1.5　思 考 题

1. 有线广播电视系统的基本组成有哪些？

2. 简述有线电视系统分类。

3. NGB 有线广播电视网络的基本构架是什么？

4. NGB 有线广播电视网络业务类型主要有哪些？

5. 为什么说 NGB 网络不是只传输电视的广播网？

6. 什么是广播信道和交互信道？

7. 什么是 NGB 的"云"、"管"、"端"技术构架？

8. 什么是增补频道？

第2章 有线广播电视基础知识

由于有线电视网络不完全等同于电信网络，有其一定的特殊性，其广播信道的电平、电压叠加、系统噪声、线性和非线性失真以及数字电视的信道编码、测量指标的概念对于学习后面的章节起到一定的铺垫作用。

2.1 电 平

2.1.1 分贝比

在有线电视系统和卫星接收系统中，各点的电压和功率相差很大。例如，从电视接收天线上得到功率的数量级可小到 10^{-2} uW（微瓦），而高输出放大器的输出功率却能达到 10^4 uW（微瓦），两者相差 100 万倍，计算起来相当不方便。

例如，设某四端网络的输入功率为 P_1，输入电压为 U_1，输入阻抗为 Z_1，输出功率为 P_2，输出电压为 U_2，输出阻抗为 Z_2，如图 2-1 所示。

当输出、输入功率比 P_2/P_1 可能是一个很大的数时，如 10^6，电压比就更大了，使用起来很不方便。若将这个功率比取对数，变为 $\lg(P_2/P_1)$，则为一个较小的数

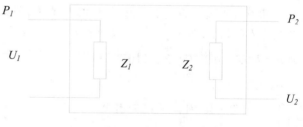

图 2-1 四端网络示意图

6。人们定义这个对数的单位为贝尔（bell），于是可以说该四端网络的功率增益为 6 贝尔。但在实际中发现，贝尔这个单位太大，把贝尔的 1/10 作为一个新的实用单位，称之为分贝（用 dB 来表示），人们经常采用这个分贝比来表示系统的两个功率（或电压）大小的区别。

两个功率 P_1 和 P_2 的分贝比定义为：

$$(P_1/P_2)_{dB}=10\lg(P_1/P_2) \tag{2-1}$$

其单位用分贝（dB）来表示。利用分贝比可以表示有线电视系统的增益、衰减、交调比、载噪比等。例如功率放大倍数为 10000 的放大器的增益，用分贝比来表示为

$$10\lg P_2/P_1 = 10\lg 10000 = 40\text{dB}$$

将一个功率 P，均分成两份的理想分配器，则每一路输出功率为 $P_1/2$，用分贝比来表示该分配器的衰减为

$$10\lg P_1/(P_1/2) = 3\text{dB}$$

因为有线电视系统的输入、输出阻抗都为 75Ω，则 $Z_2=Z_1$，利用公式

$$P=U^2/Z \tag{2-2}$$

则电压比可用分贝比来表示

$$10\lg P_2/P_1 = 10\lg \left(U_2^2/Z \right) / \left(U_1^2/Z \right) = 20\lg U_2/U_1 \tag{2-3}$$

这时要注意，功率比表示为分贝比时，前边乘的系数为 10；而电压比表示为分贝比时，前边乘的系数为 20。

2.1.2 电平

当需要表示系统中的一个功率（或电压）时，不能用分贝比，而可利用电平来表示。

系统中某一点的电平是指该点的功率（或电压）对某一基准功率（或基准电压）的分贝比：

$$10\lg \left(P/P_0 \right) = 20\lg \left(U/U_0 \right) \tag{2-4}$$

显然，基准功率（即 $P=P_0$）的电平为零。对同一个功率，选用不同基准功率 P_0（或基准电压 U_0）所得的电平数值不同，后面要加上不同的单位。

若以 1W 为基准功率，功率为 P 时，对应的电平为 $10\lg \left(P/1W \right)$，单位记为分贝瓦（dBW）。例如功率为 1W 时，电平为 0dBW；功率为 100W 时，电平为 20dBW；功率为 100mW 时，对应的电平为

$$10\lg \left(100mW/1W \right) = 10\lg \left(100/1000 \right) = -10dBW$$

已知系统中某点的电压，也可用 dBW 来表示该点的电平。例如某输入端的电压为 200mV，系统的输入阻抗为 75Ω，则其输入功率为

$$P = U^2/Z = 0.2^2/75 = 5.2 \times 10^{-4}W$$

对应的电平为

$$10\lg \left(5.2 \times 10^{-4}/1 \right) = -32.75dBW$$

若以 1mW 为基准功率，则功率为 P 时对应的电平为 $10\lg(P/1mW)$，单位记为分贝毫瓦（dBm）。例如功率为 1W 时，电平为 30dBm；功率为 1mW 时，电平为 0dBm；功率为 1μW 时，电平为 -30dBm；电压为 1mV 时，对应的功率为

$$P = U^2/Z = 0.001^2/75 = 1.3 \times 10^{-8}W = 1.3 \times 10^{-5}mW$$

对应的电平为

$$10\lg \left(1.3 \times 10^{-5}mW/1mW \right) = -48.75dBm$$

若以 1mV 作为基准电压，则电压为 U 时对应的电平为 $20\lg \left(U/1mV \right)$，单位记为分贝毫伏（dBmV）。例如电压为 1V 时，对应的电平为 60dBmV；电压为 1μV 时，对应的电平为 -60dBmV；功率为 1mW 时，电压为

$$U = \left(P_Z \right)^{0.5} = \left(75 \times 10^{-3} \right)^{0.5} = 274mV$$

对应的电平为

$$20\lg \left(2.74 \times 10^5/1 \right) = 108.75dB\mu V$$

电平的 4 个单位 dBW、dBm、dBmV、dBμV 之间有一定的换算关系。表 2-1 所示为左边的原单位变换为上边的新单位时需要增加的数值。

表 2-1 电平单位换算表（系统阻抗为 75Ω）

	dBw（新单位）	dBm（新单位）	dBmV（新单位）	dBµV（新单位）
dBw（原单位）	0	30	78.75	138.75
dBm（原单位）	−30	0	48.75	108.75
dBmV（原单位）	−78.75	−48.75	0	60
dBµV（原单位）	−138.75	−108.75	−60	0

利用表 2-1 可以方便地把电平由一种单位转换为另一种单位。例如要把 115dBµV 转换为其他单位表示，可利用表中最后一行：转换为 dBW 时用第一列数-138.75，即用原来的数加-138.75 得-23.75，说明 115dBµV 相当于-23.75dBW；类似地，115dBµV 相当于 115-108.75 = 6.25dBm；相当于 115-60 = 55dBmV。若把 dBmV 转换为其他单位，则应用第三行；若把 dBm 转换为其他单位，则应用第二行；若把 dBW 转换为其他单位，则应用第一行。

2.1.3 电压的叠加

在有线电视系统分析中，常常需要求出两个或多个交流电压的和。设

$u_1 = U_1\cos(\omega t + \phi_1)$

$u_2 = U_2\cos(\omega t + \phi_2)$

其中 U_1、U_2 分别为两个电压的极大值。ω 是其圆频率，ϕ_1、ϕ_2 分别是两个电压的初相。可以证明，这两个交流电压 u_1 和 u_2 之和 u 也可用一个余弦函数 $u = U\cos(\omega t + \phi)$ 来表示，其中，U 是总电压的振幅，ϕ 是总电压的初相。总电压的振幅 U 并不等于两个分电压振幅之和，即 $U \neq U_1 + U_2$，U 的大小还同两个分电压的相位差 $\phi_2 - \phi_1$ 有关。

在计算总电压时，用矢量法比较方便。我们知道，交流电压 $u = U\cos(\omega t + \phi)$ 可以用图 2-2 所示的一个沿逆时针方向匀角速旋转的矢量的运动来表示。这个矢量的长度即为该交流电压的振幅 U，这个矢量的旋转角速度即为该交流电压的圆频率 ω，这个矢量与 x 轴的夹角，即为该交流电压的相位 $\omega t + \phi$。两个交流电压相加，可以通过求这两个旋转矢量的矢量和来得到。

在图 2-3 中，$u_1 = U_1\cos(\omega t + \phi)$ 和 $u_2 = U_2\cos(\omega t + \phi)$ 的两个旋转矢量 $\vec{U_1}$ 和 $\vec{U_2}$，其矢量和 $\vec{U}$ 的模长 U 代表 u_1 与 u_2 之和 u 的振幅，$\vec{U}$ 与 x 轴的夹角 $\omega t + \phi$ 代表 u 的相位。

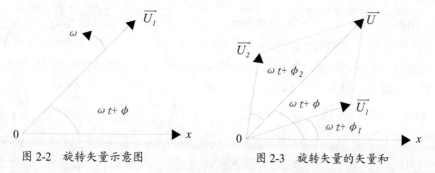

图 2-2 旋转矢量示意图　　　　图 2-3 旋转矢量的矢量和

显然，$\vec{U}$ 的长度 U（即 $u = u_1 + u_2$ 的振幅）不仅同 $\vec{U_1}$ 和 $\vec{U_2}$ 的长度 U_1 和 U_2 有关，而且同 $\vec{U_1}$ 与 $\vec{U_2}$ 之间的夹角 $(\omega t + \phi_2) - (\omega t + \phi_1) = \phi_2 - \phi_1$ 有关。也就是说，两个电压 u_1、u_2 的和不仅决定于 u_1 与 u_2 的电压大小，而且同 u_1 与 u_2 的相位差 $\phi_2 - \phi_1$ 有关。根据余弦定理可以求出

$$U^2 = U_1^2 + U_2^2 + 2U_1U_2\cos（\phi_2 - \phi_1）\tag{2-5}$$

当 $\phi_2 - \phi_1 = 2k\pi$ 时，$U = U_1 + U_2$，总电压的振幅等于两个分电压的振幅之算术和，这种叠加称为算术叠加。

当 $\phi_2 - \phi_1 = （2k+1）\pi$ 时，$U = |U_1 - U_2|$，总电压的振幅等于两个分电压的振幅之差。

若 $U_1 = U_2$，则 $U = 0$，两个分电压互相抵消，总电压为零。

当 $\phi_2 - \phi_1 = k\pi + \pi/2$ 时，$U^2 = U_1^2 + U_2^2$，即 $U = \sqrt{(U_1^2 + U_2^2)}$，总电压振幅为分电压振幅平方和的平方根，这种叠加称为均方根叠加。因为电压平方与功率成正比，故这种叠加又常称为功率叠加。

当 $k\pi < \phi_2 - \phi_1 < k\pi + \pi/2$ 时，$\sqrt{(U_1^2 + U_2^2)} < U < U_1 + U_2$，总电压的振幅介于算术叠加与均方根叠加所得的结果之间，称为减算的算术叠加，减算的算术叠加常常可以用式 $U = \alpha \cdot （U_1 + U_2）$ 来表示，其中 $0 < \alpha < 1$。

算术叠加时，因为 $U = U_1 + U_2$，则总电平

$U_{dB} = 20\lg U/1 = 20\lg（U_1 + U_2）/1 = 20\lg（U_1 + U_2）$

$$= 20\lg（10^{U_{1dB}/20} + 10^{U_{2dB}/20}）\tag{2-6}$$

其中，$U_1 = 10^{U_{1dB}/20}$、$U_2 = 10^{U_{2dB}/20}$ 是将 $U_{1dB} = 20\lg U_1$、$U_{2dB} = 20\lg U_2$ 两边同除以 20 后再取以 10 为底的指数所得的结果，将（2-6）式推广到有 n 个电压 U_1、U_2、$U_3 \cdots\cdots U_n$ 进行算术叠加的情形，这时总电压的振幅

$U = U_1 + U_2 + U_3 \cdots\cdots + U_n$

总电平

$$U_{dB} = 20\lg（10^{U_{1dB}/20} + 10^{U_{2dB}/20} + \cdots\cdots + 10^{U_{ndB}/20}）\tag{2-7}$$

特别地，若 $U_1 = U_2 = \cdots\cdots U_n$，即 n 个电平都相同时，

$$U_{dB} = 20\lg（n \cdot 10^{U_{1dB}/20}）= U_{1dB} + 20\lg n\tag{2-8}$$

当多个电压进行均方根叠加（或功率叠加）时，因为 $U^2 = U_1^2 + U_2^2 + \cdots\cdots + U_n^2$，则总电平：

$$U_{dB} = 10\lg（10^{U_{1dB}/10} + 10^{U_{2dB}/10} + \cdots\cdots + 10^{U_{ndB}/10}）\tag{2-9}$$

特别地，若 $U_1 = U_2 = \cdots\cdots U_n$，即 n 个电平都相同时，

$$U_{dB} = 10\lg（n \cdot 10^{U_{1dB}/10}）= U_{1dB} + 10\lg n\tag{2-10}$$

当多个电压进行减算的算术叠加时，因为 $U^2 = U_1^2 + U_2^2 + \cdots\cdots + U_n^2$，则总电平介于功率叠加电平和算术叠加电平之间，应把（2-7）式中的常数 20 或（2-9）式中的常数 10 改为 10 与 20 之间的某一个数，一般可以取为 15，即

$$U_{dB} = 15\lg（10^{U_{1dB}/15} + 10^{U_{2dB}/15} + \cdots\cdots + 10^{U_{ndB}/15}）\tag{2-11}$$

特别地，若 $U_1 = U_2 = \cdots\cdots U_n$，即 n 个电平都相同时，

$$U_{dB} = 10\lg（n \cdot 10^{U_{1dB}/15}）= U_{1dB} + 15\lg n\tag{2-12}$$

在有线电视系统中，对不同的技术指标，相应电压之间的相位差不同，它们叠加后所得的电压大小也不同，故对不同的技术指标，其叠加规律不同。

2.2 系 统 噪 声

2.2.1 系统噪声的产生和分类

噪声是指能使图像遭受损伤的与传输信号本身无关的各种形式寄生干扰的总称，它是一种紊乱、断续、随机的电磁振动，在电视屏幕上的主观视觉效果表现为杂乱无章的"雪花"状干扰。

噪声按产生来的源分为系统外部噪声和内部噪声。外部噪声是由系统外部来的各种电磁干扰入侵造成，如空间中各种电磁发射、宇宙噪声、火花放电等，可以通过加强系统屏蔽来消除。内部噪声由系统内部设备和部件产生，又可分为两种：一种是可以消除的非固有内部噪声，如电路自激、电源交流声等。另一种则是不可能被消除的，称为固有内部噪声。

2.2.2 热噪声

热噪声主要是由导电体（包括电阻等无源器件）内部自由电子无规则的热运动所产生的，自由电子在一定温度下的热运动类似于分子的布朗运动，是杂乱无章的，这种随机的热运动随着温度的升高而剧烈。电子的无规则运动便形成了电路的热噪声。任何一个无源网络，不管多么复杂，也不管什么结构，都会产生一个恒定的热噪声功率，它是固定存在的，和外部信号没有关系，我们称它为基础热噪声功率。基础热噪声功率由下式决定：

$$p_{n0} = \frac{h \cdot f \cdot \Delta f}{e^{hf/kT} - 1} \tag{2-13}$$

式中：P_{n0} 为热噪声功率（W）；

h 为普朗克常数（6.62×10^{-34}Js）；

f 为工作中心频率（Hz）；

k 为玻耳兹曼常数（1.38×10^{-23}J/K）；

T 为绝对温度，常温 20°C 时为 293K；

Δf 为等效噪声带宽（Hz）。

等效噪声带宽的定义为：噪声功率分布曲线下的总面积除以其最大功率值，如图 2-4 所示。

根据我国电视制式 PAL-D 标准，图像调制方式采取 VSB-AM，接收机图像通道为奈氏滤波器幅频特性，可计算得到等效噪声带宽为5.75MHz。

按有线电视系统的频率使用范围（5MHz～1GHz），在式（2-13）中，满足 $hf \ll kT$，则 $e^{hf/kT} \approx 1 + hf/kT$，代入式（2-13），可得：

$$P_{n0} = kT\Delta f$$

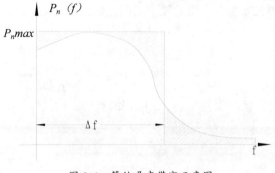

图 2-4 等效噪声带宽示意图

式中：k 是波尔兹曼常数；

T 是绝对温度（293K）；

Δf 是噪声的频带宽度（5.75MHz）。

根据我国的电视制式，$P_{n0}=2.32\times10^{-14}$W，如果阻抗为 75Ω，则可求得热噪声电压为：$U_{n0}=1.32$ μV，用分贝表示时，室温下热噪声电平为：

$$(U_{n0})_{dB}=20\lg U_{n0}=2.4 \text{ dB}μV$$

这是一个在工程计算时非常有用的数值。同样的方法，我们可以计算出 NTSC 制的等效噪声带宽 $\Delta f = 3.95$MHz，对应的基础热噪声电平为 0.8 dBμV。

2.2.3 噪声系数

有源器件内部产生的噪声不仅有基础热噪声，还有晶体管等所产生的散弹噪声、分配噪声和闪烁噪声等。下面研究的有源器件的噪声是指它的总噪声。有源设备的总噪声比较复杂，不能像无源器件的热噪声那样直接计算出功率大小。因此，我们需要引入噪声系数的概念，来衡量有源设备的噪声对信号的影响程度。

系统有源器件产生的噪声大小与设备的复杂程度有关，通常用噪声系数（F）表示设备输出端相对于输入端载噪比变坏的程度，大小跟设备性能有关，所以有线电视系统中每个设备都给出了噪声系数（F）。

噪声系数的准确定义：网络输出总噪声功率谱密度 $S_0(f)$（即单位频带内的总噪声功率）对仅有信号源内阻产生在输出端的噪声功率 $S_{i0}(f)$（即单位频带内仅有信号源内阻产生在输出端的噪声功率）的比值，表示为：

$$F(f)=S_0(f)/S_{i0}(f) \tag{2-14}$$

上式称为点噪声系数，它是频率的函数。实际中，为了测量和工程应用的方便，噪声系数的定义有所简化。

设一台有噪声的有源设备，功率放大量为 G 倍，噪声系数为 F，设输入信号功率仅有基础热噪声功率 P_{n0}（譬如天线上来的信号其伴随着的噪声功率就是 P_{n0}），若放大器不产生噪声，信号经过放大后，在设备的输出应该得到的噪声功率将为 GP_{n0}。由于设备本身有噪声功率产生，输出的噪声功率并不是 GP_{n0}，而变成为 GFP_{n0}，即噪声功率变大了 F 倍，此 F 即为设备的噪声系数。该设备自身产生的噪声功率在输出端为 $G(F-1)P_{n0}$，如果折算到输入端为 $(F-1)P_{n0}$（此时该设备可视为理想无噪声设备），如图 2-5 所示。

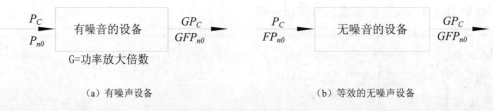

（a）有噪声设备　　　　　　　　　　　　（b）等效的无噪声设备

图 2-5　设备的噪声系数

如果输入噪声功率不是 P_{n0}，而是更普通的噪声功率 P_n，则在输出端噪声功率为 $GP_n+G(F-1)P_{n0}$，折算到输入端为 $P_n+(F-1)P_{n0}$，而不是 GFP_n 和 FP_n，故某有源设备自身产生的噪声功率大小与该设备输入端输入的噪声大小无关，而由设备本身的参数 F 确定，因此，设备所产生的等效输入噪声功率不会随外来噪声功率而变，它永远等于在输入噪声功率上增加 $(F-1)P_{n0}$ 的噪声功率。设备的 F 值越小，其产生的噪声功率越小，性能越好，$F=1$ 的放大器是一个无噪声的理想放大器，实际上 F 的值总是大于 1 的，这样 F 便有了确定的物理意义。

实际中常常用分贝来表示噪声系数

$$F_{dB}=10\lg F \tag{2-15}$$

在噪声系数较小时，常用噪声温度来表示放大器的噪声系数。放大器产生的噪声功率

$$P_n=(F-1)P_{n0} \tag{2-16}$$

可以用噪声温度表示为

$$P_n=kT\Delta f \tag{2-17}$$

则与噪声系数对应的噪声温度

$$T=(F-1)P_{n0}/(k\Delta f)$$

$$=293(F-1)k\Delta f/(k\Delta f)=293(F-1) \tag{2-18}$$

当噪声系数用分贝来表示时

$$T=293(10^{F_{dB}/10}-1) \tag{2-19}$$

反过来，已知噪声温度，也可求噪声系数

$$F_{dB}=10\lg(1+T/293) \tag{2-20}$$

例如，噪声温度为 20K 时，相应的噪声系数为 0.29dB，噪声系数为 5dB 时，相应的噪声温度为 630K。

2.2.4 信噪比（SNR）和载噪比（CNR）

信噪比与载噪比均是衡量系统噪声对信号影响程度的重要参数，它们分别应用于不同的场合。

1. 信噪比（S/N、SNR）

有线电视系统的好坏，最终要在图像质量上来检验，而图像质量则决定于视频输出级的信噪比。

信噪比定义为高频信号解调后所得的视频信号功率与噪声功率之比，即 $S/N=P_s/P_n$ 若用分贝来表示，则上式变为

$$(S/N)_{dB}=10\lg(P_s/P_n)=P_{sdB}-P_{ndB} \tag{2-21}$$

即信噪比的分贝值为信号电平与噪声电平之差。

信噪比指标的大小对图像声音质量起决定性的作用，它直接反映了图像和声音质量的好坏。世界各国对电视图像质量的主观评价多采用五级记分法，由主观评价的观看员（不少于 15 人）对图像质量进行评价与分析（记分），图像主观等级要达到 4 级，其分级标准参看 GB7041 对图像质量主观评价的五级损伤制标准，如表 2-2 所示。

表 2-2　图像质量主管评价五级标准

图像等级	主观评价	干扰杂波造成的影响	信噪比
5	优	觉察不到杂波和干扰	45.5
4	良	可觉察到但不讨厌	36.6
3	中	有点讨厌	30
2	差	讨厌	25
1	劣	无法收看	22

经过大量的实验、分析和统计，我们发现信噪比与图像质量之间有如下的关系：

$$(S/N)_{dB}=23-Q+1.1Q^2 \tag{2-22}$$

式中 Q 为图像质量等级。利用（2-22）式可以由图像等级 Q 计算出相应的信噪比，反过来也可由信噪比算出可以达到的图像等级。例如，为了达到 4 级图像，将 $Q=4$ 代入（2-22）式，求出相应的信噪比要达到 36.6dB。

声音质量主观评价方法应符合 GB/T 16463-1996 规定的 5 级评分制，质量等级应不低于 4 分。

2. 载噪比（C/N、CNR）

尽管信噪比直接确定了有线电视系统的信号质量，但有线电视系统除前端摄录像机输出信号为视频信号以外，其余部分传输的信号都是高频载波信号（射频信号），故常在有线电视系统中使用载噪比这一概念。它定义为载波功率和噪声功率之比。在有线电视系统中，所有设备的连接阻抗都是 75Ω，因此，也可以认为是载波电压和噪声电压之比：

$$C/N=P_c/P_n \tag{2-23}$$

用分贝表示为

$$(C/N)_{dB}=10\lg (P_c/P_n)=20\lg (U_c/U_n) \tag{2-24}$$

载噪比和信噪比都能用来衡量系统的噪声性能，它们之间存在着一定的内在联系。载噪比是解调前高频载波电平与噪声电平之差；信噪比则是解调后的视频信号电平和噪声电平之差。对于有线电视采用的残留边带调幅方式，当调制度为 87.5%时，信噪比与载噪比之间满足如下关系

$$S/N=(C/N)\times 0.1924 (\Delta f_1+\Delta f) / (\Delta f-\Delta f_1/3) \tag{2-25}$$

其中，Δf_1 是残留边带宽，Δf 是视频等效噪声带宽。对于我国的电视制式，取 Δf 为 5.75MHz，Δf_1 为 0.75MHz，代入（2-25）式得

$$S/N=(C/N)\times 0.2274$$

取对数得

$$(S/N)_{dB}=(C/N)_{dB}-6.4dB \tag{2-26}$$

即载噪比分贝比高于信噪比分贝比 6.4 dB。

如果给用户提供的图像质量主观评价不低于 4 分，系统终端信号的信噪比大于 36.6 dB，故系统的载噪比大于 43dB，也就是功率比大于 20000 倍，或电压比大于 141 倍。图 2-6 是几种典型的载噪比下的图像效果。

| 45 dB C/N | 35 dB C/N | 25 dB C/N | 20 dB C/N |

图 2-6　几种典型的载噪比下的图像效果

对于数字电视信号（DVB-C）而言

$$(S/N)_{dB}=(C/N)_{dB}+0.441（dB）\tag{2-27}$$

即对数字电视信号而言，则两者大致相当，即 S/N 相当于 C/N。

2.2.5　载噪比计算

1. 单个设备的载噪比

如果设备前面是无源电路，例如天线时，单个设备的载噪比将为

$$\frac{C}{N}=\frac{P_C}{FP_{n0}}=\frac{1}{F}\frac{U_a^{\,2}/R_0}{U_{n0}^{\,2}/R_0}=\frac{1}{F}(\frac{U_0}{U_{n0}})^2\tag{2-28}$$

式中，U_a 为输入信号的电压。等式两边取对数可得出

$$10\lg\frac{C}{N}=\frac{C}{N}(\text{dB})=20\lg\frac{U_a}{U_{n0}}-10\lg F$$

$$\frac{C}{N}(\text{dB})=20\lg U_a-10\lg F-20\lg U_{n0}\tag{2-29}$$

$$\frac{C}{N}(\text{dB})=S_a-F(\text{dB})-2.4\tag{2-30}$$

式中，$S_a=(S_o-G)$ 为输入信号的电压电平，单位为 dBμV；F（dB）为设备的噪声系数，单位为 dB；2.4 dBμV 则为基础热噪声。这是一个非常有用的公式，以后经常要用到。从式中可以看出，提高设备工作电平 S_a 和选择噪声系数 F 小的设备可提高载噪比指标，消除图像雪花干扰。

【例 2-1】一个放大器增益为 20 dB，输出电平为 110 dB，噪声系数为 10 dB，求 C/N。

解：　输入电平

$$U_i(\text{dB})=110-20=90(\text{dB})$$

$$\frac{C}{N}=90-10-2.4=77.6(\text{dB})$$

由式（2-23）可知，放大器的输入电平和输出电平越高，其载噪比就越高，反之亦然。提高一个放大器载噪比的办法是尽量提高其输入电平。

2.多个设备串接时的载噪比

当多个有噪声的设备串接在一起时，多个设备的噪声各起多少作用，又如何计算，下面我们进行讨论。

若两个设备串接在一起，如图 2-7 所示。

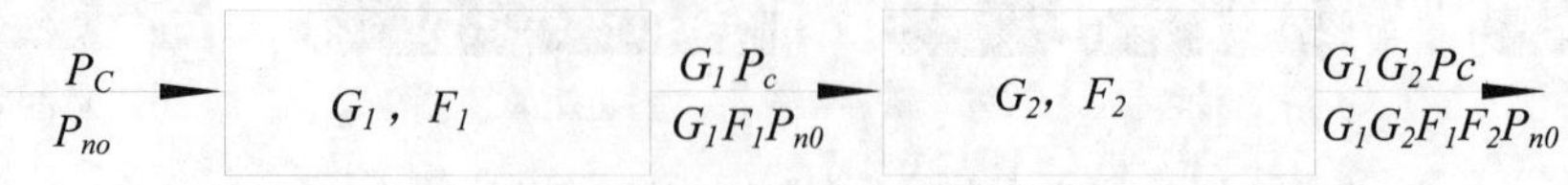

$$\frac{P_C}{P_{no}} \longrightarrow \boxed{G_1, \; F_1} \quad \frac{G_1 P_c}{G_1 F_1 P_{n0}} \longrightarrow \boxed{G_2, \; F_2} \quad \frac{G_1 G_2 P_c}{G_1 G_2 F_1 F_2 P_{n0}}$$

图 2-7　两个设备串接

假设第一个设备的功率放大量为 G_1，噪声系数为 F_1；第二个设备的功率放大量为 G_2，噪声系数为 F_2。输入信号功率为 P_c，输入噪声功率为 P_{n0}，这里的 G 和 F 都是倍数。

据前所述，第一个设备的噪声等效折合到其输入的噪声功率为 $(F_1-1)P_{n0}$；第二个设备的噪声等效折合到其输入则为 $(F_2-1)P_{n0}$。我们如果把第二个设备的噪声也折合到第一个设备的输入，则 $(F_2-1)P_{n0}$ 要除以 G_1。因为第二个设备的输入就是第一个设备的输出，输出为 $(F_2-1)P_{n0}$ 时，当然就是输入为 $(F_2-1)P_{n0}/G_1$ 放大 G_1 倍后的情况。这样第二个设备的噪声等效折合到第一个设备的输入为 $(F_2-1)P_{n0}/G_1$。结果，总的输入功率为

$$P_n + (F_1-1)P_{n0} + \frac{F_2-1}{G_1}P_{n0} = P_n + \left(F_1 - 1 + \frac{F_2-1}{G_1}\right)P_{n0} \tag{2-31}$$

式中，第一项是外来的噪声功率，第二项是第一个设备的噪声功率，第三项是第二个设备的噪声功率。因此，输出载噪比为：

$$\frac{C}{N} = \frac{P_c}{P_n + \left(F_1 - 1 + \dfrac{F_2-1}{G_1}\right)P_{n0}} \tag{2-32}$$

由式（2-32）可得出下面几个推论：

① 如果输入噪声功率相当大，即 P_n 比 $[F_1-1+(F_2-1)/G_1]P_{n0}$ 大得多，则设备的噪声将不起主要作用。

② 当 G_1 比较大，$(F_2-1)P_{n0}/G_1$ 项可以忽略。也就是此时第二个设备的噪声不起主要作用。

③ 载噪比和第二个设备的功率放大量 G_2 无关。

④ 如果输入噪声比较小，G_1 又比较大，则主要的噪声来自于第一个设备。

这几个推论十分重要，在系统设计时很有用。

对于载噪比，我们还可以用另一种方法来计算。我们可以先设法求出两个设备合成的噪声系数 F，然后当作一个设备来计算载噪比。求合成的噪声系数 F 时，如果一个设备具有噪声系数 F 时的等效折合到输入的噪声功率为 $(F-1)P_{n0}$，它应该和两个设备的噪声总和相等，即

$$(F-1)P_{n0} = \left[F_1 - 1 + \frac{F_2-1}{G_1}\right]P_{n0} \tag{2-33}$$

所以 $F = F_1 + \dfrac{F_2 - 1}{G_1}$ （2-34）

这就是两个设备的合成噪声系数计算公式。由此式可见，当 G_1 比较大时，$F \approx F_1$，即主要是第一个设备的噪声。

对于由 n 个设备串接起来的系统，整个系统产生的噪声等效折合到输入的噪声功率总和为

$$\sum_{n=1}^{n} P_{n0} = \left(F_1 - 1 + \frac{F_2 - 1}{G_1} + \frac{F_3 - 1}{G_1 \cdot G_2} + \cdots + \frac{F_n - 1}{G_1 \cdot G_2 \cdots G_{n-1}} \right) P_{n0}$$ （2-35）

式中，$\dfrac{F_n - 1}{G_1 \cdot G_2 \cdots G_{n-1}} P_{n0}$ 为第 n 个设备等效折合到输入的噪声。

同样系统的合成噪声系数 F 为

$$F = F_1 + \frac{F_2 - 1}{G_1} + \frac{F_3 - 1}{G_1 \cdot G_2} + \cdots + \frac{F_n - 1}{G_1 \cdot G_2 \cdots G_{n-1}}$$ （2-36）

如果输入噪声为基础热噪声，就可以很方便地计算出全系统的载噪比，公式如下。

$$\frac{C}{N}(\text{dB}) = 10\lg P_c - F(\text{dB}) - 2.4$$ （2-37）

或

$$\frac{C}{N}(\text{dB}) = S_a - F(\text{dB}) - 2.4$$ （2-38）

F 为总的噪声系数，S_a 为第一级输入电平。该公式的工程计算太复杂，必要可考虑用指标叠加办法。

3. 指标叠加办法

有线电视系统有几个部分构成，每部分又由多个设备构成，如已知系统中每个部分（设备）的载噪比指标，可以通过指标叠加办法计算出总载噪比指标。

$$\frac{C}{N}(\text{dB}) = -10\lg \left[10^{-\frac{C/N_1(\text{dB})}{10}} + 10^{-\frac{C/N_2(\text{dB})}{10}} + \cdots + 10^{-\frac{C/N_k(\text{dB})}{10}} \right]$$ （2-39）

特例：n 个工作状态相同的放大器串接时

$(C/N)_{\text{dB}} = C/N_{1\text{dB}} - 10\lg_n$ （2-40）

指标叠加是越叠越小，即总指标比每个部分的分指标都小。

4. n 个两种工作状态不同的放大器串接的载噪比

两种工作状态不同的设备串接是很常见的实际工程问题，要计算串接之后的系统指标可采用查找曲线的方法或查表的方法，下面介绍查表的计算方法。

设有 A、B 两个放大器，A 放大器在前，B 放大器在后，它们的载噪比分别用 C/N_A、C/N_B 来表示。串接后的载噪比为

$$\frac{C}{N} = \begin{cases} \dfrac{C}{N_A} - Y, & \dfrac{C}{N_A} \leqslant \dfrac{C}{N_B} \\[3mm] \dfrac{C}{N_B} - -Y, & \dfrac{C}{N_A} > \dfrac{C}{N_B} \end{cases} \tag{2-41}$$

其中，Y 称为载噪比的修正量，它与 $|C/N_A - C/N_B|$ 有关。

故两个工作状态不同的放大器串接，哪个载噪比低，就在哪个载噪比中减去修正量，便可得到串接后的载噪比。这种算法的物理概念十分清楚，放大器串接之后使得载噪比下降，并且串接后的载噪比要比两个放大器中任意一个的载噪比还要低。

令 $X = \left| \dfrac{C}{N_A} - \dfrac{C}{N_B} \right|$，则修正量 Y 的计算为 $Y = 10\lg(1 + 10^{\frac{X}{10}})$

为了便于计算，将 Y 的计算结果列成表 2-3，供工程设计时使用。

表 2-3　载噪比的修正量

X/dB	0	1	2	3	4	5	6	7	8	9	10
Y/dB	3.0	2.5	2.1	1.8	1.5	1.2	0.97	0.79	0.64	0.51	0.41
X/dB	11	12	13	14	15	16	17	18	19	20	21
Y/dB	0.33	0.27	0.21	0.17	0.14	0.11	0.09	0.07	0.05	0.04	0.03

【例 2-2】某分配网由 2 级放大器组成，每个放大器增益为 30 dB，输出电平为 110 dB，噪声系数为 10dB，求整个干线 C/N。

解：每级放大器：$C/N_1 = S_a - F - 2.4 = S_o - G - F - 2.4 = 110 - 30 - 10 - 2.4 = 67.6$ dB

由于每级放大器的指标相同，则

$C/N_{总} = C/N_1 - 10\lg 2 = 64.6$ dB

【例 2-3】两个放大器串接，$(C/N)_A = 60$ dB，$(C/N)_B = 70$ dB，求串接后的系统指标。

解：$X = 70-60 = 10$，$Y = 0.4$（查表）

则 $(C/N)_{总} = 60-0.4 = 59.6$dB

【例 2-4】有一个有线电视系统，由前端、干线传输、分配网络三个子系统串接而成，其载噪比依次为前端 $C/N = 55$ dB，干线传输 $C/N = 60$ dB、分配网络 $C/N = 70$ dB，求整个系统的载噪比指标。

解：先将干线和分配网络串接。

$X = 70-60 = 10$，$Y = 0.4$（查表），　则 $(C/N)_{干·分} = 60-0.4 = 59.6$dB

然后与前端串接

$X = 59.6-55 = 4.6$，$Y = 1.3$（查表），则 $(C/N)_{总} = 55-1.3 = 53.7$ dB

2.3　系统非线性失真

2.3.1　非线性失真产物形成原因

有线电视系统是由众多设备和部件组成的。一般来说，有源设备中由于包含非线性器件或电路，必定会不同程度地呈现出非线性特性，这些设备包括信号处理设备、调制器和各类放大器等。

因此，有线电视系统中存在非线性失真是不可避免的，它们对信号的传输质量有着很大的影响。

通常情况下，有线电视系统中非线性失真最严重、对信号质量影响最大的设备是放大器，下面重点研究放大器的非线性失真特性。

任何一个具有非线性失真的放大器 A，在正常使用情况下，它的输出电压和输入电压的关系可以用下式来近似地表示：

$$u_o = k_1 u_i + k_2 u_i^2 + k_3 u_i^3 \tag{2-42}$$

式中，u_o 为输出电压；u_i 为输入电压；k_1 为放大器 A 对基波的放大倍数；k_2 为放大器 A 对二次谐波的放大倍数；k_3 为放大器 A 对三次谐波的放大倍数。u_i 四次方以上的各项就忽略不计了，并且放大器工作电平越高，K_1、K_2、K_3 系数越大，失真越严重。

现在假设有两个信号 A 和 B 同时输入，输入信号 u_i 就可以用下式表示：

$$u_i = A\cos \omega_a t + B\cos \omega_b t \tag{2-43}$$

由于电视图像信号是调幅波，所以信号 A 的幅度就随着 A 频道电视信号而改变；同样信号 B 的幅度就随着 B 频道电视信号而改变。ω_a 和 ω_b 分别为 A、B 两频道的图像载频。当 u_i 输入放大器后，输出电压 u_o 为

$$
\begin{aligned}
u_o = {} & k_1(A\cos \omega_a t + B\cos \omega_b t) + k_2(A\cos \omega_a t + B\cos \omega_b t)^2 + k_3(A\cos \omega_a t + B\cos \omega_b t)^3 \\
= {} & k_1(A\cos \omega_a t + B\cos \omega_b t) + k_2(A^2\cos^2 \omega_a t + B^2\cos^2 \omega_b t + 2AB\cos \omega_a t\cos \omega_b t) \\
& + k_3(A^3\cos^3 \omega_a t + B^3\cos^3 \omega_b t + 3AB^2\cos \omega_a t\cos^2 \omega_b t + 3A^2 B\cos^2 \omega_a t\cos \omega_b t)
\end{aligned}
$$

其中，k_1 各项是所需要的输出信号，比输入信号放大了 k_1 倍；k_2 各项所产生的产物都称为二阶产物，就是二次失真所产生的产物；k_3 各项所产生的产物都称为三阶产物，就是三次失真所产生的产物。

现在先分析一下二阶产物的内容。将上面的二次失真展开

$$
\begin{aligned}
k_2 = {} & [A^2\cos^2 \omega_a t + B^2\cos^2 \omega_b t + 2AB\cos \omega_a t\cos \omega_b t] \\
= {} & k_2[\frac{A^2}{2}(1 + \cos 2\omega_a t) + \frac{B^2}{2}(1 + \cos 2\omega_b t) + AB\cos(\omega_a + \omega_b)t + AB\cos(\omega_a - \omega_b)t] \\
= {} & k_2[\frac{A^2}{2} + \frac{B^2}{2} + \frac{A^2}{2}\cos 2\omega_a t + \frac{B^2}{2}\cos 2\omega_b t + AB\cos(\omega_a + \omega_b)t + AB\cos(\omega_a - \omega_b)t]
\end{aligned}
$$

由此可见，二阶产物有 6 项。第 1、2 项是直流项，通过设备中的隔直电容器就不再出现了，所以它不起作用。第 3、4 项是二次谐波项，按我国电视频道频率看，除第 5 频道的二次谐波会落入 DS6、DS7 频道内以外，其他频道的二次谐波都不会落在正常的频道内（但是有线电视系统中如果使用了 A 和 B 波段的各个增补频道后，二次谐波就有许多能落入工作频道之内，造成干扰）。第 5、6 项是和、差频率项，称为二次互调项，它们可能落入正常使用频道内，且幅度最大，影响最严重。这些二次互调项分量还有集聚性，往往都集中在图像载波频率 0.25MHz 的频带内，形成簇，产生组合干扰，把这种组合干扰称为组合二次差拍 CSO，干扰现象为电视画面上无规则的网纹或斜纹。例 DS1（$f_v = 49.75\text{MHz}$），DS6（$f_v = 168.25\text{MHz}$），则和频为 218MHz，刚好落在 DS12 内（215～223MHz），与 216.25MHz 载波差频产生 1.75M 的网纹干扰，在二次失真产物中主要考虑 CSO 的干扰。

下面分析三阶产物的内容，将前面的三次项展开：

$$k_3 = [A^3\cos^3\omega_a t + B^3\cos^3\omega_b t + 3AB^2\cos\omega_a t\cos^2\omega_b t + 3A^2 B\cos^2\omega_a t\cos\omega_b t]$$

$$= k_3[\frac{A^3}{4}(\cos 3\omega_a t + 3\cos\omega_a t) + \frac{B^3}{4}(\cos 3\omega_b t + 3\cos\omega_b t)$$

$$+ 3AB^2\frac{1+\cos 2\omega_b t}{2}\cos\omega_a t + 3A^2 B\frac{1+\cos 2\omega_a t}{2}\cos\omega_b t]$$

$$= k_3[\frac{3}{4}A^3\cos\omega_a t + \frac{3}{4}B^3\cos\omega_b t + \frac{A^3}{4}\cos 3\omega_a t + \frac{B^3}{4}\cos 3\omega_b t$$

$$+ \frac{3}{4}A^2 B\cos(2\omega_a + \omega_b)\ t + \frac{3}{4}A^2 B\cos(2\omega_a - \omega_b)\ t$$

$$+ \frac{3}{4}AB^2\cos(2\omega_b + \omega_a)\ t + \frac{3}{4}AB^2\cos(2\omega_b - \omega_a)\ t$$

$$+ \frac{3}{2}AB^2\cos\omega_a t + \frac{3}{2}A^2 B\cos\omega_b t]$$

由此可见，三阶产物共有 10 项。第 1、2 项还是基本频率项，只是在幅度上增加了一些，如 $3/4k_3 A^3$ 那样的失真；第 3、4 项是三次谐波项；第 5～8 项都是和差频率项。因此，从第 3 项到第 8 项都有可能落入正常频道内形成互调干扰。值得注意的是，如果有多个信号输入，将会产生大量的互调干扰，除上面的（$2\omega_a + \omega_b$）形式外，还有（$\omega_a \pm \omega_b \pm \omega_c$）形式的干扰，且幅度最大，数量最多，这些差拍分量还有集聚性，往往都集中在图像载波频率或频道内某个频率附近 ± 15 kHz 的频带内，形成簇，产生组合干扰，把这种组合干扰称为组合三次差拍 CTB，干扰现象为电视画面上无规则的网纹或斜纹，最后，第 9、10 两项有些特殊，它们的频率仍然是基本频率，而不是新产生的频率，所以不属于互调。但是它们在幅度上不但有本频道的电视图像信号，而且有其他频道的电视图像信号。

例如，$3/2k_3 AB^2\cos\omega_a t$ 项，它是 A 频道的基本频率 ω_a，所以在收看 A 频道时肯定能收到这一项的产物。但是它的幅度上存在有 B^2 幅度，因此将出现 B 频道的电视图像信号。结果在屏幕上观看 A 频道信号时，同时出现了 B 频道信号，造成两个图像同时出现在屏幕上的串像现象（黑白反转的负像），不严重时为移动的竖条纹（雨刷现象），这两项被称为交扰调制干扰，或简称交调干扰（雨刷+负像）。如果输入信号为多频道，则每两个频道之间都会产生交调干扰，所以对某一频道来说，其他频道的信号都会串入。

2.3.2 载波组合二次差拍比（C/CSO）

1. 定义和物理意义

（1）定义：图像载波电平与在带内成簇聚集的二次差拍产物的复合电平之比，以 dB 表示。即：

$$C / CSO = 20\lg\frac{图像载波电平}{聚集在载波频率图像载波附近复合二次差拍产物峰值电平} \tag{2-44}$$

（2）物理意义：该指标是图像载波电平与有线电视系统非线性失真引起的二次互调失真的总和之比。在一般使用的线性范围内，系统输出电平每降低 1dB，载波复合二次差拍比改善 1dB。

（3）指标：行业标准 GY/T 106 - 1999 规定，$C/CSO \geqslant 54$ dB。

（4）对图像质量的影响：载波复合二次差拍比使电视接收机屏幕上产生网纹干扰，如图 2-8 所示。

（5）指标劣化的原因和减少影响的办法：有线电视系统的放大器一般采用推挽电路，推挽电路能抑制偶次谐波，故放大器对 C/CSO 指标影响不大。

HFC 光传输链路中，由于光纤色散会产生新的光谱分量，从而增加了光链路的载波复合二次差拍比。因此，在 HFC 中，选光纤时，要注意色散问题。

图 2-8　载波复合二次差拍比产生的网纹干扰

2. 指标计算

C/CSO 与放大器串接数 n 的关系是：

$$C/CSO = C/CSO_1 - 15\lg n = C/CSO_0 + (S_{0t} - S_0) - 15\lg n$$

C/CSO_0（dB）为设备在测试电平 S_{0t}（dB μV）的值；C/CSO_1 为单设备在实际工作电平 S_0（dB μV）的值；

C/CSO 与所传输的频道数是 $10\lg(M/m)$ 的关系（其中，M 是系统传送的最大频道数，m 是实际传送的频道数），即传输的频道数越少，C/CSO 指标越高。

2.3.3　载波组合三次差拍比（C/CTB）

1. 定义和物理意义

载波复合三次差拍比（C/CTB）是指某个图像载波电平与聚集在该频道的图像载频附近形成簇的复合三次差拍产物之比，用 dB 表示。即：

$$C/CTB = 20\lg \frac{\text{图像载波电平}}{\text{聚集在载波频率图像载波附近复合三次差拍产物峰值电平}} \tag{2-45}$$

该指标是有线电视系统非线性失真引起的三次互调失真的总和。在一般使用的线性范围内，系统输出电平每降低 1dB，载波复合三次差拍比改善 2dB。

2. 指标

行业标准 CY/T 121 - 1995 和 GY/T 106 - 1999 规定，载波复合三次差拍比不小于 54 dB。

3. 对图像质量的影响

多次实验的结果表明，一般情况下，复合三次差拍均表现为在电视接收机屏幕上出现横向差拍噪波，这是一种水平水波纹状的噪波干扰，像是噪波叠加在水波纹上的干扰，是一种具有一定随机性的低频组合差拍干扰，如图 2-9 所示。

图 2-9　载波复合三次差拍比产生的水平横纹干扰

4. 指标劣化的原因和减少影响的办法

载波复合三次差拍比较低的原因有：① 放大器本身非线性指标未达标；② 放大器输出电平过高。

5. 指标计算

C/CTB 与放大器串接数 n 的关系是：

$$C/CTB= C/CTB_1 -20\lg n= C/CTB_0 +2（S_{0t}-S_0）-20\lg n \tag{2-46}$$

C/CTB_0（dB）为设备在测试电平 S_{0t}（dBμV）的值；C/CTB_1 为单设备在实际工作电平 S_0（dBμV）的值；

C/CTB 与所传输的频道数是 20lg（M/m） 的关系（其中 M 是系统传送的最大频道数，m 是实际传送的频道数），即传输的频道数越少 C/CTB 指标越高。

2.3.4　信号交流声比（HM）

交流声调制是在图像上出现 50Hz 滚道。

1. 定义和物理意义

（1）定义：交流声调制是指在 1kHz 以内，50Hz 电源的交流声及其谐波的干扰，用 dB 表示。即：

$$HM = 20\lg \frac{标准图像调制电压峰峰值}{交流声调制电压峰峰值} \tag{2-47}$$

（2）物理意义：在有线电视系统中，50Hz 及其谐波较大，在电视图像上出现滚道。

（3）指标：行标规定 $HM \geqslant 46\text{dB}$。

（4）对图像质量的影响：交流声调制使电视接收机屏幕上出现上、下滚动的水平黑道或白道。交流声调制干扰严重时会影响同步，使图像垂直方向产生扭动；最严重时会破坏同步，使图像画面混乱，如图 2-10 所示。

2. 指标劣化的原因和减少影响的办法

（1）交流声调制劣化的原因：①交流电网供电电压过低；②直流稳压电源滤波不好；③有线电视系统地线不好或接地电阻过大。

（2）减少影响的办法：①直流稳压电源

图 2-10　信号交流声比产生的水平黑道或白道干扰

要达标，电源纹波小，以减少 50Hz 交流分量；②有线电视系统地线要用宽铜带连接起来，连接处焊接良好，接地电阻要小；③信号线（特别是视频信号线）不能与主电源供应线长距离并行在一起，以免 50Hz 交流声串进去。

2.3.5　交扰调制比（CM）

交扰调制是指两个电视频道或多个电视频道之间信号的互相串扰。即 C/CM。

1. 定义和物理意义

（1）定义：在被测频道需要的调制包络峰一峰值与被测载波上转移调制包络峰－峰值之比，用 dB 表示。

$$CM=20\lg（制定频道上有用调制信号的峰峰值／交扰调制成分峰峰值）\tag{2-48}$$

（2）物理意义：交扰调制就是串台，其他频道电视节目的图像串到本频道上。

（3）指标：根据我国行业标准 GY/T106-1999《有线电视广播系统技术规范》规定

$$C/CM \geqslant C/CM_1-10\lg（N-1）\tag{2-49}$$

式中：N 为频道数，C/CM_1 是任意频道对测试频道的交调比（46dB）。

（4）对图像质量的影响：在串扰信号不失真，且与被串信号基本同步时，则在一个画面上将看到另一个节目的弱信号，如图 2-11 所示；当两个信号不同步时，串入图像将产生漂动，其影响更大；当串入信号有失真时，画面上会出现杂乱无章的麻点，或不规则移动的花纹。

2. 指标劣化的原因和减少影响的办法

（1）交扰调制产生的原因是有线电视系统中有非线性失真产生。

图 2-11　交扰调制产生的垂直竖纹干扰

（2）减少交扰调制的办法：应选择质量较好的、非线性失真达标的和输出电平不能过高的放大器。在有线电视系统中，频道安排要适当，由于某些原因，个别容易被串扰的频道尽量不用。

2.3.6　微分增益失真（DG）

微分增益失真使图像在不同亮度处彩色饱和度发生变化。微分增益应理解为微分增益失真。

1. 定义和物理意义

（1）定义：微分增益是不同亮度电平下的色度信号幅度的变化，用百分数表示。

（2）物理意义：小幅度的等幅彩色副载波在由黑到白的不同亮度电平（亮度五阶梯）上，由于系统的非线性所引起的彩色副载波幅度的变化称为微分增益。

（3）指标：微分增益不大于 10%。

（4）对图像质量的影响：微分增益失真使在不同亮度处的饱和度不一样，如在电视画面上演员从暗处走到亮处，肤色和服饰的饱和度不一样，给人很不自然的感觉。

2.产生的原因和减少影响的办法

（1）产生的原因：产生微分增益失真的器件是调制器，原因是调制特性曲线的非线性或其前边视频放大器的非线性引起失真。

（2）减少影响的办法：采用合格的质量较好的调制器；系统工作一段时间后，发现微分增益失真应先检查调制器是否出了问题。

2.3.7 微分相位失真（DP）

微分相位应理解为微分相位失真，它使图像在不同亮度处颜色发生变化。

1.定义和物理意义

（1）定义：微分相位是在不同亮度电平上彩色副载波相位的变化，用度表示。

（2）物理意义：等幅的小幅度彩色副载波，在由黑到白的不同亮度电平上，由于系统的非线性所引起的彩色副载波相位的变化称微分相位。

（3）指标：微分相位不大于10%。

（4）对图像质量的影响：微分相位失真使图像在不同亮度处颜色发生变化。例如，一个演员由暗处走到亮处，红色服装会由晴红色变为酱紫色，给人很不协调的感觉。

2.产生的原因和减少影响的办法

（1）产生的原因：在有线电视系统中，产生微分相位的主要是调制器，因为调制器具有非线性的相位特性，从而造成相位失真。

（2）减少影响的办法：采用合格的质量较好的调制器；系统工作一段时间后发现微分相位失真大时，应先检查调制器是否出了问题。

2.4 系统线性失真

2.4.1 频道内频响

频道内频响是从图像载频到图像载频加6MHz范围内的射频的幅频特性。

1.定义和物理意义

（1）定义：频道内频响系指系统输出口的电视频道内的幅频特性，以分贝（dB）表示。

（2）物理意义：频道内频响是从图像载频到图像载频加6MHz范围内的幅度——频率特性，即频道内的平坦度。

（3）指标：我国行业标准规定，在8MHz的范围内，对有线模拟/数字电视系统，其带内的频响为+2dB；对HFC数据传输系统，其下行的带内频响应为2.5dB（其上行的频响要求为5～65MHz范围内，任意2MHz带内2.5dB）。

在HFC数据传输系统中，由于考虑到系统幅频特性对数据信号传输质量的影响，规定要求整个下行频带（85～862MHz）内，其信号电平的斜率不大于 12dB；在整个上行频带（5～65MHz）内，其信号电平的斜率也应不大于 12dB，即要求系统任意点的指定信号之间或信号群之间的电平差均应不大于 12dB。

2. 对图像质量的影响

幅频特性下降过多，使高频分量幅度变小，图像清晰度下降。而幅频特性抬升过高，高频分量增加，使图像变得比较生硬（类似勾边电路产生的现象）。

3. 产生的原因和减少影响的办法

（1）产生的原因：在有线电视系统中，频道内频响不好主要是调制器幅频特性欠佳引起的。

（2）减少影响的办法：采用质量较好的调制器。系统工作一段时间后，发现某个频道幅频特性不好应检查该频道调制器的幅频特性。

2.4.2　色度/亮度时延差

色度/亮度时延差使图像中色度信号与亮度信号不重合，产生彩色镶边。

1. 定义和物理意义

（1）定义：电视信号中色度和亮度分量通过有线电视系统后，它们的延时不同称为色度/亮度时延差，用 ns 表示。

（2）物理意义：色度/亮度时延差是把色度分量和亮度分量的调制包络作比较，如果两个波形相应部分在时间关系上输出端与输入端不同，则被称为色度/亮度时延差。

（3）指标：色度/亮度时延差不大于 100ns。

（4）对图像质量的影响：当色度信号和亮度信号传输时间不一致时，产生时延差。它使图像在水平方向上产生彩色镶边，严重时使彩色和黑白轮廓分家，类似画报中出现的套色不准，使彩色清晰度下降，如图 2-12 所示。

图 2-12　色度/亮度时延对图像的影响

2. 产生的原因和减少影响的办法

（1）产生的原因：在有线电视系统中，产生色度/亮度时延差的主要原因是调制器中频滤波器做得不好，幅频特性下降过陡，使相位特性起伏较大；次要原因是频道处理器里的中频滤波器做得不好。

（2）减少影响的办法：系统中选用合格的质量较好的调制器。

2.4.3　回波值

1. 定义和物理意义

（1）定义：值是指在规定测试条件下，测得的系统中由于反射而产生的滞后于原信号并与原信号内容相同的干扰信号的值，即被测系统对 2T 正弦平方脉冲的响应。

（2）物理意义：传送电视信号的高频载波在传输过程中，当传输介质不均匀或发生变化时，都会产生反射波。用反射波的大小来衡量所造成的影响，此反射波也叫回波。

（3）指标：回波值不大于 7%。在测量有线电视系统的回波值时，它可以定义为被测系统对 2T 正弦平方脉冲的响应（T 等于或近似等于电视制式标称视频带宽上限频率倒数的 1/2，例如 PAL-D 制式，T= 83ns）。

（4）对图像质量的影响：回波会在图像的右边出现一个反射波的重影或幻像。当重影与正常信号延时不大时，两个图像接近，当重影与正常信号延时较大时，幻影就很明显，使清晰度下降，严重影响图像质量，如图 2-13 所示。

图 2-13　回波对图像画面的影响

2. 产生的原因和减少影响的办法

（1）产生的原因：电缆质量不好，反射损耗低或接头匹配不好都会产生回波。

（2）减少影响的办法：在有线电视系统中，选用优质合格的电缆作传输线；传输电缆与放大器中间的接头（电缆头）要选用合乎标准的优质产品，电缆接头应安装牢固以保证接触良好。

2.5　信道编码及调制技术

2.5.1　信道编码

信道编码又称差错控制编码或称纠错编码，其基本原理是为了使信道对信源具有检错和纠错能力，按一定的规则在对信源编码时再额外增加一些冗余码元，使这些冗余码元与被传信息码元之间建立一定的关系，发送端完成这个任务的过程称为纠错编码。在接收端，根据信息码元与冗余码元的特定关系实现检错和纠错，输出原信息码元，完成这个任务的过程称为纠错解码。

信道编码的实质是提高信息传输的可靠性，或者说增加整个系统的抗干扰能力。对信道编码的要求主要有两条：一是要求编码器输出码流的频谱特性适应信道的频谱特性，从而使传输过程中能量损失最小，提高信道能量与噪声能量的比例，减小发生差错的可能性。二是增强纠错能力，使得即使出现差错，也能得以纠正。

典型的数字电视系统结构如图 2-14 所示。由图可知，在发送端，数字电视节目源（主要由视频、音频等数据组成）先经过信源编码处理，得到压缩编码后的视频、音频码流，随后进行信道编码，这里需要辅助数据与控制数据的支持。信道编码实现检错、纠错功能，以提高数字电视传输信号的抗干扰能力，以使

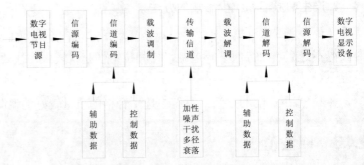

图 2-14　数字电视系统结构

之适应信道传输特性，再进行载波调制以实现频谱搬移，最后送入传输信道。在接收端，信号处理流程与发送端正好相反，先进行载波解调，然后是信道解码、信源解码，以还原出数字电视视频、音频节目信息，最后送入数字电视显示设备，将图像与伴音等信息呈现给数字电视用户。

虽然与模拟电视系统相比，数字电视系统具有较强的抗干扰能力，但当干扰较大时仍然可能发生信息失真，并出现误码，要减少失真与误码，必须提高信噪比，由于信道带宽及信号功率均受到限制，信噪比的提高也受到限制，因此必须进行纠错编码，以进一步提高传输系统的可靠性。只有信号传输过程中出现的失真与误码在一定限度之内，接收端才能正确地将信息解调出来。

传输信道是数字电视信号的物理传输通道，其特性将直接影响信源编码与信道编码的效果。信道容量有限，电视信道的带宽按照各个国家的不同规定有 6MHz、7MHz 与 8MHz 三种，在这有限的带宽中如何实现传送更多的比特，这属于信源编码研究的范畴。此外，还必须考虑信号传输的可靠性问题，这属于信道编码研究的范畴。有效性与可靠性是信号传输中的一对矛盾，有效性以信息传输速率来衡量，由于传输信道有不同的带宽，因此有效性可用"谱效率"来衡量，即每赫兹能够传送多少信息速率，可靠性通常用误比特率 P_h 与误码元率 P_s 来表示，具体为：$P_h=$ 错误比特数/传送总比特数，$P_s=$ 错误码元数/传送总码元数（对于 M 进制来说，每一码元的信息含量为 $\log_2 M$ 比特）。

2.5.2　差错控制系统

差错控制系统实现两部分功能：即差错控制编码与差错控制解码，其中差错控制编码是指在信源编码数据的基础之上增加一些冗余码元（又称监督码元），使监督码元与信息码元之间建立一种确定关系，而差错控制解码是指在接收端，根据监督码元与信息码元之间已知的特定关系，来实现检错及纠错。在数字通信系统中，利用纠错检错码进行差错控制的基本方式大致可分为以下三类：前向纠错（FEC）、反馈重发（ARQ）与混合纠错（HEC）。

1. 前向纠错（FEC，Forward Error Correction）

信息在发送端经纠错编码后送入信道，接收端通过纠错解码自动纠正传输中的差错，这种方式称为前向纠错，前向表示差错控制过程单向，不存在差错信息反馈。前向纠错具有无需反向信道、时延小、实时性好等优点，它既适用于点对点通信，又适用于点对多点组播或广播式通信，其缺点是解码设备比较复杂，纠错码必须与信道特性相匹配，为提高纠错性能必须插入更多监督码元致使码率下降。FEC 纠错能力有限，因而 FEC 通常应用在容错能力较强的语音、图像通信方面，如数字电视领域。其基本原理和基本结构如图 2-15 所示。

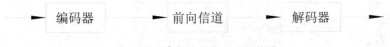

图 2-15　前向纠错原理和结构图

2. 反馈重发（ARQ，Automatic Repeat Request）

发送端发送检错码，接收端通过解码器检测接收码组是否符合编码规律，从而判决该码是否存在传输差错，若判定码组有错，则通过反向信道通知发送端重发，如此反复直至接收端认为正确为止，这种方式称为反馈重发，其基本原理和结构如图 2-16 所示。

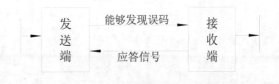

图 2-16　反馈重发原理和结构图

3. 混合纠错（HEC，Hybrid Error Correction）

混合纠错是前向纠错与反馈重发二者的结合，发送端发送的码字兼具有检错及纠错两种能力，接收端解码器收到码字后，首先校验错误情况，如果差错不超过误码纠错能力，则自动进行纠错，如果差错数量已超出误码纠错能力，则接收端通过反馈信道给发送端一个要求重发的信息，其基本原理和结构如图 2-17 所示。

图 2-17 混合纠错基本原理和结构图

2.5.3 纠错码分类

根据信道噪声干扰的性质，可将差错分成以下三类。

（1）随机错误：它由信道中的随机噪声干扰所引起，由于噪声的随机性，因而误码的发生相互独立，不会出现成片错误。

（2）突发错误：它由突发噪声干扰引起，如电火花等脉冲干扰，会使差错成群出现，通常用突发持续时间与突发间隔时间分布来描述。

（3）混合错误：既包括随机错误又包括突发错误，因而既会出现单个错误，也会出现成片错误。

与差错种类相对应，可对纠错码进行分类，每一类又可按照其划分标准进一步进行细分，如图 2-18 所示。

图 2-18 纠错码分类

1. RS 编码技术

RS 码由 Reed 和 Solomon 两位研究者发明，故称为里德-所罗门（Reed Solomon）码，简称

RS 码，它是广泛应用在数字电视传输系统中的一种纠错编码技术。RS 码以字节为单位进行前向误码纠正（FEC），它具有很强的随机误码及突发误码纠正能力。

从结构上看，RS 码是一种码元长度为 n、信息位长度为 k 的（n，k）型线性分组码，其中分组码是指在 k 位信息码元的后面按编码规则附加 t 位校验码元而构成码长为 n 的码字，并用（n，k）表示，而线性分组码是指分组码中的校验码元与信息码元之间满足线性变换关系。

RS 编码是一种非常有效的块编码技术，与其他以单个码元为基础的块编码技术不同，RS 码以码组为基础，码组又称为符号，RS 码只处理符号，即使符号中只有一个比特出错，也认为是整个符号出错。

在 DVB 系统中，信道编码采用（204，188，t=8）的 RS 码，即 n=204 字节，k=188 字节，即每 188 个信息符号要用 16 个监督符号，总码元数为 204 个符号，m=8 比特（1 字节），监督码元长度为 $2t$=16 字节，纠错能力为一段码长为 204 字节内的 8 个字节，此 RS 码的长度在原理上应为 n=2^{m-1}=255 字节，实施上述 RS 编码时，先在 188 字节前加上 51 个全 0 字节，组成 239 字节的信息段，然后根据 RS 编码电路在信息段后面生成 16 个监督字节，即得到所需的 RS 码。

2. 数据交织技术

RS 码具有强大的抵御突发差错的能力，但对数据进行交织处理，则可进一步增强抵御能力，数据交织是指在不附加纠错码字的前提下，利用改变数据码字传输顺序的方法，来提高接收端去交织解码时的抗突发误码能力，通过采用数据交织与解交织技术，传输过程中引入的突发连续性误码经去交织解码后恢复成原顺序，此时误码分散分布，从而减少了各纠错解码组中的错误码元的数量，使错误码元数目限制在 RS 码的纠错能力之内，然后分别纠正，从而大大提高了 RS 码在传输过程中的抗突发误码能力。

数据交织技术纠正突发误码的原理如图 2-19 所示，其中，mn 个数据为一组，按每行 n 比特，共 m 行方式读入寄存器，然后以列的方式读出用于传输，接收端把数据按列的方式写入寄存器后再以行方式读出，得到与输入码流次序一致的输出，由此实现了交织与解交织。当在传输过程中出现突发差错时，差错比特在解交织寄存器中被分散到各行比特流中，从而易于被外层的 FEC 纠正。在上述数据交织中，每行的比特数 n 被

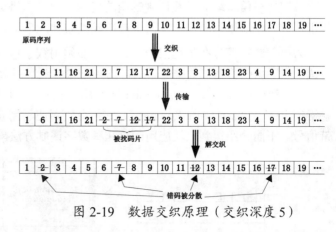

图 2-19　数据交织原理（交织深度 5）

称为交织深度，交织深度越大，则抗突发差错能力就越强，但交织的延迟时间也越长，因为编解码都必须将数据全部送入存储器后才能开始，ATSC 标准中交织深度为 52，DVB-T 标准中的交织深度为 12。

数据交织技术在数字电视信道编码中应用广泛，例如在数字电视有线传输系统中，为提高系统的抗干扰能力，必须进行 RS 编码，但是信道突发干扰会造成连续码元错误，会超出 RS 编码的纠错能力，致使大量误码无法纠正。在这种情况下，必须使用数据交织技术来对抗突发差错，以使错误码元能够分散分布，使错误码元数量控制在 RS 编码纠错范围之内，再利用 RS 编码技术进行纠错。

3. 卷积编码

卷积编码又称内码或循环码，它是一种非分组码，其前后码字或码组之间有一定约束关系。卷积编码器可有 k_0 个输入，n_0 个输出，通常 $k_0<n_0$，且皆为小整数。在任意给定的时间单元内，编码器的 n_0 个输出不仅与本时间单元的 k_0 个输入有关，还与前面 m 个输入单元有关，一个典型的（2，1，2）卷积编码器结构如图 2-20 所示。

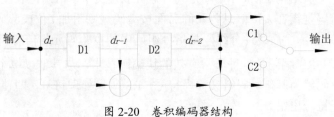

图 2-20　卷积编码器结构

在数字电视信道编码系统中，卷积编码是 RS 编码与数据交织的有效补充，当信道质量较差时，通常采用 RS 码与卷积码相级联的形式作为信道编码方案，如图 2-21 所示。

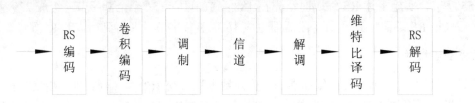

图 2-21　RS 码与卷积码相级联的形式

2.5.4　数字调制

数字电视信道编解码及调制解调的目的是通过纠错编码、网格编码、均衡等技术提高信号的抗干扰能力，通过调制把传输信号放在载波或脉冲串上，为传输做好准备。

为了使数字信号在带通信道中传输，必须用数字信号对载波进行调制。数字传输的常用调制方式：数字调制就是把数字基带信号的频谱搬移到高频处，如图 2-22 所示，基本的数字调制方式有三种：幅度键控 ASK（Amplitude Shift Keying），频移键控 FSK（Frequency Shift Keying）和相移键控 PSK（Phase Shift Keying），它们分别对应于用正弦波的幅度、频率和相位来传递数字基带信号。下面介绍得到广泛应用的这几种数字调制方法。

图 2-22　数字调制

（1）ASK 又称幅移键控，载波幅度是随着调制信号而变化的，如图 2-23 所示。其最简单的形式是，载波在二进制调制信号控制下通断，这种方式还可称作通-断键控或开关键控（OOK）。也可以用相乘器实现调制，调制类型有二进制幅移键控（2ASK）和多进制幅移键控（MASK）。在二进制数字调制中，每个符号只能表示 0 和 1（+1 或-1），但在许多实际的数字传输系统中却往往采用多进制的数字调制方式。虽然，多电平 MASK 调制方式是一种高效率的传输方式，但由于它的抗噪声能力较差，尤其是抗衰落的能力不强，因而它一般只适宜在恒参信道下采用。ASK 的解调方法主要有相干法和非相干法。

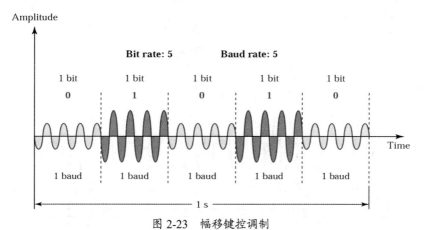

图 2-23　幅移键控调制

（2）PSK 又称相移键控，载波相位随着调制信号而变化，如图 2-24 所示。产生 PSK 信号的两种方法如下。

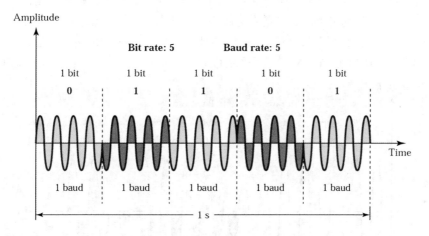

图 2-24　相移键控调制

① 调相法：将基带数字信号（双极性）与载波信号直接相乘的方法。

② 选择法：用数字基带信号去对相位相差 180° 的两个载波进行选择，两个载波相位通常相差 180°，此时称为反向键控（PSK）。

PSK 的类型有二进制相移键控（2PSK），多进制相移键控（MPSK），其中四进制 QPSK 应用比较广泛。

（3）FSK 又称频移键控，其载波频率随着调制信号而变化，如图 2-25 所示，是信息传输中使用得较早的一种调制方式，它的主要优点是：实现起来较容易，抗噪声与抗衰减的性能较好。在中低速数据传输中得到了广泛的应用。FSK 类型有二进制频移键控（2FSK）和多进制频移键控（MFSK）。2FSK 可看作是两个不同载波频率的 ASK 已调信号之和。解调方法为相干法和非相干法。

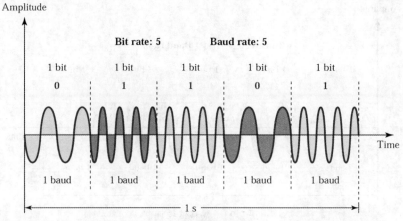

图 2-25　频移键控

（4）QAM 又称正交幅度调制法。在二进制 ASK 系统中，其频带利用率是 1bit/s·Hz，若利用正交载波调制技术传输 ASK 信号，可使频带利用率提高一倍。如果再把多进制与其他技术结合起来，还可进一步提高频带利用率，能够完成这种任务的技术称为正交幅度调制（QAM），它是利用正交载波对两路信号分别进行双边带抑制载波调幅形成的，如图 2-26 所示。通常有二进制 QAM（4QAM），四进制 QAM（16QAM），八进制 QAM（64QAM）等，在数字电视调制中应用广泛。

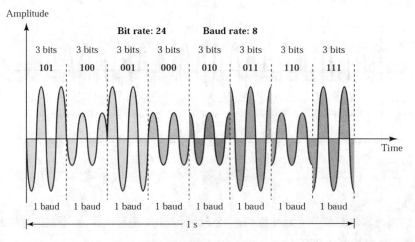

图 2-26　8QAM 调制

ASK、PSK、FSK 和 QAM 的关系如图 2-27 所示，其中，QAM 可以看成是 ASK 与 PSK 结合的产物。表 2-4 列出了几种不同形式的调制的具体参数和特性。

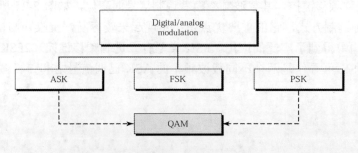

图 2-27　几种基本数字调制的关系

表 2-4　几种不同形式的调制的具体参数和特性

Modulation	Units	Bits/Baud	Baud rate	BitRate
ASK，FSK，2-PSK	Bit	1	N	N
4-PSK，4-QAM	Dibit	2	N	2N
8-PSK，8-QAM	Tribit	3	N	3N
16-QAM	Quadbit	4	N	4N
32-QAM	Pentabit	5	N	5N
64-QAM	Hexabit	6	N	6N
128-QAM	Septabit	7	N	7N
256-QAM	Octabit	8	N	8N

2.5.5　数字电视信号的调制

目前各国数字电视的制式，标准不能完全统一，主要是指各国在调制方式方面的不同，具体包括纠错、均衡等技术的不同，带宽的不同，尤其是调制方式的不同。

（1）正交振幅调制（QAM，Quadrature Amplitude Modulation）：调制效率高，要求传送途径的信噪比高，适合有线电视电缆传输。

（2）键控移相调制（QPSK，Quadrature Phase Shift Keying）：调制效率高，要求传送途径的信噪比低，适合卫星广播。

（3）残留边带调制（VSB，Vestigial Side-Band）：抗多径传播效应好（即消除重影效果好），适合地面广播。

（4）编码正交频分复用调制（COFDM，Coded Orthogonal Frequency Division Multiplexing）：抗多径传播效应和同频干扰好，适合地面广播和同频网广播。

目前的数字电视信道带宽基本与每个国家原来的模拟电视信道标准带宽一致，这个带宽的确定基本是由其原来广播电视采取的模式决定的。图 2-28 反映了我国模拟频道和数字频道调制后的频谱特性。

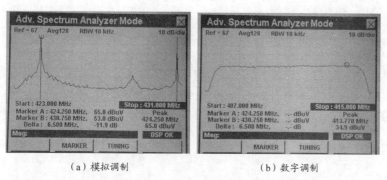

（a）模拟调制　　　　　　　　　　（b）数字调制

图 2-28　模拟频道和数字频道调制后的频谱特性

2.5.6　QAM 调制的星座图

在 QAM 调制方式中，不仅利用了载波的幅度，而且利用了载波的相位来表示被调制数据。

纵轴矢量"I"串流和横轴矢量"Q"串流可描绘为九十度相位差形成的格子，代表"I"乘"Q"数的可能状态，此格子通常称为"星座图"，亦可想象为方框的数组。星座图中反映了 QAM 调制技术的两个基本参数，载波的幅度和相位。图 2-29 以 64QAM 调制方式为例，给出了星座图和星座点的示例。

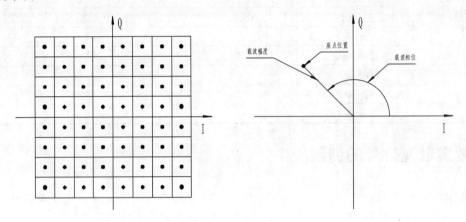

图 2-29　星座图

　　图中每个星座点在星座图中都有一个判定边界，相邻方框之间的分界线称为"判断门坎"，在理想的数据传输情况下，每个被接收的传送码应会落在它方框的几何中心点，但实际上只要信号落进边界内，就表示收到正确的数据。实际上噪声的侵入干扰与反射信号会推挤传送码离开理论的中心点移往相邻方框的边界，当干扰不足以推挤传送码跨越门坎时，则永远被理解为属于正常的，反之落在相邻区域内，它会被错误的理解视为属于相邻方框的符号，因此造成一个错误码，如图 2-30 所示。因为星座点在星座图上的位置依赖于载波的幅度和相位，所以幅度与相位的噪声将对群集上的位置有影响。幅度噪声将改变原来的距离，相位噪声将改变旋转位置。其他类型的噪声和干扰将影响各个方向的符号。星座图表是一个很好的故障排除辅助工具，通过在测试仪器上分析星座图的形状及分布特点，能够反映出信号的良好程度和存在的问题，并可提供关于干扰的来源与种类的线索。对于 QAM 我们通常用它来判断其调制方式的误码率等，有很直观的效用。

　　对于同一种 QAM，也可能有多种不同的表现形式，图 2-31 所示为几种不同形式的 16QAM 星座图。

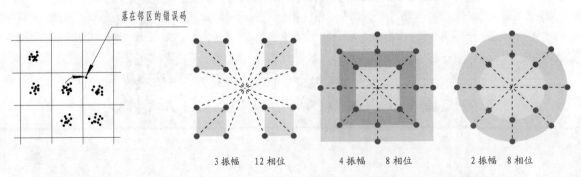

图 2-30　落入邻区的点形成误码　　　　图 2-31　几种不同形式的 16QAM 星座图

1. 良好的星座图

　　在测试仪器上，星座点被很合理地定义和定位在正方形内，表明系统有良好的增益、相噪及调制差错比，如图 2-32 所示。

2. 非连续无规律的噪声干扰形成云雾状星座图

在实际的网络系统中，QAM 信号一直遭受一些如马达、继电器、电力设备与分配网络上的传输装置所产生的随机性噪声干扰。噪声导致所显示的符号落在星座图方框内正常位置的周围，经累积一段时间后，统计一特定方框内所有符号的落点就会形成如云雾状的星座点分布，每个符号表示噪声干扰的细微差异，如图 2-33 所示。

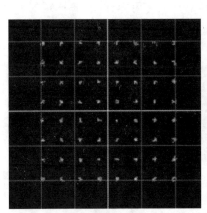

图 2-32   良好的 64QAM 星座图　　　　图 2-33   网络中非连续无规律的噪声干扰

3. 连续有规律性噪声的干扰

内调制设备、计算机设备的时基电路以及广播的发射机都可能是连续周期性有规律噪声的干扰来源，在特定方框内所显示的符号形成明显的圆圈图形，表明网络存在相干干扰源，如图 2-34 所示。

4. 相位噪声形成旋转型星座图

相位噪声是一段期间振荡器其相对的相位不稳定的表现，如果此振荡器是用于信号处理（例如本地振荡器），这些相位不稳定会影响在信号上，结果在星座图上显示出绕着图形中央旋转的现象，如图 2-35 所示。相位噪声可能是由下/上变频器造成的。

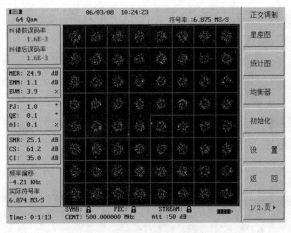
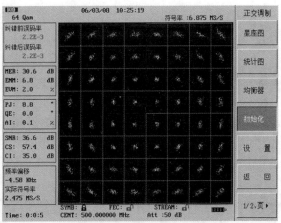

图 2-34   连续有规律性噪声的干扰　　　　　　图 2-35   相位噪声干扰

5. 增益压缩形成压缩形星座图

增益压缩是在信号传送路径上因有源器件（放大器或信号处理器）过度驱动或不良的有源器

件所导致的信号失真，结果在星座图上若显示外部的点被拉进中心而中间的点不受影响，四个角落被扭曲造成四边弯成如弓形的现象，如图 2-36 所示。系统中的增益压缩可能是由 IF 和 RF 放大器或上、下变频器不良等造成的。

6. 孤立点星座图

星座图上出现一些孤立远离主簇的点表明干扰是周期性的，如图 2-37 所示，引起周期性干扰可能的因素如下。激光削波，由于模拟同步脉冲的排队造成激光的偶尔过载；松散的连接，被破坏或松散的连接；颤噪效应，头端设备的数字抖动也能造成周期性错误。

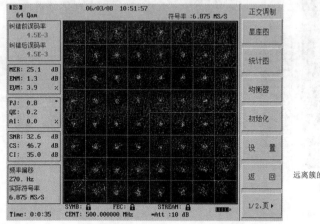

图 2-36　增益压缩时的星座图　　　　图 2-37　周期干扰引起的孤立点星座图

2.6　数字有线电视的指标

数字有线电视系统中的数字信号包括 DVB 数字电视广播信号、CMTS 下行信号以及用于其他功能的 QAM 及 QPSK 信号。数字信号更能够容忍信噪比的劣化，但对系统相位噪声、相干干扰、周期性干扰和增益压缩等更加敏感。

数字系统最基本的测量是传输错误率，用比特误码率（BER）来表示。此外还有信号电平、误差矢量幅值（EVM）、调制误码比（MER）、信噪比（SNR）等。

2.6.1　数字电平

数字电平测量引入平均功率的概念，并用它来表征频道信号功率的强弱，也称信道功率，与模拟电视峰值电平概念和测量手段完全不同。对数字信号来说，信号电平就是指有效带宽内射频或中频信号的平均功率电平。

测量时可以直接用专用数字信号场强仪（如天津德力 DS1191A、DS2400Q 等）或频谱仪测量，用数字信号场强仪测量比较方便，与通常的模拟信号场强仪使用方法一样，但测量结果显示上会有一定的不同，如图 2-38 所示，从图中可以看出，对于数字电视信号只有一个信号电平，而对于模拟信号而言，可以测到视频电平和音频电平。

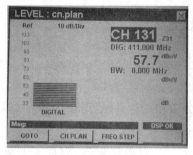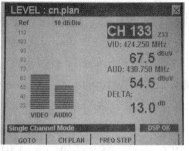

（a）数字电视信号　　　　　　　　（b）模拟电视信号

图 2-38　场强仪测显示数字电视信号与模拟电视信号

用频谱仪测试时要先连接系统，校准仪器；接着做好测试准备，确保阻抗匹配；调节频谱仪中心频率到被测频道，选择合适的扫宽和电平显示，使频谱仪能够显示整个频道；设定频谱仪的分辨率带宽 RSBW 为 100kHz，视频带宽 VBW 为 1kHz，测量频道中心附近平顶包络的电平（平均值）LM；在频谱上找出比 LM 低 3dB 的两个频率点 f_1 和 f_2，这两个频率之差就是频道带宽 CHBW；最后用以下公式计算出数字信号载波信号的电平：

$$LS = LM + 10\log\frac{CHBW}{RSBW} + K$$

（2-50）

式中：

LS 表示数字信号载波电平，单位为 dBμV 或 dBmV；

LM 表示中心频点附近的平顶包络的电平，单位为 dBμV 或 dBmV；

CHBW 表示数字调制信号的频带宽度，单位为 kHz；

RSBW 表示频谱分析仪的分辨率带宽，单位为 kHz；

K 表示校准系数，不同设备，值会有所不同。

用 TRILITHIC 860DSP 的频谱分析模块测得：当 RSBW=100kHz 时，LM=34.2dBμV，CHBW=6.81MHz，经计算，结果为 52.5dBμV，与数字信号场强仪测出结果基本一致，无须修正。

测量中应注意，多数频谱仪的输入阻抗一般为 50Ω，DVB-C 系统的阻抗为 75Ω，需要加 50/75Ω 阻抗转换器，否则，阻抗不匹配会增加测量误差。对阻抗转换器的插入衰减还应加以修正。

数字电视频道平均功率和带宽有关，带宽越宽信道平均功率越高。模拟电视场强仪只对分辨率带宽 300kHz 内的窄带峰值信号进行采样，完全不能表征在宽带（如数字电视 8MHz）内的能量，仅当该数字频道的带内平坦度相当好时可以近似换算。

对于 64QAM 调制，通常建议其数字频道平均功率要调整为比同系统的模拟频道峰值电平低 10dB；对于 256QAM 要低 6dB。产生这样的要求，是基于下面两个原因。

（1）数字信号抗干扰能力强，对载噪比要求比模拟信号低，所以数字电视信号可用比模拟信号低得多的幅度进行传送，这样每个数字频道的传送功率降低，整个通带内总传送功率就降低，干线放大器的总体输入功率就会降低，因此在同一个线路中可以传送比原来更多的信号，更多的内容。

（2）为避免放大器失真，产生互调干扰，干扰其他频道信号。

2.6.2 比特误码率 BER（Bit Error Ratio）

BER 是符号被推挤进入相邻符号范围从而导致那些符号被误解的概率。可用误比特率 Pb 或误符号率 Ps 来表示。通常以 10 的 n 次方来表示，例如测量得 $3×10^{-7}$，表示在一千万次传送码中有 3 个误码，此比率是采用少数的实际传送码来分析和统计并进行推算的值，越低的 BER 值代表越好的效能表现。误码数目在阈值内，可以通过信道编码来纠错，达到 10^{-11} 以下。

尽管较差的 BER 表示信号品质较差，但 BER 不只是单纯测量 QAM 信号本身的情况，因为 BER 要侦测并统计每个被误解的码，它是一个可反映出问题是由瞬间的或者突然发生的噪声干扰的灵敏指标。

此外，QAM 系统包含纠错算法，可修正一些经由传送而形成的误码，前向纠错数据包 FEC 含在 QAM 传送的数据内，它的信息提供 QAM 接收器用来修复被误解的码，因为未纠错（Pre-FEC）和已纠错（Post-FEC）数据质量可能相差极大，BER 测量通常会指示出未纠错（Pre-FEC）的数据质量或已纠错（Post-FEC）的数据质量来区分哪个数据已被 FEC 纠错过。

我国行业标准规定，在 HFC 数据传输系统中，上/下行均要求 $BER≤10^{-8}$，而在有线数字电视传输中，则要求 $BER≤10^{-11}$，才达到准确无误码。

2.6.3 调制误码比 MER（Modulation Error Ratio）

数字系统中的调制误码比（MER）类似于用在模拟系统中使用的信噪比或载噪比，是指传送码由其正常值被取代的一个平均总数，被表示为因噪声功率导致取代 QAM 信号功率的比率，结果以 dB 表示，MER 的值越大代表越好，如图 2-39 所示。

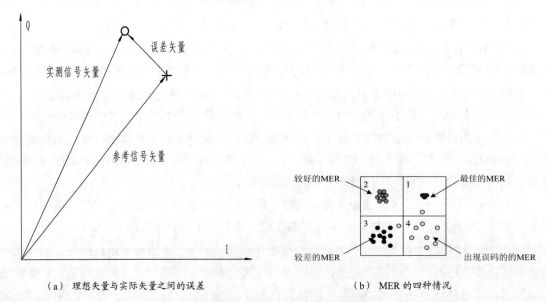

（a）理想矢量与实际矢量之间的误差 　　　　　（b）MER 的四种情况

图 2-39　MER 矢量定义图与 MER 的四种情况

MER 的定义式为：

$$MER = 10\log\dfrac{\dfrac{1}{N}\sum\limits_{j=1}^{N}(I_j^2+Q_j^2)}{\dfrac{1}{N}\sum\limits_{j=1}^{N}(\Delta I_j^2+\Delta Q_j^2)} = 20\log\dfrac{\sqrt{\dfrac{1}{N}\sum\limits_{j=1}^{N}(I_j^2+Q_j^2)}}{\sqrt{\dfrac{1}{N}\sum\limits_{j=1}^{N}(\Delta I_j^2+\Delta Q_j^2)}} \tag{2-51}$$

$$= 20\log\dfrac{C_{rms}}{\sqrt{\dfrac{1}{N}\sum\limits_{j=1}^{N}(\Delta I_j^2+\Delta Q_j^2)}}$$

式中：I_j^2、Q_j^2 是各星座点的矢量坐标；ΔI_j^2、ΔQ_j^2 是到对应理想星座点的矢量偏差。C_{rms} 是星座点矢量模的均方根值。

MER 不仅考虑到幅度噪声，也考虑到相位噪声。测量信号的 MER 值是判定通路失效边界（系统失效容限）的关键部分。它不像在模拟系统中图像质量会随着载噪比性能的下降明显降低，通常情况下，较差的 MER 对数据传输的影响并不显著，只有在低于系统 MER 门限值的情况下，才严重影响数据传输。64QAM 调制信号的 MER 门限值为 23dB。256QAM 调制信号的 MER 门限值为 28dB。通常有线电视 HFC 网络中的 MER 典型值大约是 30～34dB。

MER 是一个统计测量，其主要局限是不能捕捉到周期性的瞬间的测量。在周期性的干扰下测得的 MER 可能很好，但 BER 值却很差。但总的来说 MER 还是一个很好的反映 QAM 信号的指针，同时也是一个相当有用的故障排除辅助工具，MER 是一个很多传送码的平均值，所以它不像 BER 是一个判断数据错误的好工具。

我国行业标准规定，64QAM 数字电视信号的 $MER \geqslant 26\text{dB}$。在系统设计中通常取：$MER=\text{C/N}-6$。

2.6.4　误差矢量幅值 EVM（Error Vector Magnitude）

误差矢量幅值 EVM 的定义式为：

$$EVM_{RMS} = \sqrt{\dfrac{\dfrac{1}{N}\sum\limits_{j=1}^{N}(\Delta I_j^2+\Delta Q_j^2)}{C_{\max}^2}}\times 100\% \tag{2-52}$$

式中：I_j^2、Q_j^2 是各星座点的矢量坐标；ΔI_j^2、ΔQ_j^2 是到对应星座点的矢量偏差。$C_{\max}$ 是最大最远星座点的矢量的模。C_{rms} 是星座点矢量模的均方根值。

EVM 表征平均误码量值与最大符号量值的比值，EVM 和 MER 是有一定关系的，但又是表达同一个信息的两个量，MER 比较容易地理解成一种类似 S/N 的参数，而 EVM 则可以理解成类似模拟电路中的波形失真率的一个参数。EVM 则经常被用于诸如 DVB，UMTS（Enhanced Data rates for Global Evolution，增强型数据传输的全球演进技术）以及 EDGE（Universal Mobile Telecommunications System，通用移动通信系统）标准中，特别是无线数据传输中。

2.7 系统节目技术质量指标

2.7.1 图像质量

在正常情况下，用户端的图像质量等级应不低于 4 分。图像质量主观评价方法应符合 GB/T 7401-1987 规定的 5 级损伤制。

2.7.2 声音质量

在正常情况下，用户端的声音质量等级应不低于 4 分。声音质量主观评价方法应符合 GB/T 16463-1996 规定的 5 级评分制。

2.8 思 考 题

1. 10dBmV= _____ dBμV。

2. 根据我国的电视制式，室温下热噪声电平为 _____μV 或 _____dBμV。

3. 什么是图像质量主观评价的五级损伤制标准？

4. 根据我国电视制式，信噪比与载噪比之间有什么关系，信号电平升高降低对载噪比有什么影响？

5. 学习使用表 2-3 进行工程上的载噪比计算。

6. 有线电视系统非线性失真有哪些？根据我国电视制式，信号电平升高降低对 C/CSO、C/CTB 有什么影响？

7. 有线电视系统线性失真有哪些？

8. 简述差错分类和纠错码分类。

9. 简述数字电视信号与模拟调制信号的频谱特点的区别。

10. 简述数字电视信号电平与模拟调制信号测量上的区别。

11. 简述什么是比特误码率 BER 和调制误码比 MER。

第 3 章　NGB 有线广播电视技术平台

NGB 有线广播电视网的技术平台主要包括数字电视平台（含部分模数混合平台）、数字电视前端软件平台以及云媒体平台、云宽带平台、云通讯平台和云服务平台，此外，最近不少地方开展了应急广播系统与有线广播电视网结合应用的研究与探索工作。

3.1　模拟有线电视平台简介

3.1.1　模拟前端的组成和技术指标

模拟前端主要由信源、信号处理和混合三部分组成，其主要作用有：信号调制、频率变换、电平调整和控制以及射频混合。

1. 前端的主要技术指标

（1）载噪比 C/N。

（2）非线性失真指标。

（3）回波值 E。

（4）微分增益失真（DG 失真）和微分相位失真（DP 失真）。

（5）色/亮度时延差。

（6）频道内幅频特性。

2. 邻频道传输对前端的特殊要求

（1）邻频抑制度：一般要大于 60dB。

（2）带外抑制度：一般要大于 60dB。

（3）V/A 比可调：开路发射设备伴音载波电平低于图像载波电平 10dB 即可，但对于邻频传输设备，则要求音载波电平低于图像载波电平 17dB。

（4）对载波的频率偏差有比较严格的要求：图像载波频率误差小于 20kHz。

（5）陷波处理：在捷变型调制器中尤其重要，一般来说，陷波处理在中频时进行陷波从技术处理的角度上比较方便，因为它与输入频道的频率无关，陷波电路容易设计和实现。

（6）邻频道使用对系统也有一些要求：相邻频道的电平差应尽可能小，最好不超过 2dB，否则相邻频道在接收机高频头中产生的交调串像将成为突出问题，而且往往是电平高的频道干扰电平低的频道；用户电平不能太高，也不能太低，一般要求在 60～80dBμV 之间。

3. 实际前端

图 3-1 所示为一个典型的有线电视前端的系统框图（《有线模拟电视基础知识新编》林挺逵），该系统信源种类主要有卫星下行信号、开路地面接收信号以及自办节目信号等，经解调后再调制混合，由于多路混合，加上后面的多路分配，损耗较大，所以混合后的信号需要放大后再输出。

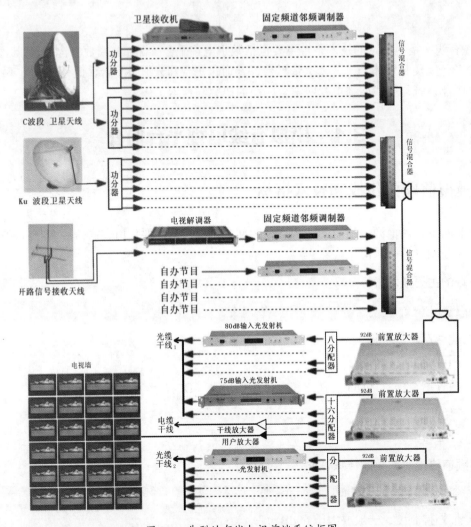

图 3-1　典型的有线电视前端系统框图

3.1.2　模拟前端的主要设备

1. 卫星接收设备

包括卫星天线、高频头、馈源、馈线以及卫星接收机（如图 3-2 至图 3-4 所示）等组成，它们的作用为接收卫星信道节目以供本地使用。其中卫星天线按馈源安放位置可以分为三种类型：前馈天线、后馈天线和偏馈天线，按工作原理又可以分为旋转抛物面天线、卡赛格伦天线、格里高利天线和球形反射面天线等。

（a）前馈
（b）后馈
（c）偏馈

图 3-2　卫星天线

图 3-3　馈源

图 3-4　高频头

2. 电视调制器

电视调制器的功能是将从信号源来的视频信号和音频信号转换成符合有关制式标准要求的射频信号。由视频处理、箝位、同步处理、倒相、调制、残边带滤波、音频处理、6.5MHz 调频振荡、选通、变频和带通滤波等部分组成，其实物如图 3-5 所示，通常为 19 英寸机架式。

图 3-5　模拟调制器

电视调制器分为两大类：直接调制式和中频调制式。直接调制式是在图像和伴音载频上完成调制，直接调制式电视调制器的原理框图如图 3-6 所示。其特点是：线路简单、成本低，残留边带滤波特性很难做好，视频、音频指标及频率稳定性差，带外寄生输出信号抑制度不够等。这种调制器适用于要求不高的非邻频传输系统。

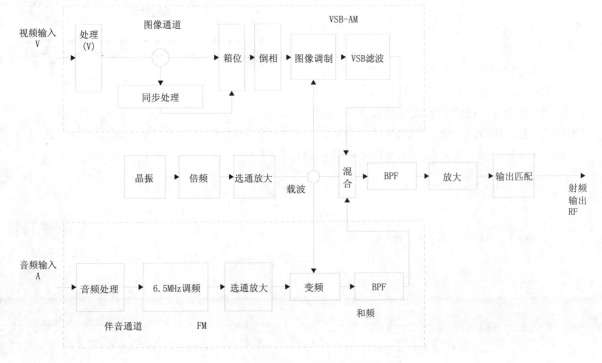

图 3-6　直接调制方式电视调制器方框图

中频调制式是将图像和伴音先调到固定的中频上，然后将中频信号通过上变频器变换到高频上去，中频调制式电视调制器的原理框图如图 3-7 所示。其特点是：调制在频率较低的固定中频上进行，使用声表面波滤波器（SAWF），残留边带特性可以做得好，带外寄生输出抑制可以达到≥60dB，适用于邻频传输系统。高质量的中频调制式电视调制器在基带信号处理、中频滤波、PLL、锁相技术和输出电平的稳定上都做了改进，调制器性能指标和稳定性都有很大提高。

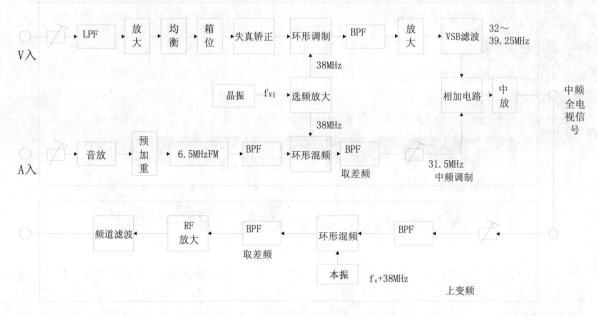

图 3-7　中频调制方式电视调制器方框图

（1）立体声调频广播调制器：主要负责将立体声音频信号调制成调频载波信号，其实物如图 3-8 所示。

图 3-8　立体声调频广播调制器

（2）混合器：主要负责将各调制器输出的射频信号进行频分复用的混合，按混合路数分类有二混合、四混合等；按混合方式分类有宽带混合器、频道混合器、频段混合器、频道频段混合器等；按电路结构分可分为滤波式、宽带传输线变压器式等。目前宽带混合器是我们最常用的，其原理图如图 3-9 所示，实物如图 3-10 所示。

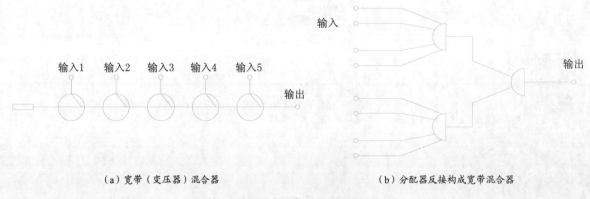

（a）宽带（变压器）混合器　　　　　　（b）分配器反接构成宽带混合器

图 3-9　宽带混合器原理图

宽带混合器是由分支器或分配器反接构成的，图 3-9（a）为将分支器反接构成的宽带混合器。由于分支器本身就是一个宽带定向耦合器，反接成混合器使用，同样具有频带宽、带内平坦度好、输入端相互隔离度高等特性，适用于邻频传输系统，但插入损耗较大，使用时往往在其输出端加接放大器构成有源混合器，以补偿插入损耗。

图 3-9（b）为将分配器反接构成的宽带混合器。这种混合器目前也较常用，其插入损耗相当于原来分配器的分配损耗。

图 3-10　专业混合器

有些前端还有以下设备：天线放大器、频道放大器、频道变换器、信号处理器、导频信号发生器等，由于目前的有线电视系统较少使用，这里就不再赘述。

3.2　数字电视平台

3.2.1　有线电视数字化

1. 实行有线电视数字化的必要性

数字电视是指从节目采集、编辑、制作到信号的发送、传输和接收全部采用数字处理的电视系统。数字电视与市场上的所谓数字电视机不是一个概念。前者是一整套系统，后者则是一种接收显示设备。

有线数字电视就是传输环节采用有线传输方式的数字电视，通俗地讲，从模拟到数字就是电视的升级换代，或者说数字技术淘汰了模拟技术。有线电视数字化是广播电视事业发展的一场革命。通过有线电视数字化，使电视终端成为下一代广播电视网络中集公共传播、信息服务、政务商务、远程教育、文化娱乐为一体的现代化多媒体。从而实现"小网变大网、模拟变数字、单向变双向、看电视变用电视"。

世界各国都在加快广播电视数字化的进程，一些发达国家已经完成了由模拟电视到数字电视的过渡，彻底关停了模拟信号。推进有线电视数字化是科技发展的方向，是国民经济和社会发展的必然要求，是现代化生活的必然选择，是国家信息化、城市现代化的重要标志，也是"三网融合"的必由之路。

2. 有线电视数字化的优势

（1）高质量的音画效果：节目信号质量明显提高，画面更清晰，音质更优美。

（2）内容丰富、自由选择：数字电视提供大量的影视、图文信息、互动节目，用户可选择收看个性化的内容。

（3）服务领域极大拓宽：提供电子节目指南、天气、股票等便民服务。

（4）强大的抗干扰能力：不易受外界干扰，避免了串台、串音、噪声等影响。

（5）频谱资源利用率高：原来一个模拟电视节目的频道，如果采用 H.264 编码方式，现在可以传 15～20 套标清数字电视节目或 3～6 套高清数字电视节目，采用 H.265 编码方式则更高。

（6）"三网融合"衍生功能强大：包括娱乐功能、学习功能、炒股功能、信息功能、音频广播功能、交互功能、远程教育功能、上网功能等。

3.2.2　有线数字电视前端系统组成

有线数字电视前端系统按功能来分，可以分为信源子系统、SI/PSI 生成子系统、数据广播子系统、复用和加扰子系统、条件接收子系统、用户管理子系统、网络管理子系统和传输子系统中的 QAM 调制及混合部分。其原理图如图 3-11 所示。

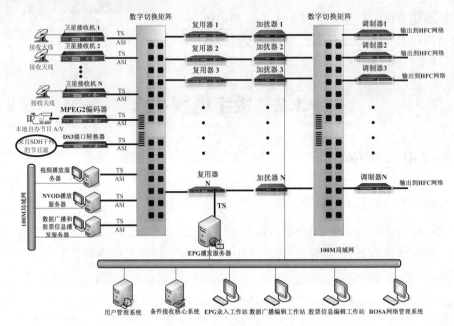

图 3-11　DVB-C 前端系统的组成

系统应具有一定的冗余备份能力，以便系统在出现故障时能够迅速恢复播出。系统冗余备份如图 3-12 所示。

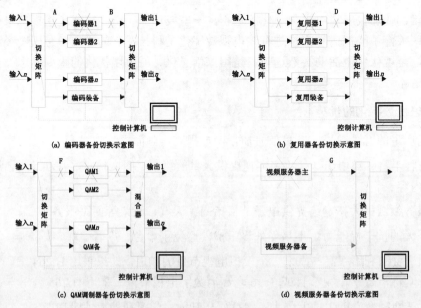

图 3-12　设备备份切换示意图

1. 信源子系统

前端信源子系统为整个系统提供音视频节目，包括编码器、卫星接收机、网络适配器、存储播出等设备，分别对模拟、数字的基带信号、数字卫星信号、SDI、*UDWDM*（*Ultra Dense Wavelength Division Multiplexing，**超密集波分复用**）/IP 网络信号以及传输码流或文件进行编码、接收、适配和存储处理，为下一级提供 TS 码流信号。

其中，存储播出设备对有线电视前端本地播放的数字视音频节目进行存储、管理、调度和播出。典型的存储播出设备包括视频服务器、节目存储库等。

前端的信源主要有下面 4 个方面的来源。

① 卫星转发的中央及各省市上星电视节目。

② OTN 或 SDH 传输的电视节目。

③ 本地电视节目。

④ 基于 DVB-C 有线数字电视的数据广播等信息类节目。

对于卫星电视节目，由于目前接收的是 DVB-S 标准的卫星数字电视节目信号源，对信号源的处理有两种不同的方式，但共同的特点是不用再对其信号进行 H.264 的编码（目前多数的卫星电视节目采用 H.264 信源编码格式，采用 MPEG-2 信源编码格式的比较少了，如果采用 MPEG-2 编码格式，则另外选用 MPEG-2/H.264 编码转换设备进行编码转换），因为卫星接收机只需要 QPSK 解调、信道解码，即可输出相应 H.264 的 TS 码流，将该 TS 码流送入复用器进行多节目 TS 码流的复用即可。对于采用 **单路单载波**（*SCPC，Single Channel Per Carrier*）转发的 DVB-S 的电视节目，由于每个载波仅有一套节目，所以接收机只能输出一个 TS 码流，如果要传输一套节目，对应需要一台卫星接收机。而对应于 **多路单载波**（*MCPC，Multi Channel Per Carrier*）卫星转发器转发的 DVB-S 电视节目，则接收机输出的是多节目的 TS 码流，用一台接收机可以实现对多套节目的 TS 码流接收。前者符号率低. 后者符号率高。为适应各种应用，可选用兼容 SCPC 和 MCPC 的接收机，其接收的符号率范围较大，如 2～45Msymbol/s。

另外，如果有本地的 DVB-T 广播节目源时，由于 DVB-T 采用了抗多径干扰的 COFDM 调制方式，故接收机也需要 COFDM 解调、信道解码，不需要信源解码就可以直接输出 TS 码流，如果其信源编码采用 MPEG-2 格式，则可以考虑进行相应的编码转换。

本地的节目源，如果是模拟的 AV 信号源，则需要经过 H.264 信源编码器或 H.264 服务器，输出相应的 TS 码流到复用器进行多节目的复用即可。

对于来自 OTN、SDH（光纤或微波）等干线传输网的传输码流，首先要通过网络适配器转换为 **异步串行接口**（*ASI，Asynchronous Serial Interface*），或经过相关服务器转换为 IP 的 TS 流。

2. SI/PSI 生成子系统

SI/PSI 生成子系统根据有线电视节目信息产生各种 SI/PSI 表，包括生成 EPG 基本信息等，对于个性化的 EPG 扩展信息，用户可以根据具体情况通过专门的方式传送。

3. 数据广播子系统

数据广播子系统是指对数据广播业务进行管理和播出的系统。此系统通常包括数据广播服务器。数据广播子系统常用于传输文字、图像、音视频片段、数据等多媒体内容。

4. 复用和加扰子系统

复用和加扰子系统按照营运的要求对各类节目和控制信息进行业务组合，完成对各路 TS 码流的复用和加扰。该系统通常包括复用器、加扰器以及负责 TS 码流分配调度的数字矩阵等设备。

基于 MPEG-2 标准的 TS 码流的复用如图 3-13 所示，基于 ASI 切换 TS 码流分配与切换的原理如图 3-14 所示。

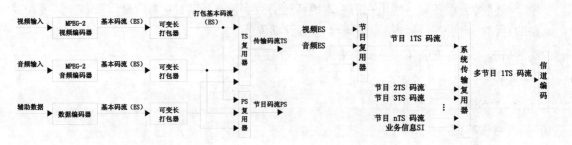

（a）简化的 MPEG-2 系统复用框图　　　　　　　　　　（b）多路节目的双层复用系统框图

图 3-13　节目复用原理图

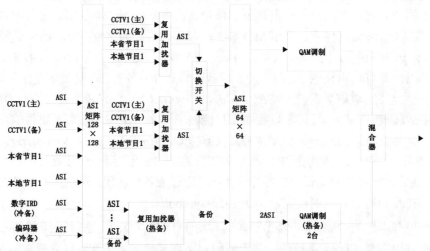

图 3-14　ASI 交换矩阵原理框图

复用其实是 TS 码流的并、串变换过程，它将输入的视、音频及辅助信号数据的多路并行的低速率 TS 码流，复接成一路串行的、高速率的 TS 码流输出。复用可以分为一般复用和统计复用两类：一般复用设备在实现多个 TS 码流的并、串变换过程中，并不改变各个 TS 码流所含信息的比特率，因而输出的比特率应是所有输入 TS 码流的比特率之和，即各节目通常有恒定的比特率；统计复用按多路节目的复用要求，尽可能合理地在所有输入节目间进行动态分配，使其既满足节目质量的要求，又降低了总比特率，因而输出的 TS 码流中各输入节目占用的比特率是动态变化的。有线数字电视前端系统中常有的是后者。

为使复用器正常工作，在复用前必须对输入的各 TS 码流进行检查，监视其正确性，分析其构成，并重新编辑业务信息（SI）表，然后复用成新的 TS 码流，以便机顶盒（STB）接收。复用输出的 TS 码流还必须考虑比特率的适配问题，例如比特率不能使后接的 QAM 调制器的输入溢出，同时也要给 CA 信息留有适当的空包，以免 CA 信息的加入造成 QAM 调制器输入的溢出。

有些复用器内置加扰模块，信号在复用器内部可以完成加扰，以实现对付费电视节目的控制，如果复用器没有加扰功能，则需要外加独立的加扰设备。复用器的主要功能是将多路信号组合在同一信道中传送，而又互不干扰，以提高信道利用率。

在有线数字电视前端系统中的复用器，通常应按 n:1 的热备份配置，并在输入/输出码流溢出、输入/输出信号中断的情况发生时，能支持自动备份切换，待主用故障排除后又可切换回主用；同时还应支持手动备份的切换。自动备份切换的时间应使信号中断不大于 10s。

5. 条件接收子系统

条件接收子系统实现数字电视业务的授权管理和接收控制，使被授权的用户可以使用相应的业务，而未经授权的用户不能使用相应业务。条件接收子系统包括前端 CA 部分和用户终端 CA 部分。典型的前端 CA 部分包括 ECMG、EMM、加密单元等设备，用户终端 CA 部分包括用户终端的 CA 模块和智能卡等。

CA 系统的结构框图如图 3-15 所示，同密加扰技术原理框图如图 3-16 所示。

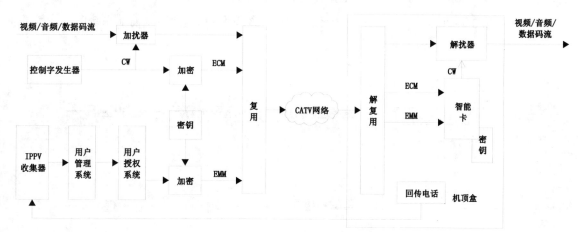

图 3-15　CA 原理系统结构框图

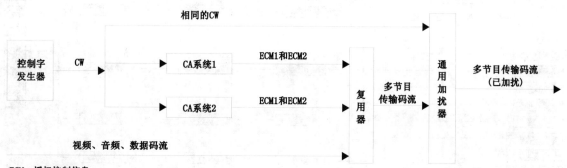

ECM：授权控制信息
ECMG：授权控制发生器
EMM：授权管理信息

图 3-16　同密加扰技术原理框图

6. 用户管理子系统

用户管理子系统主要是对有线数字电视用户进行管理、计费、收费和授权的系统，包括对用户信息、产品信息、设备信息、授权信息、账务信息进行记录、处理、维护和管理。它通常与条件接收子系统联合使用。

7. 网络管理子系统

网络管理子系统包括前端网络设备管理和 HFC 网络设备管理两部分。它们对前端设备和 HFC 网络设备进行管理和调度；能实时监控设备的运行状态、运行参数，实现配置参数等；并且在出现故障时能迅速进行诊断、定位与调度，在较短时间内恢复正常工作。

8. 信道编码调制

信道编码调制属于传输子系统中的一部分，在前端中主要包括 QAM 调制器和混合器。

通常 QAM 调制器的功能是对从复用器来的信源 TS 码流进行信道的编码和调制。调制器输入的传输流可以是 SPTS 或 MPTS，其比特率的范围为 1～80Mbps，也即其输入 TS 码流超过 80Mbps 将溢出。射频调制器的输出频率可调（110～862MHz）、信道带宽可调（1～8MHz）、输出电平可调（50～60dBmV）、调制方式可变（QPSK 和 16/32/64/256QAM）、符号率可变（1～7Msymbol/s）。也就是说，其输出 TS 码流的特性均可根据传输要求进行调整。

图 3-17、图 3-18 所示分别为 ASI 构架数字前端系统图和 IP 构架数字前端系统图，这是目前最常见的数字前端的两种构成形式。

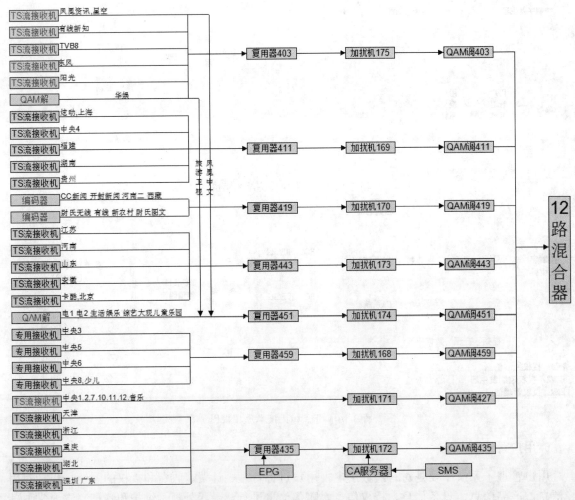

图 3-17　ASI 构架数字前端系统图

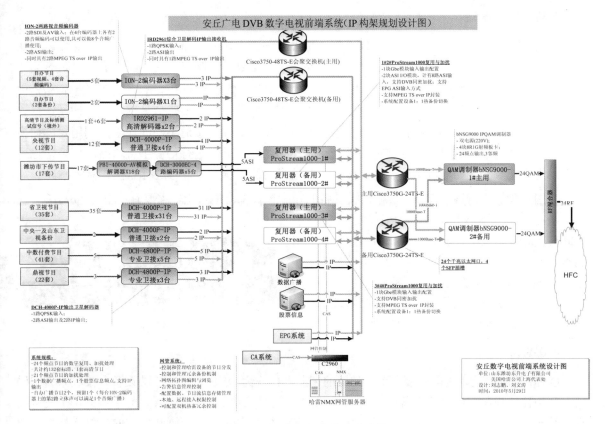

图 3-18　IP 构架数字前端系统图

3.2.3　数字电视前端设备

1. 数字卫星接收机

我国上星的数字电视节目大部分采用的是 QPSK 调制方式，数字卫星接收机都是 QPSK 解调。

数字卫星接收机也分为几种，有的虽然是接收卫星上的数字节目，但是输出的还是模拟的音视频信号，这就是目前部分电视台模拟前端系统所采用的。有的是直接输出 TS 码流；还有一种是既能输出模拟信号，又能输出数字的 TS 码流。图 3-19 所示为数字卫星接收机前背面布局图。

2. 编码器

视音频编码器提供视、音频压缩功能，完成图像声音数据的采集等，目前比较流行的基于 H.264/MPEG-2 的图像数据压缩通过相应的网络传输数据以及音频数据的处理。由音视频压缩编解码器芯片、输入输出通道、网络接口、音视频接口、RS485 串行接口控制、协议接口控制、系统软件管理等构成。图 3-20 是编码器前背面布局图。

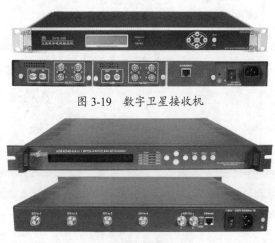

图 3-19　数字卫星接收机

图 3-20　编码器

3. 矩阵切换器

所谓切换，是指一个信号通路或设备的一部分为另一个信号通路或设备所替代的操作。切换后系统或设备在新状态下仍能正常运行。切换操作可以是自动控制的，也可以是手动控制的。

图 3-11 所示为前端中的 ASI 矩阵切换器。它其实是矩阵结构的电子开关，通常由输入/输出单元、矩阵开关卡和控制单元等部分组成，用来进行多路信号进、多路信号出的各种切换选择。它可以将每一路输出与不同的输入信号接通，又可以将一路输入接通不同的输出。利用矩阵切换器的各种切换功能，就可以保证在前端系统正常运行的情况下，进行信源主备通路的切换，也可接入网管系统及必要的监测系统（例如可接入源信号监测系统，对信号进行监视、监测）。

我国相关标准对视、音频，数据切换设备的技术指标都有所规定，主要有：带内（6MHz）视频信噪比 S/N 应不小于 65dB，带内频响不大于 0.2dB（6MHz）或不大于 0.5dB（8MHz），路间串扰不大于-55dB。由此可见，切换器的插入不致影响传输质量（尤其是对数字信号的切换），但对于加强安全播出和提升网络管理功能会带来很大好处。图 3-21 为 ASI 数字矩阵。

图 3-21　ASI 数字矩阵

4. QAM 调制器

QAM 调制器是有线电视数字系统常用的调制器，作为 DVB 系统的前端设备，接收来自编码器、复用器、视频服务器等设备的 TS 流，进行 RS 编码、卷积编码和 QAM 数字调制，上变频处理，输出的射频信号可以直接在有线电视网上传送。它以其灵活的配置和优越的性能指标，广泛应用于数字有线电视传输领域和数字 MMDS 系统。

QAM 是幅度、相位联合调制技术，它同时利用载波的幅度与相位来传递信息比特，因此在最小距离相同的情况下，QAM 星座图中可容纳更多的星座点，即可实现更高的频带利用率。

QAM 信号是利用正交载波对两路数字基带信号分别进行双边带抑制载波幅度调制（DSB）形成的，其中相互正交的两个分量可分别以 ASK 方式独立传输数字信号。若原始的数字信号是二进制信号，则应首先将二进制信号转换为 m 进制信号，再进行正交调制，最后相加输出。图 3-22 所示为 QAM 调制器的原理框图。图 3-23 所示为 QAM 调制器工作流程图，图 3-24 所示为 QAM 调制器背面布局图。

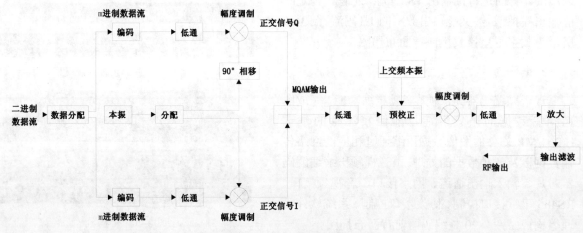

图 3-22　QAM 调制器的原理框图

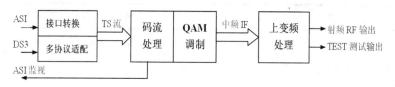

图 3-23　QAM 调制器工作流程图

图 3-24　QAM 调制器背板图

正交调幅（QAM）是幅度调制和相位调制的结合，既调幅又调相。是将调制符号调制到一对正交载波上的二维调制技术。16QAM 调制中，一个符号用 4 个比特来表示；64QAM 调制中，一个符号用 6 个比特来表示；256QAM 调制中，一个符号用 8 个比特来表示。数字比特序列被分成两个序列，以 16QAM 为例，每 4 个调制比特分为两组，每组两个比特，分别去调制同相正交载波，然后将两路已调信号相加发送。64QAM 的调制符号率在 8MHz 时最高可以达到 8/1.16=6.896Mbaud（MSymbol/s），这样它的最高数据传输速率为 $6.896\times\log_2 64=41.34$Mbps，由于其中有 RS 编码，去掉冗余，有效传输数据速率为 $41.34\times(188/204)=38.1$Mbps。表 3-1 为某品牌 QAM 调制器的主要技术参数。

表 3-1　QAM 调制器技术指标

调制方式		16、32、64、128、256QAM
性能特点	输入数据的比特率范围	1.5Mbps～51.6Mbps
	输出数据的比特率范围	4Mbps～56Mbps
	输出信号的带宽（BW）范围	1.15MHz～8.05MHz（滚降系数为 0.15）
	射频频率范围	48MHz～863MHz（分频道提供）
	输出电平范围	100dBμV～115dBμV
QAM 调制参数	符号率	3～7Mbaud/s 连续可调
	中频频率	36.15MHz
	工作频率范围	110～870MHz
	最大工作电平	≥-8dBm
	频道带宽	≤8MHz
	输出端反射损耗	≥14dB
射频参数	调制误差率（MER）	≥41dB（64QAM，6.875Mbaud）
	矢量幅度误差	≤0.7dB（64QAM，6.875Mbaud）
	载噪比	≥55dB（64QAM，6.875Mbaud）
	寄生输出抑制比	≥50dBc;≤-75 dBc/Hz@1kHz
	相位噪声	≤-85 dBc/Hz@10kHz

续表

调制方式		16、32、64、128、256QAM
射频参数		≤-100 dBc/Hz@100kHz 以上
	相位抖动	≤0.05°
信号指标	MER（均衡后）	>40dB（射频）
	BER	£5.10×10-9（无 FEC 和 256QAM）
纠错编码		RS 编码 188/204
输入数据速率		1.5～51Mbps
通道数据速率		20～56Mbps
输入接口	ASI	DVB 标准
	SPI	
输出	IF 频率	36/36.15/36.65/44/70（可选择）
	RF 频率	47～870MHz （可捷变或固定输出）
	输出电平	≥110dBV
	阻抗	75Ω
常规特性	尺寸	44mm×482×360mm
	环境	0 ～ 45℃（工作）；-20 ～ 80℃（储存）
	电源	220VAC±10%，50Hz，25W

5. 复用器

复用器是将来自若干单独分信道的独立信号复合起来，在一公共信道的同一方向上进行传输的设备。可以理解为将信号源来的单一节目流或多个节目的复合节目流，按照规划进行重新分配组合的一个设备，从中再添加上一些自己的信息，其工作原理如图 3-25 所示。有线数字电视前端采用 H.264/MPEG-2 复用器，其输入/输出（并、串变换）均为 H.264 或 MPEG-2 格式（188 和/或 204 字节）的 TS 码流；码率可自适应，可动态生成 SI/PSI（业务信息，节目专用信息），每个输入码流都可以进行 PID（包识别符）过滤/再影射；其节目时钟基准（PCR）精度应不大于 10ns。当然，复用器还应具有与产品规格相应的多路输入，输出 ASI 信号接口，并提供必要的网管（SNMPV2）接口。图 3-26 所示为复用器背面板布局图。

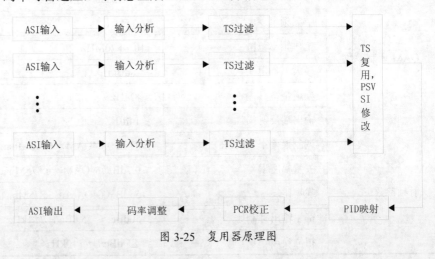

图 3-25 复用器原理图

图 3-26　复用器背面布局图

6. 加扰器

加扰器是在条件接收系统（CAS）的控制下对 TS 中指定的节目或基本传输流进行加扰，使授权用户能够正常收看，而非授权用户无权收看，从而实现系统运营商有条件收费管理的设备，图 3-27 所示为加扰器工作原理图，图 3-28 所示为某加扰器正背面板布局图。此外加扰器还可以实现以下其他功能。

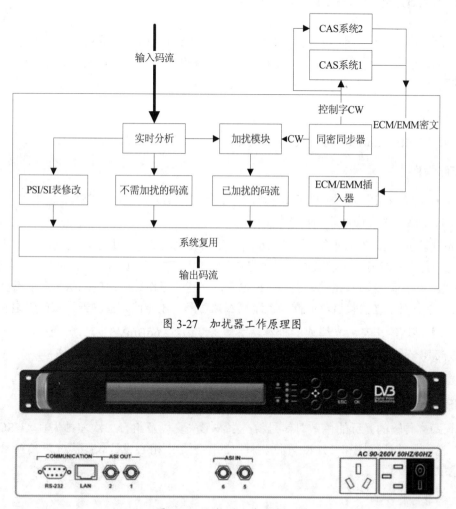

图 3-27　加扰器工作原理图

图 3-28　加扰器正背面布局图

（1）输入支持单节目码流（SPTS）和多节目码流（MPTS）。

（2）输入净码率 1～54Mbit/s，码率可以自适应。

（3）输入 TS 包长 188 和 204 自适应。

（4）支持同密。

（5）支持 EMM 和 ECM 数据插入。

（6）支持处理与 CA 有关的 PSI/SI 表信息。

（7）支持集中网管和远程监控。

7. 混合器

数字电视系统中的混合器与模拟电视系统中的作用类似。

此外，一个完整的数字电视前端还应该包括网管服务器、视频服务器等，因为这些设备在使用时仅仅是系统集成，所以这里不再叙述。

3.2.4 数字电视对 NGB 网络的指标新要求

在数字系统中，由于数字信号是离散信号，衡量其质量的标准只能用信号的取值（或状态）判断的正确与否来评价，即用误码率作为衡量信号质量的主要参数，系统的 CSO、CTB、C/N 等指标都反映到误码率上。数字信号的指标劣化，表现为马赛克、静帧甚至图像中断。

1. 前端系统

要求 $C/N \geqslant 54$dB；$CSO \geqslant 70$dB；$CTB \geqslant 75$dB。

2. 光链路指标

（1）DFB 光链路与射频部分的 C/N 指标的级联加算系数 k 为 10，CSO、CTB 指标的级联加算系数 k 为 15，这与纯电缆网络有所不同。

（2）光发射机/光接收机的输入信号大小直接影响其输出信号的非线性失真，使数字电视信号的 BER 劣化。每个光发射激光模块都有一个最佳工作功率谱密度范围，一些生产商会给出建议值，通常要根据这个值来确定输入光发射机的 RF 电平，才能使工作频带内的总 RF 功率不会导致激光器出现削波失真。对于光接收机，同样要控制输入光功率，才能使光检测器不致产生饱和失真。

【例 3-1】某厂给出某激光模块的推荐功率谱密度为-52.6dBmV/Hz，请计算 8MHz 带宽时，输入光发射机 RF 电平的推荐值。

解：输入光发射机 RF 电平应为

-52.6dBmV/Hz+10lg（8×10^{6}）Hz=16.4dBmV=76.4dBμV

（3）长距离传输的光纤的色散对信号将产生波形失真以及组合二次差拍失真（CSO）。这将导致数字电视信号的信噪比和 MER 降低。解决的办法是：精心设计长距离光纤传输系统，必要时对光纤色散进行补偿。

3. 放大器非线性失真

（1）数字频道的加入，使放大器的工作频道增加，输入放大器的 RF 功率增加。输入 RF 电平提高 1dB，放大器的 CTB 将劣化 2dB。

（2）模拟/数字信号混合传输时，模拟信号产生的失真产物（CSO、CTB）和噪声的累加落在数字频道上，则 QAM 信号的 MER 会迅速劣化，将使该频道的数字信号产生误码。因此放大器多被限制在 3 级以内。

（3）数字信号的失真产物如果落在模拟频道上，将使该频道的噪声增加，模拟信号载噪比劣化。

4. 数字电视系统到用户的 MER 的要求

到用户的数字电视相关测试标准为：64QAM 要求 $MER \geqslant 25\text{dB}$，256QAM 要求 $MER \geqslant 28\text{dB}$。

5. BER 与 CNR、CTB 及 CSO 的关系

$$MER = 10\lg\left(10^{-\frac{CNR-10}{10}} + 2\times 10^{-\frac{CTB-10}{10}} + 10^{-\frac{CSO}{10}}\right) \tag{3-1}$$

依据 Motorola 公司提供的在不同非线性失真情况下的数字信号误码率对照表，如表 3-2 所示，能使 FEC 纠错前的误码率来初步确定网络的 CNR 和 CTB 值。

表 3-2　不同非线性失真情况下的数字信号误码率 BER 对照表

CNR（dB） ＼ CTB（dB）	60	55	51	50	45
55	10×10^{-10}	10×10^{-10}	1.9×10^{-9}	6.1×10^{-8}	6.2×10^{-5}
50	10×10^{-10}	10×10^{-10}	1.9×10^{-9}	6.3×10^{-8}	6.7×10^{-5}
45	10×10^{-10}	10×10^{-10}	5.8×10^{-8}	1.1×10^{-7}	8.6×10^{-5}
40	10×10^{-10}	4.8×10^{-9}	1.4×10^{-8}	5.1×10^{-7}	8.9×10^{-5}
35	3.5×10^{-6}	6.1×10^{-6}	1.4×10^{-5}	2.3×10^{-5}	

3.3　数字电视前端软件平台

3.3.1　EPG 系统

1. EPG 的产生

EPG（Electronic Program Guide，电子节目指南） 是传输流中所包含的信息，是用户收视过程中必不可少的工具。

数字电视与模拟电视节目选择的方式完全不同，模拟电视每个频道对应一个节目，只要调到相应的频率，就可以看到图像。而在数字电视中，多个节目被复用到一个码流中，每个节目只占有码流中的部分包，一个物理的频道只能给出包含多个节目的传输流，要观看其中的某个节目，还必须从码流中提取出节目对应的传输包，然后再进行解码。怎样从众多的节目和服务中选取所需要的服务就变得比较复杂。此外，各种影响接收的技术参数对用户来说也是非常难懂的。为此，提供一些必要的服务信息以帮助用户选择节目是很有必要的。

数字电视相对于传统的模拟电视而言已经不是单一的电视业务，它要传输更多的数字化信息如视频、音频、图像、数据等，多种业务混合在一起通过一个信道传输。因此，数字电视需要引入一个重要的概念——***SI（Service Information，服务信息）***，通过 SI 信息实现的 EPG 能更好地帮助用户搜索数字电视频道，获得节目播出时间，了解节目内容，预定喜爱的节目，找到更多的对用户有用的信息，使数字电视具备更多的交互功能。

2. EPG 信息的构成

EPG 信息分为基本 EPG 信息和扩展 EPG 信息两种，基本 EPG 信息是必需的，扩展 EPG 信息是可选的。

基本 EPG 信息是用 SI 信息表进行描述，以文本格式表示的与节目描述有关的网络信息、节目群信息、业务描述信息和事件信息，通过一些特定的表进行表示和传输，这些表被分为一个或若干个段（Section），每个分段包含有一部分或全部关于表的信息，然后插入到 TS 流传输包中。EPG 信息的组成如图 3-29 所示。

扩展 EPG 信息是在基本 EPG 信息基础上的扩充，它描述网络、业务群、业务、事件、EPG 提供商以及广告等方面的扩充信息。

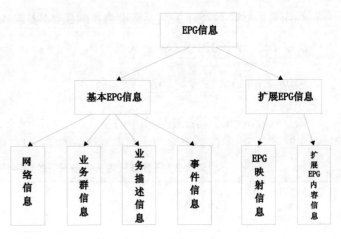

图 3-29　　EPG 信息的组成图

3. 基本 EPG 信息传输方式

基本 EPG 信息采用表传输方式。在数字电视中，所有视频、音频、文字、图片等经数字化处理后都变成了数据，并按照一定的标准（如 MPEG-2/H.264/H.265）打包，形成固定长度（188 个字节）的传送包，然后将这些数据包进行复用，形成传送码流 TS，通常一个频道对应一个 TS 流，一个频道的 TS 流由多个节目及业务组成。在 TS 流中如果没有引导信息，机顶盒将无法找到需要的码流，所以数字电视广播业务信息规范中明确规定：EPG 所需的基本信息由 SI/PSI 来提供，以保证机顶盒获取 EPG 基本信息时的兼容性。对于个性化 EPG 所需的额外信息，用户可根据具体情况通过专用数据传送，实现 EPG 的功能所需的全部信息，都必须通过 SI/PSI 来获取。

（1）*PSI（Program Specific Information，节目特定信息）*由 *PAT（Program Association Table，节目关联表）*、*CAT（Conditional Access Table，条件接收表）*、*PMT（Program Map Table，节目映射表）*和 *NIT（Network Information Table，网络信息表）*组成，其作用是自动设置和引导接收机进行解码。PSI 信息在复用时通过复用器插入到 TS 流中，并用特定的 PID（包标识符）进行标识。

① 节目关联表 PAT：PAT 通常由 PID0X0000 标识，它的主要作用是指出传输码流中包括哪些节目，节目的编号与对应的节目映射表 PMT，并指定网络信息表 NIT 所对应的 PID。

② 条件接收表 CAT：CAT 通常由 PID0X0001 标识，CAT 提供系统中条件接收的信息，指定 CA 系统与它们相应的 *EMM（Entitle Manage Message，授权管理信息）*之间的联系，指定 EMM 的 PID，以及其他相关的参数。在某数字电视平台中它指定爱迪德 CA 系统的 EMM 为 0X66，永新同方 CA 系统的 EMM 为 0X68，这样机顶盒根据这一数值去解析 CA 加密信息。

③ 节目映射表 PMT：PMT 指出相应节目中包含的内容，即节目由哪些流构成以及这些流的类型（视频、音频、数据）；指定节目中各流所对应的 PID 以及该节目的 PCR（Program Clock Reference，节目参考时钟）所对应的 PID。

④ 网络信息表 NIT：NIT 提供与多组传输流、物理网络及网络传输相关的一些信息，比如用于调谐的频率信息以及编码方式、调制方式等参数方面的信息。

以上四者之间的关系如图 3-30 所示。

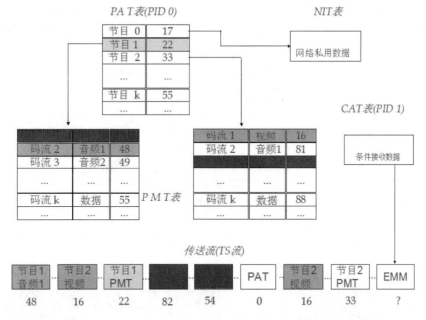

图 3-30　PSI 中四个表的关系

（2）SI 的作用是使用户能在多码流中快速地找出自己需要的业务，是在 PSI 四个表的基础上进行了扩充，又增加了九个表，形成 SI，它包括 PSI 信息，由业务群关联表 BAT、业务描述表 SDT、事件信息表 EIT、时间和日期表 TDT、运行状态表 RST、时间偏移表 TOT、填充表 ST、选择信息表 SIT、间断信息表 DIT 九个表构成，其中最重要的是 NIT、EIT 和 SDT，利用它们就可以构成功能不同的 EPG。

① **BAT（Bouquet Association Table，业务群关联表）**：提供了业务群相关的信息，给出了业务群的名称以及每个业务群中的业务列表。

② **SDT（Service Description Table，业务描述表）**：包含了描述系统中业务的数据，例如业务名称、业务提供者等。

③ **EIT（Event Information Table，事件信息表）**：包含了与事件或节目相关的数据，例如事件名称、起始时间、持续时间等。不同的描述符用于不同类型的事件信息的传输，例如不同的业务类型。

④ **RST（Running Status Table，运行状态表）**：给出了事件的状态（运行/非运行）。运行状态表更新这些信息，允许自动适时切换事件。

⑤ **TDT（Time and Date Table，时间和日期表）**：给出了与当前的时间和日期相关的信息。由于这些信息频繁更新，所以需要使用一个单独的表。

⑥ **TOT（Time Offset Table，时间偏移表）**：给出了与当前的时间、日期和本地时间偏移相关的信息。由于时间信息频繁更新，所以需要使用一个单独的表。

⑦ **ST（Stuffing，填充表）**：填充表用于使现有的段无效，例如用在一个传输系统的边界。

⑧ *SIT*（*Selection Information Table*，**选择信息表**）：仅用于码流片段（例如，记录的一段码流）中，它包含了描述该码流片段的业务信息的概要数据。

⑨ *DIT*（*Discontinuity Information Table*，**间断信息表**）：仅用于码流片段（例如，记录的一段码流）中，它将插入到码流片段业务信息间断的地方。

图 3-31 所示为 PSI/SI 的主要子表之间逻辑关系图,理解了这张图也就理解了 PSI/SI 主要子表之间的逻辑关系，进而就掌握了 SI 标准的核心内容。

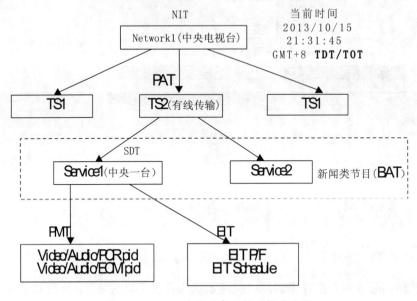

图 3-31　PSI/SI 主要子表之间逻辑关系图

4. 网络信息

网络信息分为网络基本信息和 TS 流信息。它包含了与通过一个给定的网络传输的复用流/TS 流的物理结构相关的信息，以及网络自身特性的信息。几个重要的标识之间的关系如图 3-32 所示。

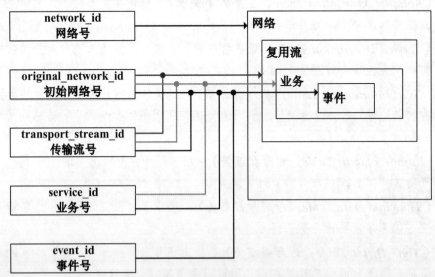

图 3-32　几个重要的网络信息标识

（1）网络基本信息的构成

包含网络标识、网络名称、多语言网络名称和连接信息。

网络标识：在整个国家范围内唯一确定一个网络，用以区别其他的网络。网络标识通过 NIT 表中的网络标识符（network_id）进行描述。

（2）TS 流信息

每个网络都包含一个到多个 TS 流，对一个具体的 TS 流，它包含 TS 流标识、原始网络标识、TS 流物理特性、TS 流所包含的业务列表信息。

TS 标识与原始网络标识：共同标识在一个网络中的 TS 流。这两个标识出现在 NIT 中，分别为 transport_stream_id 和 original_network_id。

业务列表信息：给出了网络中包含的全部业务的标识及类型。通过 NIT 表中的业务列表描述（service_list_descriptor），每个业务通过字段 service_id 唯一标识，通过字段 service_type 指明该业务的类型。

（3）网络信息在 NIT 表中的表示

NIT 表在传输时被切分成网络信息段（network_information_section）。任何构成 NIT 表的段，都由 PID 为 0x10 的 TS 包传输。描述现行网络的 NIT 表的任何段的 table_id 值应为 0x40，且具有相同的 table_id_ectension（network_id）。指向一个现行网络之外的其他网络的 NIT 表的任何段的 table_id 值应取 0x41。

5. EPG 在 STB 上的实现

要实现 EPG，利用 SI 表来实现是很自然的方法。在这种方法中，发送端和接收端必须达成协议。发送端必须发送接收端设备实现 EPG 所需的 SI 表，而接收端接收发送端发出的 SI 表，通过信息提取和信息重组，组织构成 EPG，并显示给用户，其实现 EPG，流程如图 3-33 所示，SI 表的组织流程有 7 步。

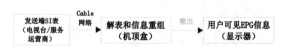

图 3-33　利用 DVB-SI 表实现 EPG 流程图

（1）锁定物理频道

选择一个有效的数字电视频道，设置参数：频率、符号率和调制方式，将机顶盒的高频头切换到这个频道上。高频头锁定后，机顶盒开始搜索 EPG 信息。由于 NIT 表是全网广播的，且每个频点上播发的 NIT 信息是一致的，因此在锁定高频头后首先搜索 NIT 表。

从理论上讲，应该先接收当前频道上的 PAT 表，已知条件是 PAT 的 PID 固定为 0x0000，将 PAT 表解析保存，从 PAT 中取得 NIT 表的 PID，方法是：当 program_number=0 时，取得 network_pid，即：NIT 表的 PID。

（2）分析 NIT 表

从 PAT 中取得 NIT 表的 PID，取 program_number=0 时，得到 network_pid。现行的 DVB 标准和国家广电总局颁发的《数字电视广播业务信息规范》里规定了 NIT 表的 PID 固定为 0x0010。如果从 PAT 表中找不到 NIT 的 PID，则将 NIT 的 PID 默认为 0x0010。

根据 NIT 表的 PID 取得 NIT 表，解析并保存，从 NIT 表中的第一个 descriptor()中取得 network_name_descriptor 可以得到网络名称，这个一般描述的是网络运营商的名称，可以在屏幕上显示，根据需要显示，不是必须的。从 NIT 表中的第二个 descriptor()循环中取得当前网络所管理的频道资源信息表 cable_delivery_system_descriptor()，从中可以得到所有几个频道的关键字段值 frequency，modulation，symbol_rate。至此，网络信息资源已全部获得，这是关键的一步。

通过分析 NIT，可以得到系统内共存在多少个传输流，以及每个传输流的主要物理参数。即 transport_stream_id（传输流号），frequency（频率），modulation（调制方式），symbol_rate（符号率）。通过这些参数，机顶盒可以将高频头分别锁定到系统内所有的频点上。根据上述网络新建上一个循环，分别各自锁定不同的频道。

（3）分析 SDT 表

接收 SDT 表，PID 固定为 0x0011。用先前记录的 transport_stream_id 在 SDT 表里进行匹配，匹配成功后对 SDT 表里的每一个 service_id（业务号）进行循环分析，记录下与之关联的一组 transport_stream_id（传输流号）和 service_id（业务号）。

通过分析 SDT 表，机顶盒可以得到一系列相关数据，包括 service_id（业务号）、service_name（业务名称）、service_type（业务类型）等内容。

（4）分析 PAT 表

读取 PAT 表（PID＝0），通过分析有几个 program_number（节目号）字段就可以知道在当前频道上实际已经播放了多少个节目（服务），同时记录、取得当前传输流（物理频道）上的服务对应的 PMT 表的 PID（program_map_PID）。

（5）分析 PMT 表

读取 PMT 表，从 PMT 表中，获得服务信息具体的 PID 列表，假设该服务是一个视频节目，那么就可以获得该节目的视频 PID（video_pid）、音频 PID（audio_pid）和时间同步参考 PID（pcr_pid）等。

PMT 表的 PID 是从 PAT 表中获得的，如 program_map_PID=1001。

（6）分析 EIT 表

读取 EIT 表，通过分析 EIT（PID= 0x0012）表，可以取得节目的具体描述信息，比如，节目名称、节目简介、播放时长、开始时间、观看等级等。至此，除了节目时间、内容信息没有收集外，其余的节目信息已收集完毕，包括以下内容：

① 共多少个频道。

② 每个频道下有多少套可供播放的节目。

③ 每个节目的名称，相关 PCR_PID，V_PID，A_PID 等。

（7）接收 TDT 表

TDT 表的 PID 固定为 0x0014，它是必须接收的。日期时间表中包含了以 MJD（Modified Julian Data，简化儒略日期）格式编码的实际 UTC（Co-ordinated Universal Time/Temps Universel Cordonné，世界标准时间）时间，它能用于同步机顶盒的内部时钟，接收器中包含 UTC 偏移，因而用户就能在屏幕上看到当地时间。

根据以上信息可以组织我们所需要的节目菜单，实现所谓的电子节目指南（EPG），如图 3-34 所示。值得说明的是，要取得多语种描述的节目名称，可以从 SDT 表中的 country_availability_descriptor() 字段获得，country_code="CHN"代表中文，"ENG"代表英文等，但是，country_availability_descriptor()

不是一定会播发的，也就是说这个表可能不存在。

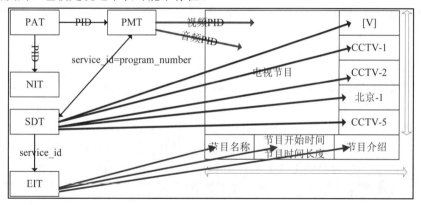

图 3-34　SI 表的组织流程

6. EPG 增值业务开发

（1）数字电视 EPG 广告

数字电视 EPG 广告是一种针对电视接收端用户或其他显示终端用户的调控广告，以在当前新兴的数字电视系统中实现除原有电视广告、电视挂角广告和广告频道之外的一种广告传播、广告呈现及广告投放的新方法。它通过数字电视中的富余频道带宽传输图片、文字、声音或视频广告数据，然后在电视接收端用户或其他显示终端用户使用调控设备（如遥控器、按键、触摸屏、声控等）调节控制电视接收终端或者其他显示终端（如开机、调节音量、选择频道、切换频道、快速浏览频道、视频点播等）时出现的调控页面（或者称为菜单或 GUI 或 EPG）中插播的限时广告以及信息。EPG 广告的主要类型如下。

① 开机画面广告：终端数字机顶盒在加电启动后，首先出现在电视屏幕上的静态及视频画面。

② 收视导航条/音量条广告：终端数字机顶盒在收视用户切换频道或音量时，内嵌显示在导航条上的广告图片和文字。

③ 菜单主页广告：终端数字机顶盒在开机画面后直接进入的菜单页面中显示的广告图片、文字和视频图像。

④ 节目指南一级页面广告：机顶盒用户通过导航主页或遥控器按键进入的功能页面中，内嵌显示的广告图片和文字。

⑤ 节目指南二级页面广告：定义了机顶盒用户通过一级页面或遥控器按键进入的二级页面中，内嵌显示的静态广告图片和文字。

⑥ 音频广播广告业务：机顶盒用户可通过导航主页或遥控器按键进入的功能页面中，内嵌显示的静态广告图片和文字。

EPG 广告区别于传统的电视广告，DVB 数据广告以数据广播为媒体，借用数字机顶盒中的 GUI 来实现广告的投放。这种模式的优点如下。

① 广告投放量大：广告可以实时更新，不同的频道可以插入不同的广告。

② 投放成本较低：只需要对投放广告进行简单的编辑即可，无须投资拍摄。

③ 资源利用率高：广告视频和图片占用带宽较少，一个带有视音频的开机广告码流是 3～3.5Mbps，一个换台广告图片码流不超过 300kbps，所需要的频点资源也不多。

④ 广告受众面积广：用户数量越大，广告的受众也就越大。

⑤ 广告效果明显：用户更换节目时，往往是注意力最为集中的时候，此时看到的广告记忆较为深刻，效果较好。

（2）VOD

VOD 也称为交互式电视点播系统。视频点播是计算机技术、网络技术、多媒体技术发展的产物，是一项全新的信息服务。它摆脱了传统电视受时空限制的束缚，解决按需收看和即时收看的问题。有线电视视频点播，是指利用有线电视网络，采用多媒体技术，将声音、图像、图形、文字、数据等集成为一体，向特定用户播放其指定的视听节目的业务活动。包括按次付费、轮播、按需实时点播等服务形式。图 3-35 为某有线电视系统的 VOD 系统框图，VOD 系统一般由 VOD 后端处理系统、传输网络、用户机顶盒或电脑三个部分组成。

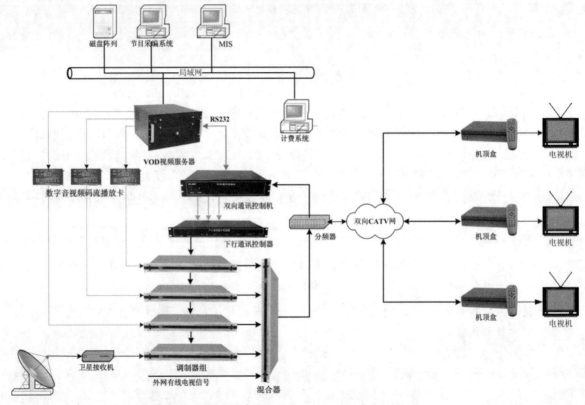

图 3-35 某有线电视系统的 VOD 系统框图

① VOD 后端处理系统是提供用户节目、进行管理及计费等用的，故包括视频服务器、磁盘阵列、节目播放及控制设备、节目数据库、网络管理和计费等系统，一般分两组服务器分工负责，一组处理视频数据存储及提供，一组处理计费系统及点播系统的播放控制等。后端处理系统可以说是 VOD 的核心，决定了 VOD 系统的服务能力。

② VOD 系统的传输网络大体可分为骨干传输网和用户接入网两部分。

骨干传输网是集成所有系统点播及收费管理系统传输数据的一种架构方式，每个机顶盒或电脑内均含有整个点播系统内的数据，通过服务器集成和收集后再分发到各自欠缺的终端机内点播，从而构成整个点播系统。具有能够避免服务器崩溃而造成的整个 VOD 系统瘫痪，降低服务器压力和降低服务器成本的优点，但也存在维护及管理比较麻烦，系统架构复杂，容错能力较差，终端设备的价格稍高等问题。

　　用户接入网的所有数据及管理系统均由服务器承担，终端机顶盒或电脑通过访问服务器数据形成整个点播系统。具有维护管理方便，系统架构简单易用，通过多组服务器可形成容错架构，终端设备价格便宜等优点，主要问题是服务器造价高，当服务器崩溃时整个系统会面临瘫痪。

　　（3）NVOD

　　NVOD 即准视频点播技术的简称。其核心技术是基于单向 HFC 网的轮播技术，准视频点播系统的推出，主要是希望解决 VOD 系统高投入的问题，NVOD 可以直接依托于单向广播网络，并且它是 DVB 公开的标准规范，不需要在机顶盒上增加任何成本就可以实现相关业务，同时也不需要复杂的双向信令调试，大大节约了成本，是一种经济的业务模式，目前的业务形态主要为高清轮播。

　　NVOD 系统前端将一个节目使用多个通道播出，播出开始时间按梯次间隔分开，节目在每个通道循环播出的技术。这样，短时间内就可以从头开始看影片了。只要等待时间足够短，那么就与"即点即播"相差不多了。当用户在家里时，实际上人人都可以接受"稍微长一点儿"的等待时间。所以 NVOD 特别适用于广电网络的应用。

　　如图 3-36 所示，一部 90 分钟的影片，我们为它安排 6 个通道进行共享点播，每个通道的开演时间间隔是 15 分钟，每 15 分钟就有一个通道从头开演，只要机顶盒能够自动切换到开演的通道上就可以收看了。用户的平均等待时间只有 7.5 分钟。图 3-36 所示为 NVOD 共享点播的节目开演时间安排示意图，我们可以看出：0:00、0:15、0:30、0:45、1:00、1:15、1:30、1:45、2:00 等都是该节目开始播出的时刻。只要在相应时间到相应的通道上去看，就可以从头开始看一部影片。在机顶盒主页菜单上，用户可以看到上述节目播出的开始时刻表，选择自己方便的时间去收看。

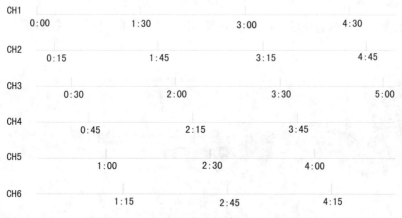

图 3-36　NVOD 共享点播节目开演时间安排

　　对于整个 NVOD 系统，其关键技术主要有视频服务器、磁盘阵列存储技术以及 EPG，图 3-37 所示为 NVOD 系统的组成框图。

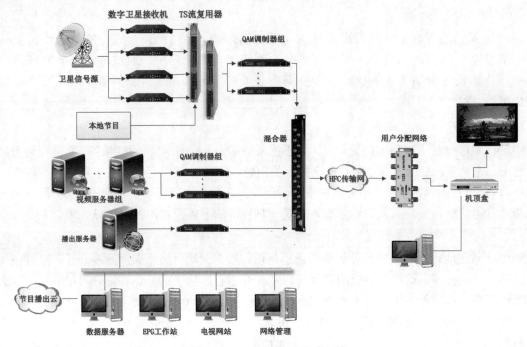

图 3-37   NVOD 系统的组成框图

（4）时移电视

时移电视（*TSoC，Time Shifting over Cable*）是指观众在观看 DVB 数字电视节目时，可以通过时移菜单进入时移节目列表，选择之前漏看的电视节目，也可以通过在电视直播过程中按遥控器"后退/快进"键进入时移，也可以选择几天前的电视节目。该业务具有投入小、见效快、受众广、运营简单、长期有效、提高用户 ARPU（平均每用户每月收入）值的特点，是广电运营商改变业务模式，提高收入，并借以切入其他交互电视业务的桥梁和纽带。

时移电视主要由采集编码系统、时移服务器、IPQAM 设备、回传设备等四个主要部分组成，如图 3-38 所示。

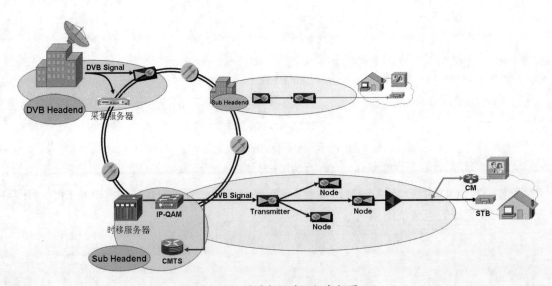

图 3-38   时移电视系统组成框图

采集编码系统用于对时移频道的 DVB 信号源进行实时采集编码,转换成可供用户使用的视频流。时移服务器用于将采集编码系统提供的视频流进行录制,并响应用户请求提供所需的时移视频流。IP QAM 用于将时移服务器提供的视频流进行调制,通过 HFC 网络进行传输。回传设备有如 CMTS、交换机,主要用于控制信号的回传。

3.3.2　DVB-CA 系统

1. CA 简介

CAS（*Conditional Access System*，*条件接收系统*）是付费数字电视广播的核心技术,是实现付费电视广播的技术保障,其主要功能是阻止非法入侵数字广播网络,并允许被授权的用户收看特定的节目而使未被授权的用户无法收看。

粗略地看,CA 由前端（广播）和终端（接收）两个部分组成:前端完成广播数据的加扰,并生成授权信息以及完成解扰密钥的加密工作,从而将被传送的节目数据由明码变为密码,加扰后的数据对未授权的用户无用,而向授权用户提供解扰用的信息,这些信息以加密的形式复用到信源编码（H.264/H.265/MPGE-2 等）的传送流中,授权用户对它进行解密后即可得到解扰密钥（*即控制字 CW，Control Word*）并实现对信号的解扰和信源解码。终端由智能卡（或其他 CA 卡）和解扰器完成解密和解扰。

2. CAS 工作原理

在介绍工作原理之前,需首先了解在 CA 系统中容易混淆的两个概念:一个是加解扰,另一个是加解密。

加解扰技术用于在发送端 CA 系统的控制下改变或控制被传送的服务（节目）的某些特征,以满足数字信号传输的需要,同时还具有使未被授权的用户无法获取某项服务的功能;而加解密技术被用来在发送端提供一个加密信息,使被授权的用户端解扰器能以此来对数据解密,该信息受 CA 系统控制,并以加密形式配置在传输流信息中,以防止非授权用户直接利用该信息进行解扰,不同的 CA 系统管理和传送该信息的方法都有很大不同。

简单地说就是:加扰是通过控制字 CW 对传输流进行顺序扰乱并按位加密的过程,而加密部分实际完成对控制字（CW）的保护。这两种技术是 CA 系统重要的组成部分,在技术上有相似之处,但在 CA 系统标准中是独立性很强的两个部分。

在目前各标准组织提出的条件接收标准中,加扰部分往往力求统一,而在加密部分则一般不作具体规定,是由各厂商定义的部分。

完整的条件接收系统（CAS）主要由以下八个子系统组成:**集成管理系统 *IMS*（*Integrated Management System*）**、**节目管理系统 *PMS*（*Program Management System*）**、**用户管理系统 *SMS*（*Subscriber Management System*）**、前端条件接收系统（CAS）、电子节目指南系统（EPG）、复用加扰处理系统、接收端 CA 系统、智能卡发行与管理系统,各部分的主要功能如下。

（1）集成管理系统 IMS:设置系统参数,连接系统中各组成部分,管理和控制系统的执行。

（2）节目管理系统 PMS:对节目进行定义、编辑、编排、查询,产生节目时间表。

（3）用户管理系统 SMS:对用户信息、用户设备信息、节目预定信息、用户授权信息、财务信息等进行处理、维护和管理,同时为其他子系统提供用户授权管理的基本数据。

（4）前端条件接收系统（CAS）：完成用户**授权控制信息 ECM（*Entitle Control Message*）**及用户授权管理信息 EMM 的获取、生成、加密、发送等处理。

（5）电子节目指南（EPG）系统：自动提取节目数据库中的节目描述信息，并转化为 DVB 的业务信息（SI），同时按一定的周期发送这些信息给复用器。

（6）复用加扰处理系统：定义了同密同步器 SCS（Simulcrypt Synchroniser）、授权管理信息发生器 EMMG（Entitlement Management Message Generator）、业务信息发生器 SIG（Service Information Generator）的接口，加扰采用了标准的 DVB 加扰算法。

（7）接收端 CA 系统：接收并处理前端 CA 系统发送来的 ECM、EMM 信息，并通过标准的通信接口与智能卡进行数据交互，获取解扰控制字，传给解扰器完成解扰工作，同时提供有关 CAS 的辅助信息给接收设备，供接收设备显示。

（8）智能卡发行系统：发行 CA 系统中所需的各种智能卡，包括系统母卡、系统钥匙卡、系统控制卡、用户接收卡等。针对上述各种智能卡，分别设计了不同的卡发行系统，这些系统包括：母卡密钥发行系统、母卡授权发行系统、系统卡发行系统、用户接收卡发行系统、用户接收卡授权编辑系统等。

CA 集成了数据加密和解密、加扰和解扰、智能卡等技术，同时也涉及到用户管理、节目管理、收费管理等信息应用管理技术，能实现各项数字电视广播业务的授权管理和接收控制。CA 从功能细分上看主要由用户管理系统、节目信息管理系统、用户授权系统、加扰/解扰器、加密/解密器、控制字发生器、伪随机二进制位序列发生器 PRBSG（Pseudo Random Binary Sequence Generator）、智能卡等部分组成，其工作原理方框图如图 3-39 所示。

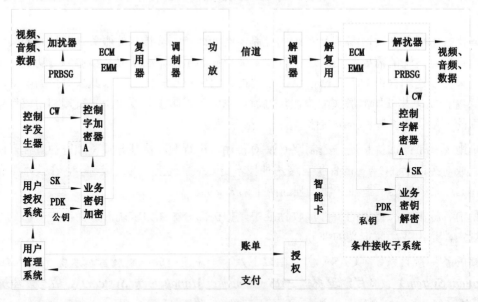

图 3-39　CAS 原理方框图

3. CA 系统加、解密流程

（1）在发送端的加密过程

由于对 TS 流进行加扰的伪随机序列直接由伪随机序列发生器（PRBSG）产生，而伪随机序列发生器又由 CW 控制，因而首先需要对 CW 进行加密。直接对 CW 加密的第一层加密所产生的密文（ƒ（明文+密钥）=密文）称为授权控制信息 ECM，通过复用器与加扰的码流一起传送，ECM 还含有时间、节目价格、节目授权控制等信息，因此 ECM 是面向节目的管理信息。对 CW 加密的密钥称为业务密钥 SK，SK 又叫月密钥，通常每月换一次，每换一次 SK，系统都要重新对所有用户进行授权。

第二层加密是用 **PDK（Personal Distribute Key，个人分配密钥公钥）** 对 SK 进行加密，所产生的密文（ƒ（明文+密钥）=密文）和从 SMS 获取的授权指令通过 SMS 生成的授权信息组成授权管理信息 EMM，EMM 还含有智能卡号、授权时间、授权等级等用户授权信息。这些信息主要是完成对用户的授权，因此 EMM 是面向用户的管理信息，EMM 对用户在什么时间看、看什么频道进行授权，它也通过复用器与加扰码流一起传送，以上这些组成了 CAS 的基本加密系统。

为了防止密钥在传送中被黑客截获，付费数字电视广播一般采用双密钥法，对每一用户分配一对 PDK，其中一个是使用者本人掌握的密钥，称为 PDK 私钥（机顶盒的唯一地址码），它只用于解密，通常这个密钥都存储在用户智能卡中。另一个是公钥，它只用于信号发送系统对信号进行加密，两个密钥通过特定的算法结成一一对应的关系，只有通过对应的私钥才能解开用公钥所加的密。这样发送系统根本不需直接传送私钥，因此具有很高的安全性，这是一种称为数字签名的认证过程。根据国家的产品标准，凡是利用了 CAS 的产品和服务（如机顶盒、电子商务等）都必须通过相关的数字认证。

通常又把 CW、SK、PDK 称作 CAS 的三重安全体系。

（2）接收端的解密过程

为了便于理解，现将图 3-40 中 CA 系统中接收端的解密流程再细化如下。

根据 MPEG-2 系统的标准，包含 CA 信息的 EMM 信息和 ECM 信息符合数据包规定的包头标准，因此，机顶盒接收器的解复用器在解码过程中可寻到 EMM 信息和 ECM 信息。

所有解密过程都在智能卡中完成，解扰工作在机顶盒内完成。机顶盒与智能卡的信息交换示意框图如图 3-41 所示。

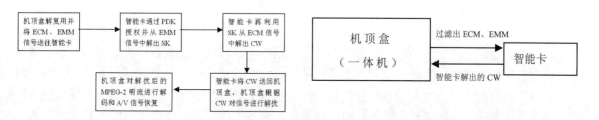

图 3-40　接收端解密流程图　　　　图 3-41　机顶盒（一体机）与智能卡信息交换示意图

4. CAS 授权流程及授权类型

下面以智能卡为例介绍 CAS 的授权流程：机顶盒（一体机）检测到 DVB 码流，如果是加扰码流，则驱动读卡器工作，将智能卡管理程序调入中央处理器启动运行，读出智能卡的卡号，并在 TS 流的 PSI（节目信息）中找到条件接收表 CAT，根据 CAT 表中给出的 EMM 包标识符（PID）找到相应的 EMM 信息，然后将智能卡的卡号与 EMM 内的授权信息中的卡号进行校对，也就是进行寻址比较操作，如果校对无效，在屏幕上将提示你还未经授权不能收看的相关信息显示。如果校对成功，则将 ECM 和 EMM 传送给智能卡，在智能卡内调用解密程序（为了增强 CAS 的安全性，整个解密过程都在智能卡里进行），用智能卡中的 PDK 私钥对 EMM、ECM 进行逐层解密，得到 SK 并得到 CW，将 CW 送回机顶盒（一体机）完成对节目码流的解扰。同时将密钥 SK 存储在智能卡中，在以后的收看过程中，解密和解扰就直接调用卡中的 SK 即可，不需要重复执行授权过程，此时系统只需传送 ECM 就行了（为了防止 CW 被破译，通常每 5～10 秒 CW 就更换一次，所以 ECM 也要每 5～10 秒发送一次），只有当运营商要更新 SK 时才开始一个新的授权过程，通常每更新一次 SK，运营商都要用几天的时间（所需的具体时间根据用户的多少来确定）不断发送 EMM 给用户进行授权，如图 3-42 所示。如果有些用户由于其他原因在授权期间没有开机，只有通过电话联系，由前端确认后，向该用户发送专用的 EMM。

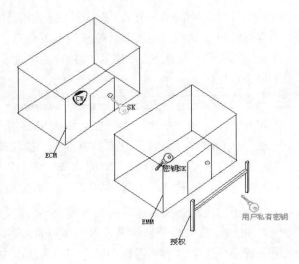

图 3-42　多层加密方式在智能卡内的授权流程示意图

更新 SK 时，新旧业务密钥的更替过程：更新系统的 SK 时，在发送新密钥的时候需要解决新、旧密钥更替问题。按照系统的设计，同一个 CA 系统同一时间只使用 1 个业务密钥，也就是只有 1 个有效的业务密钥，因此业务密钥在更换过程中，每个用户存储两个密钥——"奇密钥"和"偶密钥"，一个当前使用，另一个预备下一次激活使用，这样，授权用户获得新密钥，随时更替旧密钥，对 CW 信息进行解密。

为给用户在节目订购方面提供更多的选择，CAS 除了最基本的节目定期预订（Subscription）外，还可提供、**分次付费收视（PPV，Pay-per-View）、即时付费收视（IPPV，Impulse Pay-Per-View）**，和计时付费等多种授权方式，这些授权方式都附于节目上，并用附加参数来描述（预约类型、PPV 费用、预览时间等），一般，它们像控制字那样被携带于 ECM 信息中。因此，在用户的智能卡中通常都存有多个 PDK 私钥，每个 PDK 都对应一种授权方式，每一种授权方式都对应一种 EMM。

（1）节目定期预订

该预订方式是付费电视业务中最主要的节目预订方式，又可以细分为分类分级方式和节目组合方式。分类分级方式用于创建嵌套订购的产品。用户购买节目时可以自己挑选想要收看的类，并在类中指定想要的级，也就是选定想要收看的产品。节目提供商添加相应的授权，通过 EMM 发送到用户的智能卡中，智能卡存储该授权。用户收看节目时只有节目的类等于卡中授权的类，并且小于等于卡中授权的级时，才可以收看该节目。节目提供商需要定义不同的产品来对应各类各级。分类分级方式虽然可以提供给用户比较自由的选择空间，但还是不够灵活。节目组合的方式应运而生，节目提供商还可以把他的节目分成不同的节目列表，让用户在列表中挑选自己喜爱的节目，组成自己所选择的节目组合，但这种方式将增大运营商的运营难度和运营成本。

（2）节目分次预订（PPV）

分次预订的节目是基于节目号实现的条件接收。节目提供商为每个将要播出的节目定义一个节目事件号。在节目播出前节目提供商通过 EMM 消息或其他的方式通知用户将要播出的节目及播出时间。用户通过回传通道（网络或电话等）点播想要收看的节目，节目提供商添加对应的节目事件授权。通过 EMM 授权发送出去。用户接收到 EMM 后把授权存入卡中。到节目播出时，只要用户卡中存储的事件号和节目的事件号相同，用户即可收看。

（3）节目按次即时购买（IPPV）

不同的节目号及价格，按次记费方式。IPPV 数据也可经电话或网络回传。即时购买节目是最灵活的收看方式，节目提供商可以为每个即时购买的节目定好收看的费用，预览时间长度（以控制字计）。节目播出时用户可以收看一段预览节目，预览结束后会在屏幕上显示该节目的价钱，并询问用户是否购买收看该节目。如果用户选择购买，并输入正确的用户密码，就完成了节目的购买，而无须提前预定节目。

通常情况下，节目定期预定方式是用户在预定时按照所选节目组合的价格和预定期限预交了足额的收视费后，运营商对该用户进行一次性授权；而节目分次预约、节目按次即时购买方式则需要用户首先预交一定数额的预定费，运营商以该类节目的最小计费单位（通常为五角或五角的整数倍，以便于计费管理）为除数将用户的预交收视费转换为相应数量的该类节目的授权密钥存储于用户的智能卡中。用户每选择收看一次价格为五角的节目，系统将通知智能卡调出一个授权密钥为本次收看授权，密钥调出过程是一个不可逆转过程，因而每调用一次，用户智能卡中的密钥就自动减少一个。同理，用户每选择收看一次价格为一元的节目，则需一次性调用两个密钥，直到用户智能卡中的密钥被全部用完为止。

以上三种基本形式实际上可以将节目源进行任意定制组合，为不同爱好的观众提供最适合其特点的个性化服务。

5. 智能卡的安全性能

在整个授权过程中，CAS 的安全性取决于智能卡的保密性，智能卡必须具有非常可靠的防复制性能，CAS 所采用的智能卡均为安全性最高的 CPU 卡。CPU 智能卡是一张塑料卡，在其内嵌入 CPU、ROM（EPROM、EEPROM）和 RAM 等集成电路组成一块芯片。智能卡中有一个专用的掩膜过的 ROM，用来存储用户地址（PDK）、解密算法和操作程序，这些内容不可读出：如果试图用电子显微镜来扫描芯片或其他手段读取智能卡中的数据，则 EEPROM 内的信息将全部被擦除。在芯片内部，数据流在芯片内部的存储器之间流动也是不可检测出来的，这就从根本上解决了智能卡的安全问题。芯片内部寻址的数据是加密的，存储器可分为若干个独立的小区，每个小区都有自己的保密代码。由于智能卡加密强度高，通过掩膜 ROM、分区存储芯片内部数据等手段对 PDK 进行保护，因此 PDK 一般保持固定不变。

对于目前国内采用机卡分离方案的接收机而言，其安全保护措施与智能卡的安全保护措施大同小异：PCMCIA 机卡分离方案仍采用大卡（PCMCIA 卡）套小卡（智能卡）的方式，由智能卡完成用户身份识别、授权和解密，在 PCMCIA 卡内进行解扰；UTI（Universal Transport Interface，通用传送接口）机卡分离则采用 DRM（Digital Rights Management 数字内容保护）来实现全保护措施，而 DRM 同样基于 RSA（一种公钥加密算法）加密技术；而上海交大的小卡方案的"卡"则是在智能卡基础上进行了改进，因而其安全保护措施与智能卡完全相同。

6. CA 的运行模式

CA 有两种运行模式：同密和多密。同密是基于 CA 今后的技术升级，它对付费电视的经营无直接的关系。同密是前端使用两个以上的 CA，每个 CA 使用不同的加密系统来处理 CW，产生不同的 ECM 和 EMM，但加扰器和 CW 是共享的，这就要求发送端为各 CA 系统建立统一的接口，将 SMS、ECM 发生器、EMM 发生器集成到同一个平台上。在接收端，不同 CA 系统运营商的机顶盒（一体机）使用各自的智能卡可接收经过同密处理的数字电视节目。例如，当运营商发现自己选择的 CA 不满足需要时，会考虑用新的 CA 来取代，由于老用户还使用旧的机顶盒（一体机），所以旧的 CA 还不能撤下来，这时新的 CA 就要和旧的 CA 进行同密，让一个数字广播平台同时运行两个 CA，原来的老用户继续使用原来的机顶盒（一体机），新发展的用户就采用新的机顶盒（一体机），两个 CA 在平台上有个交互期，直到新的 CA 被普遍使用，老的机顶盒（一体机）逐渐减少直到被完全替换（或通过对老产品进行软件升级的方式来实现其与新 CA 的匹配）。

多密是基于运营的模式，它对付费电视的经营有直接关系。在多密的情况下，多个不同的 CA 同时运行在数字前端，为多个节目商建立平台。每个节目商对自己的内容和模式都有自己的不同定义，各节目商通过 CA 来保护自己的利益。比如，中央的付费频道和省的付费频道都不想由当地的运营商控制，运营商也很难要求所有的节目商都使用自己的 CA，节目商和运营商通过协议进行收益分账，这就是 CA 的多密运行模式。

多密模式要求在机顶盒（一体机）集成多个解扰器和解密算法，这样一来，将使机顶盒（一体机）的成本大幅增加。另外，机顶盒（一体机）生产厂家在生产机顶盒（一体机）时要和多家 CA 厂商协调，给生产带来诸多不便，所以，多密模式不适宜推广应用。

目前绝大多数运营商均采用同密模式。

7. CAS 系统的应用模式

当前发布的 CAS 系统的应用模式主要有解密模式和不解密模式。

解密模式：节目商的节目码流传送到运营商数字前端后被解扰，还原为非加扰的节目码流，再被运营商的 CA 系统加密后，传送到用户，所有节目都由运营商统一管理。在这种模式中，运营商可以采用单一的 CA 和 CA 同密的方式。

不解密模式：当节目商和运营商采用相同的 CA 系统时，节目商的节目码流传送到运营商数字前端后不解扰，直接传送到用户。用户将收视节目商节目的申请送交运营商的 SMS，SMS 将该信息提交到节目商的 SMS，节目商的 SMS 通过自己的 CA 系统发出该用户的收视授权。运营商收到节目商的加扰节目码流后，无改变地转播到用户。用户终端中采用分区的智能卡，节目商的 CA 系统密钥和运营商 CA 系统密钥分别被植入到不同的智能卡分区中，用户终端根据加扰节目码流中 CA 系统的标识决定采用哪个密钥进行解扰。

为了尽量减少 CA 系统的复杂程度，目前的付费数字电视广播中大多采用解密模式。

8. 机卡分离

目前，机顶盒（一体机）的生产牵涉运营商、机顶盒（一体机）制造商和 CA 厂家三个方面，因为运营商首先要确定使用哪一家的 CA 系统，机顶盒（一体机）制造商要根据 CA 厂家的要求将 CA 模块植入到机顶盒内才能完成机顶盒的生产。因此，生产出来的机顶盒（一体机）只适用于某一家运营商，产品缺乏通用性和竞争性，对于用户来说也缺乏个性化的选择，机顶盒（一体机）不能放在普通商场里出售，这些都不利于机顶盒（一体机）的推广和市场化，为此就有了"机卡分离"的提法。

所谓"机卡分离"，就是把机顶盒里有关 CA 的硬件和软件全部集成为一个独立的模块，用一个专用的集成电路和 CA 卡一起独立完成 CA 的全部功能，机顶盒（一体机）里不再直接进行 CA 处理，CA 模块安装在 CA 卡里，通过 CA 接口与机顶盒进行通讯，这样机顶盒（一体机）就具有了一定的通用性。

采用机卡分离的数字接收机与普通数字接收机相比，对于解密（用户识别及授权）部分的处理均在"卡"里面，而最主要的差异在于采用机卡分离的数字接收机对信号的解扰处理由"接收机处理"转变为了"卡处理"，其示意图如图 3-43 所示。

图 3-43　数字接收机解密、解扰处理位置对比示意图

从技术上看，机卡分离方案将数字解扰的处理工作由接收机里执行转变为由"卡"来执行，数字接收机不用再为了适应各地运营商不同的 CA 系统而不断更改自己的软件设计，只要其应用的"卡"能与运营商的 CA 系统匹配，即可在当地正常使用。

但是，根据机卡分离方案目前的技术状态和实际应用情况来看：目前的机卡分离方案只解决了一个 CA 问题（还不能算是根本解决，因为"卡"也不是能够全部适应全国各地的所有运营商所使用的 CA 系统），只是把与数字广播运营商所使用的 CA 系统能否匹配的矛盾从"机"转移到"卡"上去，换句话说，CA 的矛盾由机顶盒（一体机）生产商与运营商之间的矛盾转变为了"卡"的提供者与运营商之间的矛盾。此外由于除了 CA 之外的业务（如 EPG、数据广播等）应用软件仍嵌入在终端（接收机）上，而各地数字电视运营商的 EPG、数据广播等业务也是千差万别，以至接收机内的该类业务应用软件为了适应这些差别而更改设计状态，因而无法做到像模拟电视机一样可在全国范围内进行水平销售，终端硬件资源的有限性与数字广播业务扩展的无限性的矛盾仍然没有解决。

目前，国内"机卡分离"共有三种方案，分为大卡、小卡两类，其中大卡方案有以深圳国微为代表的 PCMCIA 接口和清华大学为代表的 USB 接口两种格式；小卡"智能卡"格式则以上海交大为代表。三种方案的技术特点和市场应用情况各不相同：PCMCIA 大卡方案基于 PCMCIA 通用接口技术、UTI 大卡方案基于 USB 接口技术、上海交大的小卡方案在智能卡技术基础上作了一定的更改。市场应用方面，目前 PCMCIA 方案在市场应用量上处于领先位置，UTI 方案次之，小卡方案的市场应用量最少。

3.3.3　DVB-DCAS

1. DCAS 概述

DCAS（Downloadable Conditional Access System，可下载条件接收系统）是指基于终端硬件的不可复制及解密过程的不可见，将解密数字电视内容的应用软件、算法、密钥通过在线下载的方式下载到数字电视终端的一种先进的适合智能数字电视平台的 CAS 加密技术。

下载 CA 最大的贡献是实现了完全的软硬件分离。通过下载的方式将 CA 软件下载到机顶盒中运行。按照下载 CA 技术规范，CA 软件是用 Java 语言编写的，本身可以与硬件平台无关，是跨平台的。也就是说，下载 CA 本身就是 CA 应用软件与安全硬件分离。这种下载方式既可以是双向的，也可以是单向的。如果安全性要求很高的 CA 都可以实现下载执行，那么其他任何应用软件都可以通过下载的方式实现，而不仅仅局限于数据广播、股票广播、广告等，从而为电视终端软硬件分离的智能化创造了条件。

2012 年 3 月广电总局发布了《GY/T 255-2012 可下载条件接收系统技术规范》，它是数字电视行业第一个开放的 CA 技术标准，规定了可下载条件接收系统的总体要求、安全机制、系统架构和功能、终端系统、终端安全芯片等内容，可以实现类似 PC 以及智能终端行业的软硬件分离，适用于具有单、双向交互能力的广播电视网，特别适合在智能数字电视平台上应用。

2. CAS 的弊端和推行 DCAS 意义

目前保障高质量付费电视节目的智能卡 CAS 技术既封闭又不安全，电视屏幕上的高附加值影视节目安全难以得到保证，阻碍了高价值电视节目通过电视网络的播出，更重要的是，封闭的技术体系不但导致技术落后，也难以向智能终端方向发展，使广电终端不能形成统一的有规模影响的市场，影响广电网络参与三网融合的进程，对多屏终端产业也没有产生应有的拉动力。

广电的三网融合实际上是广播电视网络与互联网的融合，目的是满足用户多样化的文化娱乐需求，例如从看电视到用电视，多屏互动，这就需要实现终端的多样化。终端的多样化只能通过市场化实现，而市场化必须有明确统一的技术标准。因此需要开放和统一的 CA 技术标准，使 CA 不仅仅能在机顶盒上使用，而且还可以延伸到一体机、手机、平板等多种终端。DCAS 技术规范可以解决上述问题，对广电终端融入后 PC 时代的快速发展起到非常重要的作用，所以，DCAS 技术规范是广电产业可以延续传统业务并向互联网转型的基础技术标准，该规范不仅可以针对数字电视业务，同样也可以对应基于互联网的多样化用户终端，繁荣广电用户终端市场，开展可管可控的 OTT 业务，对确保文化娱乐传播主渠道的地位意义重大，是促使数字电视终端产业升级并向三网融合发展的关键性基础技术标准。

3. DCAS 技术的关键

在技术上的关键是 DCAS 要有统一的接口规范，规范中定义了详细的 Java 接口规范，这是一个靠近上层的接口，实现了 CA 软件与终端硬件的分离。

Java 接口的封装标准和实施流程。实现这一点将确保 DCAS 应用无须修改就可以在多终端上的使用。

与硬件驱动结合的驱动接口标准需要明确。该接口靠近硬件驱动，类似于 PC 时代的 BIOS，规范该接口可使上层软件的兼容性更好，可以大幅度减少芯片厂家的软件开发工作，避免芯片硬件方案越多就越混乱，封装和测试的工作量就越大的情况发生，同样也可以降低 DCAS 推广的成本。规范该接口有利于芯片厂家之间的公平竞争，对数字电视终端技术进步有利。以往这个靠近底层的 API 因为涉及很多 CA 的安全而被严格保密。

在规范了上述接口之后，就真正实现了 DCAS 软件"一次编程，到处使用"的理想境界，彻底打破传统智能卡 CA 严密的软硬件捆绑。

4. DCAS 的前端设备结构

DCAS 前端结构和传统的 CA 是一样的，对输入的音视频流进行解扰，通过广播通道或双向通道发送条件接收的授权信息等，完成业务的加密保护传送和合法授权控制管理。与传统智能卡 CA 不同的是，前端可以不需要配置高度封闭的硬件加密机。

DCAS 前端主要包括 ECMG、EMMG、密钥管理、下载管理和其他模块等，其关系如图 3-44 所示。其中，密钥管理生成模块负责根密钥和各级密钥的生成管理，这是 DCAS 中最主要的安全防护部位，涉及对应 CA 系统终端的密钥安全，它相当于公共服务部门（例如公安、银行）涉及个人信息存储管理，这个部分可以与 CA 服务器分离独立管理。除这个密钥管理模块之外的其他模块是所有 DCAS 所公用的，可以根据 DCAS 规范要求独立开发成为一个通用的 DCAS 服务器安装软件。

图 3-44　DCAS 前端结构图

5. DCAS 在终端的实现方式

DCAS 在终端分为密钥派生和层级密钥、业务流解密等部分。其流程是用多个私有密钥，通过终端内部芯片硬件加密算法的级联解密，最后解密出一个解密业务流的控制字密钥。这个过程全部在机顶盒芯片内部完成，因此 DCAS 只能是无卡形式的。其工作过程如图 3-45 所示。

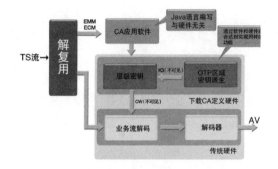

图 3-45　下载 CA 机顶盒端工作流程图

6. DCAS 规范涉及的密钥

（1）下载 CA 中涉及多个密钥，其中根密钥派生的密钥包括：

① 预埋在芯片中的，由芯片厂家掌握的一个私有根密钥。这个根密钥是通过芯片厂家私有的算法和芯片中唯一的 ID 号（ESCK）运算获得。

② CA 公司掌握的根据芯片厂家提供的 Seedv 和认证管理中心提供的 SCKv 生成的针对指定用户的私有根密钥，即规范中的 K3，如图 3-46 所示。

（2）层级密钥中的密钥包括三个，如图 3-47 所示。

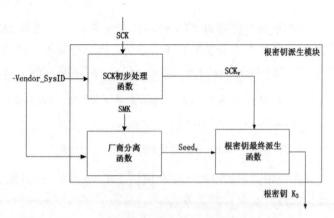

图 3-46　根密钥派生功能框图

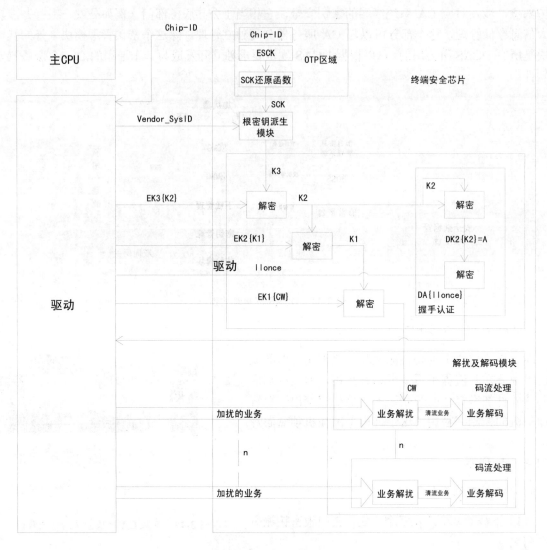

图 3-47   层级密钥

① 规范中提到的 K3（根密钥派生出来），K3 是 CA 公司根据芯片厂家提供的 Seedv 和认证管理中心提供的 SCKv 生成的针对指定用户的私有根密钥。

② 规范中提到的 K2，根据 CA 公司的设计，K2 一般交由运营商管理，可以做到根据用户区分。

③ 规范中的 K1，K1 是用来加密 CW 的，加密后的结果 EK1 在 ECM 广播，这使得 K1 无法做到根据用户区分。

7. 算法固定与根密钥派生模块的工作过程

在机顶盒芯片中加入安全模块，相当于将一张封闭的智能卡放进了机顶盒芯片中，芯片公司承担大部分安全管理义务。

CA 公司的作用仅仅是根据 K3 针对每一个用户组织好 EK1-EK3，对节目包进行授权，同时也对每一个用户终端的 K3 进行保密。不同的 CA 公司可以掌握有不同的 Vendor_SysID，这个 ID 是对应 CA 公司 K3 密钥库的钥匙，这既是一个创新，也是一个可以由人为因素导致隐患的安全薄弱环节（因为 CA 公司和芯片厂家以及安全认证管理中心都知道 K3），针对薄弱环节也有解决预案，可以根据 Vendor_SysID 再重新派生新的 K3 密钥，在线更换 CA 系统。这个过程需要芯片厂家、认证中心和运营商的联动，管理比较复杂。通常建议由运营商自己管理，以降低安全管理的复杂度。

8. DCAS 和软硬件分离关系

软硬件分离是 DCAS 必需的运行环境，DCAS 使机顶盒厂家大批量生产的机顶盒可以在没有 CA 软件的情况下，在运营商网络中通过下载的方式将 CA 软件下载到机顶盒中运行，如图 3-48 所示。这种下载既可以是双向的，也可以是单向的。

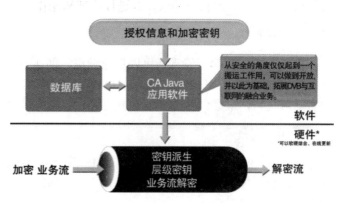

DCAS 定义了 Java 接口，实现了 CA 应用软件与硬件无关，是对 DVB CA 技术标准的重要完善。CA 将和众多应用软件一样，可以独立于机顶盒硬件系统，DCAS 更适合在智能平台环境中使用。

图 3-48　DCAS 在安全方面的软硬件分离

如果安全性要求很高的 CA 都可以实现下载执行，那么其他任何应用软件都可以通过下载的方式实现，当有了足够多的应用之后，就可以实现类似智能手机的个性化，数字电视终端市场将迎来大发展。

9. DCAS 的优势

DCAS 与智能卡 CA 的诸多优势对比如表 3-3 所示。

表 3-3　DCAS 与智能卡 CA 的对比

	智能卡 CA	DCAS
安全性	解密密钥信息与解密硬件分离，破解简单，易通过读卡器截获密钥	密钥处理和流媒体解密过程在机顶盒主芯片中完成，相关信息无法截获，破解难度大，安全性高
可靠性	机顶盒故障 30%以上来自读卡器，可靠性相对差	没有智能卡相关故障
经济性	智能卡、读卡器以及耗电故障引起的衍生成本每台 STB 大于 20 元	节省读卡器、PCB 硬件和维修成本
弥补性	无法弥补，只能将卡和读卡器一起换掉	可通过下载方式更新密钥
开放性	高度密封私有定义，非标准	有明确的 NGB 标准定义

3.3.4　SMS 系统

SMS（Subscriber Manage System，用户管理系统） 是一个贯穿计费、客服、账务、产品、资源管理各个环节，支撑数字电视业务运营的核心系统。系统设计基于不同角色的权限管理，用户可按照实际运营的需要分配不同的角色和权限，在共享一个软件平台的基础上，实现运营商内部各个部门、不同代理商、下级运营商的不同功能。目前 SMS 所有功能已经基本都可以融入到业务支撑系统 BOSS 中。

SMS 可分为产品管理子系统、用户管理子系统、设备管理子系统、计费管理子系统、报表管理子系统、智能卡服务子系统、分级管理子系统、系统管理子系统等九个子系统，其主要功能如下。

1. 用户管理

用户管理主要是对用户和跟用户相关的资源、费用等进行的操作。在此模块中可进行用户注册、修改用户信息、对用户进行授权等和用户相关的操作，也可以对系统资源如机顶盒、IC 卡等硬件资源和片区、运营商等软资源进行管理和操作。

2. 节目管理

SMS 中融进了节目管理，可以创建频道、创建节目、对节目进行打包，最后形成能够对用户进行授权的业务包。在创建业务包的过程中，还可以选择优惠等级，这个优惠等级和用户的优惠组有对应关系，最终可以实现不同组的用户购买不同的业务包，可以享受不同的优惠。

3. IC 卡管理

由于 IC 卡里含有很多其他信息，SMS 系统可以通过外接读卡器把 IC 卡的相关信息读取到数据库中。此功能只适合数量比较少的 IC 卡的时候，当需要大批量添加 IC 卡的时候，就要借助专门的 IC 卡发卡程序。

4. 系统管理

系统管理中提供了模块的增删、对系统角色的权限和系统参数进行定义等功能。SMS 系统把操作员的操作都记录到系统日志中，把和钱有关系的都记录在业务日志中，可以随时查询。

3.4 NGB 云平台

下一代广播电视网（NGB）云平台按其功能及分工可以分为云媒体平台、云宽带平台、云通信平台、云服务平台等。云平台的技术构架如图 3-49 所示。

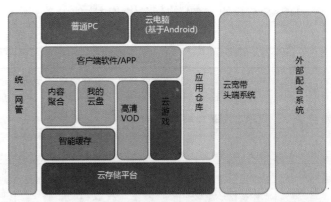

图 3-49 云平台的技术构架

3.4.1 云媒体平台

云媒体也称为电视云，是基于云计算技术的一种可用于提供媒体服务和应用的新兴媒体服务。用户可以在云中分布式地存储和处理多媒体应用数据，不需要在计算机或终端设备上安装媒体应用软件，进而减轻了用户对多媒体软件维护和升级的负担，避免了在用户设备上进行计算，延长了移动终端的续航时间，为多媒体应用和服务提供 QoS 支持。

云媒体包含内容管理与运营系统、海量存储系统、推流服务系统等。可以为一省网络服务区内多终端提供各种编码格式及各种码流的视频服务，同时，服务全国市场，形成视频媒体中心的地位。通过电视云平台，可创新业务，如云盘、录播、直播交换等。云媒体可以实现以下功能：云转码、云收录、云存储、云搜索、云适配和云分发，高清跨屏互动广电交互平台就是云媒体的典型应用，而云转码是实现媒体跨屏播放的前提和基础，因为不同的用户终端屏需要的码流的格式和速率都不一样。图 3-50 所示是云媒体平台的整体架构。

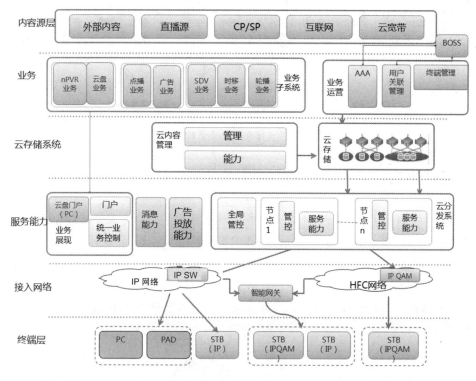

图 3-50　云媒体平台整体架构

1. 云盘业务

云盘是互联网存储工具，云盘是互联网云技术的产物，它通过互联网为企业和个人提供信息的储存、读取、下载等服务。具有安全稳定、海量存储的特点。

云盘相对于传统的实体磁盘来说，更方便，用户不需要把储存重要资料的实体磁盘带在身上。却一样可以通过互联网，轻松从云端读取自己所存储的信息。

提供拥有灵活性和按需功能的新一代存储服务，从而防止了成本失控，并能满足不断变化的业务重心及法规要求所形成的多样化需求。

2. 直播交换业务

直播交换业务（**SDV，Switch Digital Video**）是在当前 VOD 基础上的延伸，将部分直播频道以点播的业务方式提供给用户，用户可以选择直播频道进行点播，意在节约有限的频率资源，在当前频率资源范围内提供更多的频道内容给用户。

交换式视频技术不同于传统的广播系统，传统的广播系统在任何时候都会为所有的用户传送全部节目，交换式数字视频系统根据用户收视率二八原则统计，将部分收视率不高的直播节目以点播的方式提供给用户，用户有频道转换请求时，系统以点播流程为用户提供服务。若多个用户在同一指针组，且点播同一频道，则系统只推送一路码流给用户，若多个用户不在同一指针组，且点播同一频道，则系统按照指针组的数量推送相应的码流，因此在固定频率资源下，系统可以提供更多的频道。关于这一个概念详见图 3-51 所示。

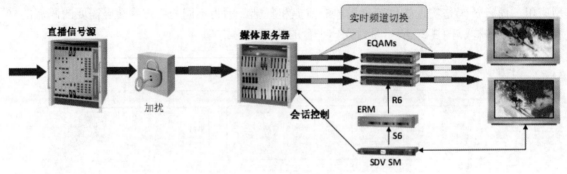

图 3-51　直播交换业务系统架构

3.4.2　云宽带平台

云宽带平台构架在云存储系统之上，充分利用其灵活的扩充能力支持海量存储，多服务器同时服务形成的高并发内容分发能力及充分利用其空闲 CPU 所带来的高计算能力进行音视频转码，包括预转码及实时转码。

宽带云平台主要面向两类终端，一类是普通的 PC 终端；另一类是基于 Android 的云终端。云宽带平台由云宽带综合服务系统平台、云宽带头端系统以及相应的配合系统组成，云宽带平台结构如图 3-52 所示。

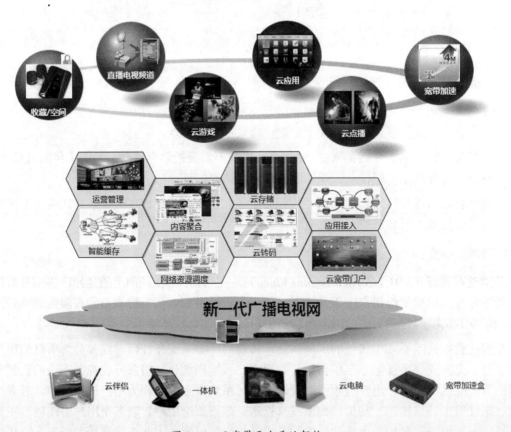

图 3-52　云宽带平台系统架构

宽带云缓存系统为全新一代的缓存系统，内容存储直接构建在云存储系统之上，支持存储容量的灵活扩容。同时在原有多协议支持技术上增加多应用支持，使能被缓存的内容占比大大增加。协议混装技术除了可以灵活使用存储空间外，各协议中的重复内容只需最少保留一份副本，将更多的存储空间节省出来，存放更多的内容。在缓存机制上，除了继续支持原有的基于用户行为触发的热点缓存外，还支持针对热门网站的预缓存，将用户访问的热门网站的首页及各频道首页内容（规则可定义）预先抓取并存储在缓存中，用户一旦访问，即可立刻提供缓存服务。本缓存系统更是在用户体验上做了重点优化，在某些特殊情况时，不会因为缓存机制的加入和导致用户获取内容的速度体验降低。

宽带云平台基于缓存系统实现内容聚合，其中包含互联网内容聚合及第三方合作内容聚合。互联网内容聚合通过内容资料整理，引导用户使用互联网上的正版在线资源及通过搜索引擎搜索下载内容资源，被引导的资源均能命中缓存。第三方合作内容聚合可通过统一接口允许内容合作商主动推送最新、最热内容进入缓存系统，无论用户是自发访问该内容，还是通过服务引导访问该内容，缓存均提供高速的访问体验。

宽带云平台用户空间是基于缓存向用户提供的个人网络存储空间。用户可以通过离线下载功能，将外网内容通过服务器存储在用户空间中，同时也可以将自己的内容上传到空间中，所有内容均可在不同的终端中下载或者在线使用。所有内容会根据文件指纹信息判别唯一性，同一内容在存储空间中只会存储一份，以节约存储空间，但是每个用户只能访问自己离线下载或者上传的内容。针对用户空间中的音视频内容，利用云存储提供的转码能力，可为用户提供适应不同终端的转码功能，包括离线转码（预转码）和实时转码。

宽带云平台的中云游戏平台是方便瘦客户端（低配置 PC 或者云终端）通过视频流化，低时延操作等技术实现在远端服务器上面玩大型游戏的平台。一般大型游戏需要高配置的显卡、CPU和内存，以实现游戏的逼真场景和复杂操作，云游戏平台通过在系统侧部署高配置服务器，并采用虚拟机技术，在一台物理服务器中运行多个虚拟服务器，实现多人、多游戏同时进行。云游戏平台客户端目前支持各类 Windows 系统及 Android 系统。

内容聚合、用户空间、高清 VOD、云游戏均可以通过 PC 客户端或者 Android 应用访问。用户通过这些客户端或者应用可随时随地访问上述四个功能，作为引导入口，还可将用户进行交叉推荐引导，比如用户在使用内容聚合的时候，会推荐用户点击相关的高清 VOD 内容，也可将互联网内容通过离线下载放在用户空间中稍后使用。

宽带云平台应用商店是专门为云终端准备的应用，其上会将目前市面上的优秀且适合云终端使用的 Android 应用提供给用户下载，同时也支持开发者针对云终端开发专门应用并提交审核后供用户使用。应用商店实现了云宽带平台对应用的聚合。

宽带云平台远程桌面也是为云终端准备的系统。由于云终端运行的是 Android 系统，针对例如像网络银行、远程教育、办公应用等 Android 系统下目前无法良好支持的应用，用户可以通过远程桌面登录到远程虚拟主机的 Windows 系统中完成。在远程虚拟主机中，用户同样可以访问用户空间，通过该空间，可和 PC 或者云终端上的工作内容进行同步。

宽带云平台网管系统实现对整个云宽带平台中各子系统的统一资源管理调度。其对所有服务器的健康状况、CPU 负载、内存占用、存储占用、带宽使用、进程数目等进行实时监测告警。

宽带云服务的后台提供海量云业务，变出口访问为局域网访问，通过海量的云存储实现海量内容的缓存（Cache），可使出口流量下降 80%；建立云游戏等云服务的统一接入机制，形成业务在云端的无缝加载；定制宽带云电脑，结合触控技术、内容智能聚合和推荐，提升用户体验；加入本地数字电视服务，形成数字电视、宽带接入、PC 处理、海量云业务的统一提供。

云宽带与普通宽带有较大的区别，如表 3-4 所示。

表 3-4　云宽带与普通宽带的区别

	普通宽带	云宽带
人机交互	鼠标、键盘	鼠标、键盘、触摸屏、触控笔
网页浏览	标准应用	定制应用，专用浏览器
视频业务	取决于带宽，服务不确定	经过优化的内容保证服务质量
游戏业务	取决于 PC 的配置，强游戏面临换机器的压力	云端应用，长期可用，无需换机
即时通讯	通用应用	定制客户端应用，粘度高、体验好
启动速度	慢	快，30 秒内
防病毒性	差	强
下载速度	取决于接入网带宽，主流 4 兆	云端存储，取决于服务器带宽，可以达 G 级速度
存储空间	取决于本地硬盘，空间有限，尤其保存高清视频	云端存储，没有限制
多屏共享	本地应用，基本没有可能	云端应用，关机可用，格式转换，多屏分发
桌面应用	简单	复杂，消耗资源大，需要控制并发量

3.4.3　云通讯平台

云通讯又称融合通讯平台业务，目前主要有两部分内容，一个是视频会议业务，其具体的实现应优先考虑采用广播信道+IP 的方式，它更具有广电的优势和特色，并且传输视频时对网络的带宽要求比较低，当然也可以考虑纯 IP 方式，但这个方式对网络带宽要求较高，对于广电网络来说其优势不大。另一个是视频监控业务。

在实现融合通讯业务的过程中离不开各种类型的用户终端，如**机顶盒**（*STB，Set Top Box*）个人计算机（PC）、移动或固定电话终端（PHONE）等，因此要完成这些终端设备之间的互联互通，比如要打通 STB—STB、STB—PC、PC—PC、PHONE—STB 之间的通道。当这些目标都实现了以后，有线电视网络则完全可以实现用户之间的任意的视频通讯，所以视频会议和视频监控的发展是为将来实现视频多点对多点通讯做铺垫的。

1. 视频会议业务

视频会议系统可分为三个层面，用户层、网络层、业务运营层，如图 3-53 所示。用户层为平台业务展现层，也是最终用户对业务的使用窗口。系统可以支持多种会议模式，各类会议成员要求的会议终端主要有 IP 终端、机顶盒以及手机等其他终端。IP 终端的使用灵活、功能丰富适用于政府及企业用户。机顶盒直接收看会议适用普通家庭用户，偶然的双向交流可采用电话等辅助方式解决，可用于远程培训、讲解、可双向交流的电视购物等。

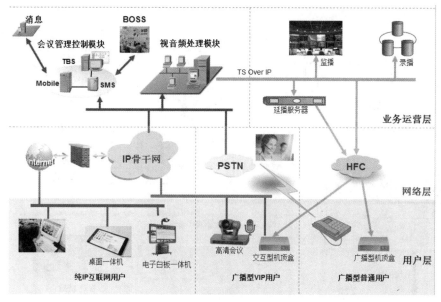

图 3-53　系统总体示意图

视频会议系统按信号处理和传输方式来分可以分为广播+IP 辅助模式（也称纯广播技术架构 VIP 高可靠模式）、融合 IP 和广播模式以及纯 IP 模式三种方式，在以上三种模式中，IP 数据交换网络的作用依次加强，同时对网络带宽要求也依次提高。视频会议系统按使用对象和场合可以分为点对多点方式，主要考虑采用广播+IP 辅助模式及融合 IP 和广播模式实现，使用场合主要为会议、教育、会商；点对点方式，主要考虑融合 IP 和广播模式及纯 IP 模式，使用场合主要以政府部委局办为主，如省委宣传部视频会议，或具有垂直管理的企业，覆盖人群多、安全性要求高的场合，如金融行业；多点对多点方式，主要考虑融合 IP 和广播模式及纯 IP 模式，使用场合主要为议题讨论、聚会等，图 3-54 所示为视频会议应用场景。

图 3-54　为视频会议应用场景

（1）广播+IP 辅助模式

系统运营方根据会议成员所在区域及部门事先创建不同的会议群组，并分配组内成员的会议召集权限，一个成员同一时刻只许加入一个会议。会议可由组内任一成员发起，对非授权召集范围内的成员发起会议，需向高级别召集权限成员发起申请或由其完成召集。会议召集将通过短信、邮件等方式向其他成员发送会议召集通知信息。广播资源的独占性在同一时间只支持一个会议召开。会议过程由会议管理员进行管理与控制，以实现发言权限控制、主讲方视频画面切换、参会方视画面切换、演讲文稿投放、对某一成员的消息提醒、播出前的画面预览等。

广播+IP 辅助模式应用说明如图 3-55 所示，会议成员主要配备会议摄像头、麦克风、定制机顶盒，上行数据采用 IP 骨干网，经过系统控制中心，主要采用高可靠性的矩阵选择视频多方输入和输出，再经过监播后，将合成的会议主讲视频和参会方视频通过 HFC 网络，发回给会议成员的机顶盒。

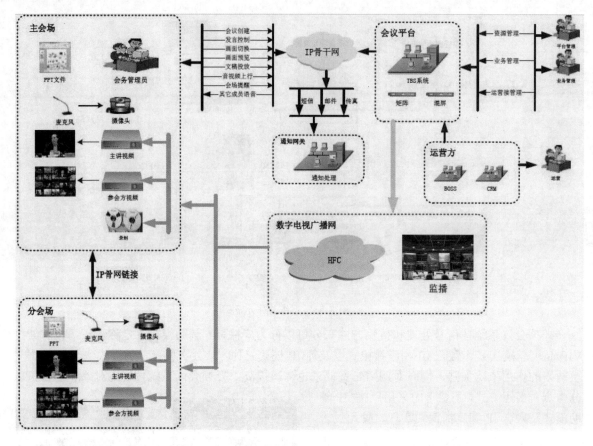

图 3-55 纯广播模式功能示意图

（2）融合 IP 与广播技术架构模式

该模式具备 IP 技术架构的终端多样性、接入灵活性、地域的无限制性等特性，还具有广播网一点发送多点接收的网络优势，用户收看会议成本低廉等优势。应用场合有以下几种。针对广泛受众的，类似产品发布会的模式；针对某一固定群体的，类似超市 VIP 会员的模式；针对单点的定向交互，类似视频售后服务模式。

该技术架构由平台运营商预先创建会议播出频道及频道会议发起成员。成员发起会议需提前向管理员提出申请，并提交播出区域、收看用户范围、IP 域互动用户范围、播出时段等。会议审核通过后，由平台消息系统向收看用户发出会议收看告知信息，向会议发起成员发送会议创建通知消息。

会议成员互动除了 IP 域多方互动外，普通机顶盒收看用户可通过语音电话呼入参与讨论。

融合 IP 与广播会议系统利用 IP 网接入的方便性、无地域限制性等建立一个频道的直播会场，通过数字电视有线网进行播出，并可对网络覆盖范围内的机顶盒用户进行精确的选择。其系统示意图如图 3-56 所示。

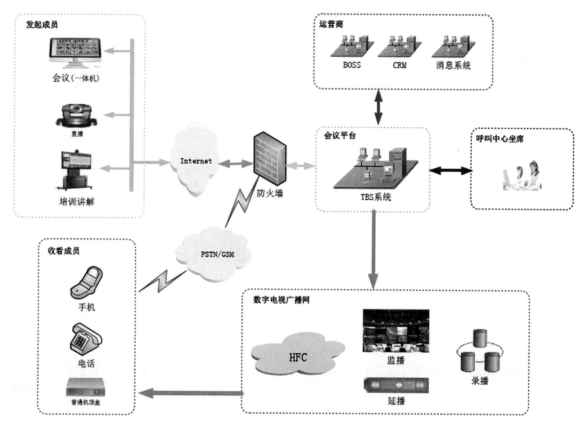

图 3-56　融合 IP 和广播模式示意图

（3）纯 IP 技术架构模式

该模式的优势在于会议终端的多样性，接入网络的灵活性。具备音视频采集与显示的主流 IP 网络设备可用作视频会议加入终端，任一区域的 IP 网用户在保证带宽的情况下都可进行视频会议。IP 技术架构平台运营商为用户创建虚拟会议中心，设置用户规模、会议并发数量等参数，并分配会其会议中心管理员账号。会议中心管理员可以根据单位的组织结构、部门等特性自己添加会议成员。任一会议成员都可以通过创建虚拟会议室的形式发起会议，并可设置虚拟会议室对其他成员的可见性。在可见范围内，成员通过密码认证形式加入虚拟会议室参加会议，会议默认由发起方进行过程管理与控制。主要应用场合为远程会商、企业内部沟通、企业之间沟通等多方协同互动视频会议模式；其模式应用说明如图 3-57 所示。

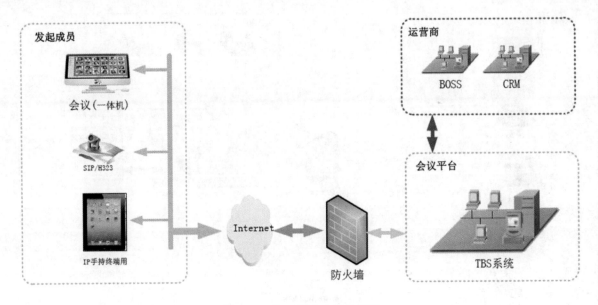

图 3-57　纯 IP 模式应用示意图

2. 视频监控业务

　　由于有线网络不但拥有广播信道，还拥有交互信道，同时还可能拥有大量的物理光纤传输网络资源，因此有线网络不论参与集团用户还是个人用户的视频安防监控的业务，都有得天独厚的优势，这里与前面类似，视频监控可以分为纯 IP 模式和融合 IP 和广播模式监控。在实际应用中主要还是以纯 IP 模式应用更加广泛一些。另外，由于当前有线电视网络中采用 PON 方式的也比较多，这也为家庭以及小区的视频监控信号的回传带来了很大的方便。图 3-58 所示为浙江华数基于有线网络的视频监控系统规划图，这是一个基于省级网络建设的融合 IP 和广播模式监控系统，它针对各种用户，这里既有集团用户也有个人用户，其用户所使用的终端设备可以通过有线及无线网络实现对有授权的图像的调用。

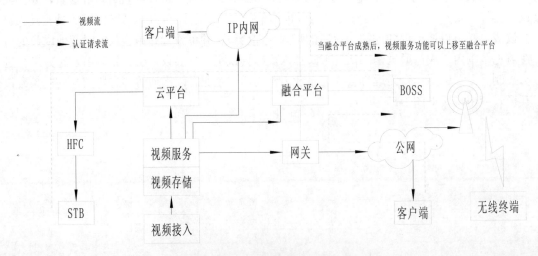

图 3-58　基于有线网络视频监控系统图

3.4.4　云服务平台

云服务利用云管端技术，将广播型单向终端、双向终端、全 IP 终端、PAD 等终端接入服务云平台，让终端无差别地使用基于云技术的数字电视业务、点播业务、游戏业务等各类单向双向交互业务，服务云让用户既享受超宽单向 HFC 网络承载的海量内容，又充分利用双向网络的灵活优势，如图 3-59 所示。

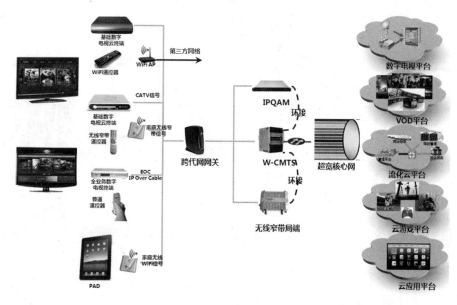

图 3-59　云管端工作流程图

目前，一些网络运营商的绝大部分用户都是采用单向机顶盒或者基本双向机顶盒，传统技术手段无法实现全业务运营。云服务平台将所有的计算能力（包括显示能力）全部集中在中央服务器端，将前端应用的运行显示输出经过视频编码后传输给终端。终端只需要有一个解码芯片，即可感受到完全的应用显示效果。终端同时具备双向回传功能，将控制操作回传给中央服务器端。只要用户控制和显示效果的延时非常小，用户根本感受不到本地操作还是远程访问，就可以做到利用云计算技术提供应用服务。具体来说，单向机顶盒+电视机作为简单的输出显示终端，机顶盒遥控器、无线键盘等设备作为简单的输入设备，通过家庭多业务混合器（家庭智能网络终端）联入跨代网，由云服务提供各项服务。

目前一些大型广电网络运营商云服务系统平台包括了云存储、云转码、智能缓存、视频 DNA、内容分发、统一管理等功能模块；整个系统包含了 DVB 系统、增值业务系统、马赛克导航系统、LOADER 平台系统、家银通系统、NVOD 系统等；配合系统包括了云 CA 系统、EPG 系统、云服务平台、BOSS 系统、云媒体平台等；图 3-60 所示为云服务平台系统构架图。

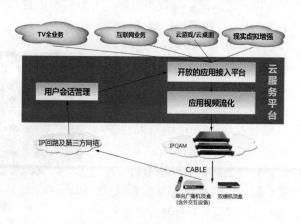

图 3-60　云服务平台系统构架图

1. 增值业务平台

增值业务平台顶层主要负责广告、公告、媒资、邮件以及互联网信息等的发布；基层主要负责点对点的即时通信、视频监控、在线交易以及游戏娱乐管理等。其基本构架如图 3-61 所示。

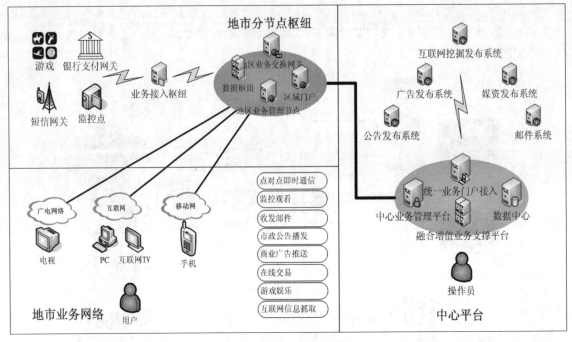

图 3-61　增值业务平台构架

2. 马赛克导航系统

在数字电视推进过程中，除了数字电视本身的新颖模式外，丰富多彩的内容是根本，随着数字电视播出频道日益增多，通过文本形式的电子节目指南信息来了解节目播出信息已经远远不能满足用户的需求，而马赛克图像导航方式，对用户视觉具有更强的冲击力和吸引力，它能够同时向用户展现多达十几甚至几十个频道的播出内容，用户在机顶盒端可以进行本地交互，使收视更具有互动感。

用户进入精彩导视节目后，看到整个电视画面分成若干个区域，每个区域显示一个数字电视节目的视频。用户遥控器的移动箭头在各个视频画面中选择节目，当遥控焦点移动到某个视频画面时，系统将播放对应该视频的音频，用户可以随意选择切换到想要收看的节目频道或业务应用，如图 3-62 所示，用户通过遥控器选择付费导视节目、试看、提示订购或返回导航显示。图 3-63 所示为马赛克导航系统构架及信号流程图。

图 3-62　马赛克导航应用

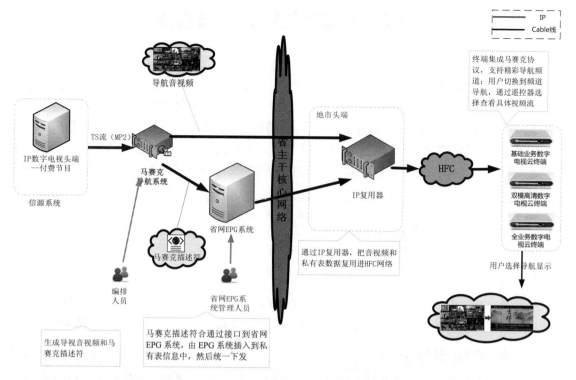

图 3-63　马赛克导航系统构架及信号流程图

3. 统一 LOADER 平台

机顶盒厂商将新的软件程序按照编码压缩标准（MPEG2/H.264/H.265）制作成可以在有线网上传输的 TS 升级流，然后将做好的升级流在一个 HFC 固定的频点上播发，同时在 HFC 有线网里插入一个对升级流进行描述的升级描述符，以便让终端机顶盒找到升级流。

统一 LOADER 系统由统一 LOADER 管理系统、EPG 系统和统一 LOADER 机顶盒软件三部分组成，各部分之间的关系如图 3-64 所示。

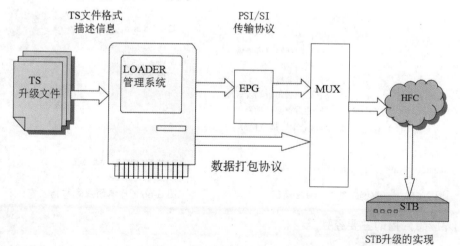

图 3-64　统一 LOADER 平台外部关系图

统一 LOADER 平台提供了不同厂商的机顶盒软件使用同一升级平台升级和强大的异常处理能力，满足了机顶盒上各种软件的更新需求以及运营要求。

3.5 NGB的应急广播系统

应急广播系统是指当发生重大自然灾害、突发事件、公共卫生与社会安全等突发公共危机时，造成或者可能造成重大人员伤亡、财产损失、生态环境破坏与严重社会危害，危及公共安全时，可提供一种迅速快捷的讯息传输通道，可使人民群众的生命财产损失降到最低限度的电子和网络系统。根据我们的理解，也应该把它囊括在NGB范畴里。2013年12月3日国家应急广播中心正式挂牌，由于应急广播在我国还是一个新生事物，还没有固定和成型的运营模式，有关部门也正在抓紧制定应急广播的技术规范和标准，下面的介绍也仅仅是根据作者手上掌握的资料和作者自身的理解而进行的。

3.5.1 国外的应急广播体制

1. 美国的应急广播

美国有一套完整的应急广播体系，它有较规范和严格的操作流程，其技术特点为：覆盖面广，技术结构简单，单向传输，双信源输入，可靠性高。图3-65所示为美国的应急广播响应流程。

2. 日本的应急广播体系

日本的应急广播体系较为先进和完备，于1985年开始建立“紧急报警系统（EWBS）”，通过广播电视发送紧急信息。该系统依托日本广播放送协会（NHK），由国家级、地区级和市级三层组成，链接全国各广播电台、电视台、有线电视系统、地面数字广播、数字卫星广播和移动广播系统，按照紧急事件级别和发生区域向指定地区公众迅速发布报警信息，其发布流程如图3-66所示。其技术特点：紧急预警信息在电台电视台自动生成，新闻中心随时准备播报灾害相关新闻、调用各类信号；传输网络分级分区域控制；终端具有自动唤醒功能。

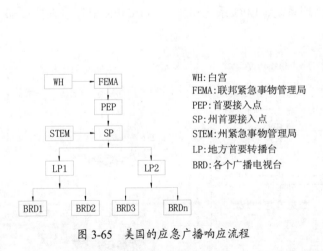

WH
FEMA
PEP
STEM
SP
LP1
LP2
BRD1
BRD2
BRD3
BRDn
WH:白宫
FEMA:联邦紧急事物管理局
PEP:首要接入点
SP:州首要接入点
STEM:州紧急事物管理局
LP:地方首要转播台
BRD:各个广播电视台

图3-65 美国的应急广播响应流程

海啸预警信息
地震预警信息
日本气象厅
EWBS
广播中心
发射中心
自动激活或切换指令
自动激活或切换指令
家庭电视
家庭广播

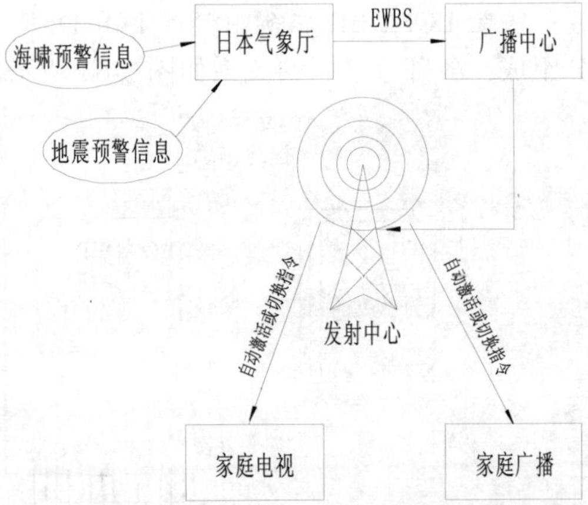

图3-66 日本的应急广播发布流程

3. 国外应急广播的主要经验

国外应急广播经过多年的发展，从建设上和制度上都已经日趋成熟和完善，其主要经验如下。

（1）合理的区域控制

由于多数的灾害和事故的发生都有一定的地域范围，所以应急广播信息的发布往往也需要针对相应的区域进行分区控制。

（2）简单快速的发布程序

由于一些需要应急发布的预警和预报信息都有一定的时效性，所以应急信息的发布既要经过一些必要的审核，同时还需要审核程序简捷有效。

（3）分级响应

一些重大的应急事件它的危害可能会产生一定的扩散性，如疫病事件、核泄漏事件，所以对这类应急事件应该采取分级响应的原则，既不影响对风险事件对的预警，又不至于让群众对风险事件产生过激的反应。

（4）与现有广播电视传输覆盖网的适应性，具有统一的标准与规范

建立在广播电视基础上的应急发布体系应该与现有广播电视传输覆盖网有较友好的通信协议接口和界面，与现有广播电视传输覆盖网形成天然的适应性，如信息的制作编播，信息的传输发送等都要与现有的在广播电视传输覆盖网的信息采取同样的标准和规范。

（5）完整的法律体系、运维与演练机制

应急广播体系的管理和运行，应该制定并遵循相关的法律、法规，使它运维与平时的演练有法可依，从而保障它的长期、稳定、可靠的运行。

3.5.2　我国应急广播体系建设

1. 应急广播体系建设目标和原则

我国的应急广播体系目前还没有统一的建设模式，部分地区的应急广播系统也是由各地方政府自行建设，缺少统一的协调和管理。所以目前我们建设的应急广播体系应该本着统筹多种广播技术手段，构建覆盖广泛，手段多样，上下贯通，统一联动，快速高效，安全可靠的国家应急广播体系，实现应急广播分类型、分级别、分区域、分人群的有效传播，具体地说有以下几个原则。

注重顶层设计，以实现全国联网，减少重复投资；立足现状，适度超前，让今天的投资明天同样可以发挥作用；综合规划，协调推进，充分发挥各种手段的作用；平战结合，提前部署，建立较为合理的运营管理系统，实现效益的最大化。

2. 应急广播体系技术思路

制作播发：制作和生产应急广播节目和信息，发布应急广播指令。

调度分发：产生应急广播节目信息，生成资源调度方案，发送至传输覆盖网。

传输覆盖：接收验证，适配封装，自动切换，播出插入。

终端接收：应急广播音频节目和应急广播文本信息。

3. 国家应急广播平台的组成

2013 年 12 月 3 日，中央人民广播电台国家应急广播中心正式挂牌，标志着我国应急广播建设步入一个新的阶段，但这不代表我国的应急广播体系已经完整建成。图 3-67 所示的是我国目前设想的国家应急广播平台构架。

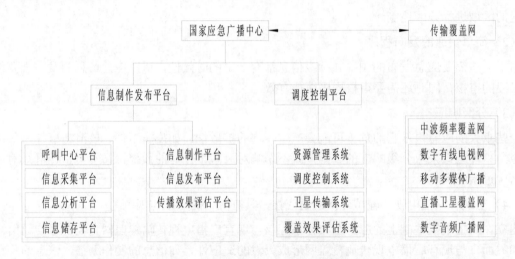

图 3-67　国家应急广播平台结构图

国家层面的主要有两个平台——信息制作平台、调度控制平台——和一个覆盖全国的传输覆盖网。每个平台下面还由更多的子平台有机地组合而成，包括传输覆盖网也是如此。

关于应急广播的技术流程，如图 3-68 所示，在这个系统中，最高层是国家应急平台，它通过国家应急发布平台、国家应急广播中心以直播卫星、各地广播电台（电视台）转播以及手机电视的方式将信息发布到各受众。

图 3-68　应急广播的技术流程

各级地方也应该建立符合相应级别和要求的应急广播平台，与上一级地方应急广播平台或是国家应急广播平台相衔接，在应急情况下，地方应急广播平台可将本辖区制作的应急广播节目、应急信息和调度控制指令，送往上一级应急广播平台，可申请上一级应急广播平台覆盖本辖区的相关应急广播设施进行应急信息发布，启动权限由国家应急广播条例规定。

国家和地方各级应急广播平台应急信息的发布方案有：中短波、调频广播应急发布方案；数字音频广播（DAB）应急发布方案；移动多媒体广播（CMMB）应急发布方案。

3.5.3　县/市级应急广播建设模式

数字电视应急广播系统，是以广电 HFC 网络为传输媒介，用户家中的机顶盒为接收终端。音频和控制信号全数字化编码处理，不受传输空间限制，不受传输距离限制，全数字双向网络传输系统。数字电视应急广播系统在物理结构上与现有 HFC 网络完全融合，为共享 HFC 的资源提供了方便，符合网络化技术及远程访问的发展趋势，是适应时代发展趋势的，最具前瞻性、应用性、科学性的新一代广播系统，尤其是建设县市级有线应急广播系统更是一种有意义的尝试。系统整体架构如图 3-69 所示。

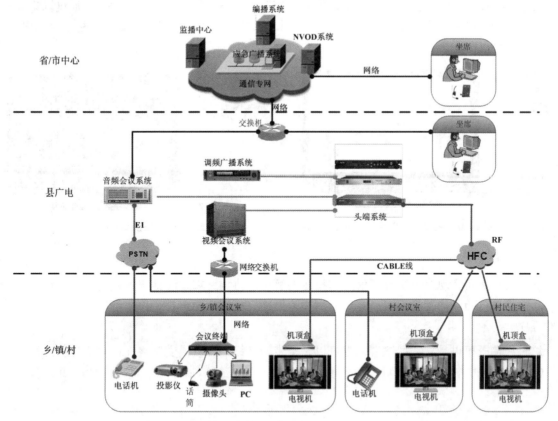

图 3-69　广电 HFC 网络应急广播系统

数字电视应急广播系统，不仅为突发事件提供了告知传播途径，还可以为自然灾害、事故灾难、突发社会安全事件以下突发事件提供配套应急预案的支持，同时协调供电、供水、消防、医疗救护等部门，把灾难损失降到最低。

系统主要由下面四部分组成。

1. 前端系统

前端系统包括数字电视前端系统和应急广播前端系统。数字电视前端系统包括信号接收设备、编码器、复用器、加扰器、混合器和 IPQAM 等。

前端系统包括业务管理系统、指令发布系统和音频会议系统。

2. 电话应急广播子系统

通过电话、手机和 PSTN 网络接入到中心电话会议系统，由 CallCenter 完成接入认证及编码设备的信源编码后接入数字电视前端系统，实现电话应急信息的广播下发。

当发生紧急情况时，广播发起者只需要通过移动或固定电话拨打前端中心平台的客服热线，通过身份验证后，创建应急广播任务，立即播发电话应急广播，如图 3-70 所示。

3. 电视短信子系统

以 OSD 菜单的形式实现简短文字信息的显示，通过业务管理系统的文字编辑模块和指令播发系统，将文字信息推送至数字电视网络终端；政府相关部门人员通过电话、手机拨打前端中心平台的客服热线，通过身份验证后，创建电视短信发布任务，发布各类通知信息，通过以集成应急广播功能的终端来接收并显示电视短信内容，以顶部游走或底部游走的形式在电视上显示出来，如图 3-71 所示。

图 3-70　电话应急广播　　　　　　　　　　图 3-71　电视短信子系统

4. 机顶盒终端

这种机顶盒可实现对下发分组信息和指令的解析，协调终端资源播出，具有自主知识产权的统一功能插件，自带内置扬声器，基于数字电视网络，集成应急广播、FM 调频广播等相关应用软件程序。

这种终端既可以是广播型终端，也可以是窄带交互终端和双模交互终端；对于交互终端，通过 VOD 系统点播并观看影视节目。主要基于此规划，完成应急广播和电视短信、FM 调频广播（"户户响"功能）。

3.6　思　考　题

1. 模拟前端的组成和技术指标主要有哪些？

2. 模拟前端的主要设备有哪些？

3. 实行有线电视数字化必要性表现在哪里？

4. 有线数字电视前端系统组成主要有哪些？有线数字电视前端的主要设备有哪些？

5. 数字电视对有线网络的指标新要求主要有哪些？

6. 某厂给出某激光模块推荐功率谱密度为-43.2dBmV/Hz，请计算 3.2MHz 带宽时，输入光发射机 RF 电平的推荐值。

7. 了解 EPG 工作流程及主要表。

8. 加解扰、加解密的区别是什么？

9. 完整的条件接收系统（CAS）主要由哪些子系统组成？

10. 推行 DCAS 意义有哪些？

11. 简述 DCAS 技术的关键及前端结构。

12. 简述云媒体、云宽带、云通讯、云服务平台整体架构。

13. 什么是应急广播系统？我国的应急广播中心是什么时候正式挂牌的？

第4章 广播信道传输与接入网

有线广播电视广播信道借助光缆进行主干传输,借助电缆分配接入网的模式在 NGB 网络中仍然会占据一定的地位,并在一定的时间里还会长期存在,并对广电的运营模式产生较大影响。

4.1 有线网络拓扑

有线电视网络拓扑结构,概括起来有四种形式,即树枝形结构、星形结构、星−树形结构和环形结构。

4.1.1 树枝形网络拓扑结构

树枝形网络拓扑结构在有线电视网络中应用最为广泛,其网络拓扑图如图 4-1 所示。它有两种具体应用形式。

干线采用星形+分配网采用树枝形。在有线电视 HFC(Hybrid Fiber−Coaxial,光纤同轴电缆混合网)网络结构形式中,因考虑其性能价格比和商业价值及实用推广性,国内外普遍推荐干线采用星形网络拓扑结构的光纤传输,最后一级的同轴电线分配网采用树枝形网络拓扑结构,既克服了电缆干线由于多级放大

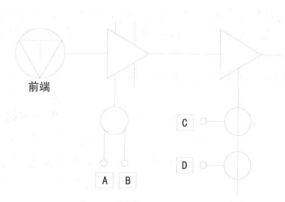

图 4-1 树枝形网络拓扑结构

器引起指标下降的缺点,又提高了指标、可靠性和降低了成本,可以非常经济而有效地为用户服务,普遍为有线电视经营者所接受。

光纤主干树枝形结构形式。在光纤主干中采用多路光分路器级联,优点是光纤量较省,缺点是光纤主干经多次光分路器分配后插入损耗较大,浪费光功率,而且由各光分路器和各熔接点造成的多重反射将使光链路的噪声增加,非线性失真变大,劣化了系统指标。另外,树枝形结构的光纤主干断裂,或光分路器损坏,都会影响后续分支光纤的光接收,网络的可靠性较低,一般多用在小型光纤系统中。

4.1.2 星形拓扑结构

从城市或区域有线电视总前端输出的广播电视信号,经辐射状的光纤干线再送到各小区光节点,再经星形结构的同轴电缆分配网分送到用户终端;各光节点的位置相对于总前端呈星形状分布,点到点传输,与电话网络相似,其网络拓扑如图 4-2 所示。其主要优点是:光分配一次到位,所用

的覆盖面广、传输容量大、可靠性高、易于实现双向多功能业务的传输。缺点是光缆需求量大。

此外，在超大规模系统网络中，利用光缆超干线将总前端信号传送到与之联网的县市或其他独立网络的分前端，构成双星形网络拓扑结构形式。

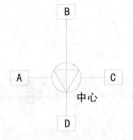

图 4-2　星形拓扑结构

4.1.3　环形拓扑结构

由于造价昂贵，环形结构在有线电视系统中使用较小，但随着信息产业的飞速发展，有线电视的容量和可靠性要求越来越高，**计算机通信光纤局域网**（*Local Area NetWork，LAN*）的环形网络结构逐步被引进有线电视 HFC 网络中，它促进了有线电视网络的发展和建设。环形网络具有一主一备两条反方向传输的双数字光纤环作为整个网络的光纤主干，故可靠性更高、覆盖面更大，其拓扑结构如图 4-3 所示。

当双光纤环中的某一环发生断裂时，可自动倒换到另一环上，信号不会中断。这种环形光纤网一般多用于特大型有线电视宽带综合信息网中，特别是数字光纤环上采用 SDH 的高速信息传输平台中。建立一个由总前端中心管理和监控的网络，实现有线广播电视视频、数据、语音的综合传输应用，已成为 HFC 网的发展方向。

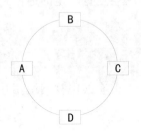

图 4-3　环形拓扑结构

4.1.4　复合型拓扑结构

除了以上单纯形拓扑结构外，在有线电视网络中还有一些复合型拓扑结构如下所述。

① 星-树型网络：星-树型网络是星型网络与树枝形网络相结合的结构形式。总前端与各光节点之间为光纤主干，采用星形网络结构，小区用户同轴电组分配网络采用树枝形网络结构，整个系统为星-树形结构形式。

这种结构的特点是干线采用光纤传输，用户分配网使用同轴电缆，既能满足网络的技术性能要求，又能保证其经济效益和实用价值。它集星形结构和树枝形结构两者的优点于一身，在成本昂贵而难以推广**光纤到户**（*Fiber-To-The-Home，FTTH*）的情况下，它是目前国际流行的一种新型的网络拓扑结构形式。

② 根树型网络。

③ 格子网。

以上几种拓扑结构如图 4-4 所示。

△ 端前　　○ 光节点　　── 光缆　　---- 分界

（a）星-树型网络　　　（b）根树型网络　　　（c）格子网

图 4-4　复合型拓扑结构

4.2　光传输网络

4.2.1　光纤与光缆

光纤是光导纤维的简写，是一种利用光在玻璃或塑料制成的纤维中的全反射原理而达成的光传导工具。前香港中文大学校长高锟和 George A. Hockham 首先提出光纤可以用于通讯传输的设想，高锟因此获得 2009 年诺贝尔物理学奖。

1. 光纤

（1）光纤的结构

光纤是由导光材料制成的纤维丝，其结构如图 4-5 所示，自内向外为纤芯、包层及涂覆层等组成，纤芯是由折射率（n_1）较高的透明材料做成，在它周围采用比纤芯折射率稍低（n_2）的材料做成的包层所被覆，这样，当一定角度之内的入射光射入光纤芯后，会在纤芯与包层的交界处发生全反射，经过这样若干次全反射之后，光线就损耗极少地达到了光纤的另一端。包层所引起的作用就如透明玻璃背后所涂的水银一样，此时透明的玻璃就变成了镜子。在包层外还有表面涂覆层，如果在光纤芯外面只涂一层包层的话，光线从不同的角度入射，角度大的（高次模光线）反射次数多从而行程长，角度小的（低次模光线）反射次数少，从而行程短。这样在一端同时发出的光线将不能同时到达另一端，就会造成尖锐的光脉冲，经过光纤传播以后变得平缓（这种现象被称为"模态散射"），从而可能使接收端的设备误操作。为了改善光纤的性能，人们一般在光纤纤芯包层的外面再涂上一层涂覆层，内层的折射率高（但比光纤纤芯折射率低），外层的折射率低，形成折射率梯度。当光线在光纤内传播时，减少了入射角大的光线行程，使得不同角度入射的光纤大约可以同时到达端点，就好像利用包层聚焦了一样。为保护光纤，有时还在涂覆层外包有二次涂覆层（又称塑料套管）。光纤具有带宽、抗干扰和高保真等特性。

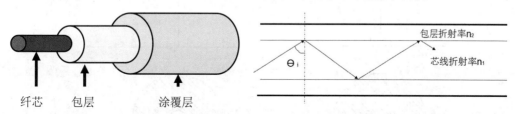

纤芯　包层　涂覆层

包层折射率n_2

芯线折射率n_1

图 4-5　光纤的结构与传输机理

包层的外径一般为 125μm（一根头发平均为 100 μm），在包层外面是涂敷层，涂覆层的材料是环氧树脂或硅橡胶，直径约 0.25mm。需要注意的是，纤芯和包层是不可分离的，纤芯、包层和涂覆层合起来组成裸光纤，光纤的光学及传输特性主要由它决定。用光纤工具剥去外皮和塑料层后，暴露在外面的是涂有包层的纤芯，纤芯和包层仅在折射率等参数上不同，结构上是一个完整体，无法独立分割，涂覆层的主要作用是为光纤提供保护。光纤有以下几个优点。

① 光纤通信的频带很宽，理论可达 $3 \times 10^9 \text{MHz}$。

② 电磁绝缘性能好。光纤电缆中传输的是光束，而光束是不受外界电磁干扰影响的，并且本身也不向外辐射信号，因此它适用于长距离的信息传输及要求高度安全的场合。当然，光

纤的抽头困难是它固有的难题，因为割开光缆需要再生和重发信号。

③ 衰减较小，在较大范围内基本上是一个常数值。

④ 需要增设光中继器的间隔距离较大，因此整个通道中的中继器数目可以减少，降低成本。根据贝尔实验室的测试，当数据传输速率为 420 Mbps，且距离为 110 km 无中继器时，其误码率为 10^{-8}，传输质量很好。而同轴电缆和双绞线在长距离使用时都需要续接中继器。

⑤ 重量轻，体积小，适用的环境温度范围宽，使用寿命长。

⑥ 光纤通信不带电，使用安全，可用于易燃、易爆场所。

⑦ 抗化学腐蚀能力强，适用于一些特殊环境下的布线。

当然，光纤也存在着一些缺点：如质地脆，机械强度低；切断和连接的中技术要求较高等，这些缺点也一定程度地限制了光纤的普及。

（2）光纤的分类

光纤的种类很多，可从不同的角度对光纤进行分类，比如可从构成光纤的材料成分、光纤的制造方法、光纤的传输模数、光纤横截面上的折射率分布和工作波长等方面来分类。

① 按纤芯折射率分布，可以分为阶跃折射率分布和渐变折射率分布，这主要针对多模光纤而言。

阶跃折式光纤纤芯的折射率和保护层的折射率都是常数。在纤芯和保护层的交界面折射率呈阶梯型变化。渐变式光纤纤芯的折射率随着光纤半径的增加而按一定规律减小，到纤芯与保护层交界处减小为保护层的折射率。纤芯折射率的变化是近似抛物线型的。折射率分类光纤光束传输示意图如图 4-6 所示。

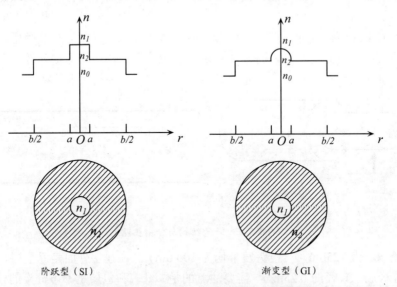

阶跃型（SI）　　渐变型（GI）

图 4-6　阶跃折射率分布和渐变折射率分布的光纤

② 按光纤主要材料可以分为 SiO_2 光纤、塑料光纤和氟化物光纤。其中，SiO_2 是目前最主要的光纤材料。

- 玻璃光纤：纤芯与包层都是玻璃，损耗小，传输距离长。
- 塑料光纤：纤芯与包层都是塑料，损耗大，传输距离很短。

氟化物光纤：氟化物光纤（Fluoride Fiber）是由氟化物玻璃作成的光纤。其原料简称为 ZBLAN

（即氟化锆 ZrF_4、氟化钡 BaF_2、氟化镧 LaF_3、氟化铝 $A1F_3$、氟化钠 NaF）。主要工作在 $2\sim10\mu m$ 波长的光传输业务。其理论上在 $3\mu m$ 波长时具有 $10^{-2}\sim10^{-3}dB/km$ 的最低损耗，远小于石英光纤 $1.55\mu m$ 的 $0.15\sim0.16dB/Km$ 最低损耗，此类光纤正在进行长距离通信的研发，如图 4-7 所示。

(a) 光束在跃变式光纤中的传播过程　　　　　　　　(b) 光束在渐变式光纤中的传播过程

图 4-7　光在折射率分类光纤中的传播过程

③ 按光纤中的传导模式可以分为单模光纤和多模光纤。

光纤中传播的模式类似于无线电波在波导中的传播，光在光纤中传播时也会激发出一定的电磁波模式，就是光纤中存在的电磁波场场型，或者说是光场场型（HE）。各种场型都是光波导中经过多次的反射和干涉的结果。各种模式是不连续的离散的。由于驻波才能在光纤中稳定地存在，它的存在反映在光纤横截面上就是各种形状的光场，即各种光斑。若是一个光斑，称为单模光纤，若为两个以上光斑，称为多模光纤。这种模式同光纤的粗细有关。芯径太细难以形成确定的传输模式，芯径太粗则使传输模式增多，使色散严重。按照光纤中容许传输的电磁波模式多少的不同，可以把光纤分为只能传输一种电磁波模式的单模光纤（SM，Single-Mode）和有多个电磁波模式同时传播的多模光纤（MM，Multi-Mode），如图 4-8 所示。单模光纤采用固体激光器做光源，多模光纤则采用发光二极管做光源。

单模光纤　　　　　　　　　　　　　　　　　多模光纤

图 4-8　单模光纤和多模光纤光轨迹图

单模光纤只传输主模，也就是说光线只沿光纤的内芯进行传输。单模光纤的纤芯直径很小，芯径在 $8.3\sim10\mu m$ 之间，包层的直径为 $125\mu m$。由于完全避免了模式射散，使得单模光纤的传输频带很宽，因而适用于大容量、长距离的光纤通信，通常在建筑物之间或地域分散时使用，单模光纤使用的光波长为 1310nm 或 1550nm。有线电视系统大量采用单模光纤。

多模光纤的纤芯较粗（50 或 $62.5\mu m$），但包层也是 $125\mu m$，它在一定的工作波长下（850 nm/1300 nm），有多个模式在光纤中传输，形成模分散，限制了多模光纤的带宽和距离，因此，传输距离短，整体的传输性能差，由于曾经成本比单模低，一般用于建筑物内或地理位置相邻的环境下，现在由于单模光纤的成本已经与多模光纤相差不多甚至还要低一些，因此现在多模光纤使用范围越来越小了。单模光纤和多模光纤的特性比较见表 4-1 所示。

表 4-1　单模光纤和多模光纤的特性比较

单模光纤	多模光纤
用于高速度、长距离场合	用于低速度、短距离场合
光纤成本不高，配套传输设备成本较高	光纤成本不高，配套传输设备成本较低
窄纤芯、需要激光源	宽纤芯、普通发光二极管
传输损耗小，高效	传输损耗大，低效

④ 按工作波长分为短波长窗口光纤、长波长窗口光纤和双窗口光纤。短波长窗口光纤指工作波长在850nm附近，只适合于多模光纤；长波长窗口光纤，包括工作波长在1310nm附近的多模光纤和工作在1310nm和1550nm附近的单模光纤；双窗口光纤，对于多模光纤，指既能工作在短波长窗口（850nm附近），又能工作在长波长窗口（1310nm附近）；对于单模光纤，指既能工作在l310nm附近，又能工作在1550nm附近。

（3）光纤型号

目前ITU-T规定的光纤代号有G.651光纤（多模光纤），G.652光纤（常规单模光纤），G.653光纤（色散位移光纤），G.654光纤（低损耗光纤），G.655光纤（非零色散位移光纤）和G.657光纤。

根据我国国家标准规定，光纤类别的代号应如下规定：光纤类别应采用光纤产品的分类代号表示，即用大写A表示多模光纤，大写B表示单模光纤，再以数字和小写字母表示不同种类的光纤。

① G.652光纤是通信网中应用最广泛的一种单模光纤，又可以分为：

- G.652A光纤，支持10Gbit/s系统，传输距离超过400km，支持40Gbit/s系统，传输距离达2km。

- G.652B光纤，支持10Gbit/s系统，传输距离3000km以上，支持40Gbit/s系统，传输距离80km以上。

- G.652C光纤，基本属性同G.652A，但在1550nm处衰减系数更低，且消除了1380nm附近的水吸收峰，即系统可以工作在1360nm～1530nm波段。

- G.652D光纤，属性与G.652B基本相同，衰减系数与G.652C相同，即系统可以工作在1360nm～1530nm波段。

图4-9显示的为G.652x光纤的色散和衰减情况。

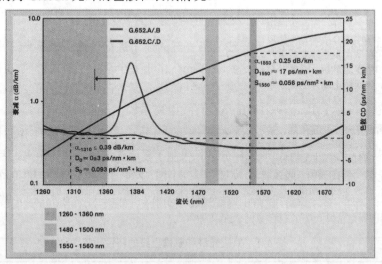

图4-9　G.652x光纤的色散和衰减

② G.653色散位移单模光纤，零色散波长在1550nm附近。工作在1550nm波长，这种光纤实现了石英系光纤的最低损耗（0.2～0.25dB/km）和最小色散的统一，是长距离光传输介质的理想选择。

另外，还有一种色散补偿光纤（DC-SM），它在1550nm附近有很高的负色散，色散常数达

-500～-80ps/（nm·km）。这种光纤的衰减较大，一般为 0.5～1.0dB/km。选择一段合适长度的色散补偿光纤，接入 1310nm 单模光纤链路中，使 1550nm 处总的色散为零，就可以实现在 1310nm 单模光纤中传输 1550nm 光信号。

表 4-2 分别给出了常规单模光纤 G.652 和色散位移光纤 G.653 的性能指标。

表 4-2　常用单模光纤的技术参数

主要参数	G.652	G.653
模场直径（μm）	7～8.3，变化不超过±10%	9～10，变化不超过±10%
模场同芯度误差（μm）	<1	
2m 光纤截止波长（nm）	1100～1280	—
20m 光纤截止波长（nm）	<1270 或 1260	<1270
零色散波长（nm）	1300～1324	1500～1600
零色散斜率（ps/（nm²·km）	≤0.093	≤0.085
（1288~1339nm）最大色散常数（ps/（nm·km）	<3.5	—
（1525~1575nm）最大色散常数（ps/（nm·km）	<20	<3.5
包层直径（μm）	125±2	
1310nm 典型衰减系数（dB/km）	0.3～0.4	
1550nm 典型衰减系数（dB/km）	0.15～0.25	0.19～0.25
适用工作窗口（nm）	1310 和 1550	1550

③ G.657 光纤（接入网用抗弯损失单模光纤）

G.657A 光纤为"弯曲提高"光纤，要求必须与 G.652D 规范的标准兼容，最小弯曲半径 10mm。G.657B 光纤为"弯曲冗余"光纤，不要求与 G.652D 规范的标准兼容，最小弯曲半径可降低到 7.5mm。G.657 光纤可以以接近铜缆敷设方式在室内进行安装，降低了对施工人员的技术要求，同时有助于提高光纤的抗老化性，现已在国内的"三网融合"FTTH 工程中得到推广和应用。

（4）光纤的特性

① 光纤的损耗成因

光纤的损耗是光纤最重要的特性之一，它包括与器件的耦合损耗、吸收损耗、散射损耗、弯曲损耗和连接损耗等。它表示光在光纤中传输一定距离后能量损失的程度，用单位长度的光纤对光信号损失的分贝数来表示，常用 dB/km 作单位。

造成光纤损耗的主要因素有：本征、弯曲、挤压、杂质、不均匀和对接等。

- 本征：是光纤的固有损耗，包括瑞利散射、固有吸收等。
- 弯曲：光纤弯曲时部分光纤内的光会因散射而损失掉，造成损耗。
- 挤压：光纤受到挤压时产生微小的弯曲而造成损耗。
- 杂质：光纤内杂质吸收和散射在光纤中传播的光造成损失；
- 不均匀：光纤材料的折射率不均匀造成损耗；
- 对接：光纤对接时产生损耗，如不同轴（单模光纤同轴度要求小于 0.8 μm），端面与轴心不垂直，端面不平，对接心径不匹配和熔接质量差等。

② 单位长度光纤的损耗

不同波长的光波在光纤中传输损耗是不一样的，对于常用的 G.652 光纤，就目前所掌握的数据而言，传输 1310nm 波长光信号的损耗实验室数据是每公里损耗为 0.28～0.3dB，但工程上考虑余量和熔接损耗按 0.4dB/km 计算，传输 1550nm 波长光信号的损耗实验室数据是每公里损耗为 0.18～0.21dB，但工程上考虑余量和熔接损耗按 0.25dB/km 计算。传输 850 nm 波长光信号损耗约为 2.3～3.4dB/km，如图 4-10 所示。

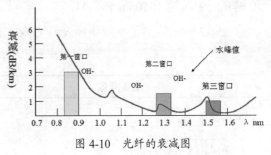

图 4-10　光纤的衰减图

另外光纤在热熔接时，也会有一定的损耗。比如光纤熔接点损耗为 0.2dB/点，通常平均每 2km 会有一个熔接点，这是由施工产生的。

③ 色散（Dispersion）

光脉冲沿着光纤行进一段距离后造成的频宽变粗，它是限制传输速率的主要因素，包括模间色散、材料色散和波导色散。

模间色散：只发生在多模光纤，因为不同模式的光沿着不同的路径传输。

材料色散：不同波长的光行进速度不同。

波导色散（内部色散）：发生原因是光能量在纤芯及包层中传输时，会以稍有不同的速度行进。在单模光纤中，通过改变光纤内部结构来改变光纤的色散非常重要。

④ 散射

由于光线的基本结构不完美，引起的光能量损失，此时光的传输不再具有很好的方向性。

⑤ 光纤的其他特性

- 模场直径：是描述单模光纤中光能的集中程度的参数，它与光纤的弯曲损耗和连接损耗有密切的关系。一般在 10μm 以下。

- 同心度误差：光纤的模场中心和包层中心之间的距离。同心度误差越小，光纤的接头损耗就可以做得越小。

- 截止波长：是保证光纤实现单模传输的必要条件。光纤中各高阶模的总功率与基模功率的分贝比为 0.1dB 时对应的波长。只有当传输光的波长大于截止波长时，才能保证单模传输。

（5）光纤的色谱标识

在松套结构的光缆中，每根松套管最多可以容纳 12 根分立光纤。为了便于光缆线路施工人员在光纤接续时能够快速识别出每根松套中的各根光纤，光缆制造工厂要对所购买的紫外光固化一次涂覆的本色光纤进行着色处理。可供本色光纤着色选用的 12 种颜色（全色谱）和顺序如表 4-3 所示。

表4-3　分立光纤全色谱

序　号	1	2	3	4	5	6	7	8	9	10	11	12
颜　色	蓝	橙	绿	棕	灰	白	红	黑	黄	紫	粉红	粉蓝

光纤带是一种包含有 4、6、8、10 或 12 甚至 16、24 芯光纤的矩阵。鉴于光纤带是由光纤粘接而成的，故光纤带包含的光纤有全色谱和领示色两种识别方法。

在光纤带全色谱识别方法中，光纤带中每根光纤采用全色谱识别，对于光纤带矩阵中的每根光纤带采用在光纤带上喷数字或条纹标志识别序号。具体的识别方法是，面对光缆 A 端看，转动光缆使光纤带调整到水平方位。光纤从左到右序号和颜色应符合表 4-4 所示中的规定。喷在各个光纤带上的数字序号由上至下依次增加。在领示色识别方法时，各个光纤带采用领示色谱子带循环方式进行识别。

表 4-4　光纤带和光纤的序号及其领示色

光纤带序号 光纤序号	1	2	3	4	5	6	7	8	9	10	11	12
1	蓝	白	蓝	白	蓝	白	蓝	白	蓝	白	蓝	白
2	橙	白	橙	白	橙	白	橙	白	橙	白	橙	白
3	绿	白	绿	白	绿	白	绿	白	绿	白	绿	白
4	棕	白	棕	白	棕	白	棕	白	棕	白	棕	白
5	灰	白	灰	白	灰	白	灰	白	灰	白	灰	白
6	白	白	白	白	白	白	白	白	白	白	白	白
7	红	白	红	白	红	白	红	白	红	白	红	白
8	黑	白	黑	白	黑	白	黑	白	黑	白	黑	白
9	黄	白	黄	白	黄	白	黄	白	黄	白	黄	白
10	紫	白	紫	白	紫	白	紫	白	紫	白	紫	白
11	粉红	白	粉红	白	粉红	白	粉红	白	粉红	白	粉红	白
12	粉蓝	白	粉蓝	白	粉蓝	白	粉蓝	白	粉蓝	白	粉蓝	白

（6）1550nm 光纤技术的特点

① 损耗极低。

② 可以利用光纤放大器对光信号直接进行放大。

③ 色散较大：1.55μm 波长的光在光纤中传输时，光纤的色散较大，达 17ps/nm·km，比传输 1.31μm 波长时光纤的色散（3.5 ps/nm·km）要大得多。

④ 受激布里渊散射（SBS）的影响不容忽略：在 1310nm 直接调制的光发射机中，谱线宽度达 1GHz 量级，SBS 阈值在 100mW 以上，受激布里渊散射影响小。对于 1550nm，谱线宽度很小，SBS 阈值也小，必须采取一些特殊措施，才可以使 SBS 阈值提高到 50mW（17dBm）。对于那些输出功率大于 50mW 的系统，则应先通过光分路器分成几束光，使每一束光的功率在 50mW 以下，再输入光纤传输。

2. 光缆

（1）光缆及其结构

在光纤传输系统中，直接使用的通常是光缆而不是光纤，光缆是以光纤为主要通信元件，通过加强件和外护层组合成的整体。

光缆的典型结构一般可以分为缆芯、护层和加强芯三大部分，光缆的结构设计必须要保证其中的光纤具有稳定的传输特性。

① 缆芯：缆芯是光缆构造的主体，为保证光纤的正常工作，对缆芯有一定的要求，即光纤在

缆芯内的排列位置合理，保证在光缆受外力作用时，光纤不受影响。

缆芯由光纤的芯数决定，可以分为单芯型和多芯型两种，多芯型有 2 芯、4 芯、6 芯甚至更多（48 芯、96 芯、576 芯等多种），一般单芯光缆和双芯光缆用于光纤跳线，多芯光缆用于室内室外的布线。

② 护层：像电缆一样，在光缆的外层，有一层保护层。它使光缆能适应在各种场地敷设（如架空、管道、直埋、室内、过河、跨海等）及不受外界因素的影响。护层可分为内护层（多用聚乙烯或聚氯乙烯等)和外护层(多用铝带和聚乙烯组成的 LAP 外护套加金属铠装等)。

③ 加强芯：一般采用金属或玻璃钢材料，主要承受敷设安装时所加的外力，用来保护光纤。

光缆按照其物理结构有普通光缆和光纤带光缆以及层绞式光缆和中心束管式光缆之分。

图 4-11 所示为几种常见光缆结构。

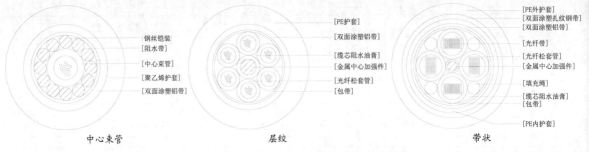

图 4-11　中心束管、层绞和带状光缆的结构

① 束状光缆和光纤带光缆

根据光纤结构的不同，可分为束状光纤光缆和光纤带光缆。束状光缆即单根光纤，它只能直接连接两台设备口，而光纤带光缆是指可以同时连接多个设备的光纤，光纤带光缆有利于网络的连接，减少了铺设多条束状光缆时造成的资源浪费。多芯光纤光缆端接到配线架或网络设备时，需要借助于多芯光纤带光缆分支器。

② 层绞式光缆和中心束管式光缆

层绞式光缆的金属或非金属加强件位于光缆的中心，容纳光纤的松套管围绕加强件排列。而中心束管式的松套管位于光缆的中心位置，金属或非金属加强件围绕松套管排列。层绞式光缆具有耐水解特性和较高的强度，管内充以特种油膏，对光纤有保护作用，加强芯处于缆芯的中央位置，松套管以适当绞合节距围绕加强芯层绞，通过控制光纤余长和调整绞合节距，可使光缆具有很好的抗拉性能和温度特性。松套管和加强芯间用缆膏填充绞合在一起，保证了松套管和加强芯间的防水性能；光缆的径向和纵向防水由多种措施保证，根据不同的要求，有多种抗侧压措施。

而中心管式光缆具有很好的机械性能和温度特性。松套管材料本身具有良好的耐水解性能和较高的强度，管内充以特种油膏，对光纤起到保护作用，两根平行钢丝保证光缆的抗拉强度，直径小、重量轻、容易敷设。紧套光缆用外径为 250μm 的紫外光固化一次涂覆光纤直接紧套一层材料，制成 900μm 的紧套光纤，以紧套光纤为单元，在单根或多根紧套光纤四周布放适当的抗张力材料，挤制一层阻燃护套料，制成单芯或多芯紧套光缆。

（2）光缆的分类

① 按成缆光纤类型可分为多模光纤光缆和单模光纤光缆。

② 按缆芯结构可分为中心束管、层绞、骨架和带状光缆。

③ 按加强件和护层可分为金属加强件、非金属加强、铠装光缆，如图 4-12 所示。

④ 按使用场合可分为长途/室外、室内、水下/海底光缆等。

⑤ 按敷设方式可分为架空、管道、直埋和水下光缆等。

⑤ 按敷设方式可分为有架空光缆、管道光缆、铠装地埋光缆、水底光缆和海底光缆等。

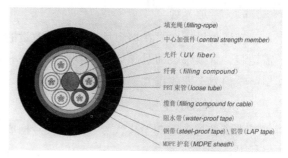

图 4-12　铠装光缆结构

⑥ 按二次涂覆层结构可以分为紧套光缆和松套光缆，紧套光缆的二次涂敷（即塑料套管）与一次涂敷是紧密接触的，光纤在套管中不能松动。松套光缆的二次涂敷与一次涂敷是留有空间的（一般充油膏），光纤在套管中可以松动。尾纤和跳线中就是采用紧套光纤，直径尺寸为 0.9mm。

松套光缆对机械力有完好的隔离（当然在一定范围内）和防止受潮。这类光缆不能垂直安装，而且连接（接合和端接）的端准备很费力。它广泛安装在户外，因为它在很大的温度、机械压力范围和其他环境条件下，能够提供稳定可靠的传输。

紧套光缆的连接很容易，可垂直安装。一般来说，紧套光缆比松套光缆对温度、机械压力和水更敏感，因此它们大多用于室内。

（3）有线网络中常用的光缆

① 室内光缆：抗拉强度较小，保护层较差，但重量较轻，且较便宜。

② 室外光缆：与室内光缆相比，室外光缆的抗拉强度较大，保护层较厚重，并且通常为铠装（即金属皮包裹）。室外光缆主要适用于建筑物之间的布线。根据布线方式的不同，室外光缆又分为直埋式光缆、架空式光缆和管道式光缆 3 种。

● 架空光缆

架空光缆是架挂在电杆上使用的光缆。这种敷设方式可以利用原有的架空明线杆路，节省建设费用、缩短建设周期。架空光缆挂设在电杆上，要求能适应各种自然环境。架空光缆易受台风、冰凌、洪水等自然灾害的威胁，也容易受到外力影响和本身机械强度减弱等影响，因此架空光缆的故障率高于直埋和管道式光纤光缆。一般用于长途二级或二级以下的线路，适用于专用网光缆线路或某些局部特殊地段。

➢ 吊线式：先用吊线紧固在电杆上，然后用挂钩将光缆悬挂在吊线上，光缆的负荷由吊线承载。

➢ 自承式：这是一种自承式结构的光缆，光缆横截面呈 "8" 字型，上部为自承线，光缆的负荷由自承线承载。

● 直埋光缆

这种光缆外部有钢带或钢丝的铠装，直接埋设在地下，要求有抵抗外界机械损伤和防止土壤腐蚀的性能。根据不同的使用环境和条件选用不同的护层结构，例如在有虫鼠害的地区，要选用有防虫鼠咬啮的护层的光缆。根据土质和环境的不同，光缆埋入地下的深度一般在 0.8～1.2m 之间。

- 管道光缆

管道敷设一般是在城市地区，管道敷设的环境比较好，因此对光缆保护层没有特殊要求，无需铠装。管道敷设前必须选好敷设段的长度和接续点的位置，敷设时可以采用机械牵引或人工牵引，牵引力不要超过光缆的允许张力。

（4）光缆的型号

光缆型号由它的型式代号和规格代号构成，中间用"—"分开，即光缆的型号=型式代号—规格代号。

① 型式代号

光缆型式由 5 个部分构成。第一部分为分类代号，第二部分为加强件代号，第三部分为派生特征代号，第四部分为护套代号，第五部分为外护套代号。光缆型式命名规则如图 4-13 所示，各部分代号的意义如表 4-5 所示。

I	II	III	IV	V	—	VI	VII
分类	加强构件	光缆结构特征	护套	外护层	—	光纤芯数	光纤类别

图 4-13 光缆型式命名规则

表 4-5 光缆型式代号的分类与意义

光缆型号构成		代 号	含 义
I	分类	GY	通信用室（野）外光缆
		GM	通信用移动式光缆
		GJ	通信用室（局）内光缆
		GS	通信用设备内光缆
		GH	通信用海底光缆
		GT	通信用特殊光缆
II	加强构件	无	金属加强构件
		F	非金属加强构件
		G	金属重型加强构件
III	光缆结构特性	S	光纤松套被覆结构
		J	光纤紧套被覆结构
		D	光纤带结构
		无	层绞式结构
		G	骨架槽结构
		X	缆中心管（被覆）结构
		T	填充式结构
		B	扁平结构
		Z	阻燃
		C	自承式结构
IV	护套	Y	聚乙烯
		V	聚氯乙烯
		F	氟塑料

光缆型号构成			代 号	含 义
IV	护套		U	聚氨酯
			E	聚酯弹性体
			A	铝带-聚乙烯粘结护层
			S	钢带-聚乙烯粘结护层
			W	夹带钢丝的钢带-聚乙烯粘结护层
			L	铝
			G	钢
			Q	铅
V	外护层	铠装层	0	无铠装
			2	双钢带
			3	细圆钢丝
			4	粗圆钢丝
			5	皱纹钢带
			6	双层圆钢丝
		外被层或外套	1	纤维外护套
			2	聚氯乙烯护套
			3	聚乙烯护套
			4	聚乙烯护套加敷尼龙护套
			5	聚乙烯管
VI	光纤	芯数		直接由阿拉伯数字写出
VII	光纤	类别	A	多模光纤
			B	单模光纤

② 规格代号

光缆的规格由光纤规格和导电芯线的有关规格组成,光纤和导电芯线规格之间用"+"号隔开。

- 光纤规格:光纤规格是由光纤数和光纤类别代号组成。光纤数用光缆中同一类别光纤的实际有效数目的数字表示。也可用光纤带(管)数和每带(管)光纤数为基础的计算加圆括号来表示。光纤类别的代号如表4-6所示。

表4-6 光纤类别的代号

代 号	光纤类别	对应 ITUT 标准
A1a 或 A1	50/125μm 二氧化硅系渐变型多模光纤	G.651
A1b	62.5/125μm 二氧化硅系渐变型多模光纤	G.651
B1.1 或 B1	二氧化硅普通单模光纤	G.652
B4	非零色散位移单模模式光纤	G.655

- 导电芯线规格:导电芯线规格的构成符合有关电缆标准中铜导电芯线构成的规定。

示例 GYFTY04 24B1:代号构成说明:松套层绞填充式、非金属中心加强件、聚乙稀护套加覆防白蚁的尼龙层的通信用室外光缆,包含 24 根 B1.1 类单模光纤。

4.2.2 无源光器件

在有线网络工程中，形成一条光纤链路，除了光纤外，还需要各种不同的硬件部件，其中一些用于光纤连接，另一些用于光纤的整合和支撑。光纤的连接是这样完成的：光缆敷设至配线间后连至光纤配线架（光纤终端盒），光缆与光纤尾纤熔接，尾纤的连接器插入光纤配线架上的光纤耦合器的一端，耦合器的另一端用光纤跳线连接，跳线的另一端连接光端机或光纤收发器等设备的光接口。

1. 常用连接器

光纤连接器（Fiber Connector）是光纤系统中使用最多的光纤无源器件，用来端接光纤。光纤连接器的首要功能是把两条光纤的芯子对齐，提供低损耗的连接。光纤连接器按连接头结构可分为：FC、SC、ST、LC、D4、DIN、NM、MT 等几种，如图 4-14 所示。传统的主流光纤连接器品种是 FC 型（螺纹连接式）、SC 型（直插式）和 ST 型（卡扣式）3 种，它们的共同特点是都有直径为 2.5mm 的陶瓷插针，这种插针可以大批量进行精密磨削加工，以确保光纤连接的精准。插针与光纤组装非常方便，经研磨抛光后，插入损耗一般小于 0.2dB。如果按光纤芯数分还有单芯、多芯（如 MT-RJ）型光纤连接器之分。

FC/PC、FC/UPC　　　SC/PC　SC/UPC　　　　　ST/PC　　　　　　LC/PC　　　　　　MTRJ

图 4-14　常用连接器

按接头端面形状分有 PC、UPC 和 APC 型，如图 4-15 所示，这几种类型端面的连接器在光学特性上的重要区别是回波损耗上的差别：PC ≥45dB，UPC≥50dB，APC≥60dB，前两个在数据传输网络中使用比较广泛，后者多在有线电视中用于传输模拟信号。PC 型：插针端面为球面，端面曲率半径最大，近乎平面接触，反射损耗可达 30dB，特征黑色、蓝色、白色，非接触常用于多模，插入损耗可以做到小于 0.25dB。UPC：插针端面也是球面，但抛磨更加精细，端面光洁度比 PC 要好，反射损耗可达 45dB，特征黑色、蓝色，接触常用于单模。APC：反射损耗最高，除了采用球面接触外，

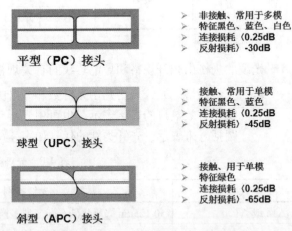

图 4-15　几种常见接头的剖面图及特性

还把端面加工成斜面，倾斜角度一般为 8 度，以使反射光反射出光纤，避免反射回光发射机，接触、用于单模，特征绿色，反射损耗可达 60dB 以上。这样综合来说，光纤连接器主要就有 FC/APC、FC/UPC、FC/PC，SC/APC、SC/UPC、SC/PC，ST/UPC、ST/PC 等几种。

随着光缆在布线工程中的大量使用，光缆密度和光纤配线架上连接器密度的不断增加，目前

使用的连接器已显示出体积过大、价格太贵的缺点。小型化（SFF）光纤连接器正是为了满足用户对连接器小型化、高密度连接的使用要求而开发出来的。它压缩了整个网络中面板、墙板及配线箱所需要的空间，使其占有的空间只相当于传统 ST 和 SC 连接器的一半。而且在光纤通信，连接光缆时都是成对使用的，即一个输出（也为光源），一个输入（光检测器）。如果在使用时，能够成对使用而不用考虑连接的方向，而且连接简捷方便，有助于网络连接。SFF 光纤连接器已越来越受到用户的喜爱，大有取代传统主流光纤连接器 FC、SC 和 ST 的趋势。因此小型化是光纤连接器的发展方向。

目前最主要的 SFF 光纤连接器有 4 种类型：美国朗讯公司开发的 LC 型连接器、日本 NTT 公司开发的 MU 型连接器、美国 Tyco Electronics 和 Siecor 公司联合开发的 MT-RJ 型连接器和 3M 公司开发的 Volition VF-45 型连接器等。

（1）FC 型光纤连接器

FC 是 Ferrule Connector 的缩写，其外部加强采用金属套，紧固方式为螺丝扣。最早，FC 类型的连接器，采用的陶瓷插针的对接端面是平面接触方式。此类连接器结构简单，操作方便，制作容易，但光纤端面对微尘较为敏感。后来，该类型连接器有了改进，采用对接端面呈球面的插针（PC），而外部结构没有改变，使得插入损耗和回波损耗性能有了较大幅度的提高。

（2）SC 型光纤连接器

SC 型光纤连接器外壳呈矩形，所采用的插针与耦合套筒的结构尺寸与 FC 型完全相同，其中插针的端面多采用 PC 或 APC 型研磨方式；紧固方式采用插拔销闩式，不需旋转。此类连接器价格低廉，插拔操作方便，抗压强度较高，安装密度高。

（3）ST 型光纤连接器

ST 型光纤连接器外壳呈圆形，所采用的插针与耦合套筒的结构尺寸与 FC 型完全相同，其中插针的端面多采用 PC 或 APC 型研磨方式。紧固方式为螺丝扣。此类连接器适用于各种光纤网络，操作简便，且具有良好的互换性。

（4）LC 型光纤连接器

LC 型光纤连接器是为了满足客户对连接器小型化、高密度连接的使用要求而开发的一种新型连接器。它压缩了整个网络中面板、墙板及配线箱所需要的空间，使其占有的空间只相当于传统 ST 和 SC 连接器的一半。陶瓷插芯仅为 1.25mm，有单芯、双芯两种结构可供选择，具有体积小，尺寸精度高，插入损耗低，回波损耗高等特点。

（5）MT-RJ 型光纤连接器

MT-RJ 带有与 RJ-45 型局域网连接器相同的门锁机构，通过安装于小型套管两侧的导向销对准光纤，为便于与光收发信机相连，连接器端面光纤为双芯（间隔 0.75mm）排列设计，它主要用于数据传输的高密度光连接器。MT-RJ 设计成与 UTP 插座同一尺寸，因此 MT-RJ 特别适用于安装在工作区的标准面板上。

2. 光纤跳线

光纤跳线是两端带有光纤连接器的光纤软线，又称为互连光缆，有单芯和双芯、多模和单模之分。光纤跳线主要用于光纤配线架到交换设备，或光纤信息插座到计算机的跳接，根据需要，跳线两端的连接器可以是同类型的，也可以是不同类型的，其长度可根据需要定制。图 4-16 所示是几种光纤跳线的外形。

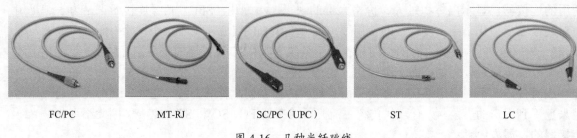

| FC/PC | MT-RJ | SC/PC（UPC） | ST | LC |

图 4-16　几种光纤跳线

3. 光纤尾纤

光纤尾纤的一端是光纤，另一端是光纤连接器，用于与布线工程的主干光缆和水平光缆相接，有单芯和双芯两种，一条光纤跳线剪断后就形成两条光纤尾纤。

4. 光纤适配器

光纤适配器是实现光纤活动连接的重要器件之一，它通过尺寸精密的开口套管，在适配器内部实现了光纤连接器的精密对准连接，保证两个连接器之间有一个较低的连接损耗。工程中常用的是两个接口的适配器，它实质上是带有两个光纤插座的连接件，同类型或不同类型的光纤连接器插入光纤耦合器，从而形成光纤的连接，主要用于光纤配线设备和光纤面板。图 4-17 是几种光纤适配器的外形。

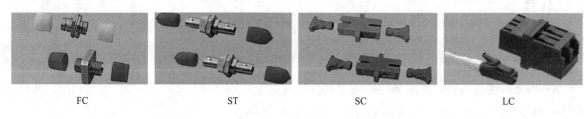

| FC | ST | SC | LC |

图 4-17　几种光纤适配器

5. 耦合器

耦合器的功能是把一个或多个光输入分配给多个或一个光输出。光耦合器有各种不同的分类方法，从制造技术上分，可以划分为轴向对准技术（又称纤芯交互型）和横向对准技术（又称表面交互型）。由于横向对准技术性能好、重复性好、适应面宽以及相对成本低，因而获得广泛应用。由横向对准技术制造的光纤耦合器又可以划分为全光纤型（研磨和熔融法）和集成光学型（$LiNbO_3$，Si 或平面玻璃方法）。从使用功能角度上分，则有更广泛的分类方法，即可以划分为三端口和四端口光纤耦合器、星形耦合器和波分复用器，如图 4-18 所示。光纤耦合器按其应用可以分为光分路器、波分复用器等。

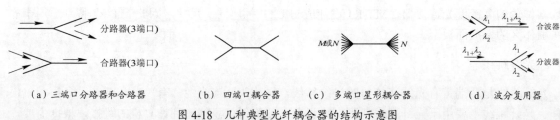

| （a）三端口分路器和合路器 | （b）四端口耦合器 | （c）多端口星形耦合器 | （d）波分复用器 |

图 4-18　几种典型光纤耦合器的结构示意图

（1）光分路器

光分路器是一种从一根光纤中分出一部分能量到另一根光纤中的无源光器件，按分光原理可以分为熔融拉锥型（FUSED FIBER SPLITTER/FBT SPLITTER）和平面波导型（PLC SPLITTER）。熔融拉锥型光分路器的结构和外形如图 4-19 所示，由于成本较低，在有线电视广播通道大量使用，平面波导型由于可以提供反向通路，在 PON 网络中大量使用。光分路器的主要技术指标有如下。

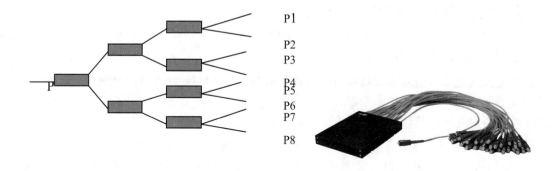

图 4-19　熔融拉锥型光分路器内部结构与外形

① 插入损耗：光纤分路器的插入损耗是指每一路输出相对于输入光损失的 dB 数，其数学表达式为。

$$Li=-10\lg Pouti/Pin \tag{4-1}$$

式中：Li 是第 i 个输出端口的插入损耗；

　　　$Pouti$ 是第 i 个输出端口的光，单位为 mW；

　　　Pin 是输入端的光功率值，单位为 mW。

② 附加损耗：附加损耗定义为所有输出端口的光功率总和相对于输入光功率损失的 dB 数。

$$A=-10\log（\sum Po/P）$$

式中：$\sum Po$ 是各路输出光功率之和，单位为 mW；

　　　P 是总输入光功率，单位为 mW。

分路器的附加损耗，主要由两个方面引起，一是耦合区光散射产生的；二是熔接损耗。值得一提的是，对于光纤耦合器，附加损耗是体现器件制造工艺质量的指标，反映的是器件制作过程的固有损耗，这个损耗越小越好，是制作质量优劣的考核指标。而插入损耗则仅表示各个输出端口的输出功率状况，不仅有固有损耗的因素，更考虑了分光比的影响。因此不同的光纤耦合器之间，插入损耗的差异并不能反映器件制作质量的优劣。

③ 分光比：分光比定义为光纤分路器各输出端口的输出功率比值，在系统应用中，分光比的确定是根据实际系统光节点所需的光功率的多少，确定合适的分光比（平均分配的除外），光纤分路器的分光比和传输光的波长有关，例如一个光分路在传输 1.31μm 的光时两个输出端的分光比为 50∶50；在传输 1.5μm 的光时，则变为 70∶30（之所以出现这种情况，是因为光纤分路器都有一定的带宽，即分光比基本不变时所传输光信号的频带宽度）。所以在订做光纤分路器时一定要注明波长。

④ 隔离度：隔离度是指光纤分路器的某一光路对其他光路中的光信号的隔离能力。在以上各指标中，隔离度对于光纤分路器的意义更为重大，在实际系统应用中往往需要隔离度达到

40dB 以上的器件，否则将影响整个系统的性能。

⑤ 稳定性：稳定性是指在外界温度变化或其他器件的工作状态变化时，光纤分路器的分光比和其他性能指标都应基本保持不变，实际上光纤分路器的稳定性完全取决于生产厂家的工艺水平。

此外，均匀性、回波损耗、方向性、PDL 都在光纤分路器的性能指标中占据非常重要的位置。

（2）波分复用器 WDM（Wavelength Division Multiplexer）

在同一根光纤中，同时让两个或两个以上的光波长信号通过不同光信道各自传输信息，称为光波分复用技术，简称 WDM。

光波分复用一般应用波长分割复用器和解复用器（也称合波/分波器）分别置于光纤两端，实现不同光波的耦合与分离，这两个器件的原理是相同的。当前几乎所有的波分复用器件都是基于光的干涉和衍射效应。其结构大体上有以下几种。

① 熔融拉锥式光纤耦合型：熔融拉锥式结构是将两根或多根光纤扭在一起，用火焰对耦合部分加热，在熔融的同时拉伸光纤，从而熔融部分就形成双锥区，在双锥区内各条光纤的包层合并成同一包，而各条光纤的纤芯靠近且变细，由于纤芯变细的程度不同，就形成不同的耦合程度。熔融拉锥式器件常用于单模系统，如 1310nm/1550nm 复用系统，还广泛用于光纤放大器泵浦源与信号的复合。

② 干涉滤波器型（包括多层介质膜滤波器和马赫—曾德干涉滤波器型）：WDM 器件是利用光的干涉效应选择波长，使某一波长的光通过，而其他波长的光被阻止。干涉型滤波器是将每层厚度为 λ/4 高折射率与低折射率的薄膜相间多层叠置组成的，见图 4-20 所示。

③ 光栅型（包括块状体光栅、集成平面波导光栅和光纤光栅型）：光栅就是在一块能透射或反射光的平面上刻划平行且等距的槽痕，形成许多间隔相同的狭缝，沿此槽痕的地方，会明显地改变其光的透射率或反射率。图 4-21 是两种平面光栅

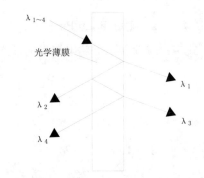

图 4-20　四通道多层介质膜干涉滤波型复勇器原理示意图

WDM 器件。其原理是当输入的多波长复合光信号聚焦在反射光栅上，利用反射光栅的衍射作用，即光栅对不同波长的光的衍射角的不同，把各个波长的光信号从多波长的复合光信号中分离出来，然后经透镜将各个波长的光信号聚焦在各自的输出光纤上，从而实现多波长光信号的分解复用。如果采用渐变折射率棒透镜，则可简化装置的校准。

图 4-21　衍射光栅原理图

波分复用器主要特性指标为插入损耗、中心波长、信道间隔、信道带宽、信道内起伏、信道插

损均匀性、波长稳定度和隔离度。通常，由于光链路中使用波分复用设备后，光链路损耗的增加量称为波分复用的插入损耗。当波长 λ_1，λ_2 通过同一光纤传送时，在与分波器中输入端 λ_2 的功率与 λ_1 输出端光纤中混入的功率之间的差值称为隔离度。图 4-22 为三波长波分复用器。

目前 WDM 产品主要有粗波分复用 CWDM 和密集波分复用 DWDM，CWDM 系统的波长间隔宽，达到 20nm，光复用器/解复用器的结构大大简化，同时对激光器的技术指标要求较低，因此系统成本较低。

图 4-22　三波长波分复用器

6. 光衰减器

由于技术的进步和制造工艺的提高，光缆、接头、连接器和其他光器件的损耗一般都小于设计衰减量，使光接收机接收到的光功率较大，可能超过光检测器的线性动态范围，出现饱和失真。因此，需要加接光衰减器，减小光接收机接收到的信号。此外，在一个规划范围较大，但需要经过几期工程建设才能完成的系统中，一般都选择一个较大功率的光发射机，在服务范围较小时，先用一个衰减器，等到范围扩大时，再取消光衰减器而代之以新区的光缆。在进行有关光的测量时，也需要加接光衰减器来调整进入量仪器的光强。因此，光衰减器在光纤有线电视系统中是一个不可缺少的器件。

光衰减器有可变衰减器和固定衰减器两类。光衰减器按照其原理可分为薄膜光衰减器、熔融型光衰减器和掺钴光纤型光衰减器。薄膜光衰减器利用光在金属薄膜表面的反射光强与薄膜厚度有关的原理制成。熔融型固定光衰减器是把两根光纤熔接在一起，控制两根光纤的横向借位到某一数值后再进行熔接，即可得到不同衰减的光衰减器。同光纤放大器配合使用的光衰减器是掺钴光纤型固定光衰减器。

7. 光开关

为了保证光纤有线电视系统的不间断工作，应配备备份光发射机。当正在工作的光发射机出故障时，利用光开关可以在极短的时间内（小于 1ms）将备份光发射机接入系统，保证其正常工作。

按照工作原理可以把光开关分成为机械光纤式和集成波导式两类。在机械光纤式光开关中，输入光纤由机械驱动器驱动，可以上下移动，分别将信号送入输出光纤 A 或 B，机械光纤式光开关的插入损耗较小（小于 1dB），寿命大于 20 万次，开关时间小于 1ms，但体积较大，也不抗振动，如图 4-23 所示。还有，采用旋转反射镜方法来起到光开关的作用。

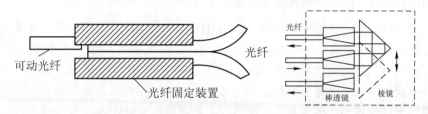

图 4-23　机械光纤式光开关结构

在集成波导式光开关中，在 $LiNbO_3$ 基片上用钛扩散的方法制成两条靠得很近的光导，并在上面蒸发上电极，在电极上加 10V 左右的控制电压。通过改变控制电压的大小，使输入端口的入射光分别耦合进入两个输出端口，起到开关的作用。此开关的插入损耗较大，约为几个 dB。

4.2.3 光纤光缆的识别与故障判断

室外长距离光纤的故障判断主要是通过 **OTDR（*光时域反射器*，*Optical Time Domain Reflectometer*）** 来实现，它发射的光脉冲在光纤内传输会因光纤本身的性质、连接器、接合点、弯曲或其他类似的事件而产生散射、反射，其中一部分的散射和反射就会返回到 OTDR 端口，返回的不同位置上的时间或曲线片断信息由 OTDR 的探测器来测量，再考虑发射信号到返回信号所用的时间及光在玻璃物质中的速度，就可以计算出总体路径损耗、估测故障点的位置，ODTR 有测量盲区，小于盲区距离的将无法测量。其测量过程如图 4-24 所示。

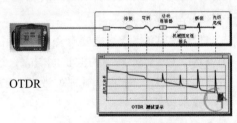

图 4-24　用 OTDR 测量光缆

机房等室内光纤跳线的识别和故障判断主要通过可视红光故障定位仪（俗称红眼），它配置了一个波长为 650nm 的红色可见激光二极管，可在连续和频闪模式下操作，通常用于光纤识别、单模或多模光纤的故障定位及光纤识别，是对 OTDR 测试盲区的有力补充，能够帮助确定断点、弯曲、有故障的接头及其他引起信号损失的原因，如图 4-25 所示。

图 4-25　可视红光故障定位仪

4.2.4 光发射机

光发射机是有线电视传输系统中的一个重要的有源器件，其主要功能是将有线电视的电信号转换为光信号，并输出相应的功率以满足有线电视网络各光节点对光功率的要求。AM-VSB 光发射机是有线电视系统重要的光设备。

1. 光的调制与复用

（1）光的调制方式有调幅-光强度（AM-IM）、调频-光强度（FM-IM）和脉码调制-光强度（PCM-IM）。

AM-IM 方式是先采用残留边带调幅的办法把不同的视频音频信号调制到不同的高频副载波上，经一混合器混合后得到一宽带高频信号，再用它去调制光信号的强度。这种方式的优点是可以传输更多的电视节目，缺点是对激光器的要求较高。

FM-IM 方式是先让各个视频音频信号对 70MHz 的中频副载波进行调频，并上变频至不同的频道，再利用混合后的宽带高频信号去调制光信号的强度。它的优点是对激光器线性的要求不高，现在一般采用功率小、谱线宽、价格便宜的法布里—柏罗（F-P）激光器来作调频光发射机。它的缺点是所占频道较宽（每个频道的间隔是 35～40MHz），一根光纤只能传输 16～18 套电视节目，而且光接收机输出的信号不能被电视机直接接收，还需经过 FM/AM 转换器变为残留边带调幅信号，才能送入用户分配系统。

PCM-IM 方式是先把视频音频信号经过取样、量化、编码等步骤变为数字信号，再经过时分复用的合成器得到由多个频道信号组成的脉冲串（数字信号），再用它去控制光的强度，输出时断时通的光脉冲。这种方式的优点是失真小，无噪声积累，经过多级传输后载噪比仍可达 60dB，载波组合三次差拍比和载波组合二次互调失真比可达 70dB。不加中继放大可传输 100km 以上，若利用光纤放大器，则可传输数千千米。PCM-IM 方式的缺点是价格贵，不经压缩时，一根光纤只能传输 16 套节目。经过数字压缩后，可传输数百套节目，但成本较高。

（2）光的复用有空分复用、时分复用、频分复用和波分复用。

光发射机根据光的调制和复用方式可分为调幅频分复用、调频频分复用等。

2. 光调制器

光调制器根据原理不同，可分为直接调制、内调制和外调制三种。

直接调制又称为电源调制，因为半导体激光器的输出光功率同注入电流成正比，因此我们可以利用待调制信号来控制注入半导体激光器 PN 结的电流，使激光器输出光强度随信号而变。直接调制的技术简单，损耗小，易于实现。

内调制和外调制都是通过专门的调制器来实现的。调制器的作用是使透射光强度随外加信号电压而改变。内调制和外调制的区别在于内调制把调制器放在谐振腔内部，其调制效率较高。外调制则是在激光输出后，使其通过电光器件来进行调制。在光通信中一般使用半导激光器和固体激光器，所以只能采用电源调制和外调制。

外调制无"啁啾"效应，使 CSO 指标得到改善，但调制损耗较大（大于 5dB），且调制线性范围较小，调制度小于 3.5%，使载噪比指标降低。

3. 直接调制光发射机

直接调制光发射机的原理框图如图 4-26 所示。它采用 **DFB（分布反馈，Distributed Feed Back）** 式激光器作为光源，用射频（AM-VSB）信号直接对激光器进行强度调制。为减少光发射机输出的非线性失真，在 DFB 激光器前设置了预失真补偿电路，对调制器的非线性进行补偿，为了激光器能稳定可靠地工作，采用功率恒定和温度恒定控制电路。

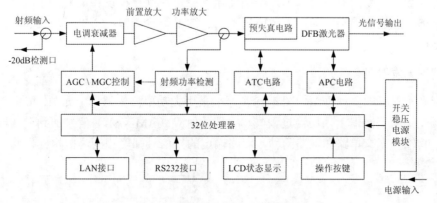

图 4-26　DFB 直接调制光发射机原理框图

在直接调制过程中，激光器注入电流的变化会引起有源区载流子密度和折射率的变化，使谐振腔光通路长度变化，能够形成光振荡的波长也随之变化。这种现象称为附加频率调制或"啁啾"效应（chirping）。当已调光信号注入光纤进行传输时，在啁啾效应和光纤色散的共同作用下，将引起非线性失真指标 CSO 的劣化，传输距离越远，CSO 指标劣化越严重，采用 1310nm 的激光传输时，无中继放大的传输距离不超过 35km。通常 1310nm 光系统多采用直接调制光发射，以获取较高的性价比。图 4-27 所示为直接调制光发射机前后面板图。

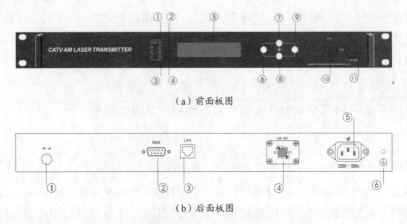

（a）前面板图

（b）后面板图

图 4-27　DFB 直接调制光发射机前后面板示意图

（1）前面板说明

①电源指示灯：指示电源工作；②设备运行指示灯：设备正常时，此灯通常闪烁；③激光器工作状态指示灯：通常该灯为绿常亮时表示激光器正常工作中；④射频状态指示灯：通常该灯为绿时表示输入射频信号正常；⑤液晶显示屏：用于显示本机的所有参数；⑥显示设置菜单的退出或取消键；⑦显示设置菜单的向上或增量键；⑧显示设置菜单的向下或减量键；⑨显示设置菜单的确定键；⑩激光器开关钥匙：用于控制激光器的工作状态。ON 表示激光器开启，OFF 表示激光器关闭。设备在通电前需确认钥匙在 OFF 位置，待设备自检通过后，根据显示屏提示信息，把钥匙旋至 ON 位置。⑪输入射频信号检测口：后面射频输入端口的-20dB 检测口。

（2）后面板说明

①射频信号输入口；②RS232 接口（Console）：用于配置本机的各项网管参数；③LAN 接口：用于本机的网络管理；④光信号口：设备光信号输出端口，常用规格有 FC/APC 和 SC/APC 两种，如果选配了内置波分复用器，会增加一个插播输入口（注意：在设备正常工作后，端口有不可见的激光束射出，应避免该端口对准人体或肉眼）。⑤电源输入口；⑥机壳接地螺柱：用于设备与接地线的连接。

4. 外调制光发射机

外调制光发射机的原理框图如图 4-28 所示。采用大功率激光器作为光源，光源输出在光功率稳定的单频光馈给调制器上，用经过预失真补偿的射频（AM-VSB）信号加到调制器上对光进行强度调制。其输出光有单路和双路两种，双路输出的光信号强度相同，但相位相反。

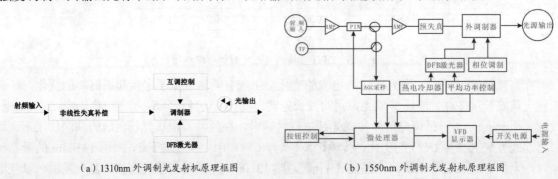

（a）1310nm 外调制光发射机原理框图　　　　（b）1550nm 外调制光发射机原理框图

图 4-28　外调制光发射机原理框图

外调制没有啁啾效应，非线性失真小，输出功率大，因此外调制光发射机既可用于零色散的 l310nm 光系统，也可用于非零色散的 l550nm 光系统。图 4-28（a）所示的 1310nm 外调制光发射机，采用大功率 DFB 激光器作为光源，可有两路输出，每路输出 20mW（即 13dBm）以上，CSO 指标均优于-70dB。图 4-28（b）所示为 1550nm 外调制光发射机，采用钇铝石榴石（YAG）作为光源，由于没有啁啾效应的影响，故非线性失真小，但其输出的光功率也小，两路输出时，每路大致 2～5mW（即 2～7dBm），因而通常要加接光放大器，目前常用掺铒光纤放大器（EDFA）。可抵消失真、大功率输出（已商用）的掺铒光纤放大器的输出光功率可以达到 250mW（即 24dBm）以上。图 4-29 所示为外调制光发射机。

图 4-29　外调制光发射机

由于单模光纤的 1550nm 波长窗口加入光功率的大小与光纤受激布里渊散射（SBS）有关，l550nm 外调制光发射机中设置了 SBS 抑制电路，以抑制 SBS 的影响。SBS 是指当入射到光纤内的光功率大于某一阈值时，光发射机受激布里渊散射，产生频率较低的背向散射光现象。这种背向散射光不仅使传输的光信号受到衰减，还由于其返回到激光器而使激光器的输出光功率波动，产生较大的噪声，严重劣化系统的 CSO 指标。理论和实践表明，SBS 的阈值与激光器输出的谱线宽度有关，谱线越宽，SBS 阈值越大。在直接调制的光发射机系统中，由于啁啾效应，其谱线宽度达 1GHz 量级，SBS 阈值在 100mW（即 20dBm）以上，因而在 1310nm 光系统中，受激布里渊散射的影响很小。对于 1550nm 光系统，为了减少色散影响而采用外调制光发射机，使谱线宽度大为减小，SBS 阈值也随之降低，谱线宽度很小，SBS 阈值也小，只有几毫瓦（mW），因此发射机中必须装置 SBS 抑制电路，才能使 SBS 阈值提高到 50mW（17dBm）。

5. 主要技术参数与性能指标

直接调制光发射机、调制光发射机的主要技术指标如表 4-7 所示。

表 4-7　光发射机主要技术参数与指标

一级指标	细分指标	1310nm 直接调制	1550nm 外调制
光学指标	光波长	1310nm±20nm	1550nm±5nm
	光输出功率	≥10dBm	≥2×7dBm
	光纤连接器	FC/APC 或 SC/APC	
射频参数	工作带宽	47～862MHz	
	射频输入信号电平范围	75－85dBμV	
	带内平坦度	≤±0.75dB（45～862MHz）	
	AGC 控制	±3/±0.5dB 自动	自动/手动
	标准射频输入阻抗	75Ω	
	射频输入反射损耗	≥16dB（47 MHz ～550 MHz），≥14 dB（550 MHz～862 MHz）；	
	激励电平检测	-20dBmV（相对于激光器输入）	15～30 dBmV
	射频监测电平	-20±1.5dB	
	射频连接器	F 型	
系统指标	C/CSO	≥60dB	≥65dB
	C/CTB	≥65dB	≥65dB
	CNR	≥52dB	≥52dB

续表

一级指标	细分指标	1310nm 直接调制	1550nm 外调制
电源及环境要求	交流电压	150V-264V /50HzAC	
	直流电压	+24 V 或-48VDC	
	工作温度	0～50℃	
	储藏温度	-25～+65℃	
	相对湿度	85%以下	
	MTBF	>60000 小时	

4.2.5 光纤放大器

为延长光缆干线的传输距离，可以在中途把光信号进行放大后中继传输，目前使用的光放大器有间接放大和直接放大两类。

1. 间接放大

间接放大是先把光信号解调出来，还原为电信号，利用普通的干线放大器把它放后再调制成光信号，如图 4-30 所示。利用这种方式，每放大一次，载噪比和 CSO 就会降低 3dB，CTB 会降低 6dB。故在一条通信链路上，对模拟信号只能放大一次。对于数字光纤线路，因为数字信号可以通过脉冲幅度再生、波形再生及再定时功能，非线性失真指标和载噪比指标都不会降低，因而采用这种方式对数字信号能放大 100 次左右。

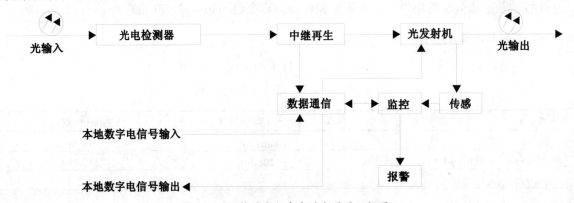

图 4-30　间接放大数字光放大器原理框图

2. 直接放大

直接放大是用输入的信号光去激励已经实现粒子数反转的激活物质，得到增强的光。它和激光器的区别在于激光器的反馈较强，实现了光振荡；而直接放大的光放大器，反馈较小，要抑制光振荡。这一点非常类似于电信号处理中放大器和振荡器之间的关系。直接放大的光放大器主要有半导体光放大器和光纤放大器两类。半导体光放大器可以集成化，做成很小的器件，但技术难度大，与光纤耦合时损耗也大，目前还不能大量使用。目前应用最广的光放大器主要是光纤放大器。

光纤放大器是在石英光纤的纤芯中掺入能实现粒子数反转的激活物质元素，在激光的作用下实现粒子数反转，然后在信号光的作用下产生受激辐射，把信号光放大。掺入的元素不同，能实现粒子数反转的能级之间的能量差也不同，产生受激辐射的光波长以及能够放大的光波长也不同。按掺入元素的不同，目前比较成熟的光纤放大器可以分成**掺铒光纤放大器**（*Erbium-Doped Optical*

Fiber Amplifier ，EDFA）和**掺镨氟化物光纤放大器**（*Praseodymium-Doped Optical Fiber Amplifier ，PDFA*）两类。

在光纤有线电视系统中，光纤放大器一般用于三种情况：一是接在光发射机的输出端，用来提高光发射机的输出功率，称为光发射机的后置放大器（或称为光增强器）；二是接在光接收机的输入端，用来提高光接收机的灵敏度，称为光接收机的前器（或称为预放器）；三是接在光纤线路中间，放大传输的光信号，增加传输距离，称为光中继器。

3.掺铒光纤放大原理

掺铒光纤放大器分单掺铒和双掺杂（同时掺入钇和铒两种元素）EDFA，其中双掺杂 EDFA 泵浦光功率可达 10W 以上，波长为 1.047μm，信号光输出功率达 2×500mW（27+3dBm），在光纤放大器中关键部件之一是掺杂光纤，它有两个包层，纤芯的直径为 5μm，第一包层的直径为 90μm，第二包层的直径为 125μm。泵浦光（波长为 910～990nm）从第一包层输入。可放大 1537～1574nm 或 1560～1600nm 的光，输出功率可达 3～10W 以上（严禁肉眼观看，否则可造成眼底不可逆毁坏）。在掺铒光纤放大器中，泵浦激光器的光波通过波分复用器耦合进入掺铒光纤，将电子基态能级抽运到亚稳态能级，造成离子数反转。当光信号波也通过波分复用器进入光纤时，就诱导亚稳态能级上的电子向下跃迁，并释放与信号光波波长相同的激光，从而造成信号光波的加强，即实现了光信号的放大，如图 4-31 所示。为了防止信号光波在掺铒光纤之后又反射回掺铒光纤，以及从掺铒光纤反射回光源，掺铒光纤两端都加有光隔离器。

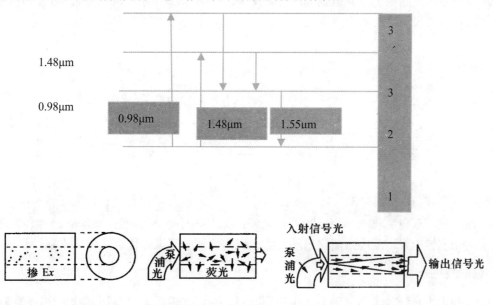

图 4-31　掺铒泵浦光纤放大器工作原理

4.光纤放大器泵浦方式

（1）同向泵浦

泵浦光与信号光从同一端注入掺铒光纤，如图 4-32 所示。输入端泵浦光较强，故粒子反转激励也强，其增益系数大，易因达到增益饱和而使噪声迅速增加。

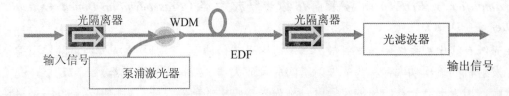

图 4-32　同向泵浦

（2）反向泵浦

泵浦光与信号光从不同的方向输入掺杂光纤，如图 4-33 所示。当光信号放大到很强时，泵浦光也强，不易达到饱和，因而噪声性能较好。

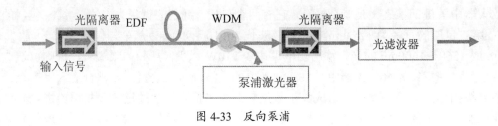

图 4-33　反向泵浦

（3）双向泵浦

可用多个泵浦源从多个方向激励光纤，如图 4-34 所示。多个泵浦源部分前向，部分后向，结合前两种优点。使泵浦光在光纤中均匀分布，从而使其增益在光纤中均匀分布。

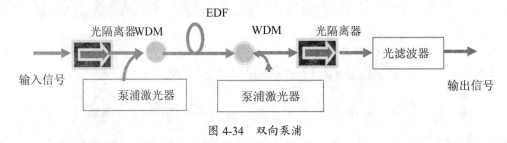

图 4-34　双向泵浦

（4）三种泵浦方式的比较

输出光功率：双向泵浦>反向泵浦>同向泵浦；噪声：同向泵浦<双向泵浦<反向泵浦。总体来说同向泵浦噪声性能好；反向泵浦输出功率大；双向泵浦兼有上述优点，但成本高。

5. 掺铒光纤放大器

实际上的掺铒光纤放大器除了上述由掺铒光纤、泵浦光源、波分复用器和光电隔离器组成的光路部分之外，还应有协调光纤放大器正常工作的辅助电路部分，辅助电路由电源电路、微处理器、自动控制、告警、保护电路等组成，图 4-35 给出掺铒光纤放大器原理方框图。图 4-36 给出掺铒光纤放大器前后面板示意图。掺铒光纤放大器的主要性能参数有：增益、饱和输出功率、噪声系数和非线性失真。

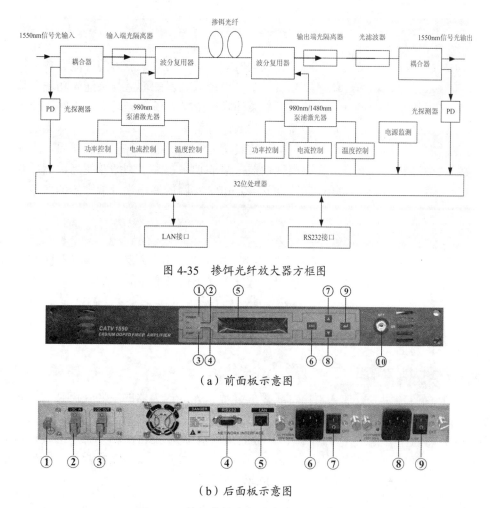

图 4-35 掺铒光纤放大器方框图

（a）前面板示意图

（b）后面板示意图

图 4-36 掺铒光纤放大器前后面板示意图

（1）前面板示意图

①电源指示灯：指示电源工作；②输入光功率指示灯：输入光功率>-10dBm 时灯亮。③泵浦工作状态指示灯：机内各项参数均正常，泵浦没有工作时为红灯常亮；有故障时为红灯闪烁；泵浦正常工作为绿灯常亮。④输出光功率指示灯：输出的光功率>+10dBm 时灯亮。⑤160×32 点阵液晶显示屏：用于显示本机的所有参数。⑥显示设置菜单的退出或取消键。⑦显示设置菜单的向上或增量键。⑧显示设置菜单的向下或减量键。⑨显示设置菜单的确定键。⑩泵浦激光器开关钥匙：用于控制泵浦激光器的工作状态。ON 表示泵浦激光器开启，OFF 表示泵浦激光器关闭。设备在通电前需确认钥匙在 OFF 位置，待设备自检通过后，根据显示屏提示信息，把钥匙旋至 ON 位置。

（2）后面板说明

①机壳接地螺柱：用于设备与接地线的连接。②光信号输入口：通常有 FC/APC 和 SC/APC 两种。③光信号输出口：设备光信号的输出端口，通常有 FC/APC 和 SC/APC 两种。注意，正常工作时此端口有不可见的激光束射出，应避免该端口对准人体或肉眼。④RS232 接口：用于配置本机的各项网管参数。⑤LAN 接口：用于本机的网络管理。⑥电源 1 的交流电源输入口。⑦电源 1 的开关。⑧电源 2 的交流电源输入口。⑨电源 2 的开关。

（3）性能参数

① 增益

在掺铒光纤放大器中，增益是描述光纤放大器对光信号的放大能力的性能参数，定义为输出信号光功率与输入信号光功率之比，以分贝表示，光纤放大器的增益与泵浦光功率、输入信号光功率以及掺铒光纤的参数有很复杂的关系。当泵浦功率给定、输入光功率较小时，输出光功率随输入光功率成正比例增长，也就是说增益为一常数，称为小信号增益；但当输入光功率大到一定值后，输出光功率不仅不增大反而开始下降，这说明光纤放大器出现了饱和现象。当输入光功率给定时，泵浦功率足够大，光纤放大器出现增益；泵浦功率越大，则增益越高，然后趋于饱和。光纤放大器的增益通常在 15～40dB，最高可达 46.5dB，实际的掺铒光纤放大器的增益一般只有十几分贝。

② 饱和输出功率

饱和输出功率定义为一个输出功率阈值，这个阈值是光纤放大器从线性增益区变化到非线性增益区的转折点，这个转折点的增益为掺铒光纤放大器小信号增益的一半。

光纤放大器应工作于饱和状态。光纤放大器的饱和输出功率增大，说明其增益线性区域增宽，对放大 AM-VSB 信号有利。因此光纤放大器有时采用两级泵浦激光器，以增大泵浦功率，达到提高饱和输出功率的目的。

③ 噪声系数

噪声系数是衡量掺铒光纤放大器内部噪声的参数。光纤放大器的主要噪声是信号光与掺铒光纤中自发辐射间的差拍噪声，对于 980nm 泵浦的掺铒光纤放大器，噪声系数的理论极限为 3dB；对于 1480nm 泵浦的掺铒光纤放大器，噪声系数的理论极限为 3.5dB。但实际中的噪声系数往往大于等于 4.5dB，并随输入光功率而变，信号光功率过大或过小，噪声系数都大。对于一个给定的光纤放大器，有一个使噪声系数最小的输入光功率最佳值。

④ 非线性失真

非线性失真主要是由增益谱的不平坦引起的，光发射机在 AM-VSB 直接调制下，激光器会产生调频效应，经过光纤放大器后的输出信号光功率会产生信号幅度失真。这种失真经分析为二阶非线性失真，将导致 C/CSO 指标下降。实测中其非线性失真很小，在 750MHz 系统中传输多路电视信号基本上不造成 C/CSO、C/CTB 指标下降。

6. 掺镨氟化物光纤放大器（PDFA）

PDFA 也采用光激励方式，其中的激活物质是镨原子。镨原子也是三能级系统，在激励光的激发态 3 与能量较低的激发态 2 之间实现粒子数反转，这就有可能在外来光的激发下发生从能态 3 到能态 2 的受激辐射。同 EDFA 中只能采用 0.98μm 和 1.48μm 两种激励光不同，PDFA 的激励光频率可以采用 0.95μm～1.05μm 之间的任意频率。

PDFA 的高增益区在 1.3μm 附近，最高增益可达 42dB。采用 Nd:YLF 激光器作为激励光源时，PDFA 在 1.3μm 的输出功率可达 280mW，在 30nm 带宽内，可以得到大于 100mW 的输出功率。

7. 光纤放大器功率检测

（1）先去除光纤放大器输入、输出光连接口保护套，用 2.5mm 清洁棉签粘 99%酒精轻轻擦洗光连接口。

（2）用光功率计测量输入光功率，是否满足您的设计要求，插入光信号至光放大器输入端口，开机查对光放大器窗口显示输入光功率，是否与检测相近。

输入纤功率 dBm－跳线损耗（<0.35）=光放显示功率　　　　　　　　　　　　（4-2）

（3）预测光放大器输出光功率，在不开机的前提下，用跳纤连接光放大器输出端至光功率计，在此时使光功率显示最大为好（跳纤头接插效果最好），然后再开机检测光放大器输出光功率，此时此刻严禁再去插拔尾纤头。用 dBm 测量：

实测功率=光放显示功率－跳线损耗 0.35dB-连接损耗 0.25dB　　　　　　　　（4-3）

4.2.6　光接收机

1. 光信号的解调

在光导纤维中传输的光信号到达接收端后，需要把其上调制的电视信号复原，这个任务是由光接收机中的光检测器来完成的。光检测器的基本原理是利用半导体材料的光电效应把光信号转换成电信号（O/E 转换）。所谓光电效应，就是当光照射到金属或半导体上产生光电流的现象，并且光电流的强度与入射光强在一定范围内成正比，则可达到把调制在光信号上的电信号检测出来的目的。每一种光敏材料都有一个确定的红限频率，当入射光的频率低于这个红限频率时，不会产生光电效应。因此制作光检测器的半导体材料的红限频率应低于入射光的频率。

常用的光检测器主要有 PIN 光电二极管和雪崩光电二极管 APD，但在光纤有线电视系统中，一般都用 PIN 光电二极管。PIN 光电二极管本身无增益、灵敏度低，但其动态范围大、线性很好，在 40～860MHz 的频率范围内的不平度保持在±0.5dB 以内，C/CSO 达到-70dB，C/CTB 达到-80dB。

2. 基本组成

光接收机由光接收组件和电信号放大两个部分组成。其原理框图如图 4-37 所示。

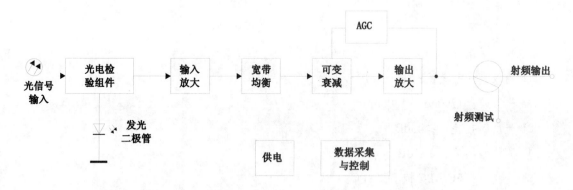

图 4-37　光接收机原理框图

光电检测组件是光接收机的关键部件。通常，在有线电视网络的光接收机中使用的光电检测组件是由 PIN 光电二极管和前置放大器集成的。

光电检测器组件后面是电放大器部分，包括输入、输出放大器，宽带均衡网络、电调可变衰减器及自动增益控制（AGC）电路等。有些光接收机中设置了数据采集与控制部分，可利用微处理器来对光接收机的各项参数进行调整与控制。

3. 主要技术参数与性能指标

（1）外型结构

光接收机的结构，通常有室内型和室外型两种。室内型采用 19 英寸机架方式，便于上架安装；室外型有压铸铝合金外壳，具有密封、散热性好、防水、防潮、防雷电、抗电磁干扰等特点，通过同轴电缆 60V 或 220V 交流供电。

在双向 HFC 有线电视网络的光节点上使用的室外型光接收机，不仅具有下行 O/E 转换功能，还具有上行 E/O 转换功能，已相当于一个光工作站。其组成包括下行光接收机、上行光发射机及进行网络管理状态的应答器等部分，它们都安装在一个压铸铝合金外壳内。典型的光工作站的原理如图 4-38 所示。

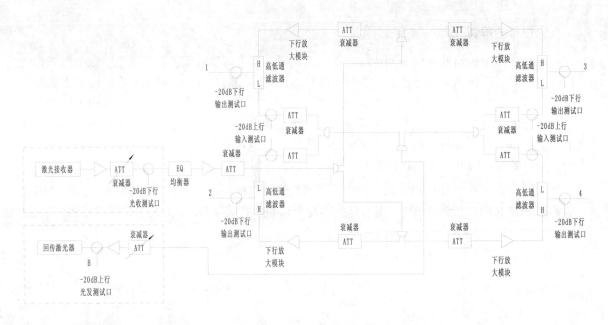

图 4-38　四端口光站方框图

（2）光学指标

① 输入光功率范围：-6～+2dBm。

② 光波长：1290nm～1600nm。

③ 光反射损耗：≥45dB。

④ 光链路频响：±1.5dB。

⑤ 光接口：FC/APC 或 SC/APC。

（3）射频参数

① 频率范围：47MHz～862MHz。

② 端口射频输出：≥XXdBμV（生产商提供）。

③ 带内平坦度：≤±0.75dB（所有工作口）。

④ 反射损耗：≥16dB。

⑤ 交流声调制≥60dB。

⑥ 射频接口：F 型。

（4）非线性失真指标

C/CTB≥76dB，C/CSO≥71dB（测试条件满足 GY/T143-2000 标准规定的测试条件要求）。

（5）电源及环境要求

① 供电要求：输入电压 AC40～AC60/ AC220（50Hz）。

② 工作温度：－25～＋55℃。

③ 相对湿度：≤85％。

④ 整机功耗：≤X Xw（生产商提供）。

4.2.7 影响长途光传输的因素

1. 受激布里渊散射（SBS）限制

受激布里渊散射主要是由于入射光功率很高，由光波产生的电磁伸缩效应在物质内激起超声波，入射光受超声波散射而产生的。在长途光缆传输过程中的外调制光源线宽非常窄，这虽然有效地克服了光纤色散的影响，然而却使光纤的 SBS 阈值降到了直流阈值的水平。如不适当抑制 SBS，随着入纤功率的增加，超过 SBS 阈值时，系统载噪比就骤然恶化。因此看一个 1550nm 光纤传输设备的性能，不仅要看光发送机能输出多大的功率，而且要看它能使单模光纤的 SBS 阈值提高到多少。目前的 1550nm 光发射机可做到 SBS 从 14～18 连续可调，适合不同的传输距离。一般 1550nm 光发射机的 DFB 激光器光谱线宽较宽，SBS 抑制固定，不适合干线传输，因此，在 1550nm 光发射机的选择上推荐窄线宽光发射机<0.3MHz，适合干线传输以及色散补偿技术。系统调试中我们并不建议把光发射机 SBS 设置过高，前级入纤功率保持较小的输入，综合考虑跨度和 SPM（Self-phase Modulation，自相位调制）的问题，主要是因为 SBS 过高和入纤功率高时，SPM 与色散结合起来，导致指标急剧劣化。因此在干线传输中不要把光发射机 SBS 设置过高。由于干线传输中要达到更多级的 EDFA 级联和输出功率，色散补偿一般很难达到理论上的补偿，光谱会有一定的展宽，应此，多级以后的入纤光功率可适当加大，需要综合考虑 CNR 和 CSO 的关系。因此，必须使每一段光纤的入射功率不大于光纤的 SBS 门限，该门限用公式（4-4）计算。

$$P_{SBS} = 21A_eK \frac{1}{G_BL_e}(1+\frac{\Delta f_D}{\Delta f_B})\ (\text{mW}) \tag{4-4}$$

式中：A_e 表示光纤有效芯区面积，按纤芯直径计算；

K 表示偏振因子，对非偏振光取 2；

G_B 表示峰值布里渊增益系数，取 4.6×10^{-11}m/W；

Δf_B 表示光纤的 SBS 增益带宽，取 20～100MHz；

Δf_D 表示为扩大 SBS 门限功率在激光器上加抖动调制后激光器平均光谱宽度；

L_e 表示有效相互作用长度，按如下公式计算：$L_e=((1-e)^{\alpha L})/\alpha$

其中：α 表示光纤单位长度损耗（dB），L 表示光纤长度（km）。

2. EDFA 对系统 CNR 的劣化

掺铒光纤放大器工作在粒子数反转状态，信号光单程通过光纤，亚稳态的粒子受激发射，把信号放大。同时亚稳态粒子的自发射光子也被光纤俘获和放大（即 ASE），并与信号混合在一起，成为噪声。在无光纤放大器时的载噪比和光调制度给定的前提下，光纤放大器的噪声系数越低同时输入光功率越大，则系统载噪比损失越小。因此做网络的设计时，应尽可能地提高光放大器输入光功率和选用低噪声的 EDFA。

传输系统总的载噪比为

$$CNR = CNR_C \frac{1}{1 + \dfrac{CNR_C}{CNR_{OA}}} = CNR_C \frac{1}{1 + CNR_C \dfrac{4hvB_eN_F}{m^2P_S}} \tag{4-5}$$

由光纤放大器引起的系统载噪比损失的分贝数为

$$CNR_{(dB)} = 10\lg\left(1 + CNR_C \frac{4hvB_eN_F}{m^2P_S}\right) \tag{4-6}$$

由此可见，在无光纤放大器时的载噪比 CNR_C 和光调制度 m 给定的前提下，光纤放大器的噪声系数越低，同时其输入光功率越大，则系统载噪比损失越小。由于噪声系数又与输入光功率有关，所以对于选定的光纤放大器，系统载噪比实质上取决于输入光纤放大器的信号光功率的大小。已设 $CNR_C = 50\text{dB} = 1 \times 10^5$ 倍，$B_e = 5.75\text{MHz}$（PAL-D 制彩色电视），$m = 3.5\%$，$v = c/\lambda$，$\lambda = 1550\text{nm}$，$c = 3 \times 10^8 \text{m/s}$，$h = 6.625 \times 10^{-34} \text{J·s}$，于是上式化为

$$CNR_{(dB)} = 10\lg\left(1 + 2.4 \times 10^{-4} \frac{N_F}{P_S}\right) \tag{4-7}$$

当光纤放大器的输入功率为 +6dBm 时，该光纤放大器所引起的系统载噪比损失只有约 1.0dB。

因此，在含有掺铒光纤放大器的模拟光纤传输系统中，为确保系统载噪比，光纤放大器的输入光功率应取得较大。在优化设计的前提下，一个光纤放大器的引入，可使传输距离得以延长，而系统载噪比只降低 1～1.5dB，而光纤不太长时，CSO、CTB 几乎不变，这样就允许多次光放大，比光－电－光中继方式（中继一次载噪比降低 3dB，CSO 劣化 4.5dB，CTB 劣化 6dB）优越得多。

在干线传输时，由于级联的 EDFA 数量较多，为了减少信号光以外的杂散波长以及降低 EDFA 的 ASE 噪声，应该考虑光信号处理器的使用，能够将系统 CNR 有效提高 1.2～1.5dB。因此，在选取 1550nm 外调制光发射机时，应选择 ITU-T 标准波长光发射机。

3. 光纤色散对 CSO 的劣化

在 1550nm 波长大功率长距离光纤传输系统中，光纤色散不可忽略，色散造成光脉冲的展宽，使 CSO 随着距离的加长而劣化。特别是对于 ITU-TG.652 光纤，必须考虑 17ps/（nm•Km）的一阶色散常数对系统性能的影响。基本的物理现象是：发送信号时对光波进行强度调制，不可避免也造成了相位调制，另外为了抑制受激布里渊散射而采用激光器光频抖动法，也产生了寄生的相位调制。已调光波的相位变化对应着光谱展宽。在色散介质中，光波的不同频率分量有不同的群速。因此在光纤的输出端形成不同延迟的包络分量的叠加，表现为光波的包络失真为主，这是一种相位—强度转换过程。

$$CSO_{DSP(dB)} = 20\lg\left(2\pi D\sigma_s Lf_i\right) + 10\lg C_{2i} \tag{4-8}$$

以模拟频道传输带宽 550MHz（59 个 PAL-D 频道）为例，式中：

D 表示光纤色散常数 17ps/（nm·Km）；

σ_s 表示外调制光谱的方均根谱宽 1550nm（谱宽为 2MHz）；

L 表示光纤传输距离 Km；

f_i 表示二阶互调产物频率，取 544.5MHz；

C_{2i} 表示为落在频点 f_i 上的二阶互调产物数，取 21。

4. 光纤 SPM 对 CSO 的劣化

在 1550nm 波长大功率长距离光纤传输系统中，光纤中的自相位调制现象不可忽略，它与 ITU-T G652 光纤的很大色散结合在一起，又通过前述的相位－强度转换过程，造成信号的较大的二阶失真，使 CSO 劣化。SPM 是光纤中的又一种非线性现象，它显现在光纤中的光波太强之时。由于强电场引起 SiO_2 分子的非线性极化（Kerr 效应），使光纤折射率 n 出现与光强成正比的成分。

$$CSO_{SPM(dB)} = 20\lg\left(8\pi^2\sqrt{\frac{\mu_0}{\varepsilon_0}}\, mD\,\frac{\lambda n_2 P_0}{cn_0 A_e}L_e^2 f_i^2\right) + 10\lg C_{2i} \tag{4-9}$$

设 $\sqrt{\dfrac{\mu_0}{\varepsilon_0}} = 377\Omega$, m＝调制度，$D = 17$ps/（nm·Km），光纤色散常数；$\lambda = 1550$nm，$c = 3 \times 10^8$m/s，$n2 = 6.1 \times 10^{-19}$cm^2/V^2，$n_0 = 1.46$，$A_e = 54.2\,\mu\text{m}^2$，$P_0 =$ 光放大器输出功率，f_i 表示二阶互调产物频率，取 544.5MHz，C_{2i} 表示落在频点 f_i 上的二阶互调产物数。取 21，$a = 0.25$dB/Km＝0.575Np/Km，$L_e^2 = \dfrac{2}{\alpha^2} - \dfrac{2}{\alpha}\left(L + \dfrac{1}{\alpha}\right)e^{-\alpha L}$。

则考虑光纤色散和 SPM 后，整个 1550nm 光传输系统的 CSO 为：

$$CSO = 10\lg\left(10^{\frac{CSO_{TX}}{10}} + 10^{\frac{CSO_{DSP}}{10}} + 10^{\frac{CSO_{SPM}}{10}}\right) \tag{4-10}$$

由此得到，在利用 1550nm 外调制光发射机和 EDFA 构建大功率、长距离光传输系统时，光纤中的 SPM 和 DSP 是造成系统性能劣化的主要因素。为了达到长距离传输，一定要减少光纤的色散常数。采用色散补偿的方式是最为有效的方式。

5. 外相位调制 EPM 对 CSO 的劣化

对于 1550nm 外调制光发射机来说，在集成的 MZI（马赫曾德尔干涉）和相位调制器中，利用大的相位调制指数可以得到高的 SBS 阈值。EPM 效应是外相位调制和强度调制的转换，并且和非线性色散的光纤相互作用。EPM 也会对 CSO 产生失真。当距离>120Km 时，相位调制指数比较大时，SPM 和 EPM 效应之和将决定最坏的 CSO 失真。相位调制产生的 SBS 阈值增加由下面的公式给出：

$$\Delta P_{th}(\beta) = -10\lg\left\{\max\left[kJ_k^2(\beta)\right]\right\} \qquad (4\text{-}11)$$

由于 SPM 产生的 CTB 失真比 CSO 失真低 30dB 以上，可以忽略不计。在干线传输上只考虑光纤色散对 CTB 的影响，通过色散补偿等方法进行改善。在干线传输时，色散补偿量足够时，CTB 指标将得到最大的补偿，几乎维持指标不变。

6. 色散补偿

一种方式是采取色散补偿 DCM（正色散补偿）的方式，DCM 提供 C 波段和 L 波段任意波长的色散补偿，具有非常低的群速时延，并且不受带宽的限制，DCM 的色散斜率能够与 ITU-TG.652 光纤完全匹配。根据具体网络情况，选取合适的补偿方式，并且优化色散补偿器的位置，寻求最佳补偿点，实践证明，在选取合适的补偿点后，CSO_{DSP}、CSO_{SPM} 能够改善。

另一种方式是采用 ITU-TG.655 光纤进行传输，但成本较高，光纤的色散常数可由 17ps/nm•Km 减少到 1.7ps/nm•Km，则 CSO_{DSP}、CSO_{SPM} 能够减少 20dB 以上。

采用 DCM 补偿时，需选择相位匹配的 DCM 模块，能够有效抵消 SPM 效应，应逐级进行补偿，因为 DCM 产生负色散也会导致 CSO 指标的劣化。尽量采取小跨距、多补偿的方式。

DCM 补偿类似差分检测法：在不降低 CSO 和 CTB 失真指标的情况下改善 AM CNR 的技术。色散补偿能够提高 CNR3dB。载波相干相加，提高 6dB；噪声非相干相加，提高 3dB，因此，总的 CNR 提高 3dB。

色散补偿 CSO：G652 光纤 SPM 产生的 CSO 失真和 DCM 补偿模块 SPM 产生的 CSO 失真幅度相同，相位相反。因此在一定长度可以得到 CSO 失真的总的抵消。

要实现广电干线的精确补偿，传输中 G652 光纤的入纤功率的控制和 DCM 的输入功率控制极为重要；需要精确测试光纤损耗。

4.3　接入分配网络

4.3.1　同轴电缆

射频同轴电缆在有线电视 HFC 网络中可应用于主干网、支干网以及分配系统，但由于光缆的大量使用，目前同轴电缆主要用于用户分配网，其射频传输特性优于铜双绞线或五类线、超五类线，物理带宽可以达到 3～4GHz。它采用在一根同轴电缆上频谱分割（即频分复用，上、下行共享物理媒介，目前是扩展低分割）的方式构成双向传输系统，以满足宽带接入的需要。宽带入户方便是同轴电缆的主要优势。

1. 结构

同轴电缆的结构对射频信号的传输有直接影响。它由里往外依次是由内导体（铜导体、镀铜导体）、塑胶绝缘层、屏蔽层（编制屏蔽层、铝管或铜管）和塑料护套而组成，铜芯与网状导体同轴，故名同轴电缆，如图 4-39 所示。

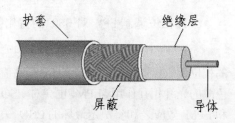

图 4-39　同轴电缆结构

同轴电缆的内导体（又称芯线）用来传送 RF 信号，有时也传送 AC 电源，通常是一股实心铜线或多股绞合铜线，对于大直径电缆也可以是"铜包铝"线（一种镀有薄铜层的铝线）。对于小直径电缆为了提高强度，往往用"铜包钢"丝作为进户电缆（小直径电缆）的芯线，这是由于导体的趋肤效应：1MHz 高频信号，趋肤深度为 66μm；100MHz 高频信号，趋肤深度为 6.6μm；到 1GHz 时趋肤深度仅为 2.1μm。

介质绝缘层的基本任务是在保证内外导体之间有足够介电强度的同时，还要保持内外导体结构上的同心。绝缘层通常采用介质损耗很小的介电材料，例如聚乙烯等，目前渗氮聚乙烯应用最为普遍。一般来说，介质中空气含量越大，绝缘介质的相对介电常数越小，它对电磁波阻碍越小，从而电缆的衰减量和温度系数也越小。因此，如何增加介质中的空气含量，减小其相对介电常数，是决定同轴电缆性能的关键。同轴电缆的发展史就是一部如何利用技术手段改进绝缘介质层空气含量的历史。

外导体的作用是防止自身 RF 信号的泄露和外部 RF 信号的侵入，同时它也是 RF 信号和 AC 电源的"地"，跟内导体一起构成完整的传输回路。外导体最常见的构成方式有三种：一是纵向搭接、拼接或焊接的铜管或铝管，管子可以是光滑的，也可以是皱纹管，后者多用于大直径电缆；二是铜丝编织的网状外导体或铝箔纵包加铜丝密编的复合外导体；三是铜箔纵包或铝带纵包，这类结构会对系统的屏蔽性能带来一定程度的改善。

外护套仅起防护作用，用以增强电缆的抗磨损、抗机械损伤、抗化学腐蚀的能力。室外电缆应使用抗紫外线辐射、寿命长、绝水的聚乙烯外护套，室内电缆则应使用天然阻燃、无挥发、对人体无害的聚氯乙烯外护套（聚氯乙烯的增塑剂必须是无挥发性的，这样无毒、寿命长）。

2. 同轴电缆分类

（1）按照同轴电缆在 CATV 系统中的使用位置也可分为以下三种类型。

① 干线电缆：其绝缘外径多为 9mm 以上的粗电缆，要求损耗小，对柔软性的要求并不高。

② 支线电缆：其绝缘外径一般为 7mm 或以上的中粗电缆，要求损耗较小，同时也要求一定的柔软性。

③ 用户线电缆：其绝缘外径一般为 5mm，损耗要求不重要，要求良好的柔软性。

（2）按照同轴电缆的绝缘结构可以分成以下三种类型。

① 实心绝缘型：防潮防水性能好但衰减大。

② 半空气绝缘型。

- 半空气贯通式：衰减小，但防潮防水不好，如藕芯电缆。

- 半空气封闭式：衰减小，防潮防水好，如物理发泡电缆和封闭竹节介质电缆。

③ 空气绝缘型：衰减很小但防潮防水差，且不易制造，主要用于大功率信号发射。

目前有线电视网络常用的是物理发泡聚乙烯绝缘同轴电缆（其防水、防潮性能远好于化学发泡）。其产品按性能可以分为 I 类和 II 类两种，I 类电缆的性能优于 II 类。

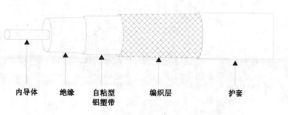

内导体　绝缘　自粘型铝塑带　编织层　护套

图 4-40　二层屏蔽网 CATV 物理发泡聚乙烯绝缘同轴电缆结构示意图

编织网做屏蔽层（外导体）的电缆可分为两（层）屏蔽电缆、三（层）屏蔽电缆、四（层）屏蔽电缆。两（层）屏蔽电缆常用作入户电缆，在分配系统中用量最大，其结构如图 4-40 所示。

在电磁环境恶劣、入侵干扰严重的地区，可使用三层屏蔽电缆，以增强屏蔽性能，其结构如图 4-41 所示。四层屏蔽电缆的屏蔽性能比三层屏蔽电缆提高不多（约 5dB），而成本较高，其使用意义不大，其结构如图 4-42 所示。

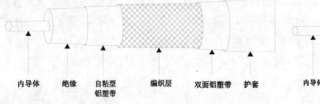

图 4-41　三层屏蔽网 CATV 物理发泡聚乙烯绝缘　　图 4-42　四层屏蔽网 CATV 物理发泡聚乙烯绝缘

　　　　同轴电缆结构示意图　　　　　　　　　　　　　同轴电缆结构示意图

3. 同轴电缆的特性和指标

（1）指标

同轴电缆的质量指标主要体现在以下几个方面。

① 电气性能：它是传输质量的主要标志，包括特性阻抗、衰减常数、相移常数、回波损耗、屏蔽性能等几项测试参数。

② 机械性能：包括最小弯曲半径、最大拉力等测试参数。

此外还有温度特性、防潮性能、成本及使用寿命等。

（2）主要特性

① 特性阻抗

同轴电缆的主体是由内、外两导体构成的，对于导体中流动的电流存在着电阻与电感，对导体间的电压存在着电导与电容。这些特性是沿线路分布的，称为分布常数。若单位长度的电阻、电感、电导、电容分别以 R、L、G 和 C 表示，则其特性阻抗 Z_0 为：

$$Z_0 = \sqrt{\frac{R + j\omega L}{G + j\omega C}}$$

（4-12）

如果我们假定内、外导体都是理想导体，即 R 和 G 可以忽略，则 $Z_0 = (L/C)^{1/2}$，这样，特性阻抗就与频率无关，完全取决于电缆的电感和电容，而电感和电容则取决于导电材料、内外导体间的介质和内外导体的直径。下面是一个实用公式：

$$Z_0 = \frac{138}{\sqrt{\varepsilon_r}} \lg \frac{D}{d} (\Omega)$$

（4-13）

式中 ε_r，为绝缘体的相对介电常数，随材料的种类和密度而异；D 为外导体的内径；d 为内导体外径。

② 衰减系数

衰减系数反映了电磁能量沿电缆传输时的损耗程度，它是同轴缆的主要参数之一。单位长度

（如 100 m）电缆对信号衰减的分贝数。

$$\beta = \frac{3.56\sqrt{f}}{Z_0}\left(\frac{K_1}{D} + \frac{K_2}{d}\right) + 9.13\sqrt{\varepsilon_r}\, f \tan\delta\,(dB/km)$$

（4-14）

式中：f 为工作频率（MHz），Z_0 为特性阻抗（Ω），D 为外导体内径（cm），d 为内导体外径（cm），K_1、K_2 是由内、外导体的材料和形状决定的常数，ε_r 为绝缘介电常数，$\tan\delta$ 为绝缘介质损耗角的正切值（聚乙烯 $\tan\delta = 5\times10^{-2}$，发泡后可达到 5×10^{-4}）。衰减斜率符合下式规律：

$$\beta_1 / \beta_2 = \sqrt{f_1 / f_2}$$

（4-15）

③ 反射损耗

这里所说的反射，不是指由于电缆特性阻抗与负载或信号源不匹配所产生的反射，而是电缆本身的原因所引起的内部反射，主要分以下两种情况：

- 同轴电缆的必要特性之一是在长度方向上的均一性。
- 当施工引起电缆变形或电缆老化引起材质变化时，也会因特性阻抗的不均匀而造成内部反射。

反射的大小可用反射系数、驻波比或反射损耗来衡量，它们之间的关系为：

电压反射系数：$\Gamma = \sqrt{\dfrac{反射波功率}{入射波功率}}$

（4-16）

电压驻波比：$VSWR = \dfrac{1+\Gamma}{1-\Gamma}$

（4-17）

④ 屏蔽特性

屏蔽特性是衡量同轴电缆抗干扰能力的一个参数，是指其抗外界电磁干扰或抗向外界辐射的功能，如果电缆屏蔽不好，传输信号不仅会受到外来杂波的串扰，而且也会泄漏出去干扰其他信号。屏蔽特性的好坏可以用屏蔽系数、屏蔽衰减、表面转移阻抗（耦合阻抗）等指标来反映。

同轴电缆的屏蔽特性主要取决于电缆外导体的密封程度。编织层越密，层数越多或铝管加厚都会提高其屏蔽性能，当然随之使电缆变粗，弯曲性能变差，因而在行业标准中，对电缆的编织密度、铝管厚度、电缆外径及弯曲度都有相应的规定。

同轴电缆的屏蔽性能，在 5～50MHz 频段（电缆工作的上行频段），双层编织网物理发泡聚乙烯电缆的屏蔽衰减不小于 60dB（Ⅱ 类）、85dB（Ⅰ 类），三层编织网的屏蔽衰减应不小于 85dB，四层编织网的屏蔽衰减则不小于 90dB，铝管 Ⅰ 类电缆屏蔽衰减不小于 100dB；在 200～800MHz（电缆工作的下行频段）双层编织网物理发泡聚乙烯电缆的屏蔽衰减不小于 70dB（Ⅱ 类）、90dB（Ⅰ 类），三层编织网的屏蔽衰减应不小于 90dB（Ⅰ 类）、85dB（Ⅱ 类），四层编织网的屏蔽衰减则不小于 95dB（Ⅰ 类）、90dB（Ⅱ 类），铝管 Ⅰ 类电缆的屏蔽衰减不小于 110dB。由此可见，同轴电缆的屏蔽性能随工作频率的升高而增强（集肤效应之故）。理论和实践表明，在通常的电磁环境中，使用双层编织网屏蔽电缆作为入户电缆，其屏蔽衰减已足以满足上行频段抗入侵干扰的要求，只有在特殊的强电磁干扰的环境中，才考虑选用三层或四层编织网屏蔽电缆，其性价比低于双层屏蔽电缆。

⑤ 温度特性

同轴电缆的衰减常数为随温度的变化率，单位为%（dB）/℃，优质电缆衰减值的温度变化量大约为 0.2%（dB）/℃。

⑥ 传输速度与波长缩短率

电波在电缆内的传播速度主要是由其绝缘体的特性决定的。范围为 0.66～0.9。波长的缩短势必引起时间延迟，这正是接收机串入直射波后引起前重影或同频干扰的原因。

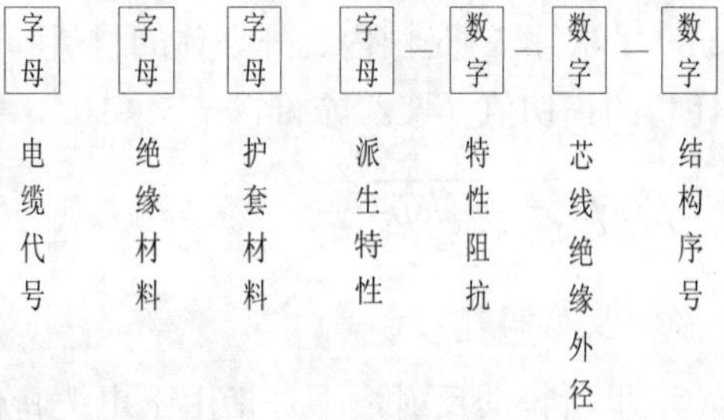

图 4-43　国产同轴电缆的命名

4. 同轴电缆的命名

（1）国产同轴电缆的命名

国产同轴电缆型号的统一命名由 7 部分组成。第一、二、三、四部分由英文字母表示，第五、六、七部分由数字表示，如图 4-43 所示。具体含义如表 4-8 所示。

表 4-8　同轴电缆英文字母含义

电缆代号		绝缘材料		护套材料		派生特性	
符　号	含　义	符　号	含　义	符　号	含　义	符　号	含　义
S	同轴射频电缆	D	稳定聚乙烯-空气绝缘	B	玻璃丝编织浸硅有机漆	P	屏蔽
SE	对称射频电缆	F	氟塑料	F	氟塑料	Z	综合
SJ	强力射频电缆	I	聚乙烯-空气绝缘	H	橡套		
SG	高压射频电缆	W	稳定聚乙烯	M	棉纱编织		
SC	延迟射频电缆	X	橡皮	V	聚氯乙烯		
ST	特性射频电缆	Y	聚乙烯	Y	聚乙烯		
SS	电视射频电缆	YK	聚乙烯纵孔				

例如"SYWV-75-5-1"表示同轴电缆，聚乙烯物理发泡材料，聚氯乙烯护套，阻抗 75Ω，芯线绝缘外径 5mm，结构序号为 1。

（2）美标射频电缆的命名

美国标准射频电缆的型号由 4 部分组成。例如：

$$\underline{RG} - \underline{6} - \underline{A} / \underline{U}$$
$$(1) \quad (2) \quad (3) \quad (4)$$

其中，各部分含义为如下。

第一部分表示射频电缆；

第二部分表示电缆编号；

第三部分表示构成材料代号，该部分可有可无。

第四部分表示电缆为通用产品。

电缆材料的代号含义如表 4-9 所示。

表 4-9　美标电缆材料代号含义

内 导 体		绝 缘 体		外 导 体		护 套		铠 装	
符 号	含 义	符 号	含 义	符 号	含 义	符 号	含 义	符 号	含 义
A	退火铜线	PE	聚乙烯	C	编织软铜线	PVC	聚氯乙烯	Fe	镀锌钢编织
TA	镀锡退火铜线	SSPE	含有空气	T	编织镀锡软铜线	PE	聚乙烯		
GA	镀银退火铜线			G	编织镀银软铜线	II	灰聚氯乙烯		
HP	铜包钢线					IIa	黑聚氯乙烯		
						III	灰聚乙烯		
						IIIa	黑聚乙烯		
						Pb	铅包		

4.3.2　放大器

1. 放大器的类型和用途

按在系统中使用的位置划分，放大器可分为前端放大器和线路放大器两大类。线路放大器包括在传输系统中使用的干线放大器和在分配系统中使用的分配放大器、延长放大器和楼栋放大器等。线路放大器按供电方式不同可以分为 220V 分散供电放大器和 60V 集中供电放大器两类；按放置场所可以分为室内型和野外型；按放大器是否具备双向传输功能可以分为单向放大器和双向放大器两类。

放大器的主要作用在于补偿传输电缆或电平分配产生的衰减，确保信号能够优质、稳定地进行远距离传输并且分配。

2. 放大器的主要技术指标

在有线电视系统中，放大器的使用位置不同，对放大器的要求是完全不同的。一个放大器是否满足要求，需要用具体的指标来衡量。

（1）放大器的工作频率和带宽

能使放大器正常工作的频率范围称为放大器的工作频带（或工作频率），工作频带内最高频率 f_2 与最低频率 f_1 之差称为放大器的带宽。工作频率与放大器带宽之间的关系可以用下面的公式表示：

$$BW_{放大器带宽} = f_2 - f_1 \text{（MHz）} \tag{4-18}$$

由放大器的幅频特性曲线可以知道，一个放大器的幅频特性可以用带内平坦度和带外衰减两个指标来描述。

（2）输出电平 S_0

放大器的输出电压用 dBmV 或 dBμV 来表示的数值称为放大器的输出电平 S_0。对宽带放大器，常用其工作频带内最高频道的输出电平来代表放大器的输出电平。最大输出电平，对宽带放大器来说，是指在系统中总共只有 1 台放大器、2 个频道时，当测出输出口交调比 CM 指标为 48dB 时，放大器的最大输出电平值。

（3）增益 G

增益是放大器对信号的放大倍数，常用 dB 来表示，也就是输出电平与输入电平之差。在宽带放大器中，用最高频道的输出、输入之差来代表放大器的增益。增益有最大增益和实用增益两种，一般应使放大器工作在小于最大增益的实用增益范围内，宽频带放大器的增益为 20～40dB。

（4）噪声系数 F

噪声系数可以用倍数表示，但更多的是用 dB 表示，噪声系数越低，放大器的性能越好。放大器的噪声系数一般要求小于 l0dB，机房前端放大器要求在 7dB 以下，最好是 3dB 左右。

（5）反射损耗 $\varGamma$ 和驻波比 S

反射损耗 $\varGamma$ 定义为入射波幅度与反射波幅度之比的对数，驻波比 S 定义为驻波波腹与波节电压之比。一般放大器的反射损耗在 l0dB 以上，相应的驻波比为 1.92 以下。

（6）非线性失真指标

由于有源器件的非线性，放大器也存在着非线性失真。非线性失真指标同放大器的工作电平、频道数以及有源器件有关，对于一个确定的放大器，工作频率越高，频道数越多，非线性失真指标越差。在频道数小于十几个频道时，放大器的非线性失真指标主要由互调指标，特别是交调指标来衡量；在频道数大于十几个频道时，放大器的非线性失真主要由载波三次差拍比来衡量。在电缆传输有线电视系统中，系统的非线性失真指标，主要由干线放大器来决定。在特定的输出测试电平下，好的干线放大器的互调指标在 80dB 以上，交调指标在 60dB 以上，载波三次差拍比在 65dB 以上。

为了改善非线性失真性能指标，放大器的末级放大模块通常采用推挽型（PP 型）、功率倍增型（PHD 型）和前馈型（FT 型），分别如图 4-44（a）、（b）、（c）所示。其中前馈放大器性能最好，但价格也贵，一般只在前端使用，其关键是途中两个延迟线可以起到延迟倒相 180° 的作用，从而实现对消失真的目的。近年来，由于一类全新的半导体器件——砷化镓、氮化镓的使用，使放大器工作动态、线性范围大大提高，其最大输出电平可以达到 120dBμV 以上。

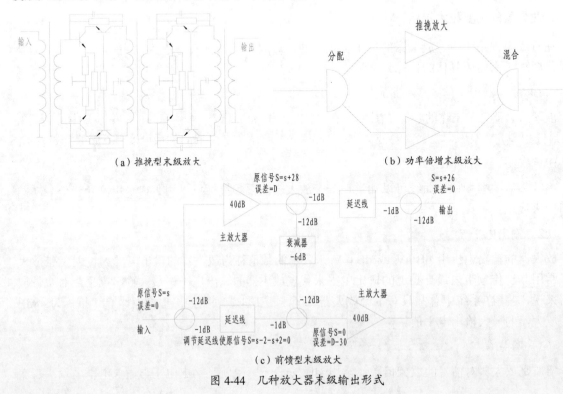

（a）推挽型末级放大 （b）功率倍增末级放大

（c）前馈型末级放大

图 4-44　几种放大器末级输出形式

（7）增益控制与斜率控制

增益控制表示放大器对增益的控制能力，即输入电平在较大范围变化时，输出电平保持在变化较小的一定范围中。增益控制分自动增益控制和手动增益控制两种。手动增益控制又分为步进式和连续可调式两种，由操作人员根据放大器的实际工作情况进行调整。自动增益控制则是利用被放大信号中的一部分来控制电调衰减器，达到控制增益的目的。

斜率控制表示对高、低频道增益的控制能力。因为电缆对高频信号的衰减比对低频信号的衰减大，故放大器的高频增益应比低频增益大，这个差值就是放大器的斜率，我们可以利用均衡器（由电容、电感等电抗元件组成，对不同频率信号的衰减不同）来控制对这个斜率。同时当温度等外界原因发生变化时，斜率也要发生变化，斜率控制就是使这个变化尽可能小。斜率控制也分为自动斜率控制和手动斜率控制两种。

（8）阻抗

放大器的输入阻抗是放大器输入端信号电压与信号电流的比值；输出阻抗是当放大器反接时，从放大器输出端输入的信号电压与信号电流的比值。为了尽量做到阻抗匹配，减少传输过程中的反射损耗，规定放大器的输入、输出阻抗都应是 75Ω 的纯电阻。

（9）其他特性

对于一个放大器，还应有一些其他的要求，例如环境温度、电源电压、馈电方式、屏蔽性能、防水、防潮、防晒等。

3. 分配（分支）放大器

随着有线电视系统 HFC 网络的"光进铜退"，电缆干线、支干线已被光缆替代，干线放大器、支线放大器已经被省去，只有分配放大器还部分保留。若光节点采用高输出电平的光接收机直接分配，则分配放大器也可以省去。

分配放大器用于传输网的最末端，它本身不存在级联问题，主要目的在于供给分配所需的高电平，因而对它来说高增益是第一位的，其他指标可以稍微放宽。图 4-45 所示为分配（分支）放大器的原理框图。

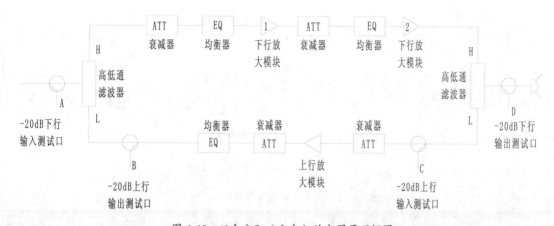

图 4-45　双向分配（分支）放大器原理框图

由图可见，分配放大器是由一个宽带放大器和一个分配器构成。其中宽带放大器由可调均衡器、可调衰减器和两级放大电路组成，均衡器以与同轴电缆相反的斜率来均衡电缆的衰减特性，辅以可调衰减器控制带内频响 ≤1dB，再经两级放大后，以足够的信号电平来驱动电缆分配系统；

宽带放大器后接的分配器可以根据需要选二分配器、三分配器或四分配器等，也可以选择接分支器，成为分支放大器。

4.3.3 分配器

分配器能将一路输入信号的功率均等地分成几路输出，它具有一个输入端和几个输出端。通常，分配器一般都按输出路数的多少来进行分类，即所谓的二分配器、三分配器、四分配器和六分配器等。

分配器的其他分类方法也很多，按使用场所不同可分为室内型和室外防水型，实物如图 4-46 所示，馈电型和普通型，明装型和暗装型，普通塑料外壳和金属屏蔽型；按基本电路组成可分为集中参数型和分布参数型，其中集中参数型又可分为电阻型和磁芯耦合变压器型两种，分布参数

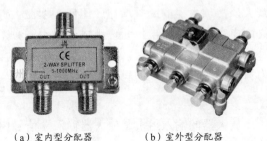

（a）室内型分配器　　　　（b）室外型分配器

图 4-46 室内型分配器和室外型分配器

型即微带线分配器，下面分别讨论应用最广的磁芯耦合变压器型二分配器。

1. 分配器的原理结构

二分配器的结构如图 4-47 所示。二分配器主要由两个抽头式的自耦变压器构成，为满足输入、输出阻抗均是 75Q 的要求，输入变压器的抽头在 1.414:1 的位置，输出变压器则为中心抽头式，但两端需并接 150Ω 的匹配电阻。由此可知，当输出端接 75Ω 负载时，理想情况下的功率分配损耗是 3dB。实际上由于变压器的铁氧体磁芯、分布电容的影响，分配损耗大于 3dB（约 4dB）。当然，若输出端有一路开路（75Ω 负载脱开），则将使输入端严重失配、产生反射，有可能影响整个分配系统的正常工作。这也是分配器不宜用作用户终端接入的缘由，因为有线电视网络中难免出现由于用户变迁、终端设备更换而导致的终端开路的情况。

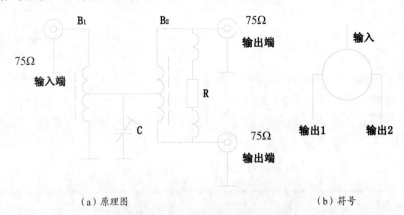

（a）原理图　　　　　　　　　　　　（b）符号

图 4-47 二分配器原理图和符号

三分配器、四分配器的原理如图 4-48 中的（a）、（b）所示。三分配器是在二分配器的基础上增加两个分配变压器构成的；四分配器则是由三个二分配器串接而成的，其输入、输出阻抗均为 75Ω，同样必须满足 75Ω 负载接入的匹配要求，各输出端口都不能开路。若在二分配器的两个输出端分别接一个三分配器，就可构成一个六分配器。

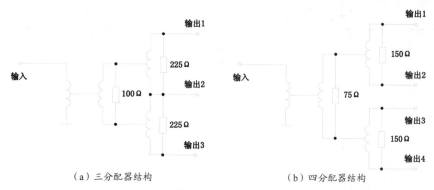

（a）三分配器结构　　　　　　　　　　　　（b）四分配器结构

图 4-48　分配器的结构原理图

2. 分配器的主要电气性能

分配器的主要电气性能有分配损耗、阻抗、相互隔离损耗（或相互隔离度）、驻波比与反射损耗和频率特性等。

（1）分配损失：分配损失是分配器特有的特性指标。所谓分配损失，是指在各输出端良好匹配的情况下，传输信号在输入端与输出端的信号电平之差：Ls=10lgn（dB）。

（2）阻抗：分配器的输入阻抗定义为输入端电压与电流的比值，输出阻抗定义为输出端电压与电流的比值。为了与电缆等匹配，分配器的输入阻抗和输出阻抗都是 75Ω。

（3）相互隔离损耗：在指定频率范围内，从某输出端加入一个信号，其电平与其他输出端测得的输出电平之差称为该分配器的相互隔离度，一个分配器的相互隔离度越大，各输出口之间的相互干扰就越小。

（4）驻波比与反射损耗：驻波比与反射损耗的定义已在前面章节中述及。它们表示分配器与前后电缆阻抗匹配的程度。在理想情况下，分配器的输入、输出阻抗都是 75Ω，与 75Ω 的同轴电缆完全匹配，相应的驻波比为 1，反射损耗为无穷大。实际上不可能完全实现阻抗匹配，驻波比在 1.1～1.7，对应的反射损耗为 13～26dB 之间。对于隔频传输系统，反射损耗大于 12dB 即可，对于邻频传输系统，则应大于 16dB 以上才行。否则信号来回反射，不仅会出现重影，还能造成各频道电不均匀，使非线性失真加大。

（5）频率特性：频率特性是描述分配损失等参数随频率变化的情况。在使用频率范围内，要求各参数的变化越小越好。

我国行业标准规定，分配器按使用频率分为两类：A 类为 5～2400MHz，无室外型产品，室内型可以做到十分配器；B 类为 5～1000MHz，室外型有二、三、四分配器，室内型可以做到十分配器。表 4-10 和表 4-11 所示为常用的 B 类分配器的性能参数。

表 4-10　室内型分配器性能指标（B 类）

电气性能	分配器种类			
	二分配器	三分配器	四分配器	六分配器
频率范围（MHz）	5～1000			
分配损耗（dB）	≤3.6～4.3	≤6～6.8	≤7～8.2	≤9.5 -10.5
相互隔离度（dB）	≥25～23			
反射损耗（dB）	≥16			

表 4-11　电流通过型或防水型分配器性能指标（B 类）

电气性能		分配器种类		
		二分配器	三分配器	四分配器
分配损耗（dB）	5～65MHz	≤4.5	≤7.5	≤9.0
	65～1000MHz	≤4.2～5.5	≤6.8～7.9	≤8～9.4
相互隔离度（dB）	5～65MHz	≥20		
	65～1000MHz	≥22		
反射损耗（dB）	5～65MHz	≥14		
	65～1000MHz	≥16		
信号交流声比（dB）		≥66		
端口载流能力（A）		6、10		
通过电压（V）		60（50Hz）		

4.3.4　分支器

分支器的作用是从传输线路中取出一部分信号并馈送到用户终端盒。它一般有一个主路输出端和多个分支输出端，其分类方式也是根据分支输出端口的多少来划分。另外，它同样也有室内型和室外防水型，实物如图 4-49 所示，馈电型和普通型，明装型和暗装型，集总参数型和分布参数型之分。由于分支器在能量的分配上与分配器截然不同（分配器的输出无主次之分，各路输出均分能量；而分支器的输出有主次之分，主路所分得的能量较分支器输出端来说占绝对主导地位），因而二者在作用、使用场合、电路结构、技术要求上都完全不一样。

（a）室内分支器　　　　　　　　　　　（b）室外分支器

图 4-49　室内型分支器和室外型分支器

分支器中的信号传输具有方向性，即只能由主路输入端向分支输出端传送信号，而不能反过来由主路输出端向分支输出端传送信号，因而常把分支器称为定向耦合器。

1. 分支器的原理结构

分支器的结构如图 4-50 所示。由于分支器是由定向耦合器为基础所构成的，分支器具有定向耦合性。因此，当主路不匹配而产生反射波时，不会影响到分支端的信号，这是分支器的特点。由图中可见，一分支器是分支器中的基础；二分支器是由一分支器的分支端口串接二分配器构成的；四分支器则由一分支器的分支端口串接四分配器构成。实际应用中也常把它们做成一个串接单元，便于安装。显然这种串接单元的分支损耗应为一分支器的分支损耗与分配器的分配损耗之和。

一分支器　　　　　　　（b）二分支器　　　　　　（c）四分支器

图 4-50　分支器结构示意图

一分支器原理图如图 4-51 所示，该分支由两个变压器 B1、B2 构成核心部件，通过推导和计算，B1、B2 之间的匝数比，应该满足

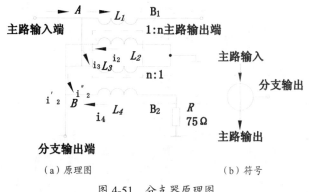

（a）原理图　　　　　　　　　　　　（b）符号

图 4-51　分支器原理图

$$m=1+1/n \tag{4-19}$$

同时分支损失：

$$C=10\lg(n^2+1) \tag{4-20}$$

2. 分支器的电气性能

分支器的主要电气性能有插入损失、分支损失、阻抗、分支隔离度、反向隔离度、驻波比与反射损耗和频率特性等。

（1）插入损失 L_d：分支器的引入必然使主路输出信号比主路输入信号要小。其原因主要是有一部分能量从分支输出口输出去了，而且还有一部分能量被吸收掉。为了描述主路输出端能量的损失情况，我们定义主路输入端电平与主路输出端电平之差为分支器的插入损失。$L_d=10\lg(P_1/P_2)$。

（2）分支损失 C：分支损失是描述分支器的分支输出端电平比主路输入端电平减少的情况。定义为主路输入端电平与分支输出端电平之差，用功率表示为：$C=10\lg(P_1/P_3)$。

（3）分支隔离度：分支器的分支隔离度是指该分支器各分支输出口之间相互影响的程度。在测量时也是从一个分支输出端加进去一个信号，测量其电平与其他分支输出端所得到的输出电平之差。分支隔离度同国标中规定的相互隔离度略有一点区别。相互隔离度指的是任意用户（不一定是同一个分支器的用户）之间的隔离，分支隔离度则是指同一分支不同分支输出间的相互隔离。但不同分支器的分支输出之间的隔离一般总是大于同一分支器不同分支输出间的分支隔离。故只要同一分支器不同分支输出间的分支隔离满足国标的要求（非邻频传输时大于 22dB，邻频传输时大于 30dB），其他用户间的相互隔离也一定满足要求。

（4）反向隔离度：反向隔离度定义为从主路输出端加入的信号电平与分支输出端测得的电平之差。反向隔离越大，分支损失越小，说明分支器的定向耦合性能越好。我们希望反向隔离度越大越好，一般应大于 40dB。反向隔离度较大，可使干线上由于阻抗不匹配而产生的反射波不会从主路输出端进入分支输出端，而影响分支输出的信号。

我国行业标准规定，分支器按使用频率可分为两类：A 类为 5～2 400MHz，无室外型产品，室内型可以做到八分支器；B 类为 5～1 000MHz，室外型有一、二、四分支器，室内型可做到十六分支。室外型分支器可用于支干线，应具有防水、防潮特性的铝合金外壳，可过流也可不过流；室内型可用于分配系统用户接入：也需金属外壳，便于安装。两者的屏蔽衰减均要求不小于 100dB，且输入、输出阻抗均为 75Ω。

表 4-12 为常用的 B 类室内型分支器性能参数示例，实际产品中有一、二、三、四、六、八、十、十二、十四、十六分支器等多种，其分支器损耗均按 2dB 递增，表中所列仅为典型参数范围。

表 4-12　B 类室内型分支器电气性能

电气性能		分支器种类														
		一分支					二分支					四分支				
分支损耗（dB）	标称值	6	10	14	18	22	8	12	16	20	24	10	12	16	20	24
	允许偏差	±1.5														
插入损耗（dB）	5～65 MHz	≤2.7	≤1.3	≤1.2	≤0.8	≤0.8	≤2.8	≤1.6	≤1.0	≤0.8	≤0.7	≤3.5	≤2.8	≤1.5	≤0.9	≤0.8
	65～1000 MHz	≤2.8～3.2	≤1.5～2.1	≤1.2～1.3	≤0.9～1.0	≤0.9～1.0	≤3.1～3.6	≤2.0～2.4	≤1.2～1.6	≤0.9～1.0	≤0.9～1.0	≤3.8～4.1	≤2.8～3.1	≤1.6～2.0	≤1.1～1.6	≤0.9～1.0
反向隔离（dB）	5～65 MHz	≥22	≥25	≥29	≥33	≥35	≥22	≥24	≥28	≥32	≥37	≥25	≥27	≥31	≥34	≥36
	65～1000 MHz	≥22～20	≥24～21	≥25～3	≥28～25	≥30～27	≥20	≥22～21	≥26～23	≥27～4-	≥29～28	≥23～20	≥23～20	≥30～24	≥30～26	≥32～27
相互隔离（dB）	5～65 MHz	≥22										≥25				
	65～1000 MHz	≥25～23										≥23～20				
反射损耗（dB）		>16														

3. 分支器与分配器的区别

分配器与分支器都是把主路信号馈送给支路信号的无源部件，但它们的组成方式不同，性质也有较大的区别。

分配器的几个输出端大体平衡，分成不同路数的分配器具有不同的分配损失：二分配器的分配损失约为 3～4dB，三分配器的分配损失约为 5～6dB，四分配器的分配损失约为 7～8dB。而分支器则没有这样的对称性，一般说来，主路信号比分支输出信号要大得多。不同分支器的分支损失在 8～24dB 之间，主路信号的插入损失约为 1～3dB。

分配器的任一输出端口开路，会破坏其对称性，在隔离电阻及中流过电流，使系统阻抗不匹配，容易形成反射波影响整个系统的性质，同时，因为分配器无反向隔离本领，支路信号容易对主路干扰，在使用中一定不能使任一支路开路。分支器中的分支输出的能量较小，开路后对主路影响不大，故用户电视机可以不接在分支器上。但其主路输出端最末端的电阻也不能开路。

在用户分配网络中，分支器一般联成一串，而分配器则常采用树枝型联接。

4.3.5　集中供电器与电源插入器

1. 集中供电器

线路放大器的供电一般均采用电缆芯线集中供电，即利用同轴电缆的芯与外导体来传输低压交流电。为这类放大器光接收设备供电的装置，我们称之为集中供电器，如图 4-52 所示。集中供电器低压侧输出的交流电必须是安全电压（我国采用交流 60V），通过电源插入器送入到线路放大器中，如图 4-53 所示。集中供电具有很多优点，主要如下。

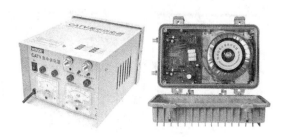

图 4-52　集中供电器

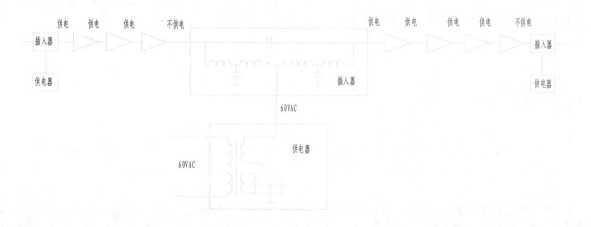

图 4-53　集中供电器的应用

（1）安全：系统内部无强电进入并和市电完全隔离，电缆外层可靠接地，有效地保证了人身安全。

（2）可靠：系统可采取多种措施（如使用 UPS 电源、双路供电、蓄电池备份等）有效地保证供电点的可靠供电。

电源供给器（或称交流供电器）实质上是一个降压变压器，该变压器具有稳压限流和断路保护功能。另外，在供电器的输入、输出端通常还装有压敏电阻（MOV），可以防止脉冲冲击损坏供电器。

电源插入器实际上是一个分频电路，它必须在不影响电缆中射频信号正常传输的同时，定向地让低压交流 50Hz 的电源也通过电缆的芯线和外导体送入到线路放大器中。

2. 电源插入器

电源插入器是用于 CATV 系统干线或用户分配放大网络的某个位置，配上集中供电器向干线放大器集中供电的装置。主要有室内型和野外型两种，其外形如图 4-54 所示，内部电原理图如图 4-55 所示。

图 4-54 室内型（左）和野外型（右）电源插入器　　　　　图 4-55 电源插入器电原理图

3. 集中供电器和电源插入器对线路的保护

在 60V 供电放大器和有源光设备以及传输线路的保护措施由附加安全电路（防冲击保护）来实现。通常，为防止通过同轴电缆进入的高电压破坏放大器，在集中供电器、电源插入器、线路放大器的输入、输出端应装气体放电管等防冲击器件，这样，来自 220V 电源端的高电压会首先被供电器电源输入端的保护装置隔离和吸收，来自同轴线路的高电压会被供电器电源输出端的保护装置、放大器、光端机输入、输出端保护装置进行吸收，从而达到防止放大器和人身安全遭受危害的目的。

4.3.6 用户分配网

用户分配系统是有线电视网络的最后一个环节，是整个网络体系中直接与用户连接的部分。它的分布面最广，因而其网络结构的合理与否直接影响到整个 CATV 工程的质量与造价。一般来说，用户分配系统是指从信号分配点至系统输出口之间的传输分配网络，通常由分配放大器（有时也要用到延长放大器）、同轴电缆、分支器、分配器等有源器件和无源部件组成，其主要功能是将传输系统传送来的信号准确、优质、高效地分配到千家万户，同时将用户端需要回传的信号汇聚到信号分配点上。

1. 有源分配网

在用户分配网络中，其分支、分配线路部分多采用星形呈放射状分布，其特点是线路短、放大器少、覆盖效率高、经济合理。用户分配网一般沿同轴电缆干线两侧或在同轴电缆干线终端分配点或在光节点上拾取信号，再经分配网络将信号传送至用户，常见的分配系统结构形式主要有以下两种。

第一种形式如图 4-56 所示，即在来自干线桥接（分支）放大器的分配线上串接分支器，再通过分支器直接覆盖用户。该方式要求干线分支器具有高电平的分支输出，以便带动更多的分支器（即可以负载更多的用户）。这种方式可串接线路延长放大器 2~3 个，一般用于覆盖位于传输干线两侧的零散用户。

图 4-56　线路放大带用户分配系统结构

　　第二种形式如图 4-57 所示，它用于干线末端，主要适用于用户密集地区。这种方式不一定要求信号分配点具有很高的输出电平，只要能补偿分支线的损耗就可以了，但却要求分支放大器具有高电平输出。一般情况下，该方式仅允许串接一级线路延长放大器（考虑到载噪比以及非线性失真指标的限制）。

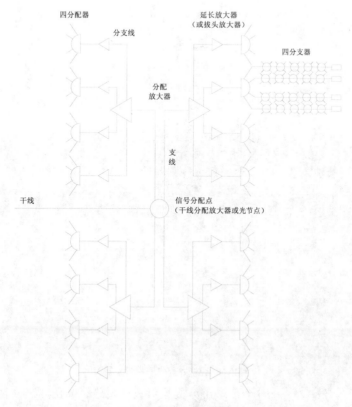

图 4-57　线路放大不带用户分配系统结构

用户分配网中的放大器除了要补偿电缆衰减、无源部件的插损以及分配损耗外，还要确保系统输出口具有一定的电平，因此，用户分配网必须工作在高电平状态。因而分配网的载噪比指标通常不是问题，但非线性失真比较突出，一般全系统的非线性失真指标要分配一半左右给分配网。

2. 无源分配网

（1）无源分配网的组成方式

根据分配器、分支器的性能特点，这两种无源部件可以组合成多种多样的信号分配方式。由于分配器的分配损耗较小，有利于高电平输出，且其各输出端口能实现均等输出，故多利用分配器来实现信号的分路，用分配器分路后能最有效地减少无源部件的串接数量；但分配器在阻抗不匹配时易产生反射，相互隔离能力差，故实际中很少采用分配器来直接入户。分支器则反向隔离性能好，因而大多数场合都采用它来直接入户。常用的无源分配网主要有以下四种组成方式。

① 分配—分配网络：这是一种全部由分配器组成的网络，如图4-58（a）所示。它适用于平面辐射系统，多用于干线分配。其分配损失是各分配器的分配损失和电缆损失之和。这种方式的优点是分配损失较小，在理论上可以带动更多的用户。但若其中某一路用户空载，就会破坏整个系统的阻抗匹配，严重影响图像质量。因而这种方式不能直接用于用户分配，而只用于线路分配。若某一路输出暂时不用时，一定要注意接上75Ω的负载电阻，才能保证其他各路正常工作。

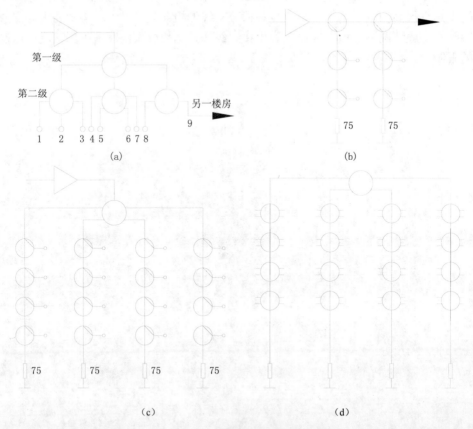

图4-58　无源分配网的组成方式

② 分支—分支网络：这是一种全部采用分支器组成的网络，如图4-58（b）所示。这种网络中，把前面分支器的分支输出作为后面分支器的主路输入，连成一串的分支器应选用分支

损失不同的分支器，越靠近总输入端的分支器其分支损失越大，插入损失越小。这种方式所能带的用户比分配—分配网络要少，其优点是负载不用时对系统影响小，但在线路终端也一定要接 75Ω 负载。这种网络特别适用于用户数不多，而且比较分散的情况。

③ 分配—分支网络：这是一种由分配器和分支器混合组成的网络，如图 4-58（c）所示。先由分配器分成若干条支线，每条支线上再串接若干分支器，组成这种分配网络。这种方式集中了分配器分配损失小和分支器不怕空载的优点，既能带动较多的用户，负载不用时对系统影响也不大，在实际的分配网络中都采用这种方式。这种方式中每一条分支电缆串接的分支器不能太多。在邻频系统中一定不能超过 8 个，还要注意在终端接上 75Ω 负载。

④ 分配—分支—分配网络：这种网络是在上一种网络中每一个分支器后再加一个四分配器（构成四分支器），如图 4-58（d）所示。其优点是带的用户更多，也要注意各用户终端（四分配器的输出端）尽量不要空载，否则相互隔离不会大于 20dB。

2. 无源分配网的计算

无源分配网的计算问题实际上只涉及到电平的计算。电平的计算公式如下。

$$S_A = S_B - L_d - a \cdot l_{AB} \tag{4-21}$$

式中，A、B 是分配网中的任意两点，A 点位于 B 点之后，它可以是任一系统输出口；也可以是无源网中其他任何点；B 点可以是系统分配点或桥放、支放的输出端，也可以是位于 A 点之前的其他任何参考点，S_A、S_B 分别代表 A、B 两点的电平，L_d 表示 B→A 路径上所有分配器分配损耗、分支器的插入损耗或分支损耗之和，a 表示分配网所用电缆的衰减常数（单位长度的损耗），l_{AB} 表示 A、B 两点之间的电缆总长度。

实际应用中，用户电平的计算方法有顺算法、倒推法、列表法和图示法等多种方法，它们各有特点，可根据实际需要灵活选择一种或两种结合运用，比较常见的是顺算法和倒推法。

顺算法：即从前往后计算，根据分配点或支放输出电平的大小，用递减法顺次求出用户端电平。当然，如果在计算过程中，发现用户电平过高或过低，也要反过来修改调整分配放大器的输出电平。这种方法比较繁琐，而且不能一次成功，一般多用于比较复杂的分配网。

倒推法：即从后往前计算，首先确定用户端电平，然后逐点往前推算出各个部件的电平，最后算出分配点或支放所应具备的输出电平。此法适合于较为简单的系统。

计算时，应首先选择路距最远、用户最多、条件最差的分配线路进行计算；同时也应将最高传输频道和最低传输频道的电平分别计算。

4.3.7 广播信道综合技术指标

（1）用户端特性阻抗应为 75±3Ω。

（2）用户端输出电平应控制在 66±4dBuV。

（3）用户端载噪比（C/N）应不小于 43dB。

（4）用户端载波复合二次差拍比（CSO）应不小于 54dB。

（5）用户端载波复合三次差拍比（CTB）应不小于 54dB。

（6）用户端输出频道间电平差≤8 dB（任意 60MHz 以内），≤3 dB（相邻频道间）。

（7）用户端交扰调制比≥46+10lg（N-1）dB，N 为频道数。

（8）用户端载波交流声比 HM≤3%。

（9）用户端回波值 E≤7%。

（10）用户端输出口相互隔离度：邻频传输系统≥30 dB，非邻频传输系统≥22 dB。

（11）有线数字广播电视广播通道用户端调制误差率 MER≥26dB。

（12）有线数字广播电视广播通道用户端误码率 BER≤10^{-4}。

4.4 思 考 题

1. 有线网络拓扑有哪些？

2. 简述光纤的损耗成因。

3. 简述光缆的结构与分类，怎样理解零色散光纤。

4. 本章介绍的无源光器件主要有哪些？常用的连接器主要有哪些？如何识别？

5. 分光器与分波器有什么区别？

6. 光的调制方式主要有哪些？有线广播电视使用的光发射机主要有哪种调制方式？

7. 光调制器根据原理不同，可分为哪三种？

8. 激布里渊散射、啁啾效应对光传输有什么影响？

9. 什么是光放大器的间接放大和直接放大？

10. 如何进行光纤放大器功率检测？

11. 有线电视光接收机中常用的光检测器主要有哪些？

12. 简述同轴电缆的结构、物理参数、电气参数。

13. 电缆放大器的作用是什么？分配器、分支器的主要参数和作用是什么？分配器的出口、分支器的主出口可以开路吗？可以短路吗？为什么？

14. 集中供电器与电源插入器的作用是什么？

15. 用户分配网的作用是什么？用户分配网的形式有哪些？

第 5 章　NGB 网络交互信道骨干传输与接入

交互信道对于 NGB 网络来说是其渗透和进入互联网业务的重要物理通道,是广电实现三网业务融合的基础,也是广播电视网络长期以来的短板和弱项,建设和规划时应该充分认识。

5.1　下一代广播电视传输网

5.1.1　交互信道数据骨干网建设

原有广电网络交互信道与国家广电干线、省级广电干线网的接口,各地城域网以前多以 SDH/DWDM(Dense Wavelength Division Multiplexing,密集波分复用)作为上下传输接口,目前则建议采用 OTN 技术或 OTN+MSTP(Multi-Service Transfer Platform,基于 SDH 的多业务传送平台)技术来实现省级、地市级和县(市)网络之间的互连互通。交互信道骨干网应优先考虑万兆以太网技术。

对于需要高安全性业务的用户,可采用千兆以太网技术,MSTP 技术,或通过专线满足用户要求。对于实时性要求较高的业务,可采用具有高带宽和服务质量保证措施的千兆以太网、IP Over SDH 技术甚至专线方式。

交互信道数据网从上至下由国家互通骨干网、省级(至地市)骨干网、市县城域网以及用户接入网等组成,如图 5-1 所示。

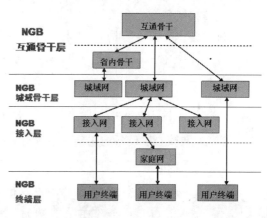

图 5-1　广电交互信道骨干网

5.1.2　NGB 交互信道骨干网

就广电交互信道骨干网而言,它必须有一个统一的架构,如图 5-2 所示,由核心层和汇聚层组成,核心层通过 EBGP(External Border Gateway Protocol,外部边界网关协议)与 ISP(Internet Service Provider,互联网服务提供商)进行连接,汇聚层通过 IBGP(Interior Border Gateway Protocol,内部边界网关协议)进行连接,各区域内采用 OSPF(Open Shortest Path First,开放式最短路径优先)协议进行组网连接。其网络结构重点是可靠性和可扩展性,它需要完成的主要任务是:①负责进行数据的快速转发;②整个城域网路由表的运行和维护;③实现与 IP 广域骨干网的互联;④提供城市的高速 IP 数据出口。

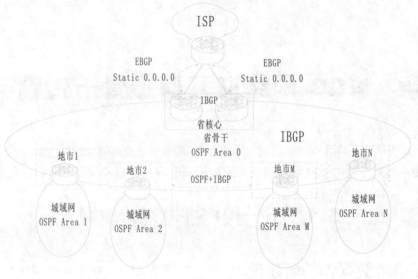

图 5-2　广电交互信道骨干网

1.核心层网络

核心层主要由传输网络与核心交换设备构成。传输网络一般采用高容量的传输设备，将核心节点连接，负责完成数据的传送；核心节点安装的核心路由交换设备，负责建立和管理承载连接，并对这些连接实现交换和路由。核心节点间原则上采用网状、半网状或双归路由连接。交互信道骨干网核心技术目前主要是 IP 技术，以前有些网络还有采用 IP over ATM（Asynchronous Transfer Mode，异步传输模式）以及 IP over SDH 等技术的。

2.汇聚层网络

汇聚层居于核心层和接入层中间，主要实现如下功能。

（1）扩展核心层设备的端口密度和端口种类。

（2）扩大核心层节点的业务覆盖范围。

（3）汇聚接入节点，解决接入节点到核心节点间光纤资源紧张的问题。

（4）实现接入用户的可管理性，例如，当接入层节点设备不能保证用户流量控制时，需要由汇聚层设备提供用户流量控制及其他策略管理功能。

除基本的数据转发业务外，汇聚层还必须能够提供必要的服务层面的功能，包括带宽的控制、数据流 QoS 优先级的管理、安全性的控制、IP 地址翻译 NAT（Network Address Translation）、数据流流量整形等一系列的功能。

汇聚层一般采用高性能大容量的三层交换设备，甚至采用核心交换机。汇聚层节点的数量和位置的选定与当地的光纤和业务开展状况相关，一般在城市的远郊和所辖县城设置汇聚层节点。

3.骨干网的构成

核心层节点与汇聚层节点连接构成骨干网。该连接通常采用星形连接，光纤数量应该保证在任何情况下每个汇聚层节点能够与两个核心层节点相连，即双归路由链路连接。当光纤数量较少时，通常采用环网结构。

5.1.3　NGB 市县级城域网

市县级城域网其路由结构和功能形式与骨干网有些类似，只是在规模和交换传输能力上要小一些。城域传输网在网络拓扑的选择上，根据行政区域分布和具体的光纤路由情况，市至县的组建以环型拓扑为主，星型链路为辅的城域网络，环可以是单环、多环、相交环或相切环。县至乡镇采用星型、树型、环型混合组网。

在城域骨干传输网的平台之上，架构宽带 IP 城域网络。省骨干网将在每地市设置两台骨干核心路由器与地市城域网核心路由器进行对接。从网络的健壮性考虑，可以采用双路由的方式。市县级宽带 IP 城域网的结构如图 5-3 所示。

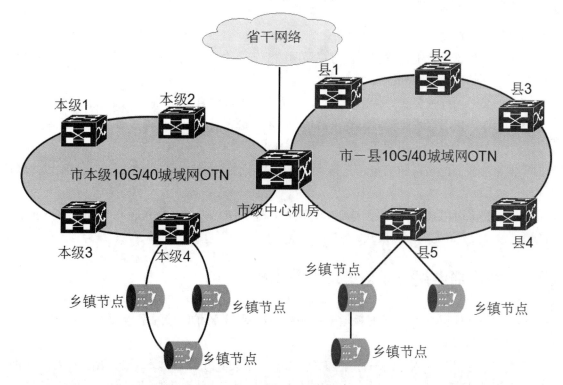

图 5-3　市县级宽带 IP 城域网结构图

5.1.4　交互信道接入网

1. 接入层网络实现的功能

（1）负责提供各种类型用户的接入。

（2）在有需要时提供用户流量控制功能。

2. 接入层节点

设置接入层节点主要是为了将不同地理分布的用户快速有效地接入骨干网络。接入层节点可以根据实际环境中的用户数量、距离、密度等的不同，设置一级或级联接入。由于用户端设备端口需求量较大，因此要求接入设备有优良的性价比。

3. 接入网络结构

接入层节点到汇聚层节点间的网络连接依据设备情况而定，接入层节点使用二、三层交换机等设备（MC+LAN）时，建议采用星型连接，每个接入层节点与一个汇聚节点相连；接入层节点使用 EPON/GPON 无源光节点设备时，接入层建议使用树型连接，PON 局端设备与汇聚层设备相连。接入层节点使用 DOCSIS 标准的 CMTS 设备时，接入层建议使用星型-树型连接，CMTS 设备与汇聚层设备相连。

接入层是整个 NGB 交互信道建设中的重中之重，关系到用户群的覆盖效果，直接影响运营的效益。因为接入环境因地域的不同、承载业务的不同，对网络的要求各异，所以，在选择接入网络时应根据当地实际情况（网络现状、业务需求、资金和技术现实等）而定。并且在制定接入网规划时，应适当考虑前瞻性。

4. 接入技术的选择

集团用户可根据单位地理位置、已有局域网的配置、办公楼设施和用户数量等情况，选用光纤接入、以太网接入或 HFC 接入。

对上网对象分散、量大面广的个体用户，优先考虑 HFC（HybridFiber－Coaxial，混合光纤同轴电缆网）接入，使用有线调制解调器（CM 或 EOC）进行高速上网，通过有线调制解调器/个人计算机或机顶盒/电视机方式开展有线电视的扩展业务和增值业务。

对上网密度较高的楼群和已布好五类线的新建住宅小区的个体用户，可采用五类线以太网接入方式。

在具备相应条件的场合，也可因地制宜地采用本地 LMDS（Local Multipoint Distribute Service，多点分配业务）、宽带无线接入模式。

5.1.5 有线广播电视交互信道综合技术指标

（1）交互通道接入服务器忙时接通率≥90％。接入服务器忙时接通率指接入服务器忙时接通次数与忙时用户拨号总次数之比。

（2）本地交互用户接入认证平均响应时间≤8 秒，最大值为 11 秒。本地交互用户接入认证平均响应时间是从用户提交完账号和口令起，至本地认证服务器完成认证并返回响应止的时间平均值。

（3）交互通道接入认证成功率≥99％。有线数字广播电视交互通道接入认证成功率指在用户输入账号、口令无误情况下的认证成功概率。

（4）交互通道 IP 包本地传输往返时延平均值≤50 毫秒。IP 包本地传输往返时延指从一个平均包长的 IP 包的最后一个比特进入本地因特网业务接入点（A 点），到达对端的本地业务接入点（B 点），再返回进入时的本地接入点（A 点）止的时间。

（5）交互通道 IP 包本地传输时延变化平均值≤20 毫秒。IP 包时延变化指在一段测量时间间隔内，IP 包最大传输时延与 IP 包最小传输时延的差值。

（6）交互通道 IP 包丢失率平均值≤1％。IP 包丢失率指 IP 包在本地两点间传输时丢失的概率。

（7）有线数字广播电视交互通道 IP 业务可用性≥99.9％。IP 业务可用性指用户能够使用 IP 业务的时间与 IP 业务全部工作时间之比。在连续 5 分钟内，如果一个 IP 网络所提供业务的丢包率≤75％，则认为该时间段是可用的，否则是不可用的。

5.2　NGB 网络宽带数据传输技术简介

5.2.1　SDH

SDH（Synchronous Digital Hierarchy，同步数字体系）光端机容量较大，一般是 16E1 到 4032E1。SDH 是一种将复接、线路传输及交换功能融为一体、并由统一网管系统操作的综合信息传送网络，是美国贝尔通信技术研究所提出来的同步光网络（SONET）。它可实现网络有效管理、实时业务监控、动态网络维护、不同厂商设备间的互通等多项功能，能大大提高网络资源利用率、降低管理及维护费用、实现灵活可靠和高效的网络运行与维护。

1. 产生背景

在综合业务数字网中，我们需要把不同传输速率（如 64kbps 的电话，2Mbps 的会议电视，4-34Mbps 电视节目）的各种信息都复接在一起，放在一根线路上传输，原来的准同步数字系列 PDH（Pseudo- synchronous Digital Hierarchy，数字异步通信），是把由 30 路电话复接而成的基群信号 H12（传输速率为 2.048Mbps）逐步复接成二次群 H22（传输速率为 8.448Mbps）、三次群 H31（传输速率为 34.368Mbps）、四次群 H4（传输速率为 139.264Mbps）等。

为便于理解现举个例子来说明：如有人想在天津把北京传到上海的四次群中分出一个特定的基群信号 1，则应先把四次群分接成三次群、然后三次群再分接成二次群、二次群再分成基群。取出基群信号 1 后，再由天津加上一个基群信号 1'，然后进行相反复接（基群到二次群，然后二次群到三次群……），这样才能继续往上海传送，如图 5-4 所示。可见，为了一个基群信号，需要在天津设置很多分接和复接设备，这样不但增加了成本，还使信号受到损伤。另外，PDH 在全世界没有统一的标准和规范，有北美标准、日本标准以及欧洲等互不通用的标准。针对 PDH 的缺点，美国贝尔通信研究所提出了同步光纤网络 SONET（Synchronous Optical Network）的传输技术体制，1988 年，国际电报电话咨询委员会（CCITT）与美国国家标准化协会达成协议，将 SONET 修改为国际通用的技术体制，并命名为 SDH（Synchronous Digital Hierarchy，同步数字体系），可应用于光纤、微波和卫星传辐网络。

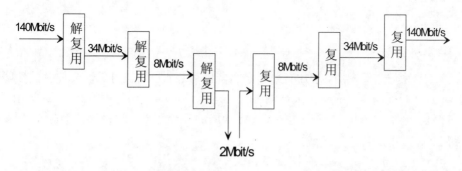

图 5-4　从 PDH140Mbps 信号分/插 2Mbps 信号图

2. SDH 特点

SDH 是一种同步的数字传输网络。所谓同步，是指其复接的方式采用同步复接，其各支路的低次群信号是互相同步的。它的传输速率分级称为 STM（Synchronous Transport Module，同步传输模式），其中 STM-1 的传输速率为 155.520Mbps，STM-4 的传输速率为 622.080Mbps，STM-16 的传输速率为 2488.320Mbps，STM-64 的传输速率为 9953.280Mbps。

（1）主要优点

① SDH 有全球统一的数字传输体制标准，有统一的帧结构数字传输标准速率和标准的光路接口，使网管系统互通，有很好的横向兼容性，它能与 PDH 完全兼容，并容纳各种新的业务信号，提高了网络的可靠性。

② SDH 接入系统的不同等级的码流在帧结构净负荷区内的排列非常有规律，而净负荷与网络是同步的，可利用软件将高速信号一次直接分插出低速支路信号，实现了一次复用的特性，克服了 PDH 进行逐级分解然后再生复用的过程，大大简化了 DXC，减少背靠背的接口复用设备，改善网络业务传送的透明性。

③ 由于采用较先进的分插复用器（ADM）、数字交叉连接（DXC）、网络的自愈功能和重组功能强，具有较强的生存率。因 SDH 帧结构中安排了信号的 5%开销比特，它的网管功能强，并能统一形成网络管理系统，为网络的自动化、智能化、信道的利用率以及降低网络的维管费和生存能力起到了积极作用。

④ 由于 SDH 的多种网络拓扑结构，它所组成的网络灵活，能增强网监，运行管理和自动配置功能，优化了网络性能，同时也使网络运行灵活、安全、可靠，使网络的功能齐全和多样化。

⑤ SDH 是有传输和交换性能，它的系列设备的构成能通过功能块的自由组合，实现不同层次和各种拓扑结构的网络。

⑥ SDH 不专属于某种传输介质，它可用于双绞线、同轴电缆，但 SDH 用于传输高数据率则需用光纤。因此 SDH 可同时适用干线和支线通道。例如，我国的国家与省级有线电视干线网就是采用 SDH，它也便于与 HFC 网相兼容。

⑦ 从 OSI 模型的观点来看，SDH 属于其最底层的物理层，并未对其高层有严格的限制，便于在 SDH 上采用各种网络技术，支持 ATM 或 IP 传输。

⑧ SDH 是严格同步的，从而保证了整个网络稳定可靠，误码少，且便于复用和调整。

⑨ 标准的开放型光接口可以在基本光缆段上实现横向兼容，降低了联网成本。

（2）主要缺点

① 频带有效性降低

有效性和可靠性是一对矛盾，增加有效性必将降低可靠性，增加可靠性会使有效性降低。SDH 的一个很大的优势是系统的可靠性大大地增强了（运行维护的自动化程度高），这是由于在 SDH 的信号——STM-N 帧中加入了大量的用于 OAM 功能的开销字节，这样必然会使在传输同样多有效信息的情况下，占用的传输频带较大。

② 指针调整机理复杂

SDH 体制可从高速信号中直接下低速信号，而这种功能的实现是通过指针机理来完成的，指针的作用就是时刻指示低速信号的位置，以便在"拆包"时能正确地拆分出所需的低速信号，保证了 SDH 从高速信号中直接下低速信号的功能的实现。指针是 SDH 的一大特色，但同时增加了系统的复杂性，还使系统产生了由指针调整引起的结合抖动。这种抖动多发于网络边界处，其频率低，幅度大，会导致拆出后的低速信号劣化，并且滤除相当困难。

③ 大量使用软件对系统安全性的影响

SDH 的 OAM 的自动化程度高，这也意味软件在系统中占的比重大，使系统很容易受到计算机病毒的侵害。另外网络层上人为的错误操作、软件故障，对系统的影响也是致命的。

3. SDH 技术的传输原理

SDH 用来承载信息的是一种块状帧结构，块状帧由纵向 9 行和横向 270×N 列字节组成，每个字节含 8bit。整个帧结构由段开销区、净负荷区和管理单元指针区三部分组成，如图 5-5 所示。其中段开销区主要用于网络的运行、管理、维护及指配，以保证信息能够正常灵活地传送，管理单元指针用来指示净负荷区域内的信息首字节在 STM-N 帧内的准确位置，以便接收时能正确分离净负荷。净负荷区域用来存放用于信息业务的比特和少量的用于通道维护管理的通道开销字节。

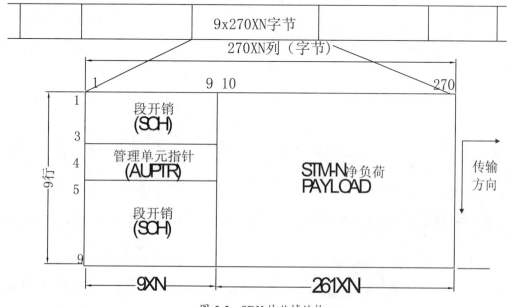

图 5-5　SDH 块状帧结构

SDH 的帧传输时，按由左向右，由小到大的顺序排成串型码流依次进行。每帧传输时间为 125μS，每秒传输 $1/125×10^6$=8000 帧。对 STM-1 而言，每帧能传输的比特数为 8×（270×9×1）=19940bit，STM-1 的传输速率为 19440×8000=155.520Mbps，而 STM-4 为 622.080Mbps、STM-16 为 2488.320Mbps。

各种业务信号进入 SDH 的帧结构都要经过三个步骤，即映射、定位和复用。映射就是将各种进来的速率不等的信号先经过码速调整，再装入相应的标准容器 C 中，同时加入通道开销 POH 形成虚容器 VC。定位就是将帧相位发生偏差的（称帧偏移）的信息收进支路单元或管理单元，它通过支路单元指针或管理单元指针的功能来实现。复用就是将多个低阶通道层信号通过码速调整进入高阶通道或将多个高阶通道层信号通过码速调整进入复用层的过程。以 139.264Mbps 信号到 STM-1 的形成为例来说明这三个步骤。139.264Mbps 信号首先进入标准容器，速率调整后输出 149.76Mbps 数字信号，进入虚拟容器，加入通道开销 576kbps 后输出 150.336Mbps 的信号，在管理单元内加入管理单元指针 576kbps，输出 150.912Mbps 的信号，因 N=1，故由一个单元组加入段开销 4.608Mbps 后，输出 155.520Mbps 的 STM-1 信号。信号向 SDH 接口的复接过程如图 5-6 所示。

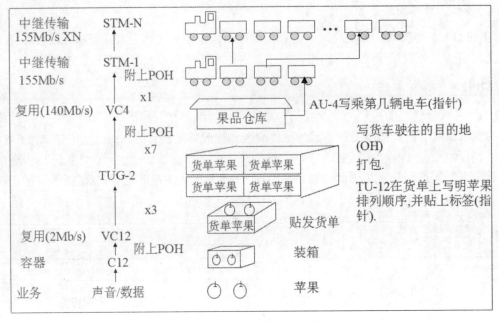

图 5-6　信号向 SDH 接口的复接过程

4. SDH 基本概念

（1）SDH 主要设备

① 终端复用器（TM，Terminal multiplexer）

终端复用器是把多路低速信号复用成一路高速信号，或者反过来把一路高速信号分接成多路低速信号的设备。

② 分插复用器（ADM，Optical Add-Drop Multiplexing）

分插复用器是在高速信号中分接（或插入）部分设备。

③ 数字交叉连接设备（DXC，Digital X change Connection）

数字交叉连接设备是具有一个或多个信号端口，可以实现 STM-N 信号的交叉连接功能，实际上相当于一个交叉矩阵，如图 5-7 所示，可以实现对任意端口之间的信号进行可控连接（包括再生）的设备，它具有复用、配线、保护，恢复、监控和网络管理等多项功能。

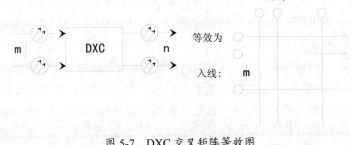

图 5-7　DXC 交叉矩阵等效图

④ 再生器（RG，Regenerator）

再生器位于网络传输链路中途，是能够接收 STM-N 号，并经过适当的处理，使信号按规定的幅度、波形和定时特性继续向前传输的设备。

（2）通道复用段和再生段

在一个 SDH 网络中，终端与终端之间的链路称为通道；复用器与复用器（不管是终端复用还是分插复用器）之间的链路称为复用段；再生器和其他网元之间的网络称为再生段。

（3）SDH 分层模型

类似于普通计算机网络，SDH 也采用分层模型，便于设计和管理。SDH 网络可以分成电路层、通道层和传输媒介层，其中，通道层又分为低阶通道层和高阶通道层，传输媒介层又分为物理媒介层和段层，段层由复用段层和再生段层组成。

① 电路层：网络直接为用户提供通信服务，面向电路交换业务、分组交换业务、宽带综合业务数字网等。其主要设备是交换机或交叉连接设备，在呼叫的基础上，电路的建立和释放所需时间很短。

② 通道层：网络支持一个或几个电路层网络，由各种类型的电路层网络共享，为电路层提供传送服务。对于电路层网络节点，通道层的通道是透明的。通道层可分为提供虚容器 VC-1/2/3 的低阶通道层和提供虚容器 VC-3/4 的高阶通道层。

③ 传输媒介层：网络支持一个或几个通道层网络，它与具体的传输媒质是光纤还是无线电信号有关。其中物理媒介层网络主要是以光电脉冲形式进行比特的传送；复用段层网络为通道层提供同步、复用功能，进行复用段开销的处理和传递；再生段网络完成再生器之间或再生器与复用段终端之间的定帧、扰码、再生段误码监测和再生段开销的处理和传递等。

5.2.2　DWDM

1. DWDM 概念

不管是 PDH 还是 SDH，都是在一根光纤上传送一个波长的光信号，这是对光纤巨大带宽资源的极大浪费。如果在发送端，多路规定波长的光信号经过合波器后从一根光纤中发送出去，在接收端，再通过分波器把不同波长的光信号从不同的端口分离出来，这种在一根光纤中传送的相临信道的波长间隔比较大的应用（比如为两个不同的传输窗口），我们称其为波分复用（WDM）。实际系统中有双纤单向系统和单纤双向系统。单纤双向系统虽然能减少一半光器件，但技术难度稍大。图 5-8 所示系统就是双纤单向系统。

DWDM（Dense Wavelength Division Multiplexing，密集型波分复用）能组合一组光波长用一根光纤进行传送。这是一项用来在现有的光纤骨干网上提高带宽的激光技术。更确切地说，该技术是在一根指定的光纤中，多路复用单个光纤载波的紧密光谱间距，以便利用可以达到的传输性能（例如，达到最小程度的色散或者衰减）。这样，在给定的信息传输容量下，就可以减少所需要的光纤的总数量。8 波、16 波以及 32 波的 DWDM 已经是比较成熟的，并开始大量应用。如果你打算复用 8 个光纤载波（OC），即一根光纤中传输 8 路信号，这样传输容量就将从 2.5Gbps 提高到

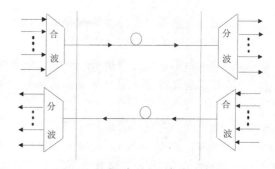

图 5-8　双纤单向波分复用示意图

20Gbps。由于采用了 DWDM 技术，单根光纤可以使 150 多束不同波长的光波同时传输，每束光波最高速度可达 10Gbps 的传输速率（2013 年 3 月数据）。随着厂商在每根光纤中加入更多信道，每秒兆兆位的传输速度指日可待。

DWDM 的一个关键优点是它的协议和传输速度是不相关的。基于 DWDM 的网络可以采用 IP

协议、ATM、SONET/SDH、以太网协议来传输数据，处理的数据流量在 100Mbps 和 2.5Gbps 之间。这样，基于 DWDM 的网络可以在一个激光信道上以不同的速度传输不同类型的数据流量。从 QoS（质量服务）的观点看，基于 DWDM 的网络以低成本的方式来快速响应客户的带宽需求和协议改变。

2. 波分复用系统关键器件

波分系统的关键器件除上面提到的分波/合波器外，还包括光源技术、EDFA 技术。

（1）分波/合波器件

分波/合波器是波分设备的必需的核心器件。分波/合波器件有较大的插入损耗（插损），所谓插损在这里指的是规定波长的光信号通过分波/合波器后光功率的损失。除了插损，另外有个指标是我们比较关心的，就是最大插损差。我们知道对 16 波系统而言，针对每一波，有一个插入损耗，这 16 个插入损耗中的最大值与最小值之差即为最大插损差。对该指标的规范主要从多波长系统光功率平坦来考虑的，并且对合波器的要求要比对分波器的要求高，因为合波后的信号还需要长距离地传输，而分波后的信号会被马上终结掉。对分波器，还有两个指标非常重要：中心波长和隔离度。中心波长即是指分波后不同端口出来的光的中心波长，对 16 波系统，有 16 个中心波长，其不应该与 ITU-T 建议的标准波长（192.1～193.6THz）有太大的偏移（<20GHz）。隔离度指的是相邻端口的串扰程度。让某波长的光信号输入到分波器，理想情况是它只从端口 1 出来，可实际上，总有一部分从相邻的端口 2 出来。端口 1 与端口 2 出来的光功率之比就是端口 1 对端口 2 的隔离度，隔离度越大越好。

（2）光源

刈用于波分系统的光源的两个基本要求如下。

① 光源有标准的、稳定的光波长。波分复用系统使用的波长比较密集，要求标准，不仅是考虑横向兼容性，也考虑到光纤的非线形效应。ITU-T 对波长有指标规范，目前的 16 波、32 波系统的相邻波之间的频率差是 100GHz。稳定也是必需的，系统运行时，一个信道波长的偏移大到一定程度时，在接收端，分波器将无法正确分离该信道，并且，其相邻信道的信号也会因为该信道的加入而受到损伤。

② 光源需要满足长距离传输要求。与传统 SDH 信号不同，波分系统的电再生中继距离都要求很高。影响电再生中继距离的因素很多，如衰减、色散、光信噪比等。在引入掺铒光纤放大器后，波分系统中，影响再生中继距离的主要因素是色散。所以，所谓满足长距离传输，就是要求光源有相当高的色散受限距离。对此，ITU-T 对 DWDM 使用的光源的色散作了规范，常见有三种：12800ps/nm、10000ps/nm、7200ps/nm。常规的 G.652 光纤的典型色散系数 17ps/nm.km，在实际工程中，作 20ps/nmkm 计算。上面三个光源能够传送的距离分别是 640km、500km、360km。有时我们能见到这样的宣传"640 公里无中继传输"，这 640km 指的就是这个色散受限距离，而不是两个站点之间的距离。满足这两个要求的光信号即所谓的 G.692 信号，而传统的 STM-16 信号是符合 G.957 规范的光信号。

（3）光纤放大器

按光放大实现的功能，可分为两种：

① EDFA 具有增益平坦、增益锁定、输出功率钳制和放大器瞬态控制等功能，同时为了消除由于突发事故产生的光放大器的"浪涌"现象，光放大器还具有光功率自动关断（APSD）

和功率自动减弱(APR)功能，目前 DWDM 用得最多。

② RPM 喇曼光纤放大器：专为远距离光传输系统设计，采用高性能 14XXnm 泵浦激光器和无源器件，结构紧凑，能直接放大 C-Band（1530-1565nm）、L-Band（1565-1620nm）、C+L-Band 的光信号，改善线路光信噪比（OSNR），很好地提升系统的传输性能，符合 Telcordia GR-1312-CORE 的标准要求。

波分系统引入放大器的必要性。以最常见的 G.652 光纤为例，其在 1550nm 窗口的典型衰减系数值是 0.275dB/km，就是说在其上传送的光信号几乎每 11km 就要衰减一半，所以再生距离比较大的时候不仅需要放大，还可能要多级放大。就是对于距离比较近的一般情况下还是需要光放大器的，除非再生距离非常近，而且接收机的接收灵敏度非常高。因为波分系统引入分波器、合波器的同时也引入了很大的插入损耗，二者引入的插损之和约有 20dB，就是说让一个光信号上合波器后马上从分波器中分离出来，其信号就只有原来的 1/100 大小了。

根据使用的场合和本身的特点，光放大器有后置放大（BA）、线路放大（LA）、前置放大（PA）之分。BA 用在发送端，用于弥补合波器引入的插损和提高信号的入纤光功率，它应该有比较大的光功率输出；PA 用在接收端，作用是提高接收机的接收灵敏度，它可以接收较小功率的光信号。LA 则多用在线路放大设备上，作用是弥补光信号在长距离线路上传送引起的线路损耗，实际 DWDM 系统中可以用 PA+BA 的方式代替 LA 使用，如图 5-9 所示。

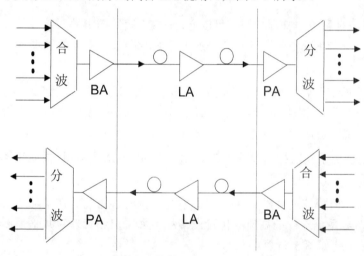

图 5-9　光链路中功率放大器

需要注意的是，波分系统中的 EDFA 需对多个波长信号同时放大，为此对其增益提出了两个要求。

① 增益平坦，就是对一定波长范围的光信号有几乎相同的增益。如果几个波长的光信号通过 EDFA 后，不同波长的光获得的增益差距较大，那么我们就说这个 EDFA 的增益是不平坦的。当增益的差别小于 0.5dB 的时候，我们认为增益是平坦的。增益平坦是十分重要的，特别在多级放大的系统中，这种不平坦累积起来，将严重影响整个系统的性能，并且限制更多通道的应用。目前用了 1530～1565nm 作为 EDFA 的工作波长范围。

② 增益锁定，增益锁定指的是上波和掉波不会影响正常通道的增益。如果系统中有两个波长在使用，现在其中一波掉波，由于增益竞争，剩下一波的功率会突然变成原来的两倍；假如现在再上一波，原来那波的光信号能量又一下降下来。这种增益突变的情况是绝对不允

许出现的，因为不允许因为升级（上波）去影响原来已有的业务，也不允许因为其中的一波断业务（掉波）而影响其他波长的业务，即使这种影响是短暂的。所以增益锁定同样是十分重要的。增益平坦和增益锁定示意如图5-10所示。

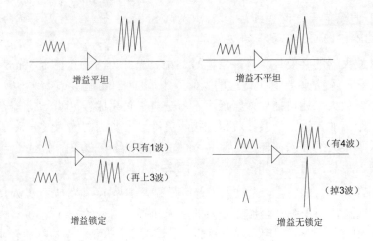

图5-10　增益平坦和增益锁定示意图

3. 光监控信道(OSC, Optical Supervisory Channel)

在SDH系统中，对系统的管理和监控可以通过SDH帧结构中的开销字节来处理。在波分系统中原本就有很多波长在系统中传送，可以再加上一波专用于对系统的管理，这个信道就是所谓的光监控信道（OSC）。

按照ITU-T的建议，DWDM系统的光监控信道应该与主信道完全独立，建议监控信道的三个波长为1310nm、1480nm和1510nm，它们都在EDFA的工作范围之外，主信道与监控信道的独立在信号流向上表现得也比较充分。

ITU-T建议中还规定了光监控信道采用的CMI码速率为2Mbps，这样低速率的光信号，接收端的接收灵敏度很高，可以优于-48dBm。

需要指出的是，光监控信道并不是DWDM系统本身所必需的，在实际应用中，它却是必需的，因为引入DWDM系统这样的高速率传输设备却不去监控和管理它几乎是不可能的。加入光监控信道的DWDM系统如图5-11所示。

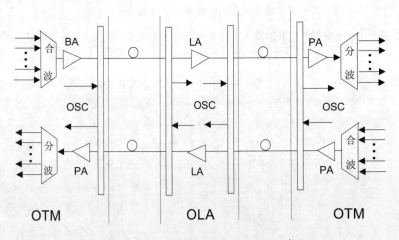

图5-11　加入光监控信道的DWDM系统

光监控信道与主信道的完全独立在上图中表现得比较突出：对光 OTM（Optical Terminal Multiplexer，光终端复用器）站点，在发方向，监控信道是在合波、放大后才接入监控信道的；在收方向，监控信道是首先被分离的，之后系统才对主信道进行预放和分波。同样在 OLA（Optical Line Amplifier，光线路放大器）站点，发方向，是最后才接入监控信道；收方向，最先分离出监控信道。可以看出在整个传送过程中，监控信道没有参与放大，但在每一个站点，都被终结和再生了。这点恰好与主信道相反，主信道在整个过程中都参与了光功率的放大，而在整个线路上没有被终结和再生，波分设备只是为其提供了一个个通明的光通道。

4. DWDM 的应用方式

前面我们说到，传统的 SDH 信号是满足 G.957 规范的光信号，而应用于 DWDM 系统的光信号需满足 G.692 规范。所以 SDH 信号上波分之前需要进行光信号的转换，在下 DWDM 系统时再转换成 G.957 信号，如图 5-12 所示。

图 5-12　转换成 G.957 信号

引入 OTU（Optical Transform Unit，光转化单元）的 DWDM 系统即为开放式系统，它可以接入任何厂家的 SDH 信号或其他非 G.962 信号。如果 SDH 信号或其他业务信号本身已经满足了 G.692 规范，那么自然可以不需要 OTU，直接上 DWDM 信号就可以了，这种 DWDM 系统我们称之为集成式系统。开放式系统的突出特点是横向兼容性好，缺点是较大幅度地增加了网络设备的成本。不过网络运营商一般还是更倾向于采用开放式的 DWDM 系统，因为开放式应用能够做到 SDH 与 DWDM 这两个不同网络层次设备在网管系统上彻底分开。

5. DWDM 网络单元

按照在网络中的作用，并参照 SDH 网络单元的概念，DWDM 系统网元可以分为 OTM、OADM（Optical Add-Drop Multiplexer，光分插复用器）、OLA 和 REG（再生中继器）等多种。其功能如图 5-13 所示。

OTM 设备将 SDH 等业务信号通过合波单元插入到 DWDM 的线路上去，同时经过分波单元从 DWDM 线路上分下来；

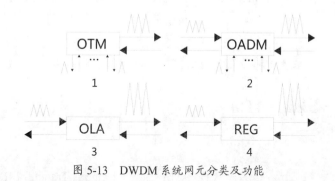

图 5-13　DWDM 系统网元分类及功能

OADM 和 OTM 的差别是在线路上还有通道的穿通；需要说明的是 OTM 和 OADM 在目前一般都还只能做到静态波长上下，不像 SDH 网元的 TM 和 ADM 能够做到对线路中各通道的任意选择上下。OLA 设备对线路上的光信号的功率进行放大；REG 的主要功能是对每个通道信号的再生。一般来说，光信号通过 OLA 后信号质量变差了，而通过 REG 后光信号质量变好了。

6. DWDM 的组网形式

在实际网络中，DWDM 和 SDH 联合组网，可以组成非常灵活的网络。DWDM 的常见组网形式是链型和环型，如图 5-14 所示。

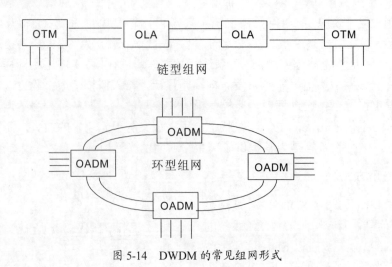

图 5-14　DWDM 的常见组网形式

7. DWDM 分类

DWDM 从结构上分，目前有集成系统和开放系统。集成式系统：要求接入的单光传输设备终端的光信号是满足 G.692 标准的光源。开放系统，是在合波器前端及分波器的后端，加波长转移单元 OTU，将当前通常使用的 G.957 接口波长转换为 G.692 标准的波长光接口。这样，开放式系统采用波长转换技术，使任意满足 G.957 建议要求的光信号能运用光—电—光的方法，通过波长变换之后转换至满足 G.692 要求的规范波长光信号，再通过波分复用，从而在 DWDM 系统上传输。

目前的 DWDM 系统可提供 16/20 波或 32/40 波的单纤传输容量，最大可到 150 波，具有灵活的扩展能力。用户初期可建 16/20 波的系统，之后根据需要再升级到 32/40 波，这样的方案；另一种是采用 interleaver（交叉波分复用器），在 C 波段由 200GHz 间隔 16/32 波升级为 100GHz 间隔 20/40 波。进一步的扩容，可提供 C+L 波段的扩容方案，使系统传输容量进一步扩充为 160 波。

国内各大运营商之前在网运行几乎都是开放式 DWDM 系统，而实际上，集成式密集波分复用系统，随着其性价比的提高，有逐步替代开放式 DWDM 系统的主导地位趋势。

5.2.3　ATM

1. ATM 定义

异步传输模式在 ATM（Asynchronous Transfer Mode，异步传输模式，又叫信息元中继）参考模式下由一个协议集组成，它以信元为单位。每个信元长 53 字节，其中报头占了 5 字节。信息元中继（cellrelay）的一种标准的（ITU）实施方案，这是一种采用具有固定长度的分组（信息元）的交换技术，之所以称其为异步，是因为来自某一用户的、含有信息的信息元的重复出现不是周期性的。技术是以分组传输模式为基础并融合了电路传输模式高速化的优点发展而成的，可以满足各种通信业务的需求。ATM 已被 ITU-T 于 1992 年 6 月指定为 B-ISDN 的传输和交换模式。由于它的灵活性以及对多媒体业务的支持，被认为是实现宽带通信的核心技术。

根据 ITU-T 定义，ATM 是以信元为基本单位进行信息传输、复用和交换的。ATM 信元具有 53 字节的固定长度，其中，前 5 个字节是信元头，其余 48 个字节是有效载荷。ATM 信元头的功能有限，主要用来标识虚连接，另外也完成了一些功能有限的流量控制、拥塞控制、差错控制等功能。

ATM 是面向连接的交换技术，是一种为支持宽带综合业务网而专门开发的新技术，它与现在的电路交换无任何衔接，其连接是逻辑连接，即虚电路。每条虚电路（Virtual Circuit，VC）用虚路径标识符（Virtual Path Identifier，VPI）和虚通道标识符（Virtual Channel Identifier，VCI）来标识。一个 VPI/VCI 值对只在 ATM 节点之间的一段链路上有局部意义，它在 ATM 节点上被翻译。当一个连接被释放时，与此相关的 VPI/VCI 值对也被释放，它被放回资源表，供其他连接使用。ATM 接口支持永久虚电路（Permanent Virtual Circuit，PVC）。

当发送端想要和接收端通信时，它通过用户网络侧接口 UNI（User Node Interface）发送一个要求建立连接的控制信号。接收端通过网络收到该控制信号并同意建立连接后，一个虚拟线路就会被建立。与同步传递模式（STM）不同，ATM 采用异步时分复用技术（统计复用）。来自不同信息源的信息汇集在一个缓冲器内排队。列中的信元逐个输出到传输线上，形成首尾相连的信息流。ATM 具有以下特点：因传输线路质量高，不需要逐段进行差错控制。ATM 在通信之前需要先建立一个虚连接来预留网络资源，并在呼叫期间保持这一连接，所以 ATM 以面向连接的方式工作。信头的主要功能是标识业务本身和它的逻辑去向，功能有限。信头长度小，时延小，实时性较好。

ATM 能够比较理想地实现各种服务质量 QoS（Quality of Service），既能够支持有连接的业务，又能支持无连接的业务。是宽带 ISDN（B-ISDN）技术的典范。

2. ATM 层次结构

ATM 基本协议框架分为 3 个平面，即用户平面、控制平面和管理平面。用户平面和控制平面又各分为 4 层，即物理层、ATM 层、ATM 适配层和高层，在各层中还有更精细的子层划分。

（1）控制平面主要利用信令协议来完成连接的建立和拆除；

（2）管理平面又分为层次管理和平面管理。其中层次管理负责各平面中各层的管理，具有与其他平面相对应的层次结构；平面管理负责系统的管理和各平面之间的通信。各平面与各层的关系如图 5-15 所示，各层的具体功能如下。

① 物理层主要提供 ATM 信元的传输通道，将 ATM 层传来的信元加上其传输开销后形成连续的比特流；同时，在接收到物理媒介上传来的连续比特流后，取出有效信元传递给 ATM 层。

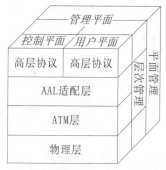

图 5-15 ATM 协议模型图

② ATM 层在物理层之上，利用物理层提供的服务，与对等层进行以信元为单位的通信。ATM 层与物理媒介的类型和物理层的具体实现无关，与具体传送的业务类型也无关。输入 ATM 层的是 48 字节的净荷，这 48 字节的净荷被称为分段和重组协议数据单元（SAR-PDU），而 ATM 层输出的则是 53 字节的信元，该信元将传送到物理层进行传输。ATM 层负责产生 5 个字节的信元头，信元头将加到净荷的前面。ATM 层的其他功能包括虚通道标识符/虚电路标识符（VPI/VCI）传输、信元多路复用/分用以及一般流量控制。

③ ATM 适配层（ATM Adaption Layer，AAL）是高层协议与 ATM 层间的接口，它负责转接 ATM 层与高层协议之间的信息。目前，已经提出 4 种类型的 AAL：AAL1、AAL2、AAL3/4 和 AAL5，每一种类型分别支持 ATM 网中的某些特征业务。大多数 ATM 设备制造商现在生产的产品普遍采用 AAL5 来支持数据通信业务。

④ ATM 高层协议则主要具有 WAN 互连、语音互连、与现有 3 层协议互连、封装方式、局域网仿真、ATM 的多协议和经典 IP 等功能。

3. ATM 的优点

异步传输模式具有传输高达 2000Mbps 的声音、数据、图形及视频图像的能力。它允许网络管理者在工作站要求改变时动态重组 LAN。当前，LAN 的分段原则是一个工作站与它的 LAN 服务器的地理位置较近，ATM 将允许网络管理者建立一个逻辑的而不是物理的分段。一个 ATM 开关将允许你建立一个完全不依赖于网络的物理结构的逻辑网络。

异步传输模式提供了任何两个同点间的点到点的连接，保证两点间可有完全的网络带宽——45Mbps 或 155Mbps（标准草案中规定的两个接口速度）。因为 ATM 是独立于介质的，它能在一定速度范围内操作。

4. ATM 的问题

异步传输存在一个潜在的问题，即接收方并不知道数据会在什么时候到达。在它检测到数据并做出响应之前，第一个比特已经过去了。这就像有人出乎意料地从后面走上来跟你说话，而你没来得及反应过来，漏掉了最前面的几个词。因此，每次异步传输的信息都以一个起始位开头，它通知接收方数据已经到达了，这就给了接收方响应、接收和缓存数据比特的时间；在传输结束时，一个停止位表示该次传输信息的终止。按照惯例，空闲（没有传送数据）的线路实际携带着一个代表二进制 1 的信号，异步传输的开始位使信号变成 0，其他的比特位使信号随传输的数据信息而变化。最后，停止位使信号重新变回 1，该信号一直保持到下一个开始位到达。例如在键盘上按数字“1”，按照 8 比特位的扩展 ASCⅡ编码，将发送“00110001”，同时需要在 8bit 的前面加一个起始位，后面一个停止位。

异步传输的实现比较容易，由于每个信息都加上了“同步”信息，因此计时的漂移不会产生大的积累，但却产生了较多的开销。在上面的例子中，每 8bit 要多传送两个比特，总的传输负载就增加了 25%。对于数据传输量很小的低速设备来说问题不大，但对于那些数据传输量很大的高速设备来说，25%的负载增值就相当严重了。因此，异步传输常用于低速设备。

5. 与同步传输的主要区别

简单地说，同步传输就是数据没有被对方确认收到则调用传输的函数就不返回。接收时，如果对方没有发送数据，则你的线程就一直等待，直到有数据了才返回，可以继续执行其他指令。而异步传输就是你调用一个函数发送数据，马上返回，你可以继续处理其他事，接收时，对方若有数据来，你会接收到一个消息，或者你的相关接收函数会被调用。形象点说，异步传输是你传输吧，我去做我的事了，传输完了告诉我一声，同步传输是你现在传输，我要亲眼看你传输完成，才去做别的事。

5.2.4 MSTP

1. MSTP 定义和功能

MSTP（Multi-Service Transfer Platform，基于 SDH 的多业务传送平台）是指基于 SDH 平台同时实现 TDM、ATM、以太网等业务的接入、处理和传送，提供统一网管的多业务节点。基于

SDH 的多业务传送节点除应具有标准 SDH 传送节点所具有的功能外，还具有以下主要功能特征。

（1）具有 TDM 业务，ATM 业务和以太网业务的接入功能。

（2）具有 TDM 业务，ATM 业务和以太网业务的传送功能。

（3）具有 TDM 业务，ATM 业务和以太网业务的点到点传送功能，保证业务的透明传送。

（4）具有 ATM 业务和以太网业务的带宽统计复用功能。

（5）具有 ATM 业务和以太网业务映射到 SDH 虚容器的指配功能。

基于 SDH 的多业务传送节点可根据网络需求应用在传送网的接入层、汇聚层，应用在骨干层的情况有待研究。图 5-16 所示为 MSTP 功能构架。

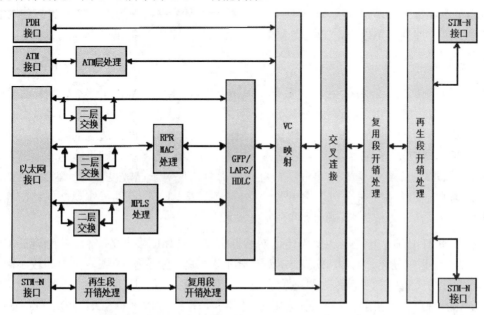

图 5-16　MSTP 功能架构图

城域网是当前电信运营商争夺的焦点，目前城域网组网技术种类繁多，大致包括基于 SDH 结构的城域网、基于以太网结构的城域网、基于 ATM 结构的城域网和基于 DWDM 结构的城域网。其实，SDH、ATM、Ethernet、WDM 等各种技术也都在不断吸取其他技术的长处，互相取长补短，既要实现快速传输，又要满足多业务承载，另外还要提供电信级的 QoS，各种城域网技术之间表现出一种融合的趋势。

2. 技术演进

MSTP 技术的发展主要体现在对以太网业务的支持上，以太网新业务的 QoS 要求推动着 MSTP 的发展。一般认为 MSTP 技术发展可以划分为三个阶段。

第一代 MSTP 的特点是提供以太网点到点透传。它是将以太网信号直接映射到 SDH 的虚容器（VC）中进行点到点传送。在提供以太网透传租线业务时，由于业务粒度受限于 VC，一般最小为 2Mbps。因此，第一代 MSTP 还不能提供不同以太网业务的 QoS 区分、流量控制、多个以太网业务流的统计复用和带宽共享以及以太网业务层的保护等功能。

第二代 MSTP 的特点是支持以太网二层交换。它是在一个或多个用户以太网接口与一个或多个独立的基于 SDH 虚容器的点对点链路之间实现基于以太网链路层的数据帧交换。相对于第一代

MSTP，第二代 MSTP 作了许多改进，它可提供基于 802.3x 的流量控制、多用户隔离和 VLAN 划分、基于 STP 的以太网业务层保护以及基于 802.1p 的优先级转发等多项以太网方面的支持。目前正在使用的 MSTP 产品大多属于第二代 MSTP 技术。但是，与以太网业务需求相比，第二代 MSTP 仍然存在着许多不足，比如不能提供良好的 QoS 支持，业务带宽粒度仍然受限于 VC，基于 STP 的业务层保护时间太慢，VLAN 功能也不适合大型城域公网应用，还不能实现环上不同位置节点的公平接入，基于 802.3x 的流量控制只是针对点到点链路等。

第三代 MSTP 的特点是支持以太网 QoS。在第三代 MSTP 中，引入了中间的智能适配层、通用成帧规程（GFP，Generic Framing Procedure）高速封装协议、虚级联和链路容量调整机制（LCAS）等多项全新技术。因此，第三代 MSTP 可支持 QoS、多点到多点的连接、用户隔离和带宽共享等功能，能够实现业务等级协定（SLA）增强、阻塞控制以及公平接入等。此外，第三代 MSTP 还具有相当强的可扩展性。可以说，第三代 MSTP 为以太网业务发展提供了全面的支持。

3. 工作原理

MSTP 可以将传统的 SDH 复用器、数字交叉链接器（DXC）、WDM 终端、网络二层交换机和 IP 边缘路由器等多个独立的设备集成为一个网络设备，即基于 SDH 技术的多业务传送平台（MSTP），进行统一控制和管理。基于 SDH 的 MSTP 最适合作为网络边缘的融合节点支持混合型业务，特别是以 TDM 业务为主的混合业务。它不仅适合缺乏网络基础设施的新运营商，应用于局间或 POP 间，还适合于大型企事业用户驻地。而且即便对于已敷设了大量 SDH 网的运营公司，以 SDH 为基础的多业务平台可以更有效地支持分组数据业务，有助于实现从电路交换网向分组网的过渡。所以，它将成为城域网近期的主流技术之一。

这就要求 SDH 必须从传送网转变为传送网和业务网一体化的多业务平台，即融合的多业务节点。MSTP 的实现基础是充分利用 SDH 技术对传输业务数据流提供保护恢复能力和较小的延时性能，并对网络业务支撑层加以改造，以适应多业务应用，实现对二层、三层的数据智能支持。即将传送节点与各种业务节点融合在一起，构成业务层和传送层一体化的 SDH 业务节点，称为融合的网络节点或多业务节点，主要定位于网络边缘。

4. 主要特点

（1）业务的带宽灵活配置，MSTP 上提供的 10/100/1000Mbps 系列接口，通过 VC 的捆绑可以满足各种用户的需求。

（2）可以根据业务的需要，工作在端口组方式和 VLAN 方式。

① 端口组方式：单板上全部的系统和用户端口均在一个端口组内。这种方式只能应用于点对点对开的业务。换句话说，也就是任何一个用户端口和任何一个系统端口（因为只有一个方向，所以没有必要启动所有的系统端口，一个就足够了）被启用了，网线插在任何一个启用的用户端口上，那个用户口就享有了所有带宽，业务就可以开通。

② VLAN 方式：分为接入模式和干线模式。其中的接入模式，如果不设定 VLAN ID，则端口处于端口组的工作方式下，单板上全部的系统和用户端口均在一个端口组内。

如果设定了 VLAN ID，需要设定"端口 VLAN 标记"。这是因为交换芯片会为收到的数据包增加 VLAN ID，然后通过系统端口走光纤发到对端同样 VLAN ID 的端口上。比如某个用户口 VLAN ID 为 2，则对应站点的用户端口的 VLAN ID 也应该设定为 2。这种模式可以应用于多个方向的 MSTP 业务，这时每个方向的端口都要设置不同的 VLAN ID。然后把该方向的用户端口和系

统端口放置到一个虚拟网桥中（该虚拟网桥的
VLAN ID 必须与"端口 VLAN 标记"一样），
如图 5-17 所示，其中的"Permit:VLAN20,30"
表示该链路允许 Vlan20，Vlan30 的报文通过。

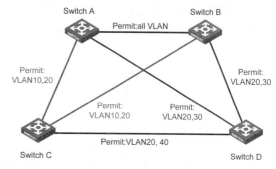

（3）可以工作在全双工、半双工和自适应
模式下，具备 MAC 地址自学习功能。

（4）QoS 设置，QoS 实际上限制端口的发
送，原理是发送端口的业务优先级上有许多发送
队列，根据 QoS 的配置和一定的算法完成各类

图 5-17　VLAN 配置组网图

优先级业务的发送。因此，当一个端口发送来自多个来源的业务，而且总的流量可能超过发送端
口的发送带宽时，可以设置端口的 QoS 能力，并相应地设置各种业务的优先级配置。当 QoS 不作
配置时，带宽平均分配，多个来源的业务尽力传输。QoS 的配置就是规定各端口在共享同一带宽
时的优先级及所占用带宽的额度。

（5）对每个客户独立运行生成树协议。

5. 技术优势

（1）现阶段大量用户的需求还是固定带宽专线，主要是 2Mbps、10/100Mbps、34Mbps、155M
bps。对于这些专线业务，大致可以划分为固定带宽业务和可变带宽业务。对于固定带宽业务，
MSTP 设备从 SDH 那里集成了优秀的承载、调度能力，对于可变带宽业务，可以直接在 MSTP 设
备上提供端到端透明的传输通道，充分保证服务质量，可以充分利用 MSTP 的二层交换和统计复
用功能共享带宽，节约成本，同时使用其中的 VLAN 划分功能隔离数据，用不同的业务质量等级
（Qos）来保障重点用户的服务质量。

（2）在城域汇聚层，实现企业网络边缘节点到中心节点的业务汇聚，具有节点多、端口种类
多、用户连接分散和较多端口数量等特点。采用 MSTP 组网，可以实现 IP 路由设备
10M/100M/1000M POS 和 2M/FR 业务的汇聚或直接接入，支持业务汇聚调度，综合承载，具有良
好的生存性。根据不同的网络容量需求，可以选择不同速率等级的 MSTP 设备。

6. 关键技术

（1）虚级联

VC 的级联概念是在 ITU-T G.7070 中定义的，分为相邻级联和虚级联两种。SDH 中用来承载
以太网业务的各个 VC 在 SDH 的帧结构中是连续的，共用相同的通道开销（POH），此种情况称
为相邻级联，有时也直接简称为级联。SDH 中用来承载以太网业务的各个 VC 在 SDH 的帧结构
中是独立的，其位置可以灵活处理，此种情况称为虚级联。

从原理上讲，可以将级联和虚级联看成是把多个小的容器组合为一个比较大的容器来传输数
据业务的技术。通过级联和虚级联技术，可以实现对以太网带宽和 SDH 虚通道之间的速率适配。
尤其是虚级联技术，可以将从 VC-4 到 VC-12 等不同速率的小容器进行组合利用，能够做到非常
小颗粒的带宽调节，相应的级联后的最大带宽也能在很小的范围内调节。虚级联技术的特点就是
实现了使用 SDH 经济有效地提供合适大小的信道给数据业务，避免了带宽的浪费，这也是虚级联
技术的最大优势。

（2）GFP

GFP（Generic Framing Procedure，通用成帧规程）是在 ITU-T G.7041 中定义的一种链路层标准，它既可以在字节同步的链路中传送长度可变的数据包，又可以传送固定长度的数据块，是一种简单而又灵活的数据适配方法。

GFP 采用了与 ATM 技术相似的帧定界方式，可以透明地封装各种数据信号，利于多厂商设备互联互通；GFP 引进了多服务等级的概念，实现了用户数据的统计复用和 QoS 功能。

GFP 采用不同的业务数据封装方法对不同的业务数据进行封装，包括 GFP－F 和 GFP－T 两种方式。GFP－F 封装方式适用于分组数据，把整个分组数据（PPP、IP、RPR、以太网等）封装到 GFP 负荷信息区中，对封装数据不做任何改动，并根据需要来决定是否添加负荷区检测域。GFP－T 封装方式则适用于采用 8B/10B 编码的块数据，从接收的数据块中提取出单个的字符，然后把它映射到固定长度的 GFP 帧中。

（3）链路容量调整机制 LCAS

LCAS（Link Capacity Adjustment Scheme，链路容量调整机制）是在 ITU-T G.7042 中定义的一种可以在不中断数据流的情况下动态调整虚级联个数的功能，它所提供的是平滑地改变传送网中虚级联信号带宽以自动适应业务带宽需求的方法。

LCAS 是一个双向的协议，它通过实时地在收发节点之间交换表示状态的控制包来动态调整业务带宽。控制包所能表示的状态有固定、增加、正常、EOS（表示这个 VC 是虚级联信道的最后一个 VC）、空闲和不使用六种。

LCAS 可以将有效净负荷自动映射到可用的 VC 上，从而实现带宽的连续调整，不仅提高了带宽指配速度，对业务无损伤，而且当系统出现故障时，可以动态调整系统带宽，无须人工介入，在保证服务质量的前提下显著提高网络利用率。一般情况下，系统可以实现在通过网管增加或者删除虚级联组中成员时，保证"不丢包"；即使是由于"断纤"或者"告警"等原因产生虚级联组成员删除时，也能够保证只有少量丢包。

（4）智能适配层

虽然在第二代 MSTP 中也支持以太网业务，但却不能提供良好的 QoS 支持，其中一个主要原因就是因为现有的以太网技术是无连接的。为了能够在以太网业务中引入 QoS，第三代 MSTP 在以太网和 SDH/SONET 之间引入了一个智能适配层，并通过该智能适配层来处理以太网业务的 QoS 要求。智能适配层的实现技术主要有多协议标签交换（MPLS）和弹性分组环（RPR）两种。

① 多协议标签交换 MPLS

MPLS（Multi-Protocol Label Switching）是 1997 年由思科公司提出的，并由 IETF 制定的一种多协议标签交换标准协议，它利用 2.5 层交换技术，将第三层技术（如 IP 路由等）与第二层技术（如 ATM、帧中继等）有机地结合起来，从而使得在同一个网络上既能提供点到点传送，也可以提供多点传送；既能提供原来以太网尽力而为的服务，又能提供具有很高 QoS 要求的实时交换服务。MPLS 技术使用标签对上层数据进行统一封装，从而实现了用 SDH 承载不同类型的数据包。这一过程的实质就是通过中间智能适配层的引入，将路由器边缘化，同时又将交换机置于网络中心，通过一次路由、多次交换将以太网的业务要求适配到 SDH 信道上，并通过采用 GFP 高速封装协议、虚级联和 LCAS，将网络的整体性能大幅提高。

基于 MPLS 的第三代 MSTP 设备不但能够实现端到端的流量控制，而且还具有公平的接入机制与合理的带宽动态分配机制，能够提供独特的端到端业务 QoS 功能。另外，通过嵌入二层 MPLS

技术，允许不同的用户使用同样的 VLAN ID，从根本上解决了 VLAN 地址空间的限制。由于 MPLS 中采用了标签机制，路由的计算可以基于以太网拓扑，大大减少了路由设备的数量和复杂度，从整体上优化了以太网数据在 MSTP 中的传输效率，达到了网络资源的最优化配置和最优化使用。

② 弹性分组环

RPR（Resilient Packet Ring）是 IEEE 定义的如何在环形拓扑结构上优化数据交换的 MAC 层协议，RPR 可以承载以太网业务、IP/MPLS 业务、视频和专线业务，其目的在于更好地处理环形拓扑上数据流的问题。RPR 环由两根光纤组成，在进行环路上的分组处理时，对于每一个节点，如果数据流的目的地不是本节点的话，就简单地将该数据流前传，这就大大地提高了系统的处理性能。通过执行公平算法，使得环上的每个节点都可以公平地享用每一段带宽，大大提高了环路带宽利用率，并且一条光纤上的业务保护倒换对另一条光纤上的业务没有任何影响。

RPR 是一种专门为环形拓扑结构构造的新型 MAC 协议，具有灵活、可靠等特点。它能够适应任何标准（如 SDH、以太网、DWDM 等）的物理层帧结构，可有效地传送话音、数据、图像等多种类型的业务，支持 SLA 以及二层和三层功能，提供多等级、可靠的 QoS 服务，支持动态的网络拓扑更新。其节点间可采用类似 OSPF 的算法交换拓扑识别信令，并具有防止分组死循环的机制，增加了环路的自愈能力。另外，RPR 还具有较强的兼容性和良好的扩展性，具有 TDM、SDH、以太网、POS 等多种类多速率端口，能够承载 IP、SDH、TDM、ATM、以太网等多种协议的业务，还可以方便地增加传输线路、传输带宽或插入新的网络节点，对将来可能出现的新业务、协议或物理层规范具有良好的适应性。由于 RPR 环路每个节点都掌握环路拓扑结构和资源情况，并根据实际情况调整环路带宽的分配情况，所以网管人员并不需要对节点间资源分配进行太多干预，减少了人工配置所带来的人为错误。RPR 使得运营商能够在城域网内以较低成本提供电信级服务，是一种非常适合在城域网骨干层、汇聚层使用的技术。

MPLS 技术与 RPR 技术各有优缺点。MPLS 技术通过 LSP 标签栈突破了 VLAN 在核心节点的 4096 地址空间限制，并可以为以太网业务 QoS、SLA 增强和网络资源优化利用提供很好的支持；而 RPR 技术为全分布式接入，提供快速分组环保护，支持动态带宽分配、空间重用和额外业务。从对整个城域网网络资源的优化功能来看，MPLS 技术可以从整个城域网网络结构上进行资源的优化，完成最佳的统计复用，而 RPR 技术只能从局部（在一个环的内部）而不是从整个网络结构对网络资源进行优化。从整个城域网的设备构成复杂性看，使用 MPLS 技术可以在整个城域网上避免第三层路由设备的引入，而 RPR 设备在环与环之间相连接时，却不可避免地要引入第三层路由设备。从保护恢复来看，虽然 MPLS 技术也能提供网络恢复功能，但是 RPR 却能提供更高的网络恢复速度。

7. MSTP 业务类型

根据 ITU-T G.etnsrv，以太业务的类型有四种：EPL 以太专线业务、EVPL 以太虚拟专线业务、EPLAN 以太专用局域网业务和 EVPLAN 以太虚拟专用局域网业务。

（1）EPL：以太透传业务，各个用户独占一个 VCTRUNK 带宽，业务延迟低，提供用户数据的安全性和私有性。

（2）EVPL：又可称为 VPN 专线，其优点在于不同业务流可共享 vc trunk 通道，使得同一物理端口可提供多条点到点的业务连接，并在各个方向上的性能相同，接入带宽可调、可管理，业务可收敛实现汇聚，节省端口资源。

（3）EPLAN：也称为网桥服务，网络由多条 EPL 专线组成，实现多点到多点的业务连接。

接入带宽可调，可管理，业务可收敛、汇聚。优点与 EPL 类似，在于用户独占带宽，安全性好。

（4）EVPLAN：也称为虚拟网桥服务、多点 VPN 业务或 VPLS 业务，实现多点到多点的业务连接。

8. 与 SDH 的比较

表 5-1 是 MSTP 与 SDH 之间的一些技术指标与非技术指标比较。

表 5-1　MSTP 与 SDH 之间技术指标与非技术指标

比 较 项	SDH	MSTP
抗干扰能力	强（光纤）	强（光纤）
与互联网隔离	物理隔离专网专用	物理隔离专网专用
网络时延变化	无	无
突发业务适合性	适合	适合
用户接入速率速率	2M～155Mbps	2M～1000M（1G）bps
可靠性	高	高
稳定性	高	高
安全性	高	高
兼容性	较高	高
电路接口	V.35\E1\CPOS\	GE/FE/RJ45
适用业务	点对多点连接、高速接入，图像、数据传输	多点互联、高速接入，图像、数据传输
用户端设备及投资	必须有支持 CPOS 接口的路由器，接口物理特性要求严格。155M 以下带宽需要光端机和协议转换器，增加了电路故障点	支持以太网协议接口的设备即可，路由器交换机均可。只要支持普通网线接口即可。1G 以上带宽可直接光纤接入设备端口
用户接入端口类型	CPOS，POS，G.703，E1	FE/RJ45，GE/光模块
带宽升级	2M\4M\8M\10M，155M，622M	10M，100M，1000M/1G，10000M/10G
兼容性	差，与未来发展趋势不相融合，需要改进	好，SDH 经过升级，改造成为 MSTP 后，可与任何 TCP/IP 快速网络融合

5.2.5　OTN

1. OTN 产生的背景

OTN（光传送网，Optical Transport Network），是以 WDM 为基础、在光层组织网络的传送网，是下一代的骨干传送网。众所周知，传统的传送网是基于语音业务而设计和优化的，以 2M、155M 业务的汇聚为主，具备分插复用、交叉连接、管理监视以及自动保护倒换等功能。随着宽带业务的发展，特别是 VOIP、VOD、IPTV 对带宽的巨大需求，原有的传送网越来越难以负担对大颗粒业务高效率低成本传送的需求，低的传送效率和复杂的维护管理限制了 WDM（波分复用）设备在城域光网络的发展。数字传送网的演化从最初的基于 T1/E1 的第一代数字传送网，经历了基于 SONET/SDH 的第二代数字传送网，发展到了目前以 OTN 为基础的第三代数字传送网。第一、二代传送网最初是为支持话音业务而专门设计的，虽然也可用来传送数据和图像业务，但是传送效率并不高。相比之下，第三代传送网技术，从设计上就支持话音、数据和图像业务，配合其他协议时可支持带宽按需分配（BOD）、可裁剪的服务质量（QoS）及光虚拟专网（OVPN）等功能。

1998 年国际电信联盟电信标准化部门（ITU-T）就已正式提出了 OTN 的概念，定义了 OTN 标准体系架构，如图 5-18 所示。从其功能上看，OTN 在子网内可以以全光形式传输，而在子网的边界处采用光-电-光转换，各个子网可以通过 3R 再生器联接，从而构成一个大的光网络，OTN 可以看作是传送网络向全光网演化过程中的一个过渡应用。ITU-T 在 2002 年发布 G.709（Interfaces for the optical transport network）协议。G.709 定义

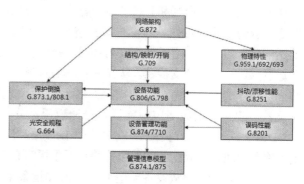

图 5-18　OTN 标准体系架构

了 Optical Transport Module of ordern（OTMn）的要求：①光传送体系 Optical Transport Hierarchy（OTH）；②支撑多波长传输网络的开销定义；③帧结构；④比特速率；⑤多种映射方式。

OTN 与 SDH 相比，OTN 是面向传送层的技术，特点是结构简单，内嵌标准 FEC，丰富的维护管理开销，只有很少的时隙，只适用于大颗粒业务接入；SDH 主要面向接入和汇聚层，结构较为复杂，有丰富的时隙，对于大小颗粒业务都适用，无 FEC，维护管理开销较为丰富。OTN 设计的初衷就是希望将 SDH 作为净荷完全封装到 OTN 中，以弥补 SDH 在面向传送层时的功能缺乏和维护管理开销的不足。波分和 OTN 的关系是，WDM 是面向传送层的技术，而 OTN 实际也是更多关注传送层功能的技术，所以 OTN 基本可以理解为是为 WDM 量身定制的技术。在 G.709 标准中已经提到，OMS 层就是依靠 WDM 技术来实现的。

最初的 WDM 设备在信号结构上并没有统一的标准，仅仅是将各种业务直接通过 O-E-O 实现非特定波长到特定波长的转换。OTN 标准发布后，由于其非常适合 WDM 的特点，而且有利于推进不同厂家波分设备的互连互通，所以迅速成为 WDM 设备的事实标准。OTN 对于以太网的支持是，OTN 在设计时是面向 TDM 业务的，对于数据业务的支持并没有过多地考虑。数据业务的发展速度远远超过了 TDM 业务，OTN 必须要考虑对数据业务的支持。在现有技术条件下，OTN 有两种方式来支持数据业务：一种为通过 GFP 适配数据业务，例如多个 GE 通过 GFP 封装后再封装到 OTN 净荷中，此方式适用于低速的 GE 业务；一种为采用更高速率的 OTN 帧（Over Clock），将以太网直接作为净荷封装到 OTN 中，适用于高速以太网业务。例如 10GE LAN 速率为 10.3125Gbps，可以将其映射到 11.1Gbps 的 OTU2 帧中实现完全透传。

从技术上说，OTN 与 PTN（Package Transport Network，分组传送网）是两种完全不同的技术。OTN 是光传送网，是从传统的波分技术演进而来，主要加入了智能光交换功能，可以通过数据配置实现光交叉而不用人为跳纤。大大提升了波分设备的可维护性和组网的灵活性。

PTN 是包传送网，是传送网与数据网融合的产物。主要协议是 TMPLS，较网络设备少了 IP 层而多了开销报文。可实现环状组网和保护。是电信级的数据网络（传统的数据网是无法达到电信级要求的）。PTN 的传送带宽较 OTN 要小。一般 PTN 最大群路带宽为 10G，OTN 单波为 10G～40G，群路可达 400G～1600G。

2. OTN 的基本概念和优势

OTN 通常也称为 OTH（Optical Transport Hierarchy，光传送体系），是通过 G.872、G.709、G.798

等一系列 ITU-T 的建议所规范的新一代"数字传送体系"和"光传送体系"。

从居于核心地位的 G.709 协议中可以看出，OTN 跨越了传统的电域（数字传送）和光域（模拟传送），成为管理电域和光域的统一标准。从电域看，OTN 保留了许多传统数字传送体系（SDH）行之有效的方面。同时，OTN 扩展了新的能力和领域，如提供对更大颗粒的 2.5G、10G、40G 业务的透明传送的支持，通过异步映射同时支持业务和定时的透明传送，对带外 FEC 的支持，对多层、多域网络连接监视的支持等。从光域看，OTN 第一次为波分复用系统提供了标准的物理接口，同时将光域划分成 Och（光信道层）、OMS（光复用段层）、OTS（光传送段层）三个子层，另外，为了解决客户信号的数字监视问题，光通道层又分为光通道传送单元（OTUk）和光通道数据单元（ODUk）两个子层，类似于 SDH 技术的段层和通道层。因此，从技术本质上而言，OTN 技术是对已有的 SDH 和 WDM 的传统优势进行了更为有效的继承和组合，同时扩展了与业务传送需求相适应的组网功能，而从设备类型上看，OTN 设备相当于 SDH 和 WDM 设备融合为一种设备，同时拓展了原有设备类型的优势功能，OTN 的主要优势如下。

（1）多种客户信号封装和透明传输

基于 ITU-TG.709 的 OTN 帧结构可以支持多种客户信号的映射和透明传输，如 SDH、ATM、以太网等。目前对 SDH 和 ATM 可实现标准封装和透明传送，但对不同速率的以太网的支持有所差异。ITU-TG.sup43 为 10GE 业务实现不同程度的透明传输提供了补充建议，而对于 GE、40GE、100GE 以太网和专网业务光纤通道（FC）以及接入网业务吉比特无源光网络（GPON）等，其到 OTN 帧中标准化的映射方式目前正在讨论之中。

（2）大颗粒调度和保护恢复

OTN 技术提供了 3 种交叉颗粒，即 ODU1（2.5Gbps）、ODU2（10Gbps）和 ODU3（40Gbps）。高速率的交叉颗粒具有更高的交叉效率，使得设备更容易实现大的交叉连接能力，降低设备成本。经过测算，基于 OTN 交叉设备的网络投资将低于基于 SDH 交叉设备的网络投资。在 OTN 大容量交叉的基础上，通过引入 ASON（Automatic Switch Optical Network，自动交换光网络）智能控制平面，可以提高光传送网的保护恢复能力，改善网络调度能力。

（3）大颗粒的带宽复用、交叉和配置

OTN 目前定义的电层带宽颗粒为光通路数据单元（ODUk,k=1,2,3），即 ODU1、ODU2 和 ODU3，光层的带宽颗粒为波长，相对于 SDH 的 VC-12/VC-4 的调度颗粒，OTN 复用、交叉和配置的颗粒明显要大很多，对高带宽数据客户业务的适配和传送效率显著提升。

OTN 的交叉分为电交叉和光交叉。光交叉，例如 ROADM，OXC。ROADM 是波分设备采用的一种较为成熟的光交叉技术。利用现有技术，ROADM 可以较为方便地实现 4 个光方向每个光方向 40 或 80 波的交叉，交叉容量 1.6T 或 3.2T，预计将来可以很快支持 8 个光方向。它适用于大颗粒业务。在现有技术条件下，大容量时成本明显低于电交叉技术，在小容量时成本高于电交叉。传输距离可能受到色散、OSNR 和非线性等光特性的限制，增加 OTU 中继可以解决这个问题，但成本过高；电交叉，包括多种实现方式，例如基于 SDH TSI 时隙交换的交叉，基于 ODU1 的交叉容量低于光交叉，目前技术最大也就是 Tbit 量级支持子波长一级的交叉，适用于大颗粒和小颗粒业务，容量低时有成本优势，容量高时成本很高，O-E-O 技术使得传输距离不受色散等光特性限制。

（4）完善的性能和故障监测能力

目前基于 SDH 的 WDM 系统只能依赖 SDH 的 B1 和 J0 进行分段的性能和故障监测。当一条业务通道跨越多个 WDM 系统时，无法实现端到端的性能和故障监测，以及快速的故障定位。而

OTN 引入了丰富的开销，具备完善的性能和故障监测机制。OTUk 层的段监测字节（SM）可以对电再生段进行性能和故障监测；ODUk 层的通道监测字节（PM）可以对端到端的波长通道进行性能和故障监测。从而使 WDM 系统具备类似 SDH 的性能和故障监测能力。

OTN 还可以提供 6 级连接监视功能（TCM），对于多运营商/多设备商/多子网环境，可以实现分级和分段管理。适当配置各级 TCM，可以为端到端通道的性能和故障监测提供有效的监视手段，实现故障的快速定位。

因此在 WDM 系统中引入 OTN 接口，可以实现对波长通道端到端的性能和故障监测，而不需要依赖于所承载的业务信号（SDH/10GE 等）的 OAM 机制。从而使基于 OTN 的 WDM 网络成为一个具备 OAM 功能的独立传送网。

（5）增强了组网和保护能力

通过 OTN 帧结构、ODUk 交叉和多维度可重构光分插复用器（ROADM）的引入，大大增强了光传送网的组网能力，改变了目前基于 SDHVC-12/VC-4 调度带宽和 WDM 点到点提供大容量传送带宽的现状。而采用前向纠错（FEC）技术，显著增加了光层传输的距离。G.709 为 OTN 帧结构定义了标准的带外 FEC 纠错算法，FEC 校验字节长达 4×256 字节，使用 RS（255,239）算法，可以带来最大 6.2dB（BER＝10^{-15}）的编码增益，降低 OSNR 容限，延长电中继距离，减少系统站点个数，降低建网成本。G.975.1 定义了非标准 FEC，进一步提高了编码增益，实现更长距离的传送，但是因为多种编码方式不能兼容，不利于不同厂家设备的对接，通常只能应用于 IaDI 接口互连。另外，OTN 将提供更为灵活的基于电层和光层的业务保护功能，如基于 ODUk 层的光子网连接保护（SNCP）和共享环网保护、基于光层的光通道或复用段保护等，但目前共享环网技术尚未标准化。

作为新型的传送网络技术，OTN 并非尽善尽美。最典型的不足之处就是不支持 2.5Gbps 以下颗粒业务的映射与调度。另外，OTN 标准最初制定时并没有过多考虑以太网完全透明传送的问题，导致目前通过超频方式实现 10GE（Gigabit Ethernet，千兆以太网）LAN 业务比特透传后，出现了与 ODU2 速率并不一致的 ODU2e 颗粒，40GE 也面临着同样的问题。这使得 OTN 组网时可能出现一些业务透明度不够或者传送颗粒速率不匹配等互通问题。目前 ITU-TSG15 的相关研究组正在积极组织讨论，以解决 OTN 目前面临的一些缺陷，例如提出新的 ODU0/ODU4 颗粒，定义高阶ODU 和低阶 ODU，定义基于多种带宽颗粒的通用映射规程（GMP）等，以便逐渐建立兼容现有框架体系的新一代 OTN 网络架构。

同 SDH 传送网一样，光传送网也有线形、星形、树形、环形和网孔形五种网络形式，使用波分复用终端设备、光分插复用设备（OADM）和光交叉连接设备（OXC），适用于接入网，城域网和干线网。光传送网，同 SDH 传送网一样，采用 I-TU-T G805 建议所规范的术语、功能体系和图表形式来定义光传送网的功能。据此，可将光传送网分为电路（客户）层网络、光通道层网络、光复用段层网络、光传输段层和媒介层网络。电路（客户）层网络，将来自用户的电信业务信号，转换成为适合于在光传送网中传送的形式，反之亦然。

光通道层具有光通道端到端联网功能，透明转换不同格式（如 STM-N、PDH565Mps、ATM信号、IP 信号等）的来自电路层的信号，不修改来自电路层的信号，

但在光传送网输入/输出处对电路层信号进行监测和维护。在光传送网发生故障时，电路（客户）层网络应能够进行监测，如同 SDH 网络要有 AIS 监测。光复用段层具有多波长（包括一个波长的情况）光信号联网功能。光传输段层的主要功能是实现光信号在各种不同类型光传输媒介（如 G.652、

G.653 和 G.655 光纤）上传送。物理媒介层网络，由光纤类型决定，是光传输段层的服务者。

3.OTN 的关键技术

（1）各种业务信号的映射方式

目前，在光传送网中，常用的映射方式有：SDH over OTN、ATM over OTN 和 ATM over SDH over OTN。对于 SDH over OTN 方式来讲，它具有 SDH 本身所具备的 OA&M 功能，具有比较强的保护和恢复能力，可以在 SDH 的基础上实现各种业务的综合，可以按照波长根据发展需要进行扩容，缺点是各种业务信号在进入 SDH 后，缺乏像 ATM 那样的 QoS 保证。对于 ATM over OTN 方式来讲，虽然它具有 ATM 和 OTN 方式的优点，可以提供端到端 QoS 保证；但由于没有 SDH，加之 OTN 本身的限制，使得这种传送方式缺乏足够的保护和恢复能力及网管功能，进而使得这种方式和应用在现在受到了很大的限制。对于 ATM over SDH over OTN 方式来讲，这种方式在目前技术发展情况下，是技术性能最完善的，但也是最复杂，最昂贵的。此外，还可以将以太网信号直接映射到 OTN，这种方式可以使广域网、城域网和局域网作到无缝连接，可大大简化设备、降低成本，在小范围内抖动与定时性能较好，但这种方式只有有限的故障检测和性能管理功能，没有保护倒换能力。

将来光传送网会采用 ITU-TG.709 建议所规范的数字包封（Digital Wrap-per）技术，解决各种信号的映射问题。这种技术不仅彻底解决了客户层信号透明传送及网络边缘处故障检测和性能管理问题，而且还解决了光路性能监视和光层保护和恢复指令的传送问题。另外，结合使用带外 FEC，可以明显地改善系统的光信噪比。

（2）传输技术

对于光传送网，WDM 传输技术是比较合适的选择。目前，扩展 WDM 传输系统容量的方法主要侧重于以下三个方面，一个是提高每个通道的基础速率，由 2.5Gbps、10Gbps 提高到 40Gbps；另一方面，扩展使用波段，由 C-Band 扩展至 L-Band，最后，减少通道间隔，增加复用通道数，通道间隔由 200GHz、100GHz 减少到 50GHz 乃至 25GHz；复用通道数由 16、32 扩展至 80、100 甚至 200 个通道。与 10Gbps 速率相比，40Gbps 基础速率具有频谱效率高，降低设备成本，减少网管系统复杂性等优点，但在帧同步，特别是 PMD 补偿方面的技术问题有待于解决。光传送网使用两种再生中继方式，一种是全光再生中继，这种形式在光通道层、光复用段和光传输段层均可使用。另一种再生中继方式为光电变换再生中继，这种形式仅允许在光通道层中使用。

（3）OTN 网络的生存性

G.872 为光传送网 OTN 的分层结构作了定义，细分为光通路层（OCh），光复用段层（OMS）和光传输段层（OTS）。OCh 层为各种数字化的用户信号提供接口，它为透明的传送 SDH、PDH、ATM、IP 等业务信号提供点到点的以光通路为基础的组网功能；OMS 层为经 DWDM 复用的多波长信号提供组网功能；OTS 层经光接口与传输媒质相连，它提供在光介质上传输光信号的功能。OTN 核心设备和业务的保护恢复的主要载体是光交叉连接设备 OXC 和光分插复用设备 OADM，与 SDH 的最大区别在于 SDH 是基于时分复用的对时隙进行操作的"数字网络"，而 OTN 处理的对象是光载波，也就是模拟的"频率时隙"或"光通道波长"，是一个"模拟传送网络"。但是 OTN 和 SDH 的网络结构一样，也是面向连接的网络，所使用的网络技术和网络单元极为相似，因此它们的保护恢复技术基本相似，主要有以下几种。

① 点到点的线路（光复用段 OMS）保护倒换方案，其原理是当工作链路传输中断或性能劣化到一定程度后，系统倒换设备将主信号自动转至备用光纤系统来传输，从而使接收端仍

能接收到正常的信号而感觉不到网络已出现了故障。该保护方法只能保护传输链路，无法提供网络节点的失效保护，因此主要适用于点到点应用的保护。

- （1：1）光层保护方式，是由一个备用保护系统和一个工作系统组成的保护网络，系统的冗余度显然为 100％。这种设置方式通常用于低阶 Path 和路由容量较低的系统之中；其收发端的发送机和接收机为成对设置，因而在无故障的情况下，可以用备用保护信道进行优先级较低的通信，借以提高光缆系统的利用率，适用于端到端的保护和业务的保护。业务流量并不是被永久的桥接到工作和保护光纤上，相反，只有出现故障时，才在工作光纤和保护光纤之间进行一次切换。

- （1+1）光链路保护方式，是由一个备用保护系统与一个工作系统组成的保护网络，与 1:1 方式不同的是采用了单方向工作的方式，即收发信机本身不设备份，但发射机同时要与主备两个传输系统相连，而接收机则要根据主备通道的质量情况，选择其中之一作为工作信道，并在没有任何故障返回信令的情况下，独立完成保护切换的功能，只能对链路故障中的业务进行保护。这种方法是利用光滤波器来桥接光信号，并把同样的两路信号分别送入方向相反的工作光纤和保护光纤的通道中。保护倒换完全是在光域实现的。当遇到单一的链路故障时，在接收端的光开关便把线路切换到保护光纤。由于在这里没有电层的复制和操作，所以除了当发射机和接收机发生故障时会丢失业务外，一切链路故障都可以恢复。

- （1：N）光层保护结构与（1：1）的保护结构相类似。然而在这里，N 个工作实体共享同一个保护光纤。如果有多条工作光纤断裂，那么只有其中的一条所承载的流量可以恢复。最先恢复的是具有最高优先级的故障。

- M:N 方式，资源共享的保护方式，通常采用通道保护方式。是由 m 个备用保护系统和 n 个工作系统组成的复用段保护网络；当接收机检出故障以后，需将故障报警信息返回到发射机端，才能实现主备段的保护切换。

② 核心传输网 DWDM 的自愈环网保护恢复技术－自愈环网 SHR（Self Healing Ring）就是无需人为干预，利用网络具有发现替代传输路由并重新建立通信的能力，在极短的时间内从失效的故障中自动恢复所携带的业务的环网。环网 APS 保护方式，包括两纤单向环、两纤双向环和四纤双向环。在环网中又分复用段保护和通道共享保护，是利用环网的特殊结构来实施的一种保护方式，属于对资源的保护。基于通道倒换的环是一种单向的通道保护环（UPPR）结构，而基于线路倒换的环被称为 SPRING 结构。

4. 应用场景

目前基于 OTN 的智能光网络将为大颗粒宽带业务的传送提供非常理想的解决方案。传送网主要由省际干线传送网、省内干线传送网、城域（本地）传送网构成，而城域（本地）传送网可进一步分为核心层、汇聚层和接入层。相对 SDH 而言，OTN 技术的最大优势就是提供大颗粒带宽的调度与传送，因此，在不同的网络层面是否采用 OTN 技术，取决于主要调度业务带宽颗粒的大小。按照网络现状，省际干线传送网、省内干线传送网以及城域（本地）传送网的核心层调度的主要颗粒一般在 Gbps 及以上，因此，这些层面均可优先采用优势和扩展性更好的 OTN 技术来构建。对于城域（本地）传送网的汇聚与接入层面，当主要调度颗粒达到 Gbps 量级时，亦可优先采用 OTN 技术构建。

（1）国家干线光传送网

随着网络及业务的 IP 化、新业务的开展及宽带用户的迅猛增加，国家干线上的 IP 流量剧增，带宽需求逐年成倍增长。波分国家干线承载着 PSTN/2G 长途业务、NGN/3G 长途业务、Internet 国家干线业务等。由于承载业务量巨大，波分国家干线对承载业务的保护需求十分迫切。

采用 OTN 技术后，国家干线 IP over OTN 的承载模式可实现 SNCP 保护、类似 SDH 的环网保护、MESH 网保护等多种网络保护方式，其保护能力与 SDH 相当，而且，设备复杂度及成本也大大降低。

（2）省内/区域干线光传送网

省内/区域内的骨干路由器承载着各长途局间的业务（NGN/3G/IPTV/大客户专线等）。通过建设省内/区域干线 OTN 光传送网，可实现 GE/10GE、2.5G/10GPOS 大颗粒业务的安全、可靠传送；可组环网、复杂环网、MESH 网；网络可按需扩展；可实现波长/子波长业务交叉调度与疏导，提供波长/子波长大客户专线业务。还可实现对其他业务如 STM-1/4/16/64SDH、ATM、FE、DVB、HDTV、ANY 等的传送。

（3）城域/本地光传送网

在城域网核心层，OTN 光传送网可实现城域汇聚路由器、本地网 C4（区/县中心）汇聚路由器与城域核心路由器之间大颗粒宽带业务的传送。路由器上行接口主要为 GE/10GE，也可能为 2.5G/10GPOS。城域核心层的 OTN 光传送网除可实现 GE/10GE、2.5G/10G/40GPOS 等大颗粒电信业务传送外，还可接入其他宽带业务，如 STM-0/1/4/16/64SDH、ATM、FE、ESCON、FICON、FC、DVB、HDTV、ANY 等；对于以太业务，可实现二层汇聚，提高以太通道的带宽利用率；可实现波长/各种子波长业务的疏导，实现波长/子波长专线业务接入；可实现带宽点播、光虚拟专网等，从而可实现带宽运营。从组网上看，还可重整复杂的城域传输网的网络结构，使传输网络的层次更加清晰。

（4）专有网络的建设

随着企业网应用需求的增加，大型企业、政府部门等，也有了大颗粒的电路调度需求，而专网相对于运营商网络光纤资源十分贫乏，OTN 的引入除了增加了大颗粒电路的调度灵活性，也节约了大量的光纤资源。

在城域网接入层，随着宽带接入设备的下移，ADSL2+/VDSL2 等 DSLAM 接入设备将广泛应用，并采用 GE 上行；随着集团 GE 专线用户不断增多，GE 接口数量也将大量增加。ADSL2+设备离用户的距离为 500～1000 米，VDSL2 设备离用户的距离以 500 米以内为宜。大量 GE 业务需传送到端局的 BAS 及 SR 上，采用 OTN 或 OTN+OCDMA-PON 相结合的传输方式是一种较好的选择，将大大节省因光纤直连而带来的光纤资源的快速消耗，同时可利用 OTN 实现对业务的保护，并增强城域网接入层带宽资源的可管理性及可运营能力。

5. OTN 技术发展趋势

OTN 对于应用来说是新技术，但其自身的发展已有多年的历史，目前已趋于成熟。ITU-T 从 1998 年就启动了 OTN 系列标准的制订，到 2003 年主要标准已基本完善，如 OTN 逻辑接口 G.709、OTN 物理接口 G.959.1、设备标准 G.798、抖动标准 G.8251、保护倒换标准 G.873.1 等。另外，针对基于 OTN 的控制平面和管理平面，ITU-T 也完成了相应主要规范的制定。

随着业务高速发展的强力驱动和 OTN 技术及实现的日益成熟，OTN 技术目前已局部应用于试验或商用网络。目前在美国和欧洲，比较大的网络运营商如 Verizon、德国电信等都已经建立了 G.709 OTN 网络，作为新一代的传送平台。预计在未来几年内，OTN 将迎来大规模的发展。

国外运营商对于传送网络的 OTN 接口的支持能力一般已提出明显需求,而实际的网络应用当中则以 ROADM 设备形态为主,这主要与网络管理维护成本和组网规模等因素密切相关。国内运营商对于 OTN 技术的发展和应用也颇为关注,从 2007 年开始,中国电信、原中国网通和中国移动集团等都已经开展了 OTN 技术的应用研究与测试验证,而且部分省内网络也局部部署了基于 OTN 技术的传送试验网络,组网节点有基于电层交叉的 OTN 设备,也有基于 ROADM 的 OTN 设备。由于 ROADM 相对于当前的维护体系来说维护成本较高,所以 ROADM 仅仅在部分运营商处进行了小范围的实验使用,而基于电层交叉的 OTN 设备已经大规模商用于中国移动、电信、联通、广电等各大运营商,以及南方电力、中国石化等大型专网。

作为传送网技术发展的最佳选择,可以预计,在不久的将来,OTN 技术将会得到更广泛的应用,成为运营商营造优异的网络平台、拓展业务市场的首选技术。

5.3　交互信道骨干的建设

5.3.1　广电网络现状

广电网在层次上分为国家级干线网、省级干线网、地市网和用户网。

2011 年 12 月 30 日,国务院办公厅公布了三网融合第二阶段试点城市,表明三网融合的力度正在逐步加大。广电运营商在双向网改造的同时,加大了对省级干线网和本地城域网的建设,使之满足广电网络的带宽需求。现在主流的干线网和城域网采用 OTN+PTN(或 MSTP)的建设模式。根据广播电视总局的规划和广电网络的现状,可以将广电网络分成 5 个部分。

(1)国家级干线网,从 2011 年开始中国有线已经开始采用 OTN 技术进行国家干线网络的规划和建设。

(2)省级干线网,到目前为止,全国大多数省份的干线网络已经建设完毕,未建设完毕的省份也正在对省级干线网进行规划和建设。

(3)本地城域网,有些省份建设速度相对较快,有些省份相对较慢,还在进行建设或者规划中。

(4)市到县网络,该部分网络建设相对较慢,很多省份的市到县网络还未开始建设,预计今后不久会有大规模的建设。

(5)接入网,该部分包括采用 PTN 或 MSTP 技术进行大客户专线的接入和采用 PON 技术进行家庭网络的接入。

5.3.2　国家干线网络

1. 国家级干线网

国家级干线光缆有 333 万公里,按区域大体划为五环一线,如图 5-19 所示为国家广电干线网络结构图。第一环(北环)是以北京、郑州、武汉和合肥为中心的中国华北方向区域环网;第二环(南环)是以武汉、合肥、上海和广州为中心的中国东南区域环网;第三环(西北环)是以北京为中心的中国西北区域环网;第四环(西环)是以武汉、西安、重庆和成都为中心的中国西部区域环网,第五环(西南环)是以武汉、重庆和成都为中心的中国西南区域环网,线状干线是以北京为起点，经沈阳、长春到哈尔滨的东北线。

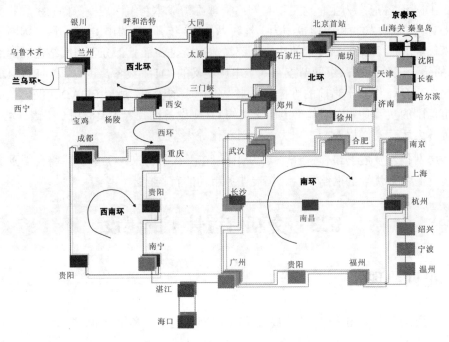

图 5-19　国家广电干线网络结构图

2. 国家干线 IP 网

国家干线 IP 网的建设情况如图 5-20 所示，核心层有 6 大节点，分别是北京、上海、武汉、西安、成都和广州；骨干层为各个省会城市；骨干节点和域核心节点双归属上联，整体系统采用 IP/MPLS 技术架构。

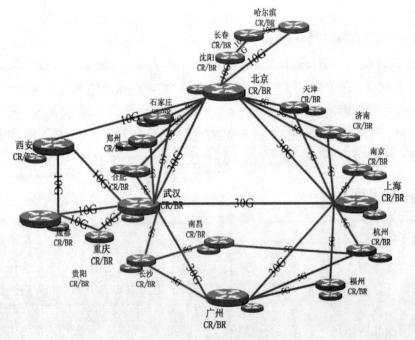

图 5-20　国家干线 IP 承载网

5.3.3　省级干线网络

省网和城域网通常采用光传输网（OTN/SDH over DWDM），以省会城市为中心、环形组网，各地市上下业务承载 L2VPN、广播电视节目；IP 承载网（IPv4/v6、3 层交换）的核心节点采用核心路由器，汇聚节点采用 **BRAS（Broadband Remote Access Server，宽带远程接入服务器）/SR （Service Router，全业务路由器）** 设备，如图 5-21 所示。

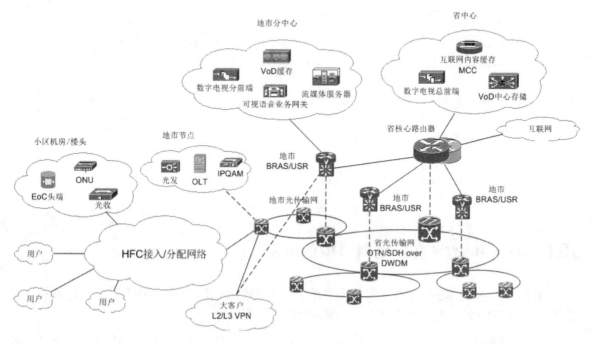

图 5-21　省网和城域网

我国绝大多数省已经建设省级传输干线，部分地市也已建成 SDH/DWDM/OTN 传输网，全国有线广播电视干线传输网络基本形成。图 5-22 所示为辽宁广电骨干传输网，图 5-23 所示为江苏广电骨干传输网。

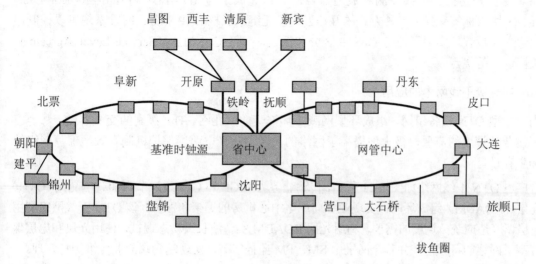

图 5-22　辽宁广电骨干传输网

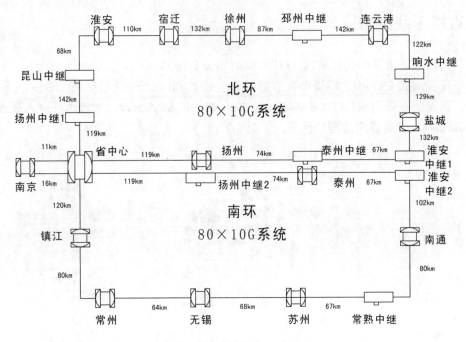

图 5-23　江苏广电骨干传输网

5.3.4　OTN 和 PTN 在广电网络中的应用

OTN 和 PTN 技术在广电网络中已经取得了广泛的成熟应用，应用范围包括干线网络和本地城域网。可应用于核心层、骨干层、汇聚层以及接入层等。

PTN 支持多种基于分组交换业务的双向点对点连接，具有适合各种粗细颗粒业务、端到端的组网能力，提供了更加适合于 IP 业务特性的"柔性"传输管道；点对点连接通道的保护切换可以在 50 毫秒内完成，可以实现传输级别的业务保护和恢复；继承了 SDH 技术的操作、OAM（Operations, Administration, and Maintenance，营运管理与维护），具有点对点连接的完整 OAM，保证网络具备保护切换、错误检测和通道监控能力；完成了与 IP/MPLS（Multi-Protocol Label Switching，多协议标签交换）多种方式的互连互通，无缝承载核心 IP 业务；网管系统可以控制连接信道的建立和设置，实现了业务 QoS 的区分和保证，灵活提供 SLA（Service-Level Agreement 服务等级协议）等优点。

1.OTN 在省级干线网中的应用

采用大中型 OTN 设备组网，组成环型网或多环嵌套的网孔网。Tbit 级别的交叉容量，从容应对省级干线业务调度的需要，极大地提高了网络的灵活性，光电两层保护机制有效地保障网络的安全性和生存性。

某省广电 OTN 干线网络如图 5-24 所示，传输业务为 10GE 和 GE，通过节点加载电交叉（OTH）并利用光层（ROADM）组成环网，实现业务向广电中心机房的汇聚和保护。该 OTN 干线网络利用 ODUk 电层调度适应统一调度的需要，利用光层 ROADM 实现波长级动态调试，使用光层和电层保护形式提高了网络的可靠性，并且全网采用 SM、PM 监控字节，实现端到端的业务维护与管理。

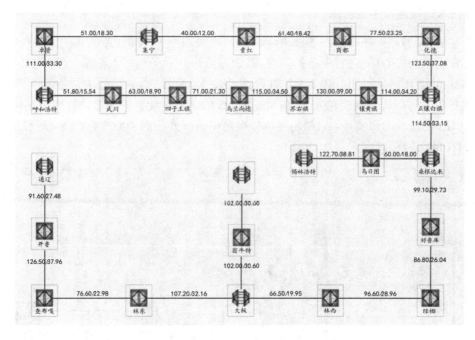

图 5-24　北方某广电 OTN 省级干线网

2.OTN 在本地城域网中的应用

采用中型 OTN 设备组网，组成环型的拓扑结构，Tbit 级别的交叉容量，支线路分离的架构提高业务的调度能力，利于网络的平滑升级。

某市广电 OTN 干线网络如图 5-25 所示，包括 2 个核心环和 4 个接入环；核心环为 96 波×10Gbps 系统，接入环为 48 波×10Gbps 系统，主要承载 IPQAM、宽带上网和大客户专线业务等广电现有的所有业务，实现业务向广电中心机房的汇聚和保护。采用支线路分离的 OTU 架构，提前部署带宽池，大大减少了业务开通时间和业务类型变化带来的带宽浪费，基于 ODU k 的电层调度能力，提高了网络的灵活性，采用基于 ODUk 1+1 的电层保护方式，提高网络的可靠性。

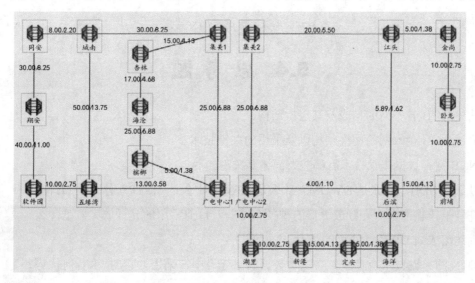

图 5-25　南方某市广电 OTN 城域网

3. PTN 在本地城域网中的应用

某市广电 PTN 城域网拓扑如图 5-26 所示。该网络采用全 PTN 的方式，共建设 31 个站点，构建两个 10GE 速率的核心环，进行业务的调度，其余站点进行业务的接入汇聚，全网均采用 PTN 设备，利用 Wrapping 环网保护和 LSP 1+1 线性保护，达到电信级 50ms 的要求，提高网络的安全性。对于后期的扩容，可以先将现有的 GE 速率网络升级成 10GE 速率的网络进行网络优化，只需要通过增加 10GE 的板卡即可实现，后期还可以根据网络情况升级成 40GE 的 PTN，或叠加 OTN 形成 OTN +PTN 的组网模式。

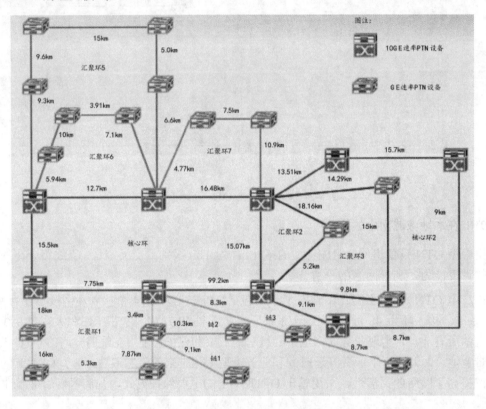

图 5-26　南方某市广电 PTN 城域网

5.4　思　考　题

1. 简述 NGB 骨干网的构成及其层次结构。

2. 简述 NGB 接入网的网络结构以及采用的关键技术。

3. NGB 宽带数据传输技术有哪些？简述其关键。

4. 什么是 SDH？什么是 DWDM？什么是 ATM？什么是 MSTP？什么是 OTN？

5. 在骨干传输网中，光纤放大器的种类有哪些？目前常用的光纤放大器是什么？

6. 简述集成式 DWDM 系统的优点。

7. OTN 的关键技术有哪些？在宽带数据网络建设中，采用 OTN 技术有何优势？

8. 简述我国广电网络的现状及其采用的关键技术。

第6章 广播电视网络双向化

广播电视网络的双向化是建设下一代广播电视网（NGB）的基础，对于广电的拥抱互联网，实现三网融合至关重要，有线广播电视网的双向化包括光网的双向化和电缆的双向化。

6.1 有线接入网络双向化

2013 年 8 月 17 日，国务院发布了《"宽带中国"战略及实施方案》，部署 2013-2020 年宽带发展目标及路径，意味着"宽带战略"从部门行动上升为国家战略。方案提出"以多种方式推进光纤向用户端延伸，加快下一代广播电视网宽带接入网络的建设，逐步建成以光纤为主、同轴电缆和双绞线等接入资源有效利用的固定宽带接入网络"。

《"宽带中国"战略及实施方案》时间表提出，到 2013 年底，全国有线电视网络互联互通平台覆盖有线电视网络用户比例达到 60%。到 2015 年底这个比例要达到 80%。到 2020 年底这个比例要超过 95%。

完成这些任务就需要实现现有广播电视网络的双向化，这个双向化既有光纤推进的过程，也不排斥用同轴电缆和双绞线进行双向接入。

6.1.1 FTTx 技术

1. FTTx 技术分类

FTTx 技术是 Fiber-to-the-x 的缩写，意为"光纤接入"，是接入网中一类技术的简称，根据光纤末端到用户的距离，FTTx 可以分为光纤到路边 FTTC、光纤到社区 FTTZ、光纤到办公室 FTTO、光纤到大楼 FTTB、光纤到楼面 FTTF、光纤到服务区 FTTSA 和光纤到家庭 FTTH 等多种形式。

FTTx 技术按接入方式一般分为两类：一种是 *P2P（Point to Point，点对点形式拓扑）*，从中心局到每个用户都用一根光纤，另外一种是使用 *P2MP（Point to Multi-Point，点对多点形式拓扑）* 的无源光网络，如图 6-1 所示，对于具有 N 个终端用户的距离为 Mkm 的无保护 FTTx 系统，如果采用点到点的方案，需要 2N 个光收发器和 NM km 的光纤。但如果采用点到多点的方案，则需要 N+1 个光收发器、一个或多个（视 N 的大小）光分路器和大约 Mkm 的光纤，在这一点上，采用点到多点的方案，大大地降低了光收发器的数量和光纤用量，并降低了中心局所需的机架空间，有着明显的成本优势。

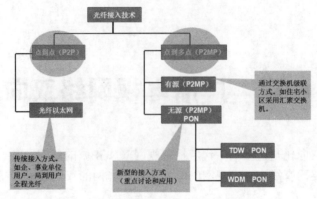

图 6-1　FTTx 技术按接入方式分类图

（1）FTTC

FTTC 为目前最主要的服务形式，主要是为住宅区的用户服务，将 ONU 设备放置于路边机箱，利用 ONU 出来的同轴电缆传送 CATV 信号或双绞线传送电话及上网服务，如图 6-2 所示。

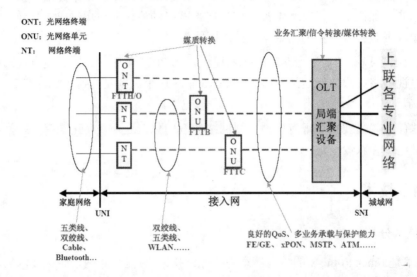

图 6-2　FTTX 的三种接入方式

（2）FTTB

FTTB 依服务对象区分有两种，一种是为公寓大厦的用户服务，另一种是为商业大楼的公司行号服务，两种皆将 ONU 设置在大楼的地下室配线箱处，只是公寓大厦的 ONU 是 FTTC 的延伸，而商业大楼是为了中大型企业单位，必须提高传输的速率，以提供高速的数据、电子商务、视频会议等宽带服务，如图 6-2 所示。

（3）FTTH

至于 FTTH，ITU 认为从光纤端头的光电转换器（或称为媒体转换器 MC）到用户桌面不超过 100 米的情况才是 FTTH。FTTH 将光纤的距离延伸到终端用户家里，使得家庭内能提供各种不同的宽带服务，如 VOD、在家购物、在家上课等，提供更多的商机。若搭配 WLAN 技术，将使得宽带与移动结合，则可以达到未来宽带数字家庭的远景，如图 6-2 所示。

（4）FTTP

FTTP（fiber to the premise，光纤到用户所在地），北美术语，FTTP 将光缆一直扩展到家庭或企业。由于光纤可提供比最后一公里使用双绞线或同轴电缆更多的带宽，因此运营商利用它来提供语音、视频和数据服务。FTTP 具有 25M～50Mbps 或更高的速度，相比之下，其他类型的宽带服务的最大速度约为 5M～6Mbps。此外 FTTP 还支持全对称服务。

（5）FTTZ

FTTZ（Fiber To The Zone），是指光纤到小区。FTTx 技术主要用于接入网络光纤化，范围从区域电信机房的局端设备到用户终端设备，局端设备为 **OLT（Optical Line Terminal，光线路终端）、ONU（Optical Network Unit，用户端设备为光网络单元）或 ONT（Optical Network Terminal，光网络终端）**。

2. 部分术语

（1）PON：是 FTTX 技术中的一种，由光纤、光分路器、光连接器等无源光部件组成的点对多点的网络，简称 PON。

（2）无源光网络系统：由光线路终端 OLT、无源光网 PON（或光分配网 ODN）、光网路单元 ONU 组成的信号传输系统，简称 PON 系统。根据采用的信号传输格式可简称为 xPON，如 APON、BPON、EPON 和 GPON 等。

（3）**EPON：（Ethernet Passive Optical System，基于以太网的无源光网络）** 一种采用点到多点网络结构、无源光纤传输方式、基于高速以太网平台和 **TDM（Time Division Multipexing，时分复用）、MAC（Media Access Control，媒体访问控制）** 方式提供多种综合业务的宽带接入技术。

（4）**GPON：（Gigabit Passive Optical Network）** 是千兆能力的无源光网络的缩写。

（5）OBD：又称分光器，是一种可以将一路光信号分成多路光信号以及完成相反过程的无源器件，简称 OBD。也称 Splitter 分光器，无源光器件把光从一根光纤分至 2 路至 32 路输出光信号同等或不等分配给另外几条光纤的小型简单设备。分光比为 1∶4，1∶8，1∶16 和 1∶32。

（6）**ODN：（Optical Distribution Network）** 是光配线网的缩写。

（7）OLT：是"光线路终端"的英文缩写，在 EPON 的统一管理方面，OLT 是主要的管理中心，实现网络管理的主要功能。

（8）ONU：是"光网络单元"的英文缩写，放在用户侧，接入用户终端，在用户端把光信号转换为电信号，也叫 ONT。

6.1.2 广播电视网络双向网改形式

有线电视骨干传输网与电信部门的网络并没有本质的区别，而有线电视的接入分配网往往与普通的电信网络有着较大的区别，因此通常将有线电视的接入分配网的双向网改按改造时交互与广播信道传输通道是否同缆传输，可以分为同缆方式和异缆方式。

1. 同缆方式

所谓同缆方式就是数据业务（交互）与电视业务（广播）采取同网同缆传输，只要管理好一张网就可以了，比较有代表性的就是 CM+CMTS，EPON+EOC 等方式。

2. 异缆方式

所谓异缆方式就是数据业务（交互）与电视业务（广播）采取同网异缆传输或者异网异缆传输，这种方式往往需要同时管理好两张网，比较有代表性的是 EPON+LAN。

6.2 EPON 和 GPON

6.2.1 PON 技术

光纤接入从技术上可分为两大类：*有源光网络（AON，Active Optical Network）*和无源光网络（PON）。PON 是一种纯介质网络，它能避免外部设备的电磁干扰，减少线路和外部设备的故障率，提高系统可靠性，同时可节省维护成本。由于对网络协议透明的特点，原则上可适用于任何制式和速率的信号，在广播电视领域应用前景广阔。目前基于 PON 技术的主要有 APON/BPON、EPON/GPON 等几种，其主要差异在于采用了不同的二层技术。其中 PON 技术的 EPON 和 GPON 最受关注。

APON 是上世纪 90 年代中期提出来的，2001 年底又将 APON 更名为 BPON，APON 的最高速率为 622Mbps，二层采用的是 ATM 封装和传送技术，因此存在带宽不足、技术复杂、价格高、承载 IP 业务效率低等问题，未能取得市场上的成功。

为更好地适应 IP 业务，第一英里以太网联盟（EFMA）在 2001 年初提出了在二层用以太网取代 ATM 的 EPON 技术，EPON 可以支持 1.25Gbps 对称速率。由于其将以太网技术与 PON 技术完美结合，因此成为了非常适合 IP 业务的宽带接入技术。早期的 EPON 设备是基于 FE 总线的，在基于 GE 总线（Gbps 速率）的 EPON 设备推出后，为了区分称之为 GEPON，目前业界的 EPON 设备基本上都是基于 GE 总线的，目前基本上统称为 EPON。

EPON 采用点到多点结构，无源光纤传输方式，在以太网上提供多种业务。目前，IP/Ethernet 应用占到整个局域网通信的 95%以上，EPON 由于使用上述经济而高效的结构，从而成为连接接入网最终用户的一种最有效的通信方法。

GPON 技术是基于 ITU-TG.984.x 标准的最新一代宽带无源光综合接入标准，具有高带宽，高效率，大覆盖范围，用户接口丰富等众多优点。其技术特色是在二层采用 ITU-T 定义的 GFP（通用成帧规程）对 Ethernet、TDM、ATM 等多种业务进行封装映射，能提供 1.25Gbps 和 2.5Gbps 下行速率，和 155M、622M、1.25Gbps、2.5Gbps 几种上行速率，并具有较强的 *OAM（Operations，Administration and Maintenance，营运管理与维护）*功能。GPON 有优势，但技术的复杂和成本目前要高于 EPON。GPON 最早由 FSAN 组织于 2002 年 9 月提出，ITU-T 于 2003 年 3 月完成了 ITU-T G.984.1 和 G.984.2 的制定，2004 年 2 月和 6 月完成了 G.984.3 的标准化。2005 年中，G.984.4 标准（ONT 的管理控制接口）定稿，标志着整个 G.984 标准体系已经制定完成。

6.2.2 EPON 网络结构

EPON 与 PON 技术类似，采用点到多点的用户网络拓扑结构，利用光纤实现数据、语音和视频的全业务接入的目的。一个典型的 EPON 系统由 OLT、ONU/ONT、ODN 组成。EPON 的网络结构如图 6-3 所示。OLT 放在中心机房，ONU 放在用户设备端附近或与其合为一体。ODN 由光缆和 POS（Passive Optical Splitter，无源光分路器）组成，是一个连接 OLT 和 ONU 的无源设备，它的功能是分发下行数据，并集中上行数据。

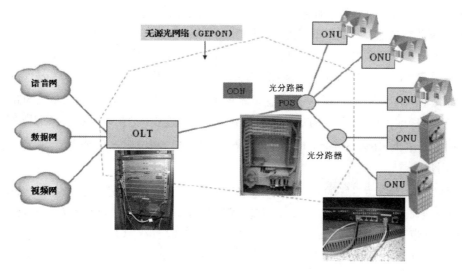

图 6-3　EPON 的网络结构

（1）OLT 放在中心机房，它既是一个 L2 交换机或 L3 路由器，又是一个多业务提供平台，它提供面向无源光纤网络的光纤接口（PON 接口）。在下行方向，OLT 提供面向无源光纤网络（ODN）的光纤接口；在上行方向，OLT 提供了 GE 光/电接口，将来 10Gbit/s 的以太网技术标准定型后，OLT 也会支持类似的高速接口。为了提供多业务接入，OLT 还可支持 E1 以及 OC3 等接口，来实现传统话音的接入或电路中继业务。

在 EPON 的网管方面，OLT 是主要的控制中心，内置 OAMP Agent，可以管理其下的 ONU 终端设备，实现网络管理等功能。EPON 网管可以在 OLT 上通过定义用户带宽参数来控制用户业务质量，通过编写访问控制列表来实现网络安全控制，通过读取 MIB 库获取系统状态以及用户状态信息等，还能提供有效的用户隔离。

（2）ODN 是光分发网，由无源光纤分支器和光纤构成。无源光纤分支器是连接 OLT 和 ONU 的无源设备，它的功能是分发下行数据和集中上行数据。无源分光器的部署相当灵活，由于是无源器件，几乎可以适应于所有环境。一般无源光纤分支器的分光比有 1：2、1：4、1：8、1：16、1：32、1：64 等。一般建议采用一级分光，最多不能超过二级分光。

（3）ONU/ONT 是放在用户驻地侧的终端设备，EPON 中的 ONU 采用以太网协议，实现了成本低廉的以太网第二层交换功能。由于使用以太网协议，在通信过程中就不再需要协议转换，实现 ONU 对用户数据的透明传送。OLT 到 ONU 之间也可以采用加密协议，保证用户数据的安全性。

基于 EPON 的 FTTH 的优势在于其强大的覆盖能力，最远覆盖可达 20 公里（1:32 的分路比），从端局出发，经过 ODN 连接各光接入点。在 FTTB 结构中，ONU 被直接放到楼内，光纤到大楼后可以采用 ADSL、Cable、LAN，即 FTTB+ADSL、FTTB+Cable 和 FTTB+LAN 等方式接入用户家中。FTTB 与 FTTC 相比，光纤化程度进一步提高，因而更适用于高密度以及需提供窄带和宽带综合业务的用户区。FTTO 和 FTTH 结构均在路边设置无源分光器，并将 ONU 移至用户的办公室或家中，是真正全透明的光纤网络，它们不受任何传输制式、带宽、波长和传输技术的约束，是光纤接入网络发展的理想模式和长远目标。

6.2.3　EPON 技术优点

EPON 技术相对成本低，维护简单，容易扩展，易于升级。EPON 结构在传输途中不需电源，没有电子部件，因此容易铺设，基本不用维护，长期运营成本和管理成本的节省很大；EPON 系统对局端资源占用很少，模块化程度高，系统初期投入低，扩展容易，投资回报率高；EPON 系统是面向未来的技术，大多数 EPON 系统都是一个多业务平台，对于向全 IP 网络过渡是一个很好的选择。

（1）提供非常高的带宽。EPON 目前在本地的 IP 中可以提供上下行对称的 1.25Gbps 的带宽，最多达 64 个 ONU 的上行速率可以超过 800Mbps，并且随着以太技术的发展可以升级到 10Gbps。

（2）服务范围大，EPON 作为一种点到多点网络，可以利用局端单个光模块及光纤资源，服务大量终端用户。

（3）带宽分配灵活，更好的 QoS。对带宽的分配和保证都有一套完整的体系。EPON 可以通过 **DBA（Dynamic Bandwidth Allocation，动态带宽分配）**、DiffServ、PQ/WFQ、WRED 等来实现对每个用户进行带宽分配，并保证每个用户的 QoS。系统没有双向 HFC+Cable Modem 的回传噪声缺陷。此外，EPON 具有同时传输 TDM、IP 数据和视频广播的能力，其中，TDM 和 IP 数据采用 IEEE 802.3 以太网的格式进行传输，辅以电信级的网管系统，足以保证传输质量。使得 CATV 运营商可以开发宽范围的、灵活多样的服务产品来增加收入，增强 CATV 运营商的市场竞争力。

（4）协议转换成本低。EPON 采用以太网的传输格式，同时也是用户局域网/驻地网的主流技术，二者具有天然的融合性，消除了复杂的传输协议转换带来的成本因素。

（5）系统成本低，建设周期短。相对于非 PON 系统而言，采用 PON 结构节省了大量光纤和有源光器件的投入及运营成本。由于大多 HFC 接入网都采用星型网结构，该结构与 EPON 十分相似。因此，在现有的 HFC 网络中采用 EPON，不需要对现有的 HFC 网络进行双向改造，只需在原来的光网络上做简单的配置，可在较短的期间内完成网络的升级，快速实现宽带用户接入，从而使运营商能较快地实现盈利。

（6）安全性高，EPON 下行采用针对不同用户加密广播传输的方式共享带宽，上行利用时分多址接入共享带宽。支持 VLAN、VPN、IPSec（Internet 协议安全）和通道技术等，提供安全的网络接入。

6.2.4　EPON 传输原理

EPON 与 APON 最大的区别是 EPON 根据 IEEE 802.3 协议，包长可变至 1518 字节传送数据，而 APON 根据 ATM 协议，按照固定长度 53 个字节包来传送数据，其中 48 个字节负荷，5 个字节开销。这种差别意味着 APON 运载 IP 协议的数据效率低且困难。

EPON 从 OLT 到多个 ONU 下行传输数据和从多个 ONU 到 OLT 上行数据传输是十分不同的。所采取的不同的上行/下行技术分别如图 6-4 所示。

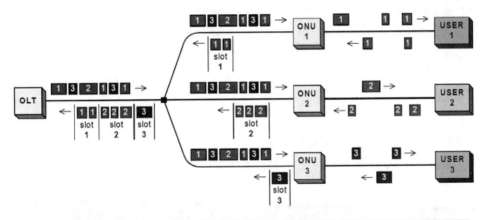

下行采用TDM方式 TDM (Time Division Multiplexing)	上行采用TDMA方式 TDMA (Time Division Multiple Access)
◆下行波长为1490nm ◆OLT发送的混合数据通过Splitter到达每个用户的ONU; ◆每个ONU只接收发给自己的数据，丢弃其他数据	◆上行波长为1310nm ◆每个ONU在OLT允许的时间段内向OLT发送数据; ◆无需冲突检测 ◆报文不需要分片

图 6-4　PON 的传输原理

（1）当 OLT 启动后，它会周期性地在本端口上广播允许接入的时隙等信息。ONU 上电后，根据 OLT 广播的允许接入信息，主动发起注册请求，OLT 通过对 ONU 的认证（本过程可选），允许 ONU 接入，并给请求注册的 ONU 分配一个本 OLT 端口唯一的逻辑链路标识（LLID）。

（2）数据从 OLT 到多个 ONU 以广播式下行（时分复用技术 TDM），根据 IEEE 802.3ah 协议，每一个数据帧的帧头包含前面注册时分配的、特定 ONU 的逻辑链路标识（LLID），该标识表明本数据帧是给 ONU（ONU1、ONU2、ONU3……ONUn）中的唯一一个。另外，部分数据帧可以是给所有的 ONU（广播式）或者特殊的一组 ONU（组播），在图 6-4 所示的组网结构下，在分光器处，流量分成独立的三组信号，每一组载到所有 ONU 的信号。当数据信号到达 ONU 时，ONU 根据 LLID，在物理层上做判断，接收给它自己的数据帧，摒弃那些给其他 ONU 的数据帧。例如，图中，ONU1 收到包 1、2、3，但是它仅仅发送包 1 给终端用户 1，摒弃包 2 和包 3。

（3）对于上行，采用**时分多址接入技术（TDMA）**，分时隙给 ONU 传输上行流量。当 ONU 注册成功后，OLT 会根据系统的配置，给 ONU 分配特定的带宽（在采用动态带宽调整时，OLT 会根据指定的带宽分配策略和各个 ONU 的状态报告，动态地给每一个 ONU 分配带宽）。带宽对于 PON 层面来说，就是多少可以传输数据的基本时隙，每一个基本时隙单位时间长度为 16ns。在一个 OLT 端口（PON 端口）下面，所有的 ONU 与 OLT PON 端口之间的时钟是严格同步的，每一个 ONU 只能够在 OLT 给它分配的时刻上面开始，用分配给它的时隙长度传输数据。通过时隙分配和时延补偿，确保多个 ONU 的数据信号耦合到一根光纤时，各个 ONU 的上行包不会互相干扰。

（4）对于安全性的考虑。上行方向，ONU 不能直接接收到其他 ONU 上行的信号，所以 ONU 之间的通信，都必须通过 OLT，在 OLT 可以设置允许和禁止 ONU 之间的通信，在缺省状态下是禁止的，所以安全方面不存在问题。对于下行方向，由于 EPON 网络，下行是采用广播方式传输数据，为了提高信息的安全性，从下面几个方面进行保障。

① 所有的 ONU 接入的时候，系统可以对 ONU 进行认证，认证信息可以是 ONU 的一个唯一标识（如 MAC 地址或预先写入 ONU 的一个序列号），只有通过认证的 ONU，系统才允许其接入。

② 对于给特定 ONU 的数据帧，其他的 ONU 在物理层上，也会收到数据，在收到数据帧后，首先会比较 LLID（处于数据帧的头部）是不是自己的，如果不是，就直接丢弃，数据不会上二层，这是在芯片层实现的功能，对于 ONU 的上层用户，如果想窃听到其他 ONU 的信息，除非自己去修改芯片来实现。

③ 加密，对于每一对 ONU 与 OLT 之间，可以启用 128 位的 AES 加密。各个 ONU 的密钥是不同的。

④ VLAN 隔离：通过 VLAN 方式，将不同的用户群或者不同的业务限制在不同的 VLAN，保障相互之间的信息隔离。

6.2.5 EPON 协议和关键技术

1. EPON 的层次模型

对于以太网技术而言，PON 是一个新的媒质。802.3 工作组定义了新的物理层。而对以太网 MAC 层以及 MAC 层以上则尽量做最小的改动以支持新的应用和媒质。2003 年 1 月发布的 IEEE 802.3ah 规定了 EPON 的层次模型，如图 6-5 所示。

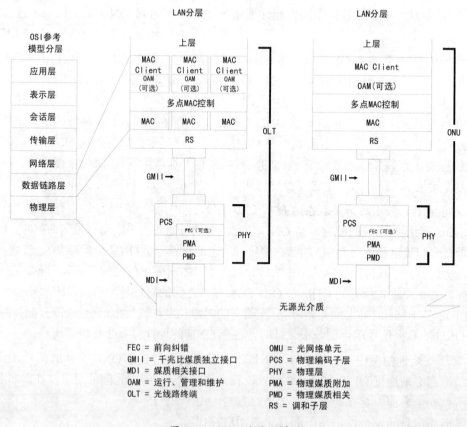

图 6-5 EPON 的层次模型

（1）物理层从低到高分成如下子层和接口：

① 媒质相关接口（Medium Dependent Interface，MDI）规范物理媒质信号和传输媒质与物理设备之间的机械和电气接口。

② 物理媒质相关子层（Physical Medium Dependent，PMD）负责与传输媒质的接口。

③ 物理媒质附加子层（PMA）负责发送、接收、定时恢复和相位对准功能。

④ 物理编码子层（Physical Coding Sublayer，PCS）负责把数据比特编成适合物理媒质传输的码组。

⑤ 吉比特 MAC 和吉比特物理层之间的吉比特媒质无关接口（Gigabit Media Independent Interface，GMII）允许多个数据终端设备混合使用各种吉比特速率物理层。

⑥ 协调子层（Reconciliation Sublayer. RS）提供 GMII 信号到 MAC 层的映射。

（2）数据链路层由下列子层组成（由下到上顺序）：

① 媒质接入控制子层（Media Access Control，MAC）负责向物理层的数据转发功能（与媒质无关）。通常，MAC 子层负责封装（成帧、地址标识、差错检测）和媒质接入（冲突监测和延时过程）功能。

② MAC 控制子层是可选的子层，负责 MAC 子层操作的实时控制和处理。定义 MAC 控制子层是为了允许未来加入新功能。

③ **逻辑链路控制子层（Logical Link Control，LLC）** 负责数据链路层与媒质接入无关的功能，它不在 IEEE 802.3 标准的范畴之内。MAC 层和可选的 MAC 控制子层并不"知晓"上面是否存在 LLC 子层或者是其他客户（如网桥或中继器）。

2. MPCP（Multi-Point Control Protocol，多点控制协议）

按照 IEEE 802.3ah 以太网体系设计思想，MAC 子层只提供尽力而为的数据报服务，不提供差错控制（确认机制）和流量控制（滑动窗口），通常情况下，这种服务已足够；当需要差错控制和流量控制的时候，这种服务就不能满足，需要 LLC（逻辑链路子层）。

LLC 子层提供差错控制和流量控制；LLC 隐藏了不同 802MAC 子层的差异，为网络层提供单一的格式和接口。

对于同一个 LLC 逻辑链路，可以提供多个 MAC 选择。EPON 的 OLT 和 ONU 之间的连接也要通过逻辑链路的控制，即 **LLID（Logical Link Identifier，逻辑链路标记）** 技术。

EPON 系统在网络层次结构中增加了 MPCP 协议功能，它是 MAC 控制子层 MAC-C 的一部分内容，如图 6-6 所示。MPCP 是 MAC 控制层的组件，MPCP 主要完成 ONU 自动发现、注册和测距，过程如图 6-7 所示。在上行信道中，用于数据传输有一整套信令体系，如带宽分配等。实现的手段是增加控制消息：下行为 Getes，上行为 Reports，如图 6-8 所示。多点控制协议中的 REPORT 和 Getes 控制消息在 PON 中进行请求和发送授权，这是最基本的在 PON 中控制数据传送的机制。更高层的功能使用它进行带宽分配、ONU 的同步和测距。接收 Getes 消息并反馈 Reports 消息的实体我们称为逻辑链路，用逻辑链路标识符（LLID）来表示。

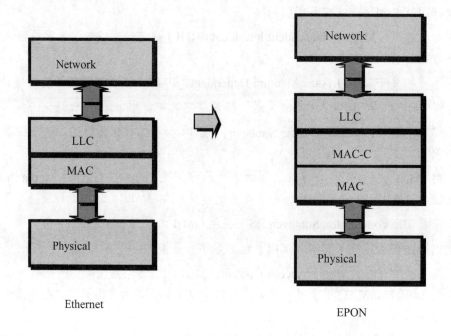

图 6-6　EPON 系统网络层次结构

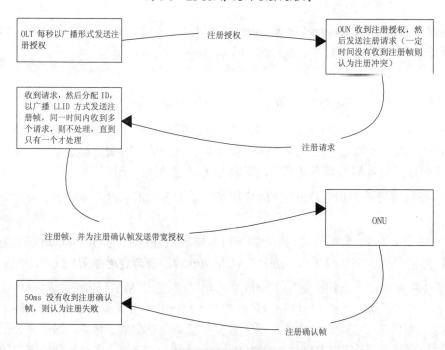

图 6-7　ONU 自动发现、注册和测距的过程

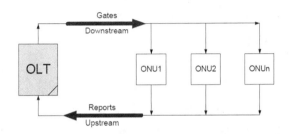

图 6-8　MPCP 中的 REPORT 和 Getes 控制消息工作过程

MPCP 涉及的内容包括 ONU 发送时隙的分配，ONU 的自动发现和加入，向高层报告拥塞情况以便动态分配带宽。MPCP 多点控制协议位于 MAC Control 子层。MAC Control 向 MAC 子层的操作提供实时的控制和处理。

3. 同步技术

因为 EPON 中的各 ONU 接入系统是采用时分方式，所以 OLT 和 ONU 在开始通信之前必须达到同步，才会保证信息正确传输。要使整个系统达到同步，必须有一个共同的参考时钟，在 EPON 中以 OLT 时钟为参考时钟，各个 ONU 时钟和 OLT 时钟同步。OLT 周期性地广播发送同步信息给各个 ONU，使其调整自己的时钟。EPON 同步的要求是在某一 ONU 的时刻 $T_{ONU 时钟}$ 发送的信息比特，OLT 必须在时刻 $T_{OLT 时钟}$ 接收它。在 EPON 中由于各个 ONU 到 OLT 的距离不同，所以传输时延各不相同，要达到系统同步，ONU 的时钟必须比 OLT 的时钟有一个时间提前量，这个时间提前量就是上行传输时延，也就是如果 OLT 在时刻 0 发送一个比特，ONU 必须在它的时刻 RTT（往返传输时延）接收。RTT 等于下行传输时延加上上行传输时延，这个 RTT 必须知道并传递给 ONU。获得 RTT 的过程即为测距（Ranging）。当 EPON 系统达到同步时，同一 OLT 下面的不同 ONU 发送的信息才不会发生碰撞。

4. 测距技术

由于 EPON 的上行信道采用 TDMA 方式，多点接入导致各 ONU 的数据帧延时不同，由于各 ONU 距 OLT 的光纤路径的不同和各 ONU 元器件的不一致性，造成 OLT 与各 ONU 间的环路时延不同，而且由于环境温度的变化和器件老化等原因，环路延时也会发生不断的变化。因此必须引入测距和时延补偿技术以防止数据时域碰撞，以确保不同 ONU 所发出的信号能够在 OLT 处准确地按时隙复用在一起，并支持 ONU 的即插即用。另外，测距过程应充分考虑整个 EPON 的配置情况，例如，若系统在工作时加入新的 ONU，此时的测距就不应对其他 ONU 有太大的影响。EPON 的测距由 OLT 通过时间标记（Timestamp）在监测 ONU 的即插即用的同时发起和完成。测距包括静态测距和动态测距，前者主要用在新的 ONU 安装调试阶段、停机的 ONU 重新投入运行时，以补偿各 ONU 与 OLT 之间的光纤长度和器件特性不同引起的延时差异；后者应用于系统运行过程中，补偿由于温度、光电器件老化等因素对时延特性的影响，及时调整各个 ONU 上行时隙的到达相位。

OLT 和 ONU 都有每 16ns 增 1 的 32 比特计数器。这些计数器提供了一个本地时间戳。当 OLT 或 ONU 任一设备发送 MPCPDU 时，它将把计数器的值映射入时间戳域。从 MAC 控制发送给 MAC 的 MPCPDU 的第一个八位字节的发送时间被作为设定时间戳的参考时间。

当 ONU 接收到 MPCPDU 时，将根据所接收的 MPCPDU 的时间戳域的值来设置其计数器。

当 OLT 接收到 MPCPDU 时，将根据所接收到的时间戳来计算或校验 OLT 和 ONU 之间的往返时间。往返时间 RTT 等于定时器的值和接收到的时间戳之间的差。通过 MAC 层原语将计算的

RTT 通知客户端。

测距基本过程如下，如图 6-9 所示。

（1）OLT 在 T_1 时刻通过下行信道广播时隙同步信号和空闲时隙标记。

（2）已启动的 ONU 在 T_2 时刻监测到一个空闲时隙标记时，将本地计时器重置为 T_1。

（3）在时刻 T_3 回送一个包含 ONU 参数的（地址、服务等级等）在线响应数据帧，此时，数据帧中的本地时间戳为 T_4。

（4）OLT 在 T_5 时刻接收到该响应帧。

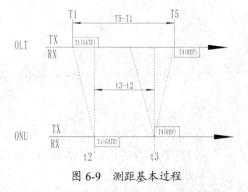

图 6-9　测距基本过程

通过该响应帧 OLT 不但能获得 ONU 的参数，还能计算出 OLT 与 ONU 之间的信道延时 RTT $=t_2-T_1+T_5-t_3=T_5-T_4$，其中，$t_3-t_2=T_4-T_1$。之后，OLT 便依据动态带宽分配（DBA）协议为 ONU 分配带宽。当 ONU 离线后，由于 OLT 长时间（如 3 min）收不到 ONU 的时间戳标记，则判定其离线。

5. RTT 补偿

在 OLT 侧进行延时补偿，发送给 ONU 的授权反映出由于 RTT 补偿的到达时间。

例如，如果 OLT 在 T 时刻接收数据，OLT 发送包括时隙开始的 GATE＝T-RTT。在时戳和开始时间之间所定义的最小延时，实际上就是允许处理时间。在时戳和开始时间之间所定义的最大延时，是保持网络同步。

6. PMD

EPON 的 PMD（物理介质）子层的功能是完成光—电、电—光转换，按 1.25Gbps 的速率发送或接收数据。802.3ah 要求传输链路全部采用光无源器件，光网络能支持单纤双向全双工传输。上下行的激光器分别工作在 1310nm 和 1490nm 窗口；光信号的传输要做到当光分路比较小的时候，最大传输 20km 无中继。

按所处位置的不同，光模块又可以分为局端和远端两种。对于远端的光模块而言，接收机处于连续工作状态，而发送机则工作于突发模式，只有在特定的时间段里，激光器才处于打开状态，在剩下的时间段里，激光器并不发送数据。由于激光器发送数据的速率是 1.25Gbps，因此要求激光器的开关的速度要足够快。同时要求在激光器处于关闭状态时，要使从 PMA（物理介质接入）层发送过来的信号全部为低，以确保不工作的 ONU 激光器的输出总功率叠加不会对正在工作的激光器的信号造成畸变影响。

7. 突发控制

（1）突发发送

EPON 的点对多点的特殊结构和**时分多址（TDMA）**的接入方式决定了 ONU 发送机的工作模式是突发发送。ONU 在什么时候发送数据，是由 OLT 来指示的，当 ONU 发送数据时，打开激光器，发送数据；当 ONU 不发送数据时，为了避免对其他 ONU 的上行数据造成干扰，必须完全关闭激光器。这样，ONU 的激光器就需要不断地快速（纳秒级）开和关。因此，传统的针对连续传输设计的 APC（自动功率控制）回路，不能在突发模式发送的情况下正常工作（连续模式的自动功率控制回路之所以不能正常工作在突发模式下，是由于当激光器关闭时，直流偏置切断，当激光器被重新打开时，自动功率控制回路已丢失了原来的状态，直流偏置呈现不连续的变化）。

为实现突发发送有两个方案：①采用数字 APC 电路；②改进传统的自动功率控制系统。

（2）突发接收

在 EPON 系统的下行方向。ONU 只能接收 OLT 的数据，因此 ONU 上接收来自 OLT 的功率是相同的，ONU 接收机采用普通的接收机即可。

在 EPON 系统中，上行数据由各个 ONU 以突发形式到达 OLT。OLT 要接收来自不同距离的 ONU 的数据包，并恢复它们的幅度，但因 ONU 到 OLT 的距离不同，所以它们的数据包到达 OLT 时的功率变化很大，在极限情况下，从最近 ONU 发来的代表 0 信号的光强度甚至比从最远 ONU 传来的代表 1 信号的光强度还要大，为了正确恢复原有数据，必须根据每个 ONU 的信号强度实时调整接收机的判决门限。

现有的突发模式接收机分为直流耦合模式和交流耦合模式。采用交流耦合方式的系统相对于直流耦合方式会多付出 1.5dB 的灵敏度代价。

8. 动态带宽分配（DBA）

在 EPON 系统的上行方向，采用 TDMA 方式实现多个 ONU 对上行带宽的多址接入，其带宽分配方案可分为静态带宽分配和动态带宽分配。静态带宽分配方式的原理是 OLT 周期性地为每个 ONU 分配固定的时隙作为上行发送窗口。其优点是实现简单，但存在带宽利用率低、带宽分配不灵活、对于突发性业务适应能力差等问题。

动态带宽分配（DBA）就是 OLT 根据 ONU 的实时带宽请求获取各 ONU 的流量信息，通过特定的算法为 ONU 动态分配上行带宽，保证各 ONU 上行数据帧互不冲突。DBA 具有带宽效率高、公平性好、能够满足 QoS 要求的优点。

DBA 采用集中控制方式：所有的 ONU 的上行信息发送，都要向 OLT 申请带宽，OLT 根据 ONU 的请求按照一定的算法给予带宽（时隙）占用授权，ONU 根据分配的时隙发送信息。其分配准许算法的基本思想是：各 ONU 利用上行可分割时隙反应信元到达时间分布并请求带宽，OLT 根据各 ONU 的请求公平合理地分配带宽，并同时考虑超载、信道有误码、有信元丢失等情况的处理。

EPON 系统的 DBA 的实现基于两种 MPCP 帧：GATE 消息和 REPORT 消息。ONU 利用 REPORT 帧向 OLT 汇报其上行队列的状态，向 OLT 发送带宽请求。OLT 根据与该 ONU 签署的服务等级协议（SLA）和该 ONU 的带宽请求，利用特定的算法计算并给该 ONU 发布上行带宽授权（Grant），以动态控制每个 ONU 的上行带宽。EPON 系统的DBA 一般采用轮询方式。其针对每个 ONU 的工作过程如图 6-10 所示。

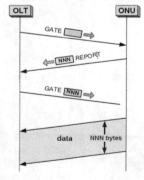

图 6-10　DBA 实现流程图

9. 光纤保护倒换（APS）

EPON 国际标准（IEEE 802.3a）未定义保护方式，中国通信标准委员会制定的《接入网技术要求——基于以太网方式的无源光网络（EPON）》中，已经明确建议采用 ITU-T G.984.1 两种 GPON 系统的保护方式：骨干光纤保护倒换方式和全光纤保护倒换方式。

EPON 技术是接入网技术之一，主要用于 FTTH/FTTB 的宽带接入业务，用户接入成本较为敏感，并且对保护的要求相对较低，因此，EPON 系统现有的保护方式的实际应用价值较低。骨干光纤保护方式相对于光纤全保护倒换方式代价较小，仅对 EPON 系统的骨干段光纤实现保护；而光纤全保护倒换方式彻底消除了 EPON 系统中的单点故障隐患，但代价也是整体翻倍的。

EPON 采用点到多点的树形拓扑结构，骨干光纤的故障会导致其所属的所有 ONU 均无法与 EPON 网络通信，因此，骨干光纤保护倒换方式将是提高 EPON 系统在网络应用中可靠性的主要保护倒换方式。

在骨干光纤保护方式中，OLT 侧的两个主备用 PON 模块的端口分别通过骨干光纤的两条主、备光纤连接到 2∶N 分路器的两个端口，从分路器到 ONU 侧采用常规连接。在 OLT 主用 PON 模块处于工作状态时，备用 PON 模块处于冷备份状态。如果工作光纤出现故障或主用 PON 模块失效，启用备用的 PON 模块和光纤。倒换到备用 PON 模块时，冷备份的备用 PON 模块中的信号发射模块被激发到正常工作状态需要一段较长的时间。在这种方式下，OLT 侧需配置主、备两个 PON 模块，骨干光纤需铺设主、备两条光纤，从而实现对骨干段光纤的保护，提高系统可靠性。

为了实现简单的骨干光纤保护倒换，EPON 系统应由光线路终端（OLT）、工作光纤、保护光纤、2∶N 光分路器、光网络单元（ONU）组成，其中，OLT 内包括保护倒换控制模块、PON 模块和 1×2 光开关，如图 6-11 所示。图 6-12 所示为光纤全保护系统的结构原理图。

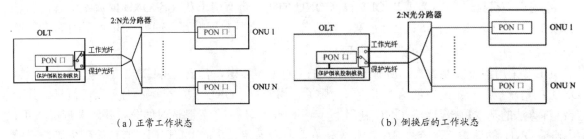

（a）正常工作状态　　　　　　　　　　　　　　　（b）倒换后的工作状态

图 6-11　支持骨干光纤保护的 EPON 系统结构

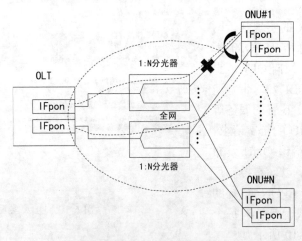

图 6-12　光纤全保护的系统结构

6.2.6　EPON 可靠性

在 EPON 系统的网络拓扑结构中，无论采用何种网络结构，业务都是通过 OLT、主干光纤、分支光纤然后到达每一个 ONU。如果 OLT 或主干光纤发生故障，整个系统就会陷入瘫痪。

因此，在当今网络保护显得越来越重要的情况下，对于 EPON 采用必要的自动保护倒换（APS），不仅能有效地解决业务传递的连续性；更可以提高 EPON 系统的生存性、稳定性；同时也将提高业务的服务质量。

为了解决现有网络系统中存在的缺陷，需要把 APS 技术运用到 EPON 系统中，建立新型的具有自愈功能的 EPON 系统。EPON 自愈网是基于传统的 EPON 结构所建立的一种新型网络。它与传统的 EPON 系统相比，具有控制简单、生存性强等突出特点。

所谓网络自愈，是指无需人为干预，网络在极短的时间内从失效的故障状态自动恢复传输所携带的业务，使网络具备一种可替代的传输路由。具有自愈功能的 EPON 系统主要针对系统应用中的一些故障做保护，EPON 系统的故障可以分为线路故障、设备故障两大类。针对这两类故障实施的保护也有两种。

1. 线路故障：主要分成主干光纤故障和支干光纤故障

（1）主干光纤故障或光纤插损过大：由于 EPON 系统是通过光纤和很多无源光器件进行传输的，因此主干光纤或者光无源器件发生故障时，会影响整个系统的业务传输。主干光纤的故障主要有光纤断裂或者损坏，或者由于外界的力量产生扭曲、变形，使插损超过门限值，导致业务中断。该类型故障产生的后果就是整个系统无法正常工作，该类型的故障优先级最高，因此必须杜绝发生。

（2）支干光纤故障：支干光纤的故障也主要是光纤断裂或者插损过大。该类故障将会导致一个或者多个 ONU 业务无法传递。相对于主干光纤断裂，该类故障的优先级较低，应尽量避免发生。解决的方法是设计和增加保护路由的主干光纤和分支光纤。

2. 设备故障：主要有 OLT 故障和 ONU 故障两大类

（1）OLT 故障：OLT 作为 EPON 的核心，不仅要完成所有 ONU 的认证、鉴权、管理等工作，还要负责 OUN 的测距、动态带宽分配（DBA）以及数据的交换。如果 OLT 出现故障，连接到该 OLT 的所有 ONU 都无法正常工作。

OLT 故障的原因有硬件的故障；软件的故障；芯片的故障，模块的故障；光路的故障，电路的故障等。该类型的故障导致的后果就是整个系统无法正常工作，该类型的故障优先级最高，因此必须杜绝发生。

（2）ONU 故障：ONU 作为用户与外界数据交换的平台，负责用户业务的传递。

如果 ONU 出现故障，将会影响该用户的所有业务，一般情况下不会对整个网络造成影响。其影响一般是个体的、少数的。相对于 OLT 故障，该类故障的优先级较低，但也应尽量避免发生。设备故障解决的方法是 OLT 和 ONU 增加备份设备。

各种 PON 拓扑的保护网络结构，如图 6-13 所示。

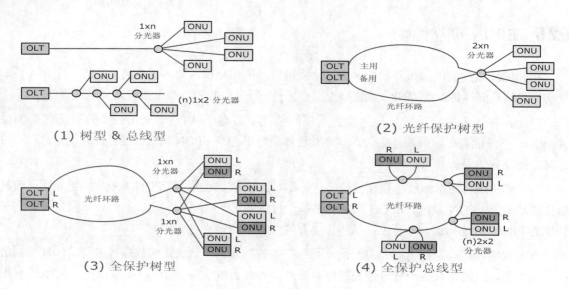

图 6-13　PON 拓扑的保护网络结构

　　无保护 PON 的故障时间约为每年 40 分钟，对应 99.992％的可用性。这对于大多数情况都已经足够了。因为这已经超过了电信网的故障时间约为全年 52 分钟的要求。

　　但是，考虑 OLT 的可靠性，仍然需要对 OLT 实施保护。这样 OLT 保护树形结构 PON 的故障时间约为每年 35 分钟，大大高于电信网的故障时间（约为全年 52 分钟）的要求。所以，在构建 EPON 系统时，推荐采用 OLT 保护树形 PON 结构。

6.2.7　EPON 在有线网络的传输方式

　　EPON 中使用单芯光纤，在一根芯上传送上下行两个波（上行波长：1310nm，下行波长：1490nm，另外还可以在这个芯上下行叠加 1550nm 的波长，来传递模拟电视信号）。

1. 单纤三波复用

　　OLT 上/下行波长（1310/1490nm）通过波分复用，用于传输数据、语音和视频点播等双向业务。第三个波长（1550nm）用于下行 CATV 射频信号传输。主干光纤上同时传输三个波长。节省一芯主干光纤，但是增加了两个高隔离度的 WDM 器件。采用这种设计，PON 可以覆盖 20km 以内的 32 个光节点，如图 6-14 所示。

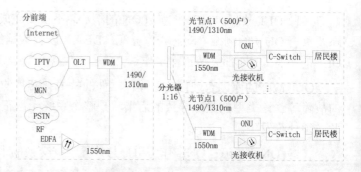

图 6-14　单纤三波复用模式

2. 双纤独立传输方式

　　独立的两个网络，即建设 EPON 网络时，不需要改造原有的 HFC 网络。HFC 网络的光波长既可以用 1550nm，也可以用 1310nm。保护原有 1310nm 网络资源。

（1）EPON+CATV1310nm 光纤系统，该系统采用两芯光纤，一芯主要用于传输数据业务，一芯用于传输广播电视业务，如果原有系统广播电视业务采用的就是 1310nm 传输设备，其优点是可以省去对 1310nm 传输设备的升级，但光纤用量会多一芯，该系统结构如图 6-15 所示。

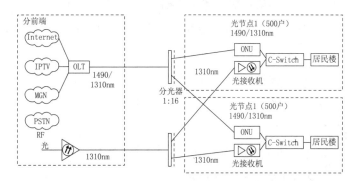

图 6-15　EPON + CATV1310nm 光纤系统

（2）EPON+CATV1550nm 光纤系统，该系统也采用两芯光纤，与前面的系统并没有太大的本质区别，只是广播电视业务采用 1550nm 波长的光传输，该系统结构如图 6-16 所示。

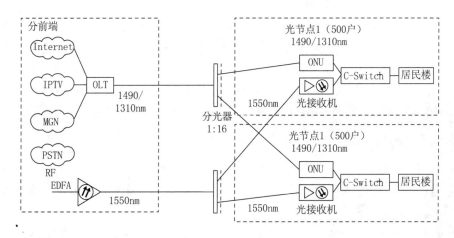

图 6-16　EPON + CATV1550nm 光纤系统

6.2.8　EPON 设计

1. OLT 每千兆光口可带用户数

OLT 既是一个交换机或一个路由器，又是一个多业务提供平台，它为 PON 提供光纤接口，根据以太网向城域网及广域网发展的态势，OLT 在提供千兆光口的同时，还提供多个 2Gbit/s 和 10Gbit/s 的以太网接口。在目前的系统中，每个 OLT 提供 2～4 个千兆光口。每个千兆光口可带的用户数目计算如下。

设每个用户的业务为标清 IPTV+宽带数据，由此可以计算出每个用户的业务量和带宽。

（1）媒体流数据量=VOD 视频流（2Mbps）+VOD 音频流（64kbps）+编码器编码误差（100kbps）=2.15Mbps。

（2）媒体流输出带宽=媒体流数据量+MPEG 的 PS 流封装报文头和 PES 开销（平均 150kbps）=2.3Mbps。

（3）业务流网络带宽=媒体流输出带宽×（1+网络协议封装开销（5%））=2.4Mbps。

（4）网络总流量=业务流网络带宽×（1+网络流量平均抖动（5%））=2.5Mbps。

（5）如果再加上宽带数据业务，每用户所需带宽为 3～4Mbps。

（6）按 4Mbps/户计算，每千兆光口可带 250 个用户。

（7）按 20%的使用率计算，可覆盖用户 1250 户。

（8）按每楼栋（6 层、4 个单元、一层 2 户）50 户计算，可覆盖 25 栋楼。

（9）如果考虑同时使用率，其覆盖范围还将扩大。例如，同时使用率为 50%，则可覆盖 50 栋楼。

上述考虑对于我们合理设计 ODN 结构和 ONU 的数量是很有参考价值的。

2. OLT 的最佳安装位置

OLT 以放置在城域网络的分前机房为佳，它上联汇聚交换机，下联无源光网络，通过光纤连接到小区后，再经过光分路器连接到多个 ONU。把 OLT 放置在分前端机房，则可以通过 OLT 连接多个小区，充分利用 OLT 的端口和分前端的大量光纤资源。

如果把 OLT 放在小区内，通过 1 或 2 个千兆上联端口连接到端局的汇聚交换机，干路光纤的需求量与以上方案基本相同。但还需要在小区内提供机房并解决供电及环境保证。另外，由于设备远离机房，运行维护不方便，会造成运维方面支出的提高。此外，一个小区的用户数量可能与 OLT 的支持数量不匹配，如果把 OLT 放在小区机房内，很可能造成一些 OLT 端口的闲置，造成设备总投资的浪费。所以通常情况下，不建议把 OLT 放在小区。

3. 光分配网（ODN）的设计与应用

EPON 系统中 ODN 位于分布的光网络中，包括单模光纤、光分路器等。OLT 采用单纤波分复用技术，通过光纤与分光器与 ONU 连接，最大传输距离可达 20km。在 ONU 侧通过光分路器分送给多达 32/64 栋楼的用户。

在 ODN 的设计中，主要涉及到光缆布线、安全保证、光分路器的级联等问题。ODN 系统的设计主要与城市居民小区的物理分布有关。常规结构的 ODN 设计较为简单，如下列举了 ODN 设计中的两种光分路器级联的方案供参考。

【案例 6-1】4 个小区，每小区 16 栋楼，各小区相距最大距离 2km。

可采用下列光分路器级联的方式进行设计，由于光分路器的级联与其级数无关，而与整个 ODN 系统的损耗有关。4 个小区，每小区 16 栋楼共计 64 栋楼，用 2 个 PON 口进行覆盖即可，如图 6-17 所示。

此设计案例可大量节省光纤，使布线更加灵活，减少了布线过程中遇到的各种麻烦。其链路损耗如下。

1×2 光分路器损耗：3.2dB，1×16 光分路器衰损耗 13.5dB，光纤损耗 0.3dB/Km，链路总损耗为 $3.2+13.5+7.3 \times 0.3+6 \times 0.5=21.89$dB。

如 OLT 发射功率为 0dBm，ONU 接收光功率为-26dBm，0（-26）=26dB>21.89dB，链路总损耗满足要求。

【案例 6-2】16 个小区，每小区 4 栋楼，各小区相距 0.5km，设计方案如图 6-18 所示。

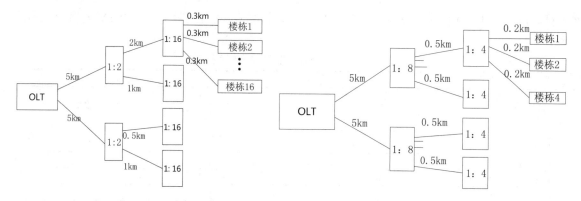

图 6-17 案例 1 小区布局示意图   图 6-18 案例 2 小区布局示意图

案例 2 虽然形式上看与案例 1 有区别，但其设计理念及出发点却是基本相同的。

在 EPON 系统设计中，对 ODN 的一项最重要的要求是可逆性要好，输入/输出口对调后不能导致通路损耗的重大变化，这样上下行通路的设计就简单了。

为了实现这一目的，分光器的选择极为重要：

① 对于光纤熔熔拉锥型分光器，其光分支必须为等分光比。不能采用不等分分光比的光纤熔熔拉锥型分光器，因为这种分光器的输入/输出口对调后，光通路损耗将产生重大变化。

② 如果系统中一定要用不等分分光比的分光器，应选用分立光学元件制造的分光器，或波导型分光器。

③ 光分路器等无源器件应能支持 1310～1550nm 波长区内的任一波长的信号传输，以支持 WDM 应用。

4. 带宽计算

单个 PON 系统内的带宽测算：需要考虑该 PON 系统内所有 ONU 所产生的流量系统是否能够满足要求；对 OLT 上联的带宽测算，需要考虑该 OLT 所有 PON 口所带的全部 ONU 产生的流量（一般 OLT 包含多个 PON 口）。带宽的计算公式如下：

$$B = \sum_{i=1}^{n} \frac{bi \cdot p \cdot \alpha \cdot \beta \cdot N}{\eta} \qquad (6\text{-}1)$$

式中：

B 为总的带宽需求。

b_i 为单一业务所需带宽/户，各种业务带宽需求参照表 6-1 取定。

ρ 为每一种业务用户占总用户的比率，不同区域、不同的人群使用各种业务的比率不同。

α 为集中比，可根据不同地区、不同客户群实际情况进行设定，可取 0.5。

β 为流量占据比，一般可取 50%。

N 为总的宽带用户数，测算 OLT 上联带宽时，N 为 OLT 所有 PON 口连接的所有用户数；测算 PON 系统内带宽时，N 为 PON 系统内所连接的所有用户数。

η 为带宽冗余系数，建议 PON 系统内取 90%、OLT 上联取 65%。

n 为业务类别的总数。

对于 PON 系统内带宽规划，考虑到 EPON 对 TDM 业务承载效率约为 50%，因而对 PON 系统内 TDM 专线业务分配带宽要相应地按照专线带宽×2 来考虑；对于 OLT 网络侧以太网上联带宽测算时，不计 TMD 号线业务带宽；对于 IPTV 组播业务，其占用带宽依据 IPTV 内容分发所需带宽测算。

表 6-1 典型业务带宽需求参考模型

业务类型	下行带宽	上行带宽
互联网业务（Mbps）	2	1
网络游戏（Kbps）	300	300
IPTV 视频（标清）（Mbps）	2	
IPTV 视频（高清）（Mbps）	6	
VoD（Mbps）	3	
语音电话（Kbps）	100	100
可视电话（Mbps）	1	1
P2P（Mbps）	4	4
TDM 专线	n×64Kbps 或 2Mbps	n×64Kbps 或 2Mbps

注释：互联网业务带宽视不同地区、不同用户群实际情况而定，P2P 带宽视运行情况而定。

【案例 6-3】某业务用户比率为：上网业务 45%、网络游戏 20%、IPTV 视频（标清）10%、VoD 业务 10%、可视电话业务 15%。PON_1 口总的宽带用户 800 户，PON_2 口总的宽带用户 750 户。

① PON_1 系统内带宽为：

$B_{上网}$=2×0.45×0.5×0.5=500Mbps（下行）/10.45×0.5×0.5=250Mbps（上行）

$B_{游戏}$=13.3Mbps（下行）/13.3Mbps（上行）

B_{IPTV}=44.4Mbps

B_{VoD}=66.7Mbps

$B_{可视电话}$=33.3Mbps（下行）/33.3Mbps（上行）

$B_{总}$=200（下行）/100（上行）+13.3（下行）/13.3（上行）+44.4+66.7+33.3（下行）/33.3（上行）=357.7Mbps（下行）/146.6Mbps（上行）

由计算结果可知，带宽与各种业务的接入比率密切相关。所以，在计算时应根据当地的实际情况，设置各种业务的接入比率。

② PON_2 系统内带宽为：

$B_{上网}$=187.5Mbps（下行）/93.8Mbps（上行）

$B_{游戏}$=12.5Mbps（下行）/12.5Mbps（上行）

B_{IPTV}=41.7Mbps

B_{VoD}=62.5Mbps

$B_{可视电话}$=31.2Mbps（下行）/31.2Mbps（上行）

$B_{总}$=187.5（下行）/93.8（上行）+12.5（下行）/12.5（上行）+41.7+62.5+31.2（下行）/31.2（上行）=335.4Mbps（下行）/137.5Mbps（上行）

③ OLT 上联带宽（两个 PON 口总用户数 1550 户）|为：

$B_{上网}$=536.5Mbps（下行）/268.3Mbps（上行）

$B_{游戏}$=35.8Mbps（下行）/35.8Mbps（上行）

B_{IPTV}=119.4Mbps

B_{VoD}=178.7Mbps

$B_{可视电话}$=89.4Mbps（下行）/89.4Mbps（上行）

$B_{总}$=536.5（下行）/268.3（上行）+35.8（下行）/35.8（上行）+119.4+178.7+89.4（下行）/89.4（上行）=959.8Mbps（下行）/393.5Mbps（上行）

OLT 上联带宽比 PON 系统内带宽要高 38%。

5. ONU/ONT 设计中的注意点

（1）在 EPON/FTTB+LAN 的系统应用中，以楼为单位安装 ONU，即每栋楼一个 ONU。ONU 一般安装在楼栋的中间单元，这样布局有利于对其他单元交换机的业务进行汇聚，因为楼内的 LAN 系统采用 5 类线，最远传输距离为 90m（100m 去除两头各 5m 余量）。

（2）EPON 系统设计中，由于不同 ONU 距 OLT 的距离相差较大，会对 ONU 产生两方面的影响。

① 光路传输产生的不同时延：EPON 系统通过时间同步与测距补偿机制来控制光路传输产生不同时延的影响，对距离差没有特殊要求。

② 光功率的限制：对于光功率的限制主要是经过光路的各类损耗后（光传输光纤的损耗，光分路器的分光损耗，各类光器件的插入损耗等），光功率值应控制在 ONU 光器件的过载光功率与接受灵敏度范围内的。

实际 ONU 光器件过载光功率的典型值为 -5dBm，ONU 光器件接收灵敏度的典型值为 -26dBm，此时可保证 ONU 正常工作。虽然，ONU 的接收光功率有一个较大的跨度范围，从 -5dBm 到 -26dBm，但是，实际系统应尽可能保证每个 ONU 处的光功率保持在一个均匀的范围内（3dB），这样可以有效延长网络的寿命，增加网络稳定性。

部署 ONU 时一定要测量实际光功率值，并将测量值与设计值比较，二者相差过大的必须排查原因。

分光系统设计最好将分光器控制在 3 级之内，过多的分级会使衰减明显增大，且使网络结构过于复杂。

OLT 到距 OLT 最远的 ONU 的光损耗 L 为：

$$L = \alpha\ (l_1+l_2+l_3+l_4)+L_{s}1+L_{s2}+L_{s3}+a\times0.5 \leqslant P_T-P_R=26\text{dB} \tag{6-2}$$

式中：　a 为光纤损耗系数（dB/km）；

l_1 为 OLT 到第一个分光器的距离（km）；

l_2 为第一个分光器到第二个分光器的距离（km）；

l_3 为第二个分光器到第三个分光器的距离（km）；

l_4 为第三个分光器到距第三个分光器最远的 ONU 的距离（km）；

L_{s1}、L_{s2}、L_{s3} 分别为第一级、第二级、第三级分光器的损耗（dB）；

$a\times0.5$ 为 a 个活动光连接器的总损耗（dB）；

P_T 为 OLT/ONU 的发射光功率（dBm）；

P_R 为 OLT/ONU 的接收光功率（dBm）。

无源光网络设计时，在设计光路结构方面，不能按照设备的接收极限值设计，通常需留出至少 3dB 余量，如果 OLT 发射功率 P_T 为 0dBm，ONU 接收光功率 P_R 为 -26dBm，则

$$L = \alpha\ (l_1+l_2+l_3+l_4)+L_{s1}+L_{s2}+L_{s3}+a\times0.5 \leqslant (P_T-P_R)\ -3=26-3=23\text{dB}$$

由于不同厂家选用的光模块不同，所以，P_T-P_R 的值也不同。实际设计时应根据所选用的设备参数来确定 P_T-P_R 的值，并由此确定总损耗 L 的值。

（3）光波长光路损耗的验算

在计算公式 $L=a（l_1+l_2+l_3+l_4）+L_{s1}+L_{s2}+L_{s3}+a×0.5$ 中，光纤的损耗系数 a 在 1490nm 光波长时应取为 $a=0.21-0.26$dB/km，公式中的其他项意义不变。

如果，1310nm 时 a 平均取为 0.36dB/km，1490nm 时 a 平均取为 0.24dB/km，则二者损耗相差约为 0.12dB/km。对于光路总损耗 L 而言，第一项 $a（l_1+l_2+l_3+l_4）$ 占的比例较小，对于光路总损耗 L：

第一项 $a（l_1+l_2+l_3+l_4）$ 中，$（l_1+l_2+l_3+l_4）=20$km 时，

$a（l_1+l_2+l_3+l）=0.36×20=7.2$dB（1310nm）；

$a（l_1+l_2+l_3+l）=0.24×20=4.8$dB（1490nm）。

第二、三、四项 $L_{s1}+L_{s2}+L_{s3}$

三级分光：1×2、1×4、1×4	损耗 16.0dB=3.2+6.4+6.4；
二级分光：1×4、1×8	损耗 16.1dB=6.4+9.7；
1×2、1×16	损耗 16.7dB=3.2+13.5；
一级分光 1×32	损耗 18.3dB。

第五项 a×0.5

三级分光： a×0.5 =8×0.5=4dB

二级分光： a×0.5 =6×0.5=3dB

一级分光： a×0.5 =4×0.5=2dB

① 1310nm 三级分光

$L=7.2+16.0+4=27.2$dB；　　　$L=7.2+16.0+0=23.2$dB（无连接器）

② 1310nm 二级分光

$L=7.2+16.1+3=26.3$dB；　　　$L=7.2+16.1+0=23.3$dB（无连接器）

③ 1310nm 一级分光

$L=7.2+18.3+2=27.5$dB；　　　$L=7.2+18.3+0=25.5$dB（无连接器）

④ 1490nm 三级分光

$L=4.8+16.0+4=24.8$dB；　　　$L=4.8+16.0+0=20.8$dB（无连接器）

⑤ 1490nm 二级分光

$L=4.8+16.1+3=23.9$dB；　　　$L=4.8+16.1+0=20.9$dB（无连接器）

⑥ 1490nm 一级分光

$L=4.8+18.3+2=25.1$dB；　　　$L=4.8+18.3+0=23.1$dB（无连接器）

两种波长的 L 相差 2.4dB，因此，设计时必须注意功率容限，即 $L \leqslant P_T-P_R=23$dB。

（4）采用单光纤三波长 EPON 系统

1550nm 电视系统的光损耗为 $P_T-P_R=19-（-3）=22$dB（模拟电视）

$$P_T-P_R=19-（-10）=29\text{dB（数字电视）}$$

WDM 器件的损耗为 0.5dB，两个 WDM 器件的损耗为 1dB，系统其他部分的光损耗只允许有：22-1=21dB（模拟电视），29-1=28dB（数字电视），取 1550nm 的 a 平均值为 0.21dB/km，则 20km

损耗为 4.2dB。

① 1550nm 三级分光

L=4.2+16.0+4=22.2dB；　　　L=4.2+16.0+0=20.2dB（无连接器）

② 1550nm 二级分光

L=4.2+16.1+3=23.3dB；　　　L=4.2+16.1+0=20.3dB（无连接器）

③ 1550nm 一级分光

L=4.2+18.3+2=24.5dB；　　　L=4.2+18.3+0=22.5dB（无连接器）

这表明三波长 EPON 系统传输模拟电视还是不行的，即便把前面 3dB 余量考虑小一点，还是有些勉强，但传输数字电视是没有问题的。

6.2.9　广电与电信 EPON 技术要求差异

广电与电信 EPON 主体功能要求基本是一致的，但在一些细节上，广电的 EPON 可以提出一些特殊要求，如在承载业务类型上，广电要增加 CATV 业务、视频点播业务等；在 ONU 设备类型上可针对 CATV 应用，增设 RF 端口；在扩展 OAM 上考虑增加对 ONU 设备的 RF 端口的管理；在接口上，广电可考虑增加对一纤三波应用的 OLT 光接口和 ONU 射频 RF 接口的性能要求；在业务承载能力上，广电要考虑增加承载 CATV 业务、IP 视频业务、对称视频业务的性能要求；在供电上，广电有增加 ONU 设备 60V 集中供电的要求。

6.2.10　EPON 与 GPON 特点概览

GPON 和 EPON 的技术上有许多相似甚至相同的地方，如交换、网元管理、用户管理等。

简而言之，从传输的帧结构来看，EPON 的帧结构是基于以太网格式的封装，GPON 的帧结构则基于各种用户信号原有格式的封装，这就是它能简单、通用、高效地支持全业务的根本原因。从传输协议上看，EPON 是基于"各种协议"之间的转换；而 GPON 则是进行各种协议的"传输"，也就是我们常说的"透明传输"。根据标准定义和目前大部分设备的实际情况，EPON 和 GPON 从总体角度比较如表 6-2 所示。

表 6-2　EPON 与 GPON 特点比较

	GPON（ITU-T G.984）	EPON（IEEE 802.3ah）
下行速率	2500 Mbps	1250 Mbps
上行速率	1250 Mbps	1250 Mbps
分光比	1:64，（规划为 1:128）	1:32、1:64
下行效率	92%，采用 NRZ 扰码（无编码），开销（8%）	72%，采用 8B/10B 编码（20%），开销及前同步码（8%）
上行效率	89%，采用 NRZ 扰码（无编码），开销（11%）	68%，采用 8B/10B 编码（20%），开销（12%）
实际可获得下行带宽	2300 Mbps	900 Mbps
实际可获得上行带宽	1110 Mbps	850 Mbps

	GPON（ITU-T G.984）	EPON（IEEE 802.3ah）
每用户可获得下行带宽	36 Mbps（1:64 分光比）	28 Mbps（1:32 分光比）
运营、维护（OAM&P）	OMCI 是必须的。对 ONT 和服务的全套 FCAPS（故障、配置、计费、性能、安全性）管理	OAM 可选且最低限度地支持：对 ONT 的故障指示、环回和链路监测
网络保护	可选 50ms 切换时间	未规定
TDM 传输	内在功能，通过 GEM 或以太网电路仿真（ITU-T Y.1413 或 MEF 或 IETF）	以太网电路仿真（ITU-T Y.1413 或 MEF 或 IETF）

6.2.11 EPON 与 GPON 协议比较

图 6-19 所示是 EPON 和 GPON 业务协议栈比较。EPON 则以 Ethernet 协议为基础，效率较低，但能直接支持 IP 协议；而 GPON 则同时以 GEM、ATM 协议为基础，提供高效率、多业务封装模式，但协议较复杂。

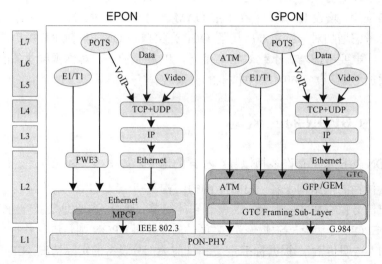

图 6-19　EPON 和 GPON 业务协议栈比较

6.2.12 EPON 与 GPON 关键技术比较

1. 突发模式光收发器技术

由于上行传输采用 TDMA 的方式，EPON 和 GPON 均要求支持突发模式光收发器技术，要求 OLT 的接收机和 ONU 的发射器工作在突发模式。

（1）OLT 光接收机的快速功率恢复：要求 OLT 在每个接收时隙的开始处迅速调整 0-1 判决门限。

（2）ONU 光发射机的突发发射和关断：为抑制自发散射噪声，要求 ONU 的激光器能够快速地冷却和回暖。

（3）OLT 光接收机的突发同步技术：上行接收数据相位的突变要求，OLT 的接收机工作在突发模式接收状态。

相比较而言，由于 GPON 的光模块要满足很高的突发同步指标，对模块中的驱动和前后放大器芯片的要求很高；还要满足三类 ODN 的功率预算，对 ONU 发射机功率和 OLT 接收机的灵敏度也有很高要求，只能采用 DFB 发射机和 APD 的接收机，而 EPON 系统可以使用传统的 FP 发射机和 PIN 接收机，所以，GPON 光模块的成本显然要高于 EPON 光模块，但据估计，在两者同样大规模（100 万量级）使用后这个差异可以逐渐忽略。

2. 速率、带宽与带宽效率

EPON 系统标准定义上下行对称 1.25G，设备已经完全实现；理论上，EPON 系统由于线路采用 8B10B 编码，并且固有以太网帧的帧间空隙，传输效率相对较低；可实现 1:64 分支的标准。

GPON 系统标准定义下行 2.5G/1.25G 可选，上行 2.5G/1.25G/622M/155M 可选，目前设备大多实现下行 1.25G/2.5G，上行 1.25G，理论计算带宽效率更高：下行可达 1.2G/2.4G，上行可达 960M。

3. ODN 网络要求

EPON 只支持 Class A 和 B 的 ODN 等级，而 GPON 可支持 Class A、B 和 C，因此 GPON 可支持高达 128 的分路比和长达 20km 的传输距离。在 ITU-TG.982 中规定的 3 类 ODN 网络的功率范围为 Class A:5-20dB；Class B:10-25 dB；Class C:15-30 dB。

4. 安全与加密

因为 PON 的多点广播特性，所有的下行数据都会被广播到 PON 系统中的所有 ONU 上。如果有一个匿名用户将它的 ONU 接收限制功能去掉，那么它就可以监听到所有用户的下行数据，这在 PON 系统中称为"监听威胁"；PON 网络的另一个特点是，网络中的 ONU 不可能监测到其他 ONU 的上行数据。

在 PON 上解决安全性的措施是 ONU 通过上行信道传送一些保密信息（如数据加密密钥），OLT 使用该密钥对下行信息加密，因为其他 ONU 无法获知该密钥，接收到下行广播数据后，仍然无法解密获得原始数据。

从标准定义来看，IEEE 802.3ah 并未强制规定加密要求；而 G.984 明确要求 GPON 系统采用 AES128 的加密。

5. 动态带宽分配（DBA）

相对于静态带宽分配（SBA），DBA 是指实时地（ms 级）改变 PON 中各 ONU 上行带宽的机制。EPON 和 GPON 规范均未定义下行通道的 DBA 要求，主要采用 SBA，对于上行通道均要求支持 DBA 功能，以提高上行通道带宽利用率和服务质量保证能力。

DBA 实现的重点和难点在于 DBA 算法，一般要求 DBA 的实现具有业务透明、低时延和低时延抖动、公平带宽分配、健壮性好、实时性强的特点。GPON 系统的 DBA 功能从控制颗粒、精度等方面具有一定的技术优势。

6. 业务 QoS 能力

EPON 系统支持 IEEE 802.1p，采用 SP、WRR、SP+WRR 队列调度算法，支持端口 CAR。在应用中，802.1p+端口 CAR 适应 IP 城域网 QoS 要求（第 2 层的 QoS 技术），满足目前的业务需求。

GPON 系统提供基于 T-CONT 的四种服务质量的传送业务：fixed bandwidth（固定带宽）、assured bandwidth（保证带宽）、non-assured bandwidth（非保证带宽）、best effort bandwidth（尽力

而为带宽）；也支持端口 CAR。在理论上可看作 1.5 层的 QoS 技术，比 EPON 更具优势。同时，GPON 可以通过 T-CONT、Port ID 以及 802.1p 等各种丰富的标识实现对用户和业务的控制和管理。

7. TDM 业务支持能力

对于 EPON 系统而言，TDM 业务的封装和传输由高层协议支持，目前可采用以下几种协议。

①PWE3（Pseudo Wire Emulation Edge to Edge）：效率较低。②TDM over Ethernet：标准不成熟，效率较低。③源模式：完全无标准，会影响 EPON 系统本身的互通性，效率高。

GPON 系统对 TDM 业务采用源模式传输，以 TDM over GEM 的方式承载。由于系统传输采用 125μs 固定长度的帧结构，TDM 信号的时延、时延抖动指标较容易控制，承载 TDM 业务具有天然的优势。

8. 运行维护管理（OAM）功能

EPON 系统支持 Remote Failure Indication（远端故障指示）、Remote Loopbak（远端环回）、Link Monitoring（链路监视）；不定义支持和单条链路不相关的管理功能，比如保护倒换和设备管理以及设置/写远端 MIB 变量的能力。规范定义管理能力较弱，无法满足电信级运营要求。

GPON 系统 OAM 功能由三部分组成：嵌入的 OAM、PLOAM 和 OMCI（ONU 管理控制接口）。OAM 和 PLOAM 管理物理层和 TC（传输汇聚）层的功能，OMCI 提供对高层（与承载业务相关）的统一管理，从标准定义开始就考虑了运营商的要求，具有一定的技术优势。

6.2.13　EPON 与 GPON 在应用中的比较

有了前面纯技术的比较，结合目前宽带接入网和宽带接入业务的需求，以下分析在接入网的应用中，EPON 和 GPON 的各自特点和优劣。

1. 速率、带宽与带宽效率

对于 EPON 系统，实际测试表明，系统下行和上行带宽分别可达 980M 和 930M；按照目前成熟的 1:32 分支，每用户可保障最大 31M<下>/29M<上>（均分）。

对于 GPON 系统，研究和初步测试发现，GPON 系统下行和上行带宽分别可达 2.4G 和 1.2G；按照 1:64 分支，每用户可保障最大 38M<下>/19M<上>（均分）。

分析 EPON 和 GPON 的实际带宽能力，目前，EPON 和 GPON 均可实现 30M 以上的接入带宽（端口利用率较高的前提下），均可满足将来大带宽接入需求下的 FTTH 应用。但是，就现有的宽带业务运营模式和接入业务开放方式，38M 和 31M 可能很难体现出区别。

2. ODN 网络要求

A、B 类型 ODN 网络已经基本足够满足大部分宽带接入网的需要，如果在特殊情况下，有 C 类 ODN 的要求，则可采用其他的方式来解决；仅仅为极少数的应用要求设备支持 C 类 ODN 将会得不偿失。

3. 安全与加密

在国内宽带接入网的应用中，由于受国家完全局限制，EPON 和 GPON 将均不能采用 AES128 机制，中国国内所有标准均要求支持 Churning 和 Triple Churning。

4. 业务 QoS 能力

宽带接入网的 QoS 与城域网 QoS 密切相关，目前，接入网汇聚网络（L2）的业务 QoS 主要依靠 8021.p 实现，接入段本身的 QoS 能力对于开放业务而言，需受限于 L2 汇聚网络的 QoS 水平。因此，EPON 和 GPON 网络上连到城域网，与整个网络开放业务实现的 QoS 能力无本质区别。

GPON 理论上的 QoS 能力较好，但目前实用意义不大。结合将来下一代承载网的发展需求以及运营商对用户和业务的控制要求，真正实现可管可控可运营，GPON 仍具有潜在的优势。

5. TDM 业务支持能力

尽管电信业务将逐步分组化，宽带接入网的 TDM 业务承载需求将进一步萎缩，但是传统运营商的 TDM 业务能力需求将在长时间内继续存在，因此 TDM 业务能力对于接入网来讲仍然具有重要的意义。

GPON 标准天然支持 GEM 承载 TDM 业务的优势不言而喻。但 GPON 源模式 TDM 传输实现复杂。

6. OAM 与管理

GPON 标准定义了包括 ONU 可实现的功能集、ONU 业务种类与数量、QoS 参数协商等参数，开放性和可扩展性好，满足电信级运营要求。

6.3　NGB 的建设与 HFC 的改造

6.3.1　HFC 双向网技术模式

对于下一代广播电视网来说，要实现"三网融合"，目前迫切需要解决的是实现有线广播电视网的双向化，实现途径主要有建设新的 NGB 网络和改造老的 HFC 网络，使其具有双向传输的功能，现有主流的 HFC 双向化技术有 DOCSIS 模式和 EPON+EOC 模式。

其中，DOCSIS 模式按目前技术的发展又可以进一步分为 CMTS+CM 和 PON（EPON）+Mini-CMTS+CM 两种模式。EPON+EOC 模式按 EOC 实现方式可以分为基带型和调制型两类，其中，调制型又分为高频调制和低频调制等。

6.3.2　基于 DOCSIS 标准双向网络

基于 DOCSIS 标准的双向网络，前端有 CMTS，终端有 *CM（Cable Modem，电缆调制解调器）*，所以我们通常也称之为 CMTS+CM 系统，它曾经是有线电视网络双向网络改造的主推模式，标准也从 DOCSIS 1.0 发展到目前的 DOCSIS 3.0。其主要特点是网络及设备标准化程度高，技术成熟，但双向网改要求较高，单位成本也较高，目前大规模使用的地方主要在深圳、上海等广电运营商。

1. DOCSIS 标准

DOCSIS 即有线电缆数据服务接口规范，是一个由有线电缆标准组织 Cable Labs 制定的国际标准。DOCSIS 定义了在有线电缆上提供数据服务所需的通信和运营支撑的接口。它的制订使得在现有的有线电视系统上进行高速数据通信成为可能。

（1）DOCSIS 版本

目前该规范已经制定有 DOCSIS 1.0、DOCSIS 1.1、DOCSIS 2.0 和 DOCSIS 3.0 等不同版本。DOCSIS 1.0 实现了在有线电视网上传输双向信号；DOCSIS 1.1 对 DOCSIS 1.0 的最大改进是增加了 QoS 服务保证，使得在有线网中实现 VoIP 有了保证；DOCSIS 2.0 对 DOCSIS 1.1 的改进全部是在物理层的，上行使用了 *S-CDMA（同步码分多址）* 和 *A-TDMA（高级时分多址）* 技术，使上行的数据速率提高到了 30Mbit/s（DOCSIS 1.0 是 5Mbit/s，DOCSIS 1.1 是 10Mbit/s），并且使上下行速率对称。采用 S-CDMA 技术可以降低对上行信号的载噪比要求，对付噪声比较有效（当然是以降低数据速率为代价）。

（2）DOCSIS 3.0 简介

DOCSIS 3.0 包含以前版本的功能，具有以下主要特点。

① 下行通道绑定多个接收通道：DOCSIS 3.0 的引入使一个 CM 能够同时接收多个通道。下行通道绑定是指（在 MAC 层）在多通道中将数据包排定为单一的服务流的能力。下行通道绑定技术大大提高了 CM 下行数据传输速率的峰值。

② 上行通道绑定多重传输通道：DOCSIS 3.0 的引入使一个 CM 能够同时通过多个传输通道传输。上行通道绑定是指将多通道上行服务流排定为单一的服务流的能力。上行通道绑定提高了 CM 上行数据传输速率的峰值，如图 6-20 所示，120Mbps 的数据被使用"信息包绑定（Packet bonding）"技术分成四个 30Mbps 的数据流（不能大于 30Mbps），通过四个绑定在一起的电视频道进行传输，在接收端通过使用"信息包绑定"技术把四个 30Mbps 的数据流整合还原成 120Mbps 的数据。这样它的传输能力将是原来使用单一电视频道传输的 4 倍以上。图 6-21 所示为 DOCSIS 3.0 信号的频谱图。

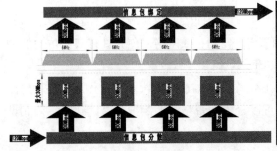 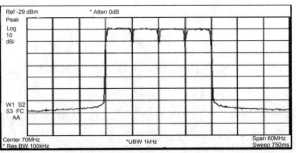

图 6-20　信息包绑定技术　　　　　图 6-21　DOCSIS 3.0 信号的频谱图

③ IPv6 是 DOCSIS 3.0 推出的内置支持版本：DOCSIS 3.0 标准不仅支持原有的 IPv4 技术，而且还能支持新一代的 IPv6 技术，DOCSIS 3.0 CM 既可以使用 IPv4 地址，也可以使用 IPv6 管理地址，或两者兼用。此外，DOCSIS 3.0 CM 可以将 IPv6 与电缆调制解调器（CPE，Customer Premise Equipment）后台设备进行透明连接，支撑高质量的服务和过滤功能。

④ 特定源组播：DOCSIS 3.0 支持 IP 特定源组播到 CPE 的传输。DOCSIS 3.0 采取了新的方式实现这一传输，而没有采用扩展电缆调制解调器 IP 组播协议认知的方式。对 IP 组播的所有认知被转移到了 CMTS，并在 CM 和 CMTS 之间重新确立了 DOCSIS 第二层组播控制协议，与下行通道绑定协调一致，为今后的组播应用提供了效率和扩展支持。

⑤ 组播的高质服务：DOCSIS 3.0 确立了一个标准的机制，用以保证 IP 组播的服务质量。它为组播流量引入了"服务流"的概念，用于区分服务类别，定义高质服务参数。

⑥ 物理层频率范围扩展：下行扩展为 108～1002MHz，上行已扩展为 5～85MHz。

⑦ MAC 层改善：新增了拓扑和模糊度解决方案，MAC 初始化已得到改善，增加了 DOCSIS 路径验证网络以及 CM 状况和控制功能。

⑧ 管理的改善：增加了 CM 诊断日志、增强型信号质量监测系统以及服务统计系统。

⑨ 安全方面的改进：128 位 AES（Advanced Encryption Standard，高级加密标准）增强型通道加密技术取代了目前的 DES（Data Encryption Algorithm，数据加密算法）系统。

2. 基于 DOCSIS 标准双向 HFC 网络

基于 DOCSIS 标准双向 HFC 网络，通常将下行通道放在 108～1002MHz 频率范围，上行通道在 5～85MHz 频率范围，可使用带宽为 80MHz，采取频分复用方式。

在基于 DOCSIS 标准双向 HFC 网络中，通常我们按其反向通道划分为四块，这四大块分别为：用户接入端部分、电传输链路部分、光传输链路部分、汇聚点/分中心部分，如图 6-22 所示。这是一种比较典型的基于 DOCSIS 标准的双向 HFC 网络。在这种网络中，由于 CMTS 成本较高，为摊低改造成本，一台 CMTS 需要覆盖的用户数往往比较多，一般可能在 1000 户左右，这样一来，这些用户设备所产生噪声的"漏斗效应"比较明显，对双向网络的正常稳定工作会带来较大的负面影响。

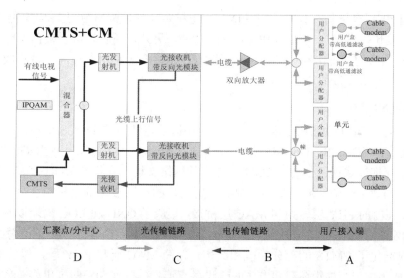

图 6-22　CMTS+CM 的双向 HFC 网络结构

（1）用户接入端部分

用户接入端（Cable Modem，以下简称 CM）至楼放下行输出口——A 块。由于楼放下行输出电平可达 100dBμV 以上，用户接收设定在电平 65-73dBμV，因此用户分配网的下行损耗一般为 30±4dB 左右，上行损耗会低一些。

（2）电传输链路部分

楼房下行输出口至光站（具有双向传输功能的光节点）的下行输出口——B 块。对于下行放大器的增益可根据光站下行输出口电平的高低而定，一般在 20～40dB 之间，用来补偿分配、分支和线路损耗，使下行最终损耗在 0～10dB 之间。对于反向通道，因 B 块中有自己独立的反向放大模块，因此反向信号的总体增益（损耗）可实现 0dB，这就是我们通常说的"单位增益"。

（3）光传输链路部分

光站至前端光收发机部分——C块。对于这一块，下行要保证光站光收机的接收光功率在0～-3dBm，以保证光收机能输出足够的电平和载噪比，反向损耗则与反向光设备的选择有关，一旦光设备选定了，损耗也就确定了。

（4）汇聚点/分中心部分

反向光接收机输出端至CMTS的输入端口部分——D块，这块的主要作用是将多路光链路混合成一路输入到CMTS，此块的插入损耗要根据业务带宽，按通道内的功率密度（每赫兹功率）来推算出该业务的电平值，然后再减去CMTS要求的输入电平值而得出来。这块是整个反向通道最大的一个汇集点，混入一个CMTS端口的光链路最好是2～4路，若过多会使通道的噪声增加，过少又不够经济。上行信号在进入CMTS之前，应接一个3dB左右的固定衰减器，其作用是：改善通道的驻波性能；并为其他业务的接入提供余量。

DOCSIS 3.0为增加信道绑定功能，将传统的CMTS（所有的MAC&PHY在一块板卡上，而上/下行信道的比例是固定的）发展成为综合型I-CMTS（Integrated-CMTS，所有的MAC&PHY功能综合到一个单独的机箱中，通过增加下行的模块，允许上/下行信道的比例可变）和模块型M-CMTS（Modular-CMTS，允许将MAC&PHY功能分散到独立的设备中）。I-CMTS保留了原CMTS结构简单、可靠及易管理等特点，吸收了M-CMTS的全部优点，主要通过硬件改进，使其上/下行接口对上/下行容量具有独立适应功能和信道绑定功能，其MAC层和物理层具有极高的互操作性，射频切换快、效能高（如VoIP和商业服务）。另外，两者均可以根据实际流量需求，灵活地调整上/下行信道的配置比率——U∶D，使HFC网络资源利用率提高、带宽成本下降，有利于提升运营商在多业务市场的竞争力。

（5）C-DOCSIS标准

C-DOCSIS是China DOCSIS的简称，是具有中国广电特色的DOCSIS规范，业内也称之为C-CMTS、CMC、C-DOCSIS、DoCSIS MDU、Mini-CMTS或小C等，是对DOCSIS本地化、精简化的版本。由深圳天威视讯公司于2009年提出的网络架构，它将C-DOCSIS头端——CMC下移，提高频点复用效率，降低汇聚噪声，提高了每用户的可用数据带宽和频点数；它提供了包括网络管理、QoS在内的PHY层转换和MAC层桥接，集成了ONU和EOC局端以及它们之间的转换，能够提供16个QAM256信道共总800Mbps的下行速率，4个SCDMA信道总共160Mbps的上行速率，同时简化了CMTS的部分功能和结构，精简MAC层和PHY层，保留QoS机制，精简后的CMTS成为二层交换设备，可与ONU设备直连。C-DOCSIS的推出将有效地延续了很多地方CMTS管理体系技术体系的用户的发展，系统如图6-23所示，一台Mini-CMTS需要覆盖的用户数可降至50～200户左右，这样"漏斗效应"明显下降，双向网络改造难度下降，网络稳定度大大提升。随着技术的进步和成本的下降，这是有线网络比较有发展前景的双向改造方案，其主要优点如下。

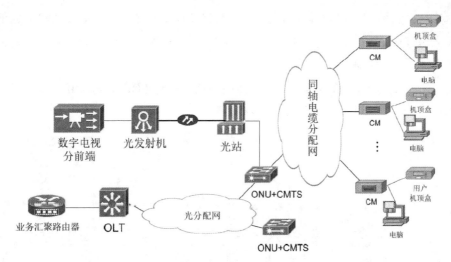

图 6-23　C-DOCSIS 系统图

① C-DOCSIS 基于同轴电缆入户，兼容已有 DOCSIS 的标准终端。

② 大带宽接入，接入带宽不低于光纤到户方案（终端采用 DOCSIS 2.0 CM，可达下行/上行：50Mbps/20Mbps；终端采用 DOCSIS 3.0CM，可达下行 200Mbps/上行/80Mbps），实现接入带宽及 IPQAM 等业务的平滑升级过渡。

③ 结合 PON 的技术优势，实现信号的光进铜退，优化了网络架构，大大减轻了有线电视分机房的空间及供电压力。

④ 网络适应性良好。

⑤ 具备完善的端到端多业务 QoS 保障。

⑥ 具备完善的业务、设备、运行运营体系。

6.3.3　EOC 技术概述

EOC（Ethernet Over Coax，基于电缆的以太网） 是以太网信号在同轴电缆上的一种传输技术，原有以太网络信号的帧格式没有改变。我们称之"无源 EOC"。现在涌现出很多的技术和解决方案，将以太网络信号经过调制解调等复杂处理后通过同轴电缆传输。现在也被称之为"Ethernet over Coax"，但是与原始所述的有非常大的差别。同轴电缆上传输的信号不再保持以太网络信号的帧格式，严格地从技术角度讲，是不可称之为"EOC"的。这类技术主要有 HomePNA、HomePlug、DECO、WiFi 降频、MoCA 和 HINOC 等。这些我们总称为"有源 EOC"或"调制型 EOC"。

从有线电视网络应用的角度看，EOC 技术就是把 IP 数据与有线电视信号有机地结合在一起，用同一根电缆接入用户，既不影响有线电视信号的传输，又有双向独享的宽带综合业务接入，具有良好的适应性和灵活的组网接入方案，无需对原有有线电视网络进行双向施工改造，或者进行大规模的五类线敷设到户的工程，克服了有线电视网络双向网络改造过程中入户施工较难、全网覆盖成本高以及改造工程周期长的诸多问题。

EOC 是一个广泛的概念，各种利用电话、电力、电视电缆传输数据信号的技术都可以称为 EOC 技术。早期 EOC 技术研究主要局限于电话线、电力线传送数据信号的应用，近几年，EOC 技术的研究开始侧重基于有线电视同轴电缆传送数据信号的技术应用。各种 EOC 技术虽然研究的切入点和技术方法略有不同，但均可应用在有线电视网络领域，通过同轴电缆传输数据信号。

根据技术方法的不同，EOC 技术可归纳为无源基带传输、有源调制传输两大类。有源 EOC 又分为低频有源和高频有源。

EOC 数据传输地原理如图 6-24 所示，有线电视信号通过 EOC 局端与 IP 数据混合，再通过分配网分配到用户终端。基本组网如图 6-25 所示。

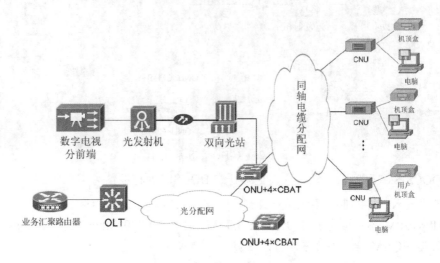

图 6-24　EOC 技术原理图

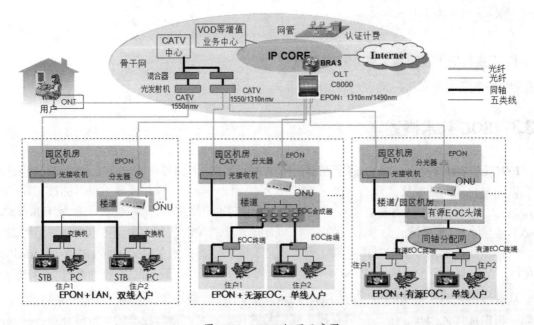

图 6-25　EOC 组网示意图

1. 基带 EOC

基带 EOC 传输技术基本的原理：由于基带数据信号的频谱在 $1\sim20\mathrm{MHz}$ 范围内，采取频分复用的方式，可以使两者在一根同轴电缆中传输而互不影响。把电视信号与以太数据信号通过合路器，利用有线电视网络送至用户。在用户端，通过分离器将电视信号与数据信号分离开来，接入相应的终端设备。

基带 EOC 的原理如图 6-26 所示。基带 EOC 一般为无源设备，基于 IEEE 802.3 的相关协议，它对有线电视信号及以数据信号应用频分复用技术，使这两个信号在同一根同轴电缆里共缆传输。主要由二四变换、高/低通滤波两部分实现。由于采用基带传输，无需调制解调技术，楼道端、用户端设备均是无源设备。现有的以太网技术是收发共两对线，而同轴电缆在逻辑上只相当于一对线，所以在无源滤波器中需要进行四线到两线的转换。

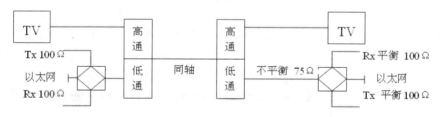

图 6-26 基带 EOC 原理

基带 EOC 适用于集中分配的小区，一般情况下数据信号必须到楼道，因此基带 EOC 的拓扑结构是星形的。

2. 调制 EOC

调制 EOC 是属于有源 EOC，根据其工作的频率在低频段（5～65MHz）或高频段（860～1500MHz）的不同，将调制 EOC 分为低频调制 EOC 和高频调制 EOC 等。

调制 EOC 一般为有源设备，利用正交频分复用（OFDM）技术，先在头端把以太网信号调制到某个频段，然后再耦合到同轴电缆上传输，在用户端通过类似 CM 的设备终端，对同轴电缆上的调制信号进行解调处理，恢复出原始的基带信号，并通过以太网接口为用户提供服务。同时，也将用户的回传信号通过调制器进行调制，加载到同轴电缆网上传输到头端，即实现了通过同轴电缆来传输以太网信号。由于采用了技术先进且效率高的调制方式以及错误校验技术，物理层速率远超出无源 EOC 可以提供的传输带宽，对未来用户高带宽的接入需求给予有力支持。调制 EOC 系统克服了基带 EOC 的缺点，具有传输距离远，能跨越放大器、分支分配器，较高带宽，支持 QoS，支持集中网管等优点。调制 EOC 又可以分出很多技术，如高频的 MOCA、WiFi 降频以及 HINOC 和低频 HomePlug AV、HomePNA 和 DECO 等。目前国家广电总局组织推荐的同轴接入方式主要有 HiNoC、C-DOCSIS 和 C-HPAV。

6.3.4 HomePlug AV、C-HPAV 和 HomePNA

1. HomePlugAV

Home Plug（Home Plug PowerLine Alliance，家庭插座电力线联盟） 主要成员有松下、英特尔、惠普、夏普等 13 家，致力于为各种信息家电产品建立开放的电力线互联网络接入规范，其目标是只需在事先安装好的万能插座上插入电源插头，即可构筑起局域网。从 2000 年成立以来陆续制订了一系列的 PLC（Power Line Communication，电力线通信）技术规范，包括 HomePlug 1.0、HomePlug 1.0-Turbo、HomePlug AV、HomePlug BPL、HomePlug Command& Control，形成了一套完整的 PLC 技术标准体系，基本上覆盖了所有电力通信技术的应用领域。

HomePlugAV over Coax 同样是完整地借用 HomePlugAV（PLC）协议，只是修改前端耦合等电路设计来实现。HomePlugAV over Coax 使得原来 HomePlug 比较难以处理的问题得到很好的解决，如：电磁兼容等。同样，同轴电缆的传输性能要好于电力线，数据流量性能也会好于 HomePlug 在电力线上传输的性能。由于 Homeplug AV over Coax 技术本身的局限性，一个 Homeplug AV 设备 **CLT（Coax Line Terminal，同轴电缆线路头端）** 支持的 **CNU（Coax Network Unit，同轴网络单元）** 最多可达 64 个。而且随着 CNU（或称 CPE）个数的增加，每个用户的带宽随之降低。因为最低端的频点 2MHz 已经超过分支分配器的下限频率 5MHz。对于某些劣质的分支分配器，此时 HomePlugAV over Coax 的性能比宣称的指标要低。AV 的芯片供应商是美国 Intellon 公司的 INT6400、INT7400 以及正在研发的 INT8400。INT6400 工作频率为 5～30MHz，最高 1024QAM 调制，物理层带宽 200Mbps，MAC 层速率 100Mbps；INT7400 工作频率为 5～75MHz，最高 4096QAM 调制，物理层带宽 500Mbps，MAC 层速率 300Mbps；INT8400 将配合 HomeplugAV2 标准，支持 1GHz 物理层速率，支持扩展频道到 150MHz，支持最高 4096QAM 子载波速率。

Homeplug AV 技术用于 HFC 双向网改造的 EOC 接入，称为 Homeplug AV over Coax。它既可以用于同轴星形分配网，也可以用于同轴树形分配网。这就使交互数据入户有更灵活的选择。

HomePlug AV 的物理层使用 OFDM 调制方式，它是将待发送的信息码元通过串并变换，降低速率，从而增大码元周期，以削弱多径干扰的影响。同时它使用循环前缀（CP）作为保护间隔，大大减少甚至消除了码间干扰，并且保证了各信道间的正交性，从而大大减少了信道间干扰。当然，这样做也付出了带宽的代价，并带来了能量损失：CP 越长，能量损失就越大。OFDM 中各个子载波频谱有 1/2 重叠正交，这样提高了 OFDM 调制方式的频谱利用率。在接收端通过相关解调技术分离出各载波，同时消除码间干扰的影响。图 6-27 所示为 Homeplug AV 在同轴电缆上传输数据原理图。

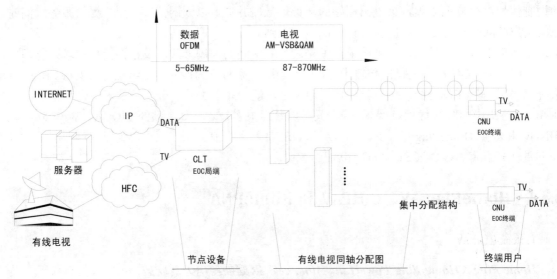

图 6-27　Homeplug AV 在同轴电缆上传输数据原理

Homeplug AV over Coax 工作在低频段，分为两个频段：2～30MHz/34～62MHz。每个频段使用 917 个子载波，每个子载波单独进行 BPSK、QPSK、8QAM、16QAM、64QAM、256QAM 和 1024QAM 调制。采用 Turbo FEC 纠错，物理层速率达到 200Mb/s，静荷 150Mb/s，实际吞吐量可以达到 100Mb/s。

由于工作在 2～30MHz/34～62MHz 频段，必须注意回传信号受汇聚噪声的影响。特别要注意个别用户家里的噪声对整个 PLC 头端覆盖用户的影响。要像在运行 Cable modem 系统一样，将非数据用户用高通滤波器隔离。PLC-EOC 产品要能实现以太网的通信协议和用户业务管理。

2. C-HPAV

C-HPAV 标准是由 Homeplug AV 衍生而来的，因此在许多地方它们有相类似之处，另外 C-HPAV 又是针对我国国情制订的，它与 Homeplug AV 还是有一些区别的，主要在以下几方面进行了调整和优化。

（1）应用场景的调整

① C-HPAV 采用了不同于 Homeplug AV 并适合于中国有线电视网络应用场景的系统参考结构。

② 针对接入网树型组网应用需求，简化了原来针对家庭网络应用场景的复杂网状网络组网结构，而采用点到多点（P2MP）结构的双向接入网络。

③ 同轴电缆分配网可支持无源分配网与有源分配网两种类型。

④ CNU 只能与 CLT 直接通信，CNU 之间不能直接通信。

（2）物理层的调整

① 采用了适合中国有线电视网络频谱规划要求的工作频段，其物理层工作频率范围为 7.5～30Mhz 或 7.5～65Mhz。

② 自适应选择适合同轴电缆传输的调制模式，可根据同轴电缆线路特点及线路状况，自适应选择最优的调制模式。

（3）网络管理的调整

一个 EOC 系统中只有一个 CLT 作为中心管理器，CLT 底下所连的所有 CNU 只接受该 CLT 的管理。

（4）物理层的优化

针对同轴电缆的应用环境，优化 PHY 层通信机制，提高数据传输效率，除支持 BPSK, QPSK, 1024/256/64/16/8-QAM 和 ROBO 等调制模式外，还支持 4096-QAM 调制模式，大大提高了数据传输效率，同时也提升了传输速率。

（5）MAC 层的优化

针对承载 NGB 网络中音视频等流媒体业务，对 MAC 层进行了优化，引入了 TDMA 的模式，保证了数据的时延抖动指标符合业务承载需求，如图 6-28 所示。

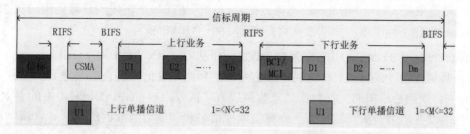

图 6-28　C-HPAV 的 TDMA 调度

（6）网络管理的优化

① 针对实际应用组网的需求，制定了 C-HPAV 头端和终端业务管理互通性技术要求，定义了管理终端的扩展 MME 消息格式及管理通信机制。

② 扩展 MME 消息采用面向对象描述的 TLV（Type-Length-Value）结构进行定义，便于实现不同厂商的头端与终端之间在业务与管理层的互通。

3. HomePNA

HomePNA 是 Home Phoneline Networking Alliance（家庭电话线网络联盟）的简称，该组织致力于开发利用电话线架设局域网络的技术，其创始会员包括 Intel、IBM、HP、AMD、Lucent、Broadcom 及 3Com 等知名公司。

Home PNA 技术原本是利用家庭已有的电话线路，快速、方便、低成本地组建家庭内部局域网。目前，已经发布了三个技术标准：HomePNA V1.0 版本，传输速度为 1.0Mbps，传输距离为 150m；HomePNA V2.0 版本，并可兼容 V1.0 版本，Home PNA V 2.0 的传输速度为 10Mbps，传输距离为 300m。HomePNA V3.0 版本（2005 年，ITU G.9954），将传输速率大幅提升到 240Mbps。HomePNA 3.0 提供了对视频业务的支持，除了可以使用电话线为传输媒体外，也可使用同轴电缆，为 HomePNA over Coax 奠定了基础。HomePNA 供应商是美国 CooperGate。各版本的 HomePNA 使用的频谱情况如图 6-29 所示。

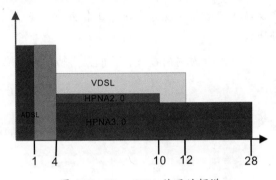

图 6-29　HomePNA 使用的频谱

HomePNA 采用 QAM/FDQAM 调制方式，FDQAM 增加了信噪比边界，有较好的抗扰性。目前 HomePNA 系统主要工作在三个频段：4~21MHz，12~28MHz，36~52MHz，其大部分频点可以采用 256QAM 调制技术，并可根据信道实际的 SNR 要求自适应地使用 128QAM，64QAM，32QAM，16QAM，8QAM。HomePNA3.X 的覆盖能力及规划，主要依据为其传输距离和带宽的分配。目前 HomePNA3.0 的一般传输距离为 300 m（最大电平衰减 61dB），带宽最大提供 128Mbps。根据实际测试结果，在 300 m 传输距离的前提下，一般可以覆盖 2~3 栋住宅楼。按照带宽分配计算，每用户可提供最大吞吐 90Mbps；考虑同时在线率因素，每个在线用户可提供带宽 2Mbps 以上。在 HomePNA3.1 标准中，调制带宽将提高到 160~320Mbps。

在 HomePNA3.0 技术中，CLT 作为局端设备，将从 GEPON 网络中的 ONU 收到的下行数据业务信息，调制成可以在同轴上传输的模拟信号，然后同电视信号混合后发送到同轴分配网上传输（反方向需将调制后模拟的上行数据信息解调成数字信号，送往 GEPON 网络中的 ONU）；CNU 作为用户驻地设备，用于从同轴线缆上分离出电视信号和调制后的数据信息，并将调制后的下行数据信息解调成数据业务信息（反方向需将上行数据信息调制成可以在同轴网上传输的模拟信号，并送往同轴分配网）。CLT 和 CNU 所需的调制技术都是相同的，主要的区别在于 CLT 接受上行信号时面对的是多个 CNU，需要对多个 CNU 的上行信号的发送时刻进行控制，尽量避免在总线型网络中出现碰撞，降低网络效率。

HomePNA3 网络是在现有 HFC 网络的基础上，进行相应的改造，不仅能满足原有的广播业务需求，同时能实现双向互动服务，可以提供包括宽带上网、IPTV、语音等各种应用，具备视频、语音、数据等各种业务。

HomePNA3 全程支持二层的 QoS，HomePNA3 技术在广播信道上对识别的流可以应用不同的 QoS 策略：带宽、抖动和延时。在 GEPON+HomePNA3 的网络架构下，可以实现基于 MAC 地址、VLAN、IP、UDP/TCP 端口号等多种方式的用户识别和业务区分。从而保证了对网络中用户的管理控制，业务流的划分，不同业务的多等级服务。

对原有电视网络的网络结构、承载的业务没有影响；具备 QoS 能力；同时支持电视、话音和数据业务。

HomePNA3 解决了 HFC 网络的 IP 联通性（对称速率、全双工、高带宽、QoS 保证），可以利用 IP 技术的灵活性，在网络上可以开展基于 IP 的业务，包括现有的 VOD/VOIP/VIDEO PHONE 等业务。

HomePNA3 技术适合于大规模、广覆盖、高并发的网络建设；网络建设可根据用户需要逐步建设、逐步改造。

6.3.5　MOCA、WiFi 降频以及 HiNOC

1. MoCA

MoCA 是 Multimedia over Coax Alliance（同轴电缆多媒体联盟）的缩写，创立者为 Cisco、Comcast、EchoStar、Entropic、Motorola 与 Toshiba 等。它们希望能够以同轴电缆（Coax）来提供多媒体视频信息传递的途径。2006 年 3 月，MoCA 发布了 MoCA 1.0 标准。2007 年底，MoCA 通过了 MoCA1.1，把有效数据速率提高到 175Mbps，为多媒体业务提供更好的 QoS。

MoCA1.0 规范的技术基础是基于美国 Entropic 公司的 c-link 技术，该技术使用 800～1500MHz 频段，所以对 5～1000MHz 的电缆网络来说还是具有相当大的挑战，它对 MoCA 的实际表现影响很大，但如果选择 1GHz 以下频段可以不用改造网络。MoCA 也可选 2～38MHz 频段。如果系统中将来考虑传输卫星直播信号，则 MoCA 可用信道大大减少，其使用工作频段因地区而异，如美国使用 860～1550MHz，日本使用 770～1030MHz。MoCA 每个信道带宽为 50MHz，总共有 15 个频道，每个信道可以支持一个 NC（局端）设备，每个 NC 支持 31 个 CPE 设备。

MoCA 采用 OFDM 调制和 TDMA/TDD（时分多址/时分双工）技术，MAC 部分的 TDMA 是采用软件来实现的。每个频道占用带宽 50MHz，每个载波最高可进行 128QAM 调制，每个信道理论上最大的物理数据速率为 270Mbps，最大的有效数据速率为 130Mbps。随着链路损耗的加大或链路 SNR 的降低，依次降低为 64QAM、32QAM、16QAM、8QAM、QPSK、BPSK 调制方式，实际有效数据速度就会成倍降低。MoCA 设备典型发送电平为 3dBm，接收电平范围为 0～50dBm，典型时延是 3ms。

支持 MoCA 的主要芯片厂家为 Entropic，产品为 c.LINK，目前，该产品可以跨越同轴电缆的无源分配器实现互连，直接实现端—端数据传输，距离可达 600m/300m，c.Link 的优点如下。

MOCA 不影响原来的电视信号，与 CATV、DBS 及 HDTV 并存，不需要变动现有 CATV 布局、布线，即可极大提高其传输数据率，具有 QoS 安全性高、高可靠性、安装方便等特点。MOCA 技术在同轴电缆上进行传输双向交互数据的拓扑结构如图 6-30 所示。

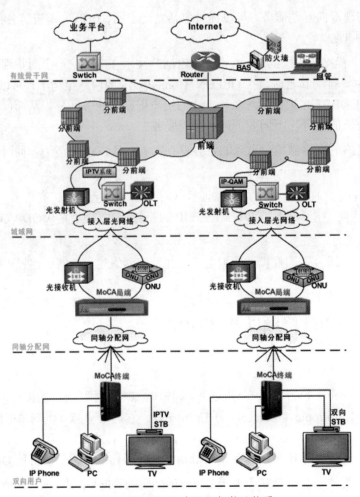

图 6-30　MOCA 双向网络拓扑结构图

MOCA 能够通过分支分配器，但工作频率高，超过 1000MHz 需要更换分支分配器和电缆，对网络适应能力较差，家中还需安装 MOCA Modem，价格高。一个 MOCA 主机，可带 31 个 MOCA Modem。

对 MoCA 样品实际测试的结果表明：在一个 NC（局端）设备和一个 CPE（终端用户）设备对联测试时，Smart bits 测试仪器显示最高速率达到 80Mbps（固定 1518 包长情况），对于中小包长情况，实际测试速率大大下降。

2. WiFi 降频

无线局域网技术是无线通信领域最有发展前景的技术之一。目前，WLAN 技术已经日渐成熟，应用日趋广泛。

WiFi 采用 IEEE 的 802.11 WLAN 的国际标准，该标准由很多子集构成，它详细定义了 WLAN 中从物理层到 MAC 层（媒体访问控制）的通信协议，在业界有广泛的影响。相关标准经历了 802.11b、802.11a 和 802.11g，802.11n 标准。802.11n 使用 2.4GHz/5GHz 两种通用频段，互通性高，被看好是新一代的 WLAN 标准。

为了实现高带宽、高质量的 WLAN 服务，使无线局域网达到以太网的性能水平，推出了 802.11n 标准。802.11n 可以将 WLAN 的传输速率由目前 802.11a 及 802.11g 提供的 54Mbps 提高到 150Mbps。

这得益于将 ***MIMO（Multiple-Input Multiple-Out-put，多入多出）*** 与 ***OFDM（Orthogonal Frequency Division Multiplexing，正交频分复用）*** 技术相结合而应用的 MIMO OFDM 技术。

WiFi over Coax 不同的厂家实现的方式略有不同，最大的差别在于使用的频段是否变频，有使用 2.4GHz 的频点，也有经过降频使用 1GHz 以下频点的，由于我国有线电视电缆分配网络的工作频段大多在 5～1000MHz，如果直接使用 2.4GHz 的频点，则需要对网络进行升级改造，如果经过降频使用 1GHz 以下频点的，则无须对现有网络进行升级改造。

WiFi 降频解决方案是将 2.4GHz 下变频到 1GHz 左右的频段，这样虽然减小了电缆和无源分支分配器的损耗，但是带来了新的问题—标准化较差，不同厂家之间的设备不能互通；增加新的器件和设备，增加了成本，减低了可靠性；同时由于 WiFi 协议是针对无线网络要求设计的，所以协议开销大，再加上其协议采用的是 CSMA/CA（载波侦听多点接入/冲突避免，Carrier Sense Multiple Access with Collision Avoidance）方式，所以随着用户数的增加，碰撞机率也随之增加，数据的实际吞吐量大大降低。

在 IEEE 的 802.11 标准系列中的 802.11g 理论上，最高数据传输速率可达到 54Mbps，实际吞吐率也仅能达到最高传输速率的一半甚至更低，约为 20～26Mbps。802.11n 物理层速率可达 150Mbps，但由于其 MAC 层效率较低，MAC 层速率只能达到 60～70Mbps。

WiFi 降频组网如图 6-31 所示，在小区光站部署前端设备，利用双工器与有线电视信号 CATV 混合到同轴电缆当中，无源中继用于跨接放大器，把有线电视信号分离给有线电视放大器，EoC 信号直接输出。EoC 有源中继将有线电视信号与数据信号分离，有线电视信号被送到原放大器放大后再送入 EoC 网桥，EoC 有源中继将数据信号放大或者再生后与放大过的有线电视信号混合，输出给下游的电缆分配网络。而在用户家中安装一台 EoC 终端即可完成双向改造。

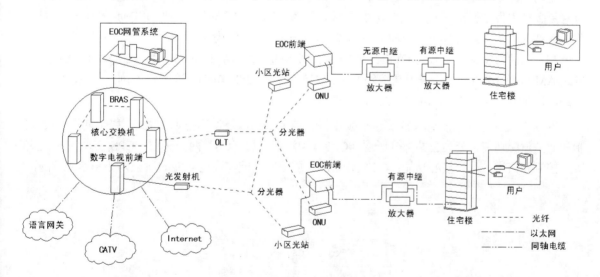

图 6-31　WiFi 降频组网方案

降频 WiFi 技术的优势：系统设备类型齐全，包括局端设备、终端设备、有源中继设备；系统工作于高频段，1 台局端支持 256 台终端，组网能力较强；系统以太网二层功能较全，系统稳定性高；系统支持 VLAN 划分和 VLAN 优先级，同一终端设备不同业务之间的优先级设置，可保证高优先级业务传送带宽。

降频 WiFi 技术的缺点：系统工作于高频段，链路衰减较大；系统射频频谱较宽，频谱利用率不高；系统不支持多信道工作，可扩展性不强；当共享同一频道的用户数增加时，每一个用户的数据吞吐量会急剧下降；终端上线时间较长；WiFi 有标准，但降频方案没有标准，属于非标产品。

WiFi 降频主要芯片提供商为 ATHEROS，设备主要生产商有：雷科通技术（杭州）有限公司、天柏集团、深圳市汤姆逊数码科技有限公司和北京六合万通微电子技术股份有限公司。

3. HiNOC

HiNOC（High Performance Network Over Coax）是一种基于同轴电缆的数字射频接入技术。该技术在光纤到楼（Fiber-to-the-building，FTTB）的网络结构基础上，可以利用小区楼道和户内已经敷设、分布广泛的有线电视同轴电缆，构建高速的信息接入网。只需在楼道和户内添加相关的 HINOC 调制解调设备头端（HINOC Bridge，HB）与终端（HINOC Modem，HM），无需对入户电缆线路进行任何改造，就可实现多种高速数据业务的双向传输。用于解决家庭用户最后一百米的接入问题，可承载 IPTV、VOD、VOIP、高速上网等宽带业务。

可支持低频段、高频段"双模"工作，低频段可设置在 0～32MHz 范围内，中心频点连续可调；高频段可设置在 750～1006MHz 范围内，中心频点连续可调。

频谱利用率高，HINOC 样机系统实测得到的 MAC 层频谱利用率可达 3.85bit/s/Hz；邻信道抑制性能（隔离度）较好，相邻信道能够同时使用。

工作模式为 TDD/TDMA，动态分配信道资源，实现无冲突的信道接入和灵活的带宽分配。

服务质量和管理，支持 DBA、流分类、业务优先级；L2～L4 层关键元素过滤的功能，可以实现访问控制、报文捕获、QoS 处理、IGMP Snooping、黑白名单等功能。

使用频段初步定在 750～1006MHz，保留更低和更高频段的可扩展性；信道带宽为 16MHz；为避免多径引发的码间干扰，同时考虑信道利用率，HiNOC 采用多载波 OFDM 体制传输数据，总子载波数目为 256，有效子载波数目为 210，循环前缀长度为 16（1us/16us），采用子载波自适应调制，九种数字调制方式为 QPSK、8QAM、16QAM、32QAM、64QAM、128QAM、256QAM、512QAM 以及 1024QAM，采用高编码速率，实现复杂度低的 BCH 截短码纠错码，如 BCH（508，472）、BCH（504，432）、BCH（392，248）等。

PHY 层定义了信号传输模式，包括帧结构、信道编码以及调制技术；MAC 层实现媒质接入控制和业务适配功能，分为公共部分子层（CPS）和汇聚子层（CS）两个子层；CPS 实现 MAC 层的接入控制和信道分配等核心功能；CS 实现 MAC 层核心功能与高层功能的适配，如图 6-32 所示。

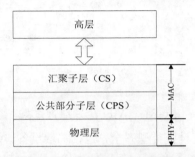

图 6-32　HINOC 系统协议栈

HiNOC 的头端设备（HB 或 HS）与处于同一信道的 HM 构成一个逻辑独立的楼内分配网络。HiNOC 也支持在多个信道同时构建多个相互独立的分配网络。HB 为单信道 HiNOC 头端设备，支持一个信道；HS 为多信道 HiNOC 头端设备，支持多个信道，如图 6-33 所示。

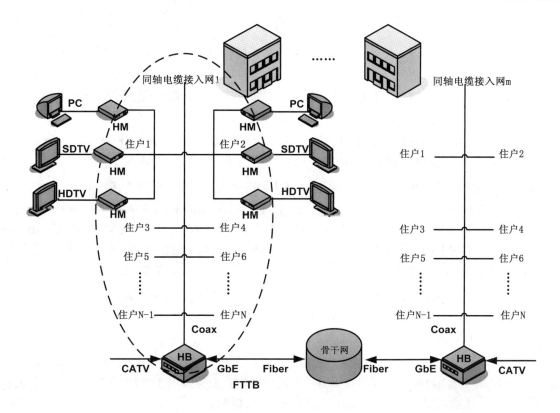

图 6-33　HiNOC 两种连接分配形式

HiNOC 的 MAC 层采用以下架构：网络采用中心节点控制的星型拓扑结构，一个 HB 目前最多可支持 32 个 HM；采用全协同的 TDM/TDMA（Time Division Multiplexing/Time Division Multiple Access，时分复用/时分多址）；采用预约/许可协议的 MAC 策略，保证各节点收发过程中无碰撞发生；支持不同级别的 QoS 和各节点灵活的带宽分配。每个信道的最高物理层速率为 80Mbps，MAC 层速率为 44Mbps。

6.3.6　BIOC、ECAN 和 DECO

1. BIOC

BIOC（Broadcasting and Interactivity Over Cable）广播交互同轴网络接入技术是一种基于有线电视同轴电缆分配网的广播交互信号传输技术，是针对 HFC 网络光节点后的最后 1 公里的双向接入解决方案，完全利用原有的分配网资源，承载广播电视信号（模拟/数字电视）与数据信号。BIOC 技术采用 900～1100MHz 频段传输数据信号，频道带宽为 40MHz，可用信道 3 个，主信道采用 OFDM 调制，子信道采取 QAM 自适应技术，物理层速率为 150Mdps，MAC 层速率为 120Mdps，支持上下行带宽共享，一个局端可以管理 256 个终端，支持 VLAN 划分。从工作原理和网络形式上看，可以说 BIOC 是 WiFi 降频的另一种形式。

BIOC 技术提供了对网络设备管理的功能，基于 TMN 思想以及 SNMP 简单网络管理协议设计的网络管理 NMS（Network Management System）是接入网络综合管理监控平台。多个本地或者远程客户端（NMS-client）可通过网管服务器（NMS-server）对网络设备进行远程配置、升级、管理与维护，可以提供对终端控制的接口满足业务扩展需求。

2. ECAN

ECAN（Ethernet Over Coox Access Network，基于同轴电缆接入网的以太网，2009 年出现）技术将 IEEE 802.3ah 的 EPON MAC 协议移植到了无源同轴电缆用户分配网中，实现点对多点的以太到家的宽带接入，其 MAC 协议沿用了 EPON 的协议，具有动态带宽分配（DBA），可实现电信级的运营和维护，可以实现语音、数据和视频的三网融合。

ECAN 采用 TDD/TDMA 双工/多址方式。支持动态带宽分配（DBA）、网络管理、VLAN 和组播/过滤功能。支持 VoIP、HDTV/SDTV、VoD、高速上网等传统与新业态业务。

ECAN 系统物理层（PHY）采用低频 5～65MHz 的频谱，具有长距离大覆盖能力，最大可支持的链路损耗达 60dB。PHY 采用单载波残留边带（VSB）调制技术，符号速率为 60Mbps～80Mbps，相应的信号带宽是 32MHz～48MHz，调制级别为 2VSB，4VSB，可升级为 8VSB 和 16VSB。物理层的速率达到 170Mbps，有效的信息速率可达 145Mbps。利用先进的自适应数字信号处理技术，可靠的完成信号同步，有效的处理网络反射信号，抑制窄带入侵噪声的影响。

ECAN 的 MAC 协议沿用了 EPON 的 MAC 协议，摒弃了数字家庭网络中普遍采用的 CSMA 载波侦听协议，具有动态带宽分配（DBA）机制，可实现电信级的运营和维护，支撑所有业务（视频、语音和数据）的接入。

ECAN 在同轴电缆网络中采用 MPCP 的协议，下行采用广播式，所有数据经由无源同轴电缆到达每一用户，用户通过标识，取出属于自己地址的数据；上行采用 TDMA 方式，各用户单元在自己的时隙内发送数据报文。其工作原理与 EPON 非常相似。

3. DECO

DECO（Data transmission with EPON MAC and Coded OFDM，2009 年出现）是基于 EPON MAC 层协议以及编码 OFDM 调制的数据传输技术，它将 EPON 的 MAC 与 G.9960 的物理层（PHY）的有机地结合在一起。

占用 5～80MHz 频段，物理带宽为 20～60MHz 可选，频谱位置在 5～80MHz 范围内可选；采用 OFDM 调制，512/1024 个子载波，QPSK、16QAM、64QAM、256QAM 自适应；采用先进的 LDPC 纠错编码技术；采用了专利的带外管理技术。在 60MHz 带宽下，每端口物理层速率≥300Mbps（256QAM），MAC 层速率≥250Mbps，TCP/IP 速率≥180Mbps；支持 DBA（动态带宽分配）；MAC 层时延 2～10ms 可配置（时延降低会牺牲一些带宽）；支持组播、广播风暴抑制、流量监测、流量控制、VLAN 等；支持 MII/GMII 以太网接口；支持 SNMP、Telnet 以及 HTTP；开放式系统，用户可灵活地设置各种 QoS 功能；有强抗噪、抗干扰能力的带外信道（OOB 通道）可作为头端和终端设备间的网络管理和固件远程升级通道；实际运营可支持最多 60 个 CNU 终端（速度可达 180Mbps）。

6.3.7 EPOC

EPOC（Ethernet Passive network Over Coax，基于同轴电缆的无源以太网络，估计 2015 年正式完成）是基于同轴的下一代高速以太网技术，从光纤分配网到同轴分配网，充分利用和拓展了点到多点的 EPON 技术，其应用优势如下。

（1）与 EPON 联合起来实现从前端到家庭的点对点双向以太连接，光纤不必到家，节省投资。

（2）EPON 系统中的 OLT 不便，ONU 变成 CMC（同轴媒质转换器），对数据包不作解读和处理，造价低。

（3）家庭终端是 CNU（同轴网络单元），它具有 EPON 的全部数据链路层，但物理层运行于同轴电缆，造价与 ONU 相当。

（4）一套统一的网络管理从 OLT 一直管理到家庭，不像其他的 EOC 方案 EPON 和 EOC 各自有一套网管系统，很难集成。

（5）先进的物理层保证传输速率达到 1Gbit/s（超越任何其他 EOC），并容易随 10G-EPON 升级，发展潜力最大。

（6）同一个光分配网（ODN）兼容 1550nm 广播电视平台。

6.3.8　双向 HFC 网络改造模式技术分析

1. CMTS+CM

（1）适用网络：严格按双向 HFC 网络标准设计和建设的网络。

（2）总体组网方案：采用基于 CMTS 技术的双向化改造技术。

分前端部署机房反向光接收机、搭建反向射频混合线路；增加光节点和放大器的反向模块；开通光节点至机房的 1310nm 反向光链路，在所有覆盖用户门头增加高通滤波器；配置机房 CMTS 设备，完成系统开通。网络拓扑结构为"环—星"型，光站输出带一级电放大器或直接覆盖用户，电缆网络采取"双向传输、集中接入"的原则设计。光站和放大器（可选）均需要配置回传模块。

光节点覆盖用户数范围为 500 户以内。组网示意图如图 6-34 所示。

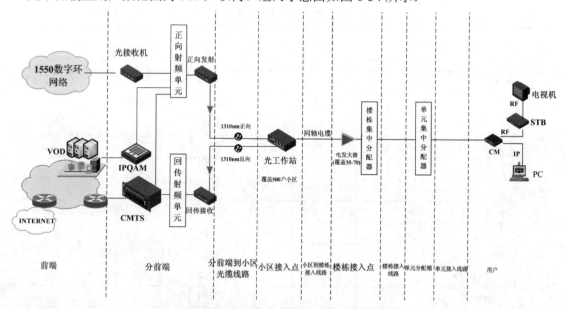

图 6-34　CMTS+CM 组网示意图

分前端部署汇聚交换机和 CMTS 头端等设备，提供双向数据业务信号。分前端至小区接入线路占用 2 芯双向光纤。小区接入点放置光站，实现正向和回传的 1310nm 波长光信号进行光电和电光转换。楼栋接入点放置楼栋设备箱，箱内可配置电放大器。用户信息终端—数字机顶盒接收广播式或交互式数字电视信号，并可通过 Cable Modem 向用户提供数据业务。

（3）光纤和波长配置：采用 G.652 标准单模光纤。分前端以下采用 1310nm 波长，正向和回传向各占用 1 芯光纤。

（4）网络管理：CMTS 系统设备应支持 SNMP 网管功能。

（5）优劣势分析。

① 优点：可利用现有的 CATV 网络提供双向通信，适合稀疏模式网络覆盖区域；大面积覆盖的开通率情况下成本较低，少量前期投入即可在全网进行业务受理；技术标准及产品比较成熟。

② 缺点：需要对 HFC 光电传输链路部分进行双向改造；噪声汇聚效应影响系统的带宽和性能，同轴缆及接头质量要求较高，后续维护工作量较大；CMTS 下行通道带宽有限，为 38Mbps，可开通用户数较少；可承载业务有限，大带宽业务无法满足，无法提供全业务承载；后续系统扩容成本较高；产业化程度不高，可供选择的设备及系统数量较少。仅适用于已经严格按双向 HFC 网络标准设计和建设的网络。

（6）用户带宽优化：CMTS 系统是基于 DOCSIS 标准来设计的，系统主要由前端设备 CMTS 和 Cable Modem 组成。CMTS 技术目前已成熟应用的是 DOCSIS 2.0 协议标准，可达到下行 38M、上行 30M 带宽（共享方式）。

随着用户带宽需求提高，考虑到 CMTS 技术用户带宽优化，可将 CMTS 头端设备下移靠近用户来扩展用户带宽。

CMTS 技术正在向 DOCSIS 3.0 协议标准发展，通过捆绑 4 个频道，实现下行 160M、上行 120M 带宽（共享方式），解决目前带宽不足的问题。

（7）投资分析如表 6-3 所示。

表 6-3　CMTS+CM 接入技术投资分析

20 栋 1000 户模型						
		CMTS+CM	单价（元）	数量	投资（元）	说　明
网络汇聚设备	集中设备	CE 口	0	1	0	数据干线网的集中设备端口，不计入比较范围
		CMTS	140000	1	140000	
	光设备	反向光收	6000	4	24000	
		反向光发	1500	4	6000	
	光纤	2F×1 光缆	2000	0	0	小区共享 1 对，利用旧的
小区机房	-	-	80000	0	0	
楼栋接入	放大器	双向	600	20	12000	部分加反向模块，部分换新
楼内分配	分配网	分支分配器	50	90	4500	
网络建设集成费用					14920	集成费按网络系统建设费 8%计
覆盖成本	全网成本				201420	
	每户成本				201	
每户开通费用	线材辅材	线缆材料	10	1	10	每户独立
	终端设备	外置 CM	360	1	360	
	接入施工	施工	10	1	10	
	小计				380	
最终每户平均成本					201+380=581	

2. EPON+LAN

（1）适用网络：原有网络状况较差，入户线需改造，预期用户 ARPU 值较高的地区以及新建网络。

（2）组网方案：采用"光纤到楼、双网覆盖、光机直带用户、点对多点连接"的网络结构。双向网络采用基于 EPON 的点对多点光以太网传输技术，楼栋至用户采用五类线方式。网络拓扑结构为"环—星"型，组网示意图如图 6-35 所示。

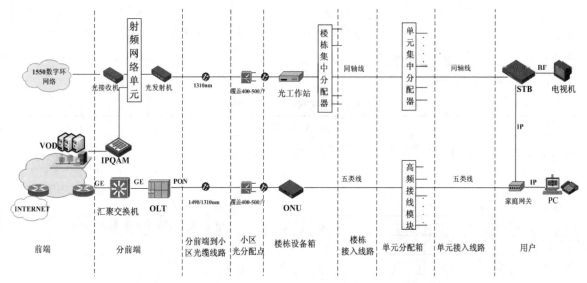

图 6-35 EPON+LAN 组网示意图

分前端部署汇聚交换机和 OLT 等设备，提供双向数据业务信号。分前端至小区接入线路，平均距离为 3000～5000m。小区接入点放置光交接箱，在交接箱内对主干光缆和小区分配网光缆进行接续、分配和调度。楼栋接入点放置楼栋设备箱，箱内配置 ONU，楼栋接入点覆盖用户数平均为 50 户。楼栋接入点至用户终端线路采用五类线敷设，接入距离应小于 80m。家庭网关用于为用户提供多端口数据业务。

（3）光纤和波长配置：端口线采用 G.652 标准单模光纤。双向网络利用一根光纤，分别选用 1490nm、1310nm 波长进行数据信号传输。

（4）网络管理：EPON 系统网管功能支持对 OLT 和 ONU 的配置、故障、性能、安全等的管理。OLT 的操作管理和维护功能通过 EPON 网元管理系统进行。OLT 的网络管理功能应支持 **SNMP**（***Simple Network Management Protocol，简单网络管理协议***）协议和 IEEE 802.3-2005 中规定的 OAM 功能。ONU 的操作管理和维护功能采取本地管理和远程管理两种方式。

（5）优劣势分析。

① 优点：运营商不承担用户终端的投入，网络未来升级改造方便；网络接入带宽：1000M 到小区，100M 到楼道，10M 到户，接入带宽高，可扩充性好，可以承载全业务运营；采用外交互方式，不占用同轴电缆的频率资源，光传输采用 EPON 技术，传输链路中实现没有有源设备，维护方便，两张网同时运营，单网故障相互不影响；目前的 LAN 产品异常丰富，价格也非常低；EPON 产品支持厂家众多，相关产品兼容性好，价格也在大幅降低。作为新建网络统一标准和网络改造的优选标准。

② 缺点：需重新入户施工，施工量及施工难度都较大；两张网络分开运营，维护人员素质要求高。

（6）用户带宽优化：EPON 目前是 FTTH/FTTB/FTTC（Fiber To The Home/Building/Curb，光纤到户/大楼/路边）的普遍解决方案。EPON 系统的基本组成包括光线路终端（OLT）、光分配网（ODN）、光网络终端（ONU）三大部分。其上下行带宽为 1.25G。

鉴于建设初期用户较少的因素，考虑 EPON 技术用户带宽优化 OLT 的 PON 口用大分光比的光分路器连接 ONU，实现广覆盖。

远期用户带宽需求更高时可再进行网络优化提速，以尽量不更改用户端设备、保护线路投资为原则，缩小分光比，并适当增加 OLT 的 PON 口即可。所有 ONU 和用户端设备保持不变。10G EPON 将提供带宽为 10G 的 PON 口。

（7）投资分析如表 6-4 所示。

表 6-4　EPON+LAN 投资分析

30 栋 1500 户模型						
		EPON+LAN	单价（元）	数量	投资（元）	说　明
网络汇聚设备	集中设备	CE 口	0	1	0	数据干线网的集中设备端口，不计入比较范围
	光设备	OLT	10000	1	10000	1 个 PON 口
	光纤	2F*1 光缆	2000	0	0	小区共享 1 对，利用旧的
小区机房	-	-	80000	0	0	无有源设备
楼栋接入	光纤	2F×1 光缆	2000	30	60000	每栋楼 1km
楼内部分	光设备	光分路器	4000	1	4000	
		ONT	1500	30	45000	
楼内	施工费用	单元间施工	100	90	9000	集成费按网络系统建设费 8%计
		楼道内布线	30	1500	45000	
	楼道设备	楼道短光纤	80	0	0	1 栋楼共享
		楼道交换机	210	120	25200	
		单元箱子	200	120	24000	1 栋楼共享
网络建设集成费用					17776	集成费按网络系统建设费 8%计
覆盖成本	全网成本				239976	
	每户成本				**160**	
每户开通费用	线材辅材	五类线	30	1	30	每户独立
	接入施工	施工	20	1	20	
	小计				**50**	
最终每户平均成本					**160+50=210**	

3. EPON+EOC

（1）适用网络：干线网络改造工程量较大，用户接入段改造难度较大，同轴电缆网传输距离较远、网络状况较好的地区。

（2）组网方案：双向网络分前端至小区接入点采用 EPON 技术，小区接入点后采用 EOC 技术。网络拓扑结构为"环—星"型，光站输出带一级电放大器或直接覆盖用户。光节点覆盖用户数范围为 500 户以内。组网示意图如图 6-36 所示。

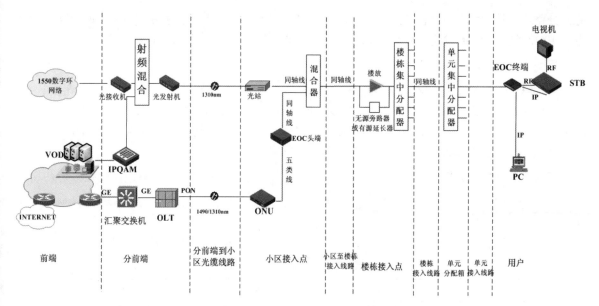

图 6-36　EPON+EOC 组网示意图

分前端部署汇聚交换机和 OLT 等设备，提供双向数据业务信号。分前端至小区接入线路占用 2 芯光纤（其中，双向数据网占用 1 芯光纤）。小区接入点放置 ONU 和 EOC 头端。楼栋接入点放置楼栋设备箱，箱内配置楼栋放大器和 EOC 旁路器或 EOC 有源延长器。EOC 终端向用户提供数据业务。

（3）光纤和波长配置：采用 G.652 标准单模光纤。双向网络利用一根光纤，分别选用 1490nm、1310nm 波长进行数据信号传输。

（4）网络管理：EPON 系统网管功能支持对 OLT 和 ONU 的配置、故障、性能、安全等的管理。OLT 的操作管理和维护功能通过 EPON 网元管理系统进行。OLT 的网络管理功能应支持 SNMP 协议和 IEEE 802.3-2005 中规定的 OAM 功能。ONU 的操作管理和维护功能采取本地管理和远程管理两种方式。

EOC 系统网管功能支持对 EOC 头端和终端的配置、故障、性能、安全等的管理。EOC 头端的操作管理和维护功能通过 EOC 网元管理系统进行。EOC 头端的网络管理功能应支持 SNMP 协议。EOC 终端的操作管理和维护功能采取本地管理和远程管理两种方式。

（5）优劣势分析。

① 优点：充分利用现有网络上的同轴电缆、分支分配器资源，入户施工难度小，节省建网成本；在小光站直接带用户的环境下，施工量大幅减少，改造速度快；基于 Cable 介质，实现较简单，基本不受同轴网络上的噪声对系统传输质量的影响，降低了工程施工中同轴电缆系统质量的要求；终端设备成本较低。

② 缺点：系统采用带宽共享机制，提供给用户的带宽随用户量增加而下降；由于需要在光站或放大器后混入，对电视信号有一定的插损。

（6）用户带宽优化：EPON 目前是 FTTH/FTTB/FTTC（Fiber To The Home/Building/Curb，光纤到户/大楼/路边）的普遍解决方案。EPON 系统的基本组成包括光线路终端（OLT）、光分配网（ODN）、光网络终端（ONU）三大部分。其上下行带宽为 1.25G。

鉴于建设初期用户较少的因素，EPON 技术用户带宽优化可考虑 OLT 的 PON 口用大分光比的光分路器连接 ONU，实现广覆盖。远期用户带宽需求更高时可再进行网络优化提速，以尽量不更改用户端设备、保护线路投资为原则，缩小分光比，并适当增加 OLT 的 PON 口即可。所有 ONU 和用户端设备保持不变。

10G EPON 的标准在 2009 年发布，提供带宽为 10G 的 PON 口。

EOC 是基于有线电视同轴电缆网使用以太网协议的接入技术。EOC 分为基带传输方式（无源 EOC）和调制传输方式（有源 EOC）。有源 EOC 根据调制技术不同，物理层速率为 54M，最大可至 270M。有源 EOC 包括 EOC 头端、旁路器和 EOC 终端。

考虑有源 EOC 技术用户带宽优化，每个 EOC 头端允许并发用户数有限，在网络改造初期，可将 EOC 头端布置在光节点上，实现广覆盖。随着用户并发数提高，可将 EOC 头端设备下移靠近用户，以满足不断增长的业务需求。

（7）投资分析如表 6-5 所示。

表 6-5　EPON+EOC 投资分析

30 栋 1500 户模型						
		EPON+LAN	单价（元）	数量	投资（元）	说　明
网络汇聚设备	集中设备	CE 口	0	1	0	数据干线网的集中设备端口，不计入比较范围
	设备	OLT	10000	1	10000	1 个 PON 口
	光纤	2F×1 光缆	2000	0	0	小区共享 1 对，利用旧的
小区机房	-	-	80000	0	0	无有源设备
楼栋接入楼内部分	光纤	2F*1 光缆	2000	0	0	
	电设备	EOC 局端	2500	30	75000	
	光设备	光分路器	4000	1	4000	
		ONT	1500	30	45000	
网络建设集成费用					10720	集成费按网络系统建设费 8%计
覆盖成本	全网成本				144720	
	每户成本				96	
每户开通费用	线材辅材	五类线	10	1	10	每户独立
	接入施工	施工	10	1	10	
	终端设备	EOC 终端	270	1	270	
	小计				290	
最终每户平均成本					290+96=386	

4. 超光网

（1）适用网络：干线网络改造工程量较大，用户接入段改造难度较大（入户难），同轴电缆网传输距离较远、网络状况较好的地区。网络建设不用更换入户线缆，避免重复投资，改造施工方便、维护简单。

（2）组网方案：超光网是华数自主研发的全业务家庭网络接入技术。超光网将现有的同轴网络的频率从 1GHz 提高到 2.7GHz，利用同轴电缆来传输所有的通信信号，提供比光纤更大的带宽。根据同轴电缆的信道容量计算公式：

$$C = W \log_2(1+10^{\frac{CNR}{10}}) \tag{6-3}$$

式中：C 表示信道容量，单位 bps；

　　　W 表示模拟带宽，单位 Hz；

　　　CNR 表示信噪比，单位 dB。

这样在带宽为 5～2705MHz，信噪比为 30dB 时，信道容量为：

$C=2.7\times10^9\log_2（1+10^{30/10}）=26.9$Gbps。

同一网络实现电视、电话、宽带等信号的一线传输，满足用户对海量电视、语音、数据业务的需求。超光网保持原有数字电视楼道的集中分配架构不变，完全利用现有的同轴电缆。超光网改造只需更换楼道集中分配器、用户家中的分配器、用户面板，通过这 3 个无源器件的更换将同轴网的传输频率提升到 2.7G。在楼道交接箱中增加 EOC 局端、AP、3G/4G 小基站等即可开展相应业务。组网架构如图 6-37 所示。

（3）频率规划：整个超光网频率规划分为以下几个部分，如图 6-38 所示。

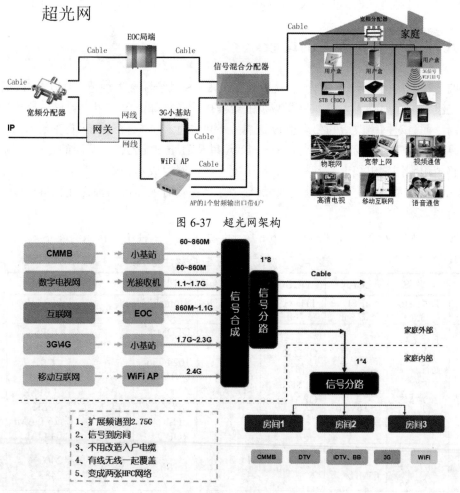

图 6-37　超光网架构

图 6-38　超光网的频率规划

① 100～860MHz，传输既有广播数字电视信号，开展基本数字电视业务。

② 100MHz 以下和 860MHz～1.1GHz，传输 EOC 信号，实现双向宽带接入，开展交互数字电视业务和宽带上网业务。

③ 1.1～1.7GHz，开展高清节目的直播、轮播和点播业务或者实现高速数据下行。

④ 1.7～2.3GHz，传输 3G 信号，实现 3G 信号的室内覆盖，开展 3G 通信、3G 上网等 3G 业务。

⑤ 2.3～2.7GHz，传输 WiFi 信号和 LTE 信号，实现 WiFi 双向接入、WiFi 室内覆盖和 WiFi 广播，开展无线上网、无线视频广播等业务。

（4）网络管理：光铜一体，可以实现 EPON 和 DOCSIS 的统一管理。

（5）网络特点：采用 W-CMTS 标准，W-CMTS 是华数根据 DOCSIS 3.0 的标准定义的 Edge CMTS 产品，该设备融合了广播网的广播优势和 IP 网络灵活的数据交互优势，可极大提升广电 HFC 网络的价值。W-CMTS 集成了 DOCSIS 3.0 的超大带宽，实现 400Mbps 的 Data 接入，同时集成了 8 个 IPQAM 下行频点，实现 400Mbps 的 TS 接入，是广电接入网改造的"杀手锏"。

采用双模网关，双模网关是设在楼道的 IP/Cable 双模信号接入设备，设备既具备广播网的广播接入，又可连接 IP 网络，将家庭用户双模信号终结前移至楼道，实现 IP 信号入户，实现单元楼道 10～14 户家庭的各种终端设备的接入。双模网关同时实现 TS 流到用户的透传，兼容已有终端。

6.3.9　几种双向接入形式的比较

现有的几种双向接入形式各有一些优缺点，DOCSIS 系统标准最规范，可以与 IPQAM 实现无缝连接和过渡，但汇聚噪声大，如果要减少汇聚噪声，必须降低覆盖用户数量，这样用户均覆盖成本会很高，而且对网络改造的要求也最高，另外回传通道在 5～65MHz 的在范围内，比较容易受干扰，目前在国内的普及度不太高。HomePNA 以及 HomePlug AV，采用的是电力载波的协议，只是通过移植用到同轴电缆上，其标准的规范度不高，网改成本和要求都不是太高，主要问题是网络时延比和抖动都较大，有文献显示，部分厂家设备其时延和抖动都在几百毫秒以上，对视频数据传输有较大影响。

CMTS 部分及 EoC 的性能比较如表 6-6 所示。表 6-7 为三种主流接入方案成本比较。

表 6-6　CMTS 及部分 EoC 的性能比较

	CMTS	ECAN	DECO	HPNA3.0	PLC	c.link	WLAN	BIOC
标 准	DOCSIS 3.0	IEEE 802.3ah	ITU-G.9960	ITU-G.9954	HomePlu gAV	MoCA	802.11b/g/e/i	BIOC
调制方式	下行 64，256QAM 上行 QPSK，16QAMS－DMA、OFDM	2～4VSB 以后可以扩展到 8～16VSB	OFDM，子信道 QPSK，QAM 自适应	QAM、FDQAM	OFDM，子信道 1024/256/64/16/8-QAM，QPSK，BPSK 和 ROBO	OFDM，子信道 BPSK、QP SK、QA M 自适应	DBPSK，DQPSK，CCK，OFDM（BPSK/QPSK/16-QAM/64-QAM）	OFDM，子信道 QAM 自适应
占用频带（MHz）	下行 08～1002，上行 5～85	5 ～ 65MHz	5～1200	4～21、4～28	2～30	800～1500	2400～2483.5	950～1050
信道带宽（MHz）	6、8	32～48	100	16、24	28	50	20	40

	CMTS	ECAN	DECO	HPNA3.0	PLC	c.link	WLAN	BIOC
子信道数（个）	32		1024/512		7 个大频带，896 个子信道	29	13，不重叠信道 4	
物理层速率（Mbps）	下行 42～56，上行 30	160	400	128、240	200	270	≤54	150
吞吐率（Mbps）	物理层速率的 90%	130	350	80	110	100	物理层速率的 40%	120
支持客户端	2048	64	60	16、32、64、128、2048	15，31，63	31，63	各厂家不同	256
可管理性	能够管理到每个终端	能够管理到每个终端	能够管理到每个终端	能够管理到每个终端	可以管理到每个终端	能够管理到每个终端	能够管理到每个终端	能够管理到每个终端
QoS	采用 ATM 信元机制，可按 N × 64k 对用户进行带宽控制	采用 MPCP 协议支持 DAB	采用 MPCP 协议支持 DAB	802.1p，动态分配带宽	提供 4 级的 QoS 优先级，可以根据 ToS、CoS 以及 IP 端口号进行分类	支持 802.1p，用户带宽可控，最小带宽为 1Mbps	802.11e	802.11e
时延			2～10ms	<30ms	<30ms	<5ms	<30ms	<2ms

表 6-7　三种主流接入方案成本比较

接入网方案		带宽/户数	户均覆盖投资	每户开通成本	户均造价	施工量
CMTS+CM		40Mbps/1000 户	201 元	380 元	581 元	中
EPON+LAN		1000Mbps/1500 户	160 元	50 元	210 元	大
EPON+EOC	含放大器	27Mbps/50 户	140 元	290 元	430 元	小
	无放大器	27Mbps/50 户	96 元	290 元	386 元	小

　　从表 6-6 中可以看出，无论户均覆盖投资还是每户开通成本，CMTS+CM 的方案都是最高的；每用户带宽低，网络每兆带宽成本非常高；EPON+LAN 的方案有较大的成本优势和带宽优势，符合光纤到户（FTTH）的网络发展趋势，但入户施工难度较大；EPON+EOC 的网络覆盖成本最低，改造工程量和难度小，符合光纤到户（FTTH）的网络发展趋势，每用户带宽适中，可以较好地满足业务需要。

6.4　FTTH 建网

6.4.1　FTTH 建网方式

1. 三波单纤

　　这种方式只要一芯光纤，一芯光纤上走 1310nm/1490nm 和 1550nm（或 1610nm/1490nm 和 1310nm）三个波长的光信号，在终端需要配制隔离度在 35dB 以上的波分复用器，终端成本较高。

未来平滑升级至 10GEPON，无 WDM 标准，双向业务无法实现全覆盖的情况下，浪费 PON 口资源。系统架构如图 6-39 所示。

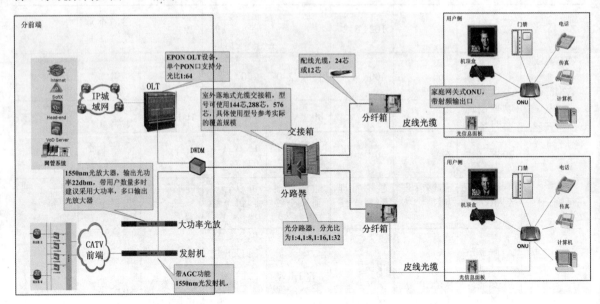

图 6-39 三波单纤 FTTx 方式系统架构图

2. 三波双纤

这种方式需要两芯光纤，一芯走 1550nm（或 1310nm）下行广播，另一芯走 1310nm/1490nm 数据，不需要在终端配制波分复用器。适用于新建小区，特别是农村边远地区、城乡结合部、别墅区，无需再铺设同轴电缆，可一步到位，网络先进、可靠性高，但光纤建设成本稍高。系统架构如图 6-40 所示。

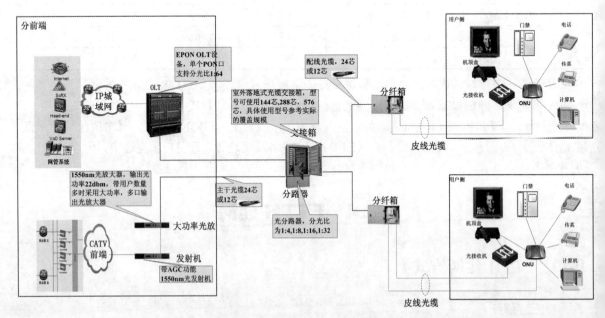

图 6-40 三波双纤 FTTx 方式系统架构图

6.4.2　FTTH 建网技术

1. ODN 覆盖方式

根据目前的广电现状，FTTH 建设初期，ODN 覆盖方式有"全覆盖"和"薄覆盖"两种，如图 6-41 所示。

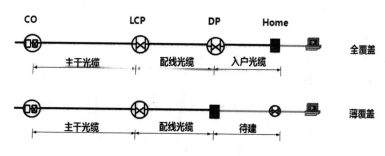

图 6-41　ODN 覆盖方式

"全覆盖"集中施工，将光纤一次性布放到所覆盖的每个用户室内，光缆入户施工 FTTH 建设的阶段集中完成，后期业务开通时不需线路人员介入，初始施工难度较大，成本较高，投资风险较大，入户光缆存在线路被装修损坏的风险。

"薄覆盖"分阶段施工，在集中施工阶段完成从 CO 到 DP 的线路施工，在业务开通阶段完成引入光缆的敷设。引入段按业务开通情况按需敷设，分路器和 PON 设备端口按需投放，初始投资成本低，每户工程造价最低，后期根据用户需求在开通业务时候，分散施工存在种种困难，不利于业务的快速开通。

2. 分光方式

FTTH 分光方式主要有两种：集中分光，分散分光。

集中分光：光分路器集中放置于小区机房、光缆交接箱中、局端机房（OLT 机房），用户管理比较集中，通常是单级分光，PON 端口和光分路器的利用率高，维护方便。前期业务未全部开通的情况下可节省设备的投资，适合于 FTTH 建设初期阶段，但用光纤用量大。

分散分光：光分路器分别设置于楼内、楼外、挂杆安装的分纤箱中，通常是多级分光，光纤用量少，链路损耗比一级分光高，在全覆盖情况下光分路器成本高，在 PON 端口和光分路器的利用率及维护操作方便不及集中分光。

在分光设计的时候还要同时考虑到下述的三个原则：

① 尽量采用一级分光，以简化网络结构，方便故障排查；

② 分光器尽量靠近用户，以节省光缆和管道资源；

③ 分光器宜集中放置，以方便维护；

④ 对于分光级别，数据双向平台的分光不宜超过 2 级，广播平台的分光不宜超过 3 级。

6.4.3 FTTH 建网案例

1. 高层住宅小区

图 6-42、图 6-43 所示分别为高层住宅小区 FTTH 接入系统图和布线图。

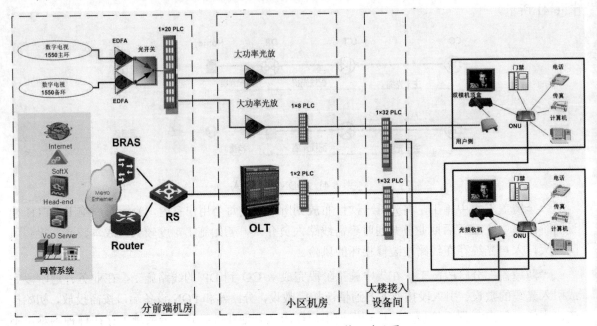

图 6-42 高层住宅小区 FTTH 接入系统图

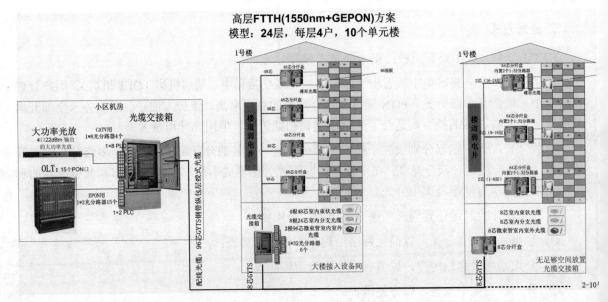

图 6-43 高层住宅小区 FTTH 布线图

2. 多层住宅小区

图 6-44 所示分别为多层住宅小区 FTTH 接入布线图，其系统图同图 6-42 所示。

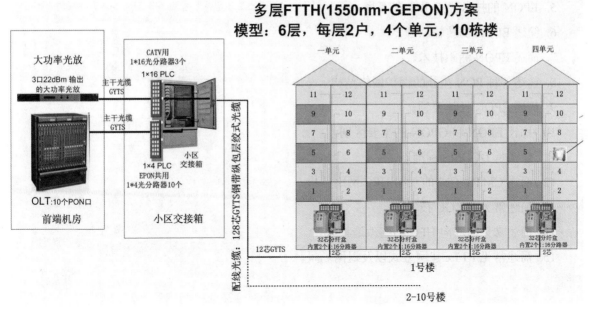

图 6-44　多层住宅小区 FTTH 布线图

3. 别墅区

图 6-45 所示分别为别墅区 FTTH 接入布线图，其系统图同图 6-42 所示。

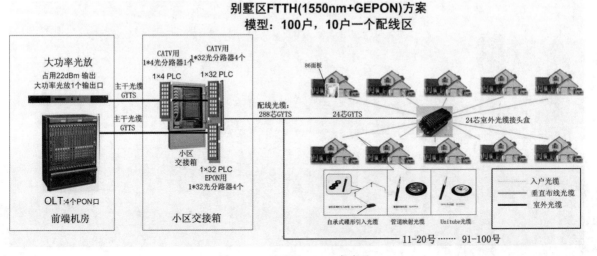

图 6-45　别墅区 FTTH 布线图

6.5　思　考　题

1. 简述 FTTX 技术分类。

2. 简述有线电视的双向网改形式。

3. PON 的实用技术主要有哪几种？

4. 简述 EPON 网络结构。

5. EPON 的技术优点主要有哪些？

6. 简述 EPON 的传输原理。

7. 简述 EPON 测距技术。

8. 简述各种 PON 拓扑的保护网络结构。

9. 简述 EPON 设计要领。

10. 比较 EPON 和 GPON 的主要区别。

11. 什么是 DOCSIS 标准？

12. 简述 CMTS+CM 的双向 HFC 网络结构。

13. 简述常见的 EOC 技术。

14. 简述常见的双向 HFC 网络改造模式。

15. 简述常见 FTTx 建网方式以及退网场景。

第7章 下一代广播电视网的 IPQAM

IPQAM 在广播电视网络中广泛应用于 DVB 广播、VOD 点播、高清电视轮播以及 DOCSIS 系统的数据下发等场合，对于发展广电的三网融合模式 DVB+OTT 也起着重要作用。

7.1 IPQAM 概述

IPQAM 其实就是一种网络扩容技术，它可以在下行带宽远远大于上行带宽（上下行带宽严重不对称）时，用来保障用户的下行带宽，它可实现单点布置全网覆盖，特别适合视频和数据的下载传送。

由于下一代广电网络实现了全数字化后，数字电视节目占用的频带资源相对较小，因此空余频点增多，如果加以利用，可以进行海量数据传输。基于 NGB 的 IPQAM 下行业务的实现，就是将控制信息与业务数据信息分离传送，交互控制信息在 IP 网传送，而大数据的业务信息通过 IPQAM 传送，这样就既实现了高速下行传输，同时又规避了纯 HFC 网络无法回传的缺点。

7.1.1 IPQAM 在 NGB 网络中的作用

IPQAM 组成的互动点播系统如图 7-1 所示，IPQAM 承担着介于 IP 网和 HFC 网络间"网关"的角色，实现将通过 IP 网传输的 TS 节目，将 DVB/IP 自 IP 骨干网输入的节目流重新复用在指定的多业务传输流中，通过复用、加扰，再进行 QAM 调制和频率变换，将输出射频信号传送出去。

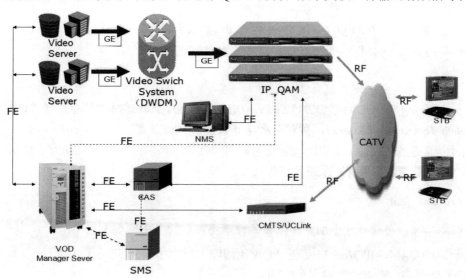

Video Server：视频服务器　　Video Swich System：视频交换系统　　VOD Manager Sever：视频点播管理服务器

图 7-1　IPQAM 互动点播系统图

7.1.2 IPQAM 的优缺点

1. IPQAM 优点

相比纯 IP 互动接入网，这个建立在 NGB 网络上的 IPQAM 互动点播系统仅需在开通业务的分前端架设设备，初期投资比较小，扩容方便，并可以随业务扩展容量逐步扩充，只需增加 IPQAM 设备即可提高用户并发数；它可以保证用户下行带宽，尽管它还是单向的。回传通道只负责传输业务控制信息，信息量小，对带宽要求低，可以用 ADSL、以太网、Cable Modem 等多种方式实现。这种网络模式下的高清互动业务，可为每个用户开通单独通道，相比以太网"尽力而为"的互动回传机制，网络安全性能高，QoS 有保障。是其他网络不具备的；单点部署全网覆盖。

2. IPQAM 的缺点

IPQAM 需要占用业务频点，使不同业务的频点构成"此消彼涨"的关系，即同一张网里运行直播和点播两种业务时，彼此互相竞争频点，如果直播频点多，那么点播频点就少，反之亦然。按每频道 38Mbps 计算，一个传统的模拟频道只能承载 3～5 路高清节目（H.26），利用有线数字电视整体转换后，550～860MHz 之间的 38 个空余频点，也只能支持 190 路并发节目，按 10%的用户并发数计算，大概只能支持 1900 户左右。为解决频点有限的问题，运营商可采用频点空分复用的方式，在多个分前端分别架设 IPQAM 设备，将同一频点在不同区域的 IPQAM 重复使用，每个频点覆盖不同的区域。

7.1.3 IPQAM 演进历程

1. 传统 QAM

仅应用于 DVB 广播，ASI 信号源输入，每个 RF 端口输出一个 QAM 频道。

2. IPQAM

应用于 DVB 广播、VOD 点播，TS Over IP 信源输入，每个 RF 端口可输出 1 个以上相邻 QAM 频道，对跨路由的 IP 网络特性支持略差，设备相对独立工作。

3. Edge QAM

应用于 DVB 广播、VOD 点播、*SDV*（*Switch Digital Video*，*交换式视频广播*）、*M-CMTS*（*Modular Cable Modem Termination System*，*模块化的电缆调制解调器系统*）；TS Over IP 信源输入，每 RF 端口输出四个或更多相邻 QAM 频道，对复杂的 IP 网络支持良好，支持对 *ERM*（*Edge Resource Manager*，*边缘资源管理系统*）系统的管理接口。

4. Universal QAM

支持应用全面；可管理性更加完善；设备性能更高、设备密度更大。

相比于传统 QAM，IPQAM 以及在 IPQAM 基础上衍生出来的 Edge QAM 和 Universal QAM 在未来的 NGB 网络中会有更大的发展空间。

7.1.4 TSID 和 NID

RegionID（区域信息）通过 IPQAM 经 HFC 通道下送给机顶盒，具体发送方式可以通过设置并实时广播 DVB 网络参数至机顶盒，机顶盒根据预设的规则解析得到 RegionID。设置 RegionID 的相关参数可以有 TSID 方式或 NID 方式。

1. TSID 方式

按照系统的频段规划和部署完成对 IPQAM 中每个通道 TSID 的配置，确保 IPQAM 每个流的 TSID 在全网内是唯一的，机顶盒再开机后再划分为点播业务的频段扫描，获得能够接收到的 TSID 并保存。在所有的 IPQAM 中设置 TSID，由 IPQAM 通过实时广播 PAT 表来下传 TSID 信息。这样机顶盒将能够通过扫描方式，探测到能够到达该机顶盒的所有 IPQAM 的 TSID 信息。机顶盒可能获得属于一个 Region 的多个 TSID，机顶盒按照设定的规则解析 TSID 获得 RegionID。

2. NID 方式

在每个非点播频点的 NIT 表格插入服务入口描述符，STB 通过该描述符获得点播主频点信息，然后机顶盒根据点播主频点上的 NIT 信息，获取到的 NetworkID 信息即为 RegionID。当无法读到描述符中的点播主频点信息或 RegionID 信息时，采用机顶盒存储的信息。

7.1.5 IPQAM 原理简介

这里我们以 VOD 系统为例来说明 IPQAM 工作原理，图 7-2 是 IPQAM 点播业务流程图，图中深色连线表示使用 IP 线路连接；浅色连线表示使用 HFC 同轴连接；深色和浅色箭头标识一个点播流程，其中，深色箭头表示是数据信息，浅色箭头表示是 HFC 的 DVB 信息。

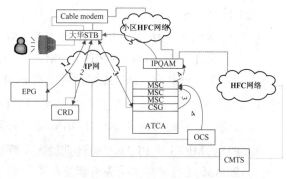

图 7-2　IPQAM 点播业务流程图

（1）用户通过遥控器操作机顶盒，浏览 EPG，选择要点播的节目；EPG 告诉用户实际要播放的节目对应 CRD（Content Routing Director，内容路由导向器）入口的 URL（Uniform Resoure Locator，统一资源定位符）信息。

（2）用户向 CRD 请求播放节目，CRD 根据 STB 的 RID（Region ID，区域信息地址），选择对应的 CSG（Content Service Gateway，内容服务网关）节点，并返回给用户对应 CSG 入口的 URL 信息。

（3）用户向 CSG 请求播放节目；CSG 根据用户点播的节目内容，将用户分配到本地某一个 MSC（Media Service Controller，媒体服务控制器/媒体服务引擎）设备上，同时为该用户的播放请求分配一个 MSC 播放的 UDP（User Data Protocol，用户数据报协议）端口，该 UDP 端口和 IPQAM 某一个播放频点的一个时段对应；CSG 告诉给 STB 在某一个频点的某个时段准备接收节目。

（4）MSC 将节目通过 UDP 端口发送给 IPQAM 设备；如果节目不存在，将从 OCS（Original Content Service，原始内容服务）通过代理方式发送。

（5）IPQAM将UDP节目流转换为HFC信号，并将节目加载在对应的频点中的位置中，IPQAM再将HFC信息混合调制到小区的HFC网络中，用户通过STB就可以收看对应的点播节目了。

一些中大型系统中会分别有负责传送数据的QAM调制器和负责传送视频的QAM调制器，即对数据和视频分别进行QAM调制。边缘QAM调制器可以接收UDP包，并具有UDP包到MPEG-2流的转换功能。

由于目前的IPQAM调制器是8~24路输出的，能支持的用户数量有限，所以一些系统中会将IPQAM调制器放在小区，以实现对IPQAM频点的空分复用。

目前IPQAM既可以采用MPEG-2编码格式的音视频内容传输，也可以采用H.264、H.265、AVS等流媒体格式发挥高压缩比、带宽资源占用少的优势。于上行通道，物理网络可以采用EOC当作点播回传通道，上行通过DSM—CC（Storage Media - Command & Control，数字存储媒体-命令与控制）、SSP（Session Setup Protocol，资源会话协议）、LSCP（Lightweight Stream Control Protocol，轻量级流控制协议）以及RTSP（Real Time Streaming Protocol，实时流协议）等各种协议通道完成与前端服务器之间的交互。

7.1.6 IPQAM测试方法及技术要求

1. IPQAM通道支持SPTS、MPTS、PLANT及DATA码流能力

（1）测试目标

判定PQAM支持各种封装码流的能力，特别是数据管道封装的码流。

（2）测试方法

① 准备SPTS、MPTS、PLANT的片源（SPTS：包括PAT，一个PMT和ES PID；MPTS：包括PAT，多个结合ES PID的PMT，SI表；PLANT：实际是没有PCR信息的SPTS，比特率不能被测量；DATA:实际是没有PCR的MPTS）。

② DATA通过在CSG上配置RID信息，在IPQAM运行状态中查看是否有100K左右的信道占用，并通过码流仪查看IPQAM输出是否有PID=19的包产生。

③ SPTS、MPTS及PLANT通过机顶盒点播相应的片源，首先看点播是否正常，再通过查看IPQAM运行状态中是否有相应信道占用，并通过码流仪查看IPQAM输出是否有相应的点播流产生（PLANT模式无法用码流仪检测比特流）。

2. 单频点码流支持数量

（1）测试目标

通过测试IPQAM的一个频点能支持多少码流，针对不同的信源，就能知道一个频点能传多少信道。

（2）测试方法

① 准备打压测试工具（如思华的QAMClient）及三台分别能点播MPEG2、MPEG4及H.264的机顶盒；每种信源选择典型的码率为MPEG2（3.75M）、MPEG4（1.5M）、H.264（6M）。

② 在CSG中分别配置相应的应用信息，确保点播MPEG2（3.75M）、MPEG4（1.5M）、H.264（6M）的片源正常。

③ 在打压测试工具的脚本中编辑点播 MPEG4(1.2M-1.5M.MP4)、MPEG2（3.75M-3.3M.TS）、H.264（6M-7M.TS）片源 N-1（N 值取预期值）次。查看 MSC 日志中的"最终用户列表"是否出现 N 条点播记录、IPQAM 运行状态中是否占用 N-1 个信道及使用了多少码率（一个频点总共为 38 Mbps），确认使用码率未超过 38Mbps，再用机顶盒点播相应片源，占用第 N 个信道。查看点播是否正常，是否有马赛克出现，并通过码流分析仪查看码流波动状态，频点是否有码流溢出的情况发生。

④ 若点播正常，并且码流未出现溢出情况，说明 IPQAM 能够支持相应格式的 N 个信道。

⑤ 若有马赛克或码流溢出情况，则退出机顶盒点播，通过 QAMClient 删除一个点播。再回到第 3 步测试，若通过，说明 IPQAM 能够支持相应格式的 N-1 个信道。

3. 多种码率码流（1M-30M）及混合码流的适应能力

（1）测试目标

测试 IPQAM 对各种码率码流的适应能力。

（2）测试方法

① 准备 1M、1.5M、1.8M、2M、3M、3.75M、6M、7M、8M、10M、20M、30M 的片源。

② 在 CSG 中分别配置相应的应用信息，确保点播 MPEG2（3.75M）、MPEG4（1.5M）、H.264（6M）的片源正常。

③ 将不同码率的片源存入 MSC 服务器相应的存储下。通过机顶盒点播不同码率的片源，查看点播是否正常、是否有马赛克及卡顿的现象出现，并查看 IPQAM 的运行状态是否正常。

④ 在 IPQAM 的同一个 RF 输出端口配置不同类型的信道，通过三台机顶盒同时点播不同码率的片源，查看点播是否正常、是否有马赛克及卡顿的现象出现，并查看 IPQAM 的运行状态是否正常，并用码流分析仪协助验证 IPQAM 支持混合码流的能力。

4. 有压力情况下，对高码率码流的支持能力

（1）测试目标

测试 IPQAM 在高码率的支持能力及在有压力的环境下的适应能力输入特性。

（2）测试方法

① 以 8M-9M 码率为基准选择片源。

② 通过高清机顶盒直接点播 8M-9M.TS 文件，查看点播是否正常，是否出现马赛克、卡顿等现象。

③ 通过打压测试工具（如 QAMClient）打压力，查看在不断打压的过程中，是否对机顶盒的点播有影响。

④ 将整台 IPQAM 压力打满后，最后一个信道用机顶盒点播查看是否正常，是否出现马赛克、卡顿等现象。

5. 配置文件导入、导出能力

（1）测试目标

验证 IPQAM 对配置文件的备份能力。

（2）测试方法

通过 Web 网管查看未找到配置文件导入导出的项。

6. 符号率的配置范围

（1）测试目标

确认 IPQAM 可配置符号率的范围。

（2）测试方法

通过 Web 网管查看符号率选项可选择的范围。

7. 每 QAM 通道频点的频率范围

（1）测试目标

确认 IPQAM 可配置频率的范围。

（2）测试方法

通过 Web 网管查看频率选项可选择的范围。

8. 修改 Constellation 能力

（1）测试目标

确认 IPQAM 可支持 Constellation 的类型。

（2）测试方法

通过 Web 网管查看 Constellation 的配置选项。

9. 每 QAM 通道关断能力

（1）测试目标

确认 IPQAM 对每个 QAM 通道的关断能力，并通过频谱仪查看关断后的频谱特性。

（2）测试方法

① 通过 Web 网管查看是否支持对每个 QAM 通道进行关断。

② 选择其中一个 RF 输出口接频谱仪，配置两个邻频频点并将 RF 输出选 ON。

③ 关闭其中一个频点，通过频谱仪查看该频点的关断是否影响另一个频点的频谱。

④ 两个频点全部关闭，通过频谱仪查看是否有载波泄漏。

10. QAM 通道输出电平调节能力

（1）测试目标

确认 IPQAM 的射频输出电平调节能力。

（2）测试方法

① 通过 Web 网管查看 QAM 通道输出电平的可设置范围。

② 通过 Web 网管中调整输出电平，用数字场强仪来验证输出端口的输出电平相应变化的准确度。

11. 配置及修改 GBE 端口的 IP 地址能力

（1）测试目标

测试能进行配置及 IP 地址修改的途径。

（2）测试方法

① 测试是否能通过串口修改。

② 是否能通过 Web 登录网管系统来配置及修改。

12. 配置及修改控制端口 IP 地址能力

（1）测试目标

测试哪些途径能进行控制端口 IP 地址的配置及修改。

（2）测试方法

① 测试是否能通过串口修改。

② 是否能通过 Web 登录网管系统来配置及修改。

13. 支持路由能力

（1）测试目标

验证 IPQAM 支持路由能力。

（2）测试方法

① 通过 Web 登录网管系统来查看管理口是否能配置网关。

② 配置管理口地址及网关，来验证是否支持路由功能。

14. GBE 冗余备份能力测试

（1）测试目标

验证 GBE 口是否支持热备份。

（2）测试方法

① 准备两块 GBE 模块。

② 正常配置 GBE1 口和 GBE2 口。

③ 在机顶盒点播正常的情况下，点播任一片源。

④ 人为地拔出 GBE1 口，查看影片播放是否自动回复。并通过机顶盒重新点播验证 GBE2 口是否正常工作。

15. 电源冗余备份能力测试

（1）测试目标

IPQAM 电源冗余备份的支持能力。

（2）测试方法

① IPQAM 背板是否有双电源，若有则插上双电源让 IPQAM 工作正常。

② 人为地将其中一路电源断电，查看 IPQAM 是否正常工作。

7.2 IPQAM 规划

IPQAM 的规划涉及多项内容，其中比较关键的有 IPQAM 设备业务 IP 地址、管理 IP 地址的规划、IPQAM RID 规划、主频点的规划等多项，下面进行单独说明。

7.2.1 业务 IP 地址、管理 IP 地址的规划

每一台 IPQAM 设备都有管理地址和业务地址两种 IP 地址，通常可以按需要配备多个业务 IP 地址（包含主备）、一个管理 IP 地址。IPQAM 设备的 IP 地址需要与中心 CDN 设备互通，并且与机顶盒 IP 地址互通。IP 地址的规划要考虑现有网络 IPQAM 设备的规划总数量。目前多数产品支持 WEB 界面的地址配置，如图 7-3 所示。

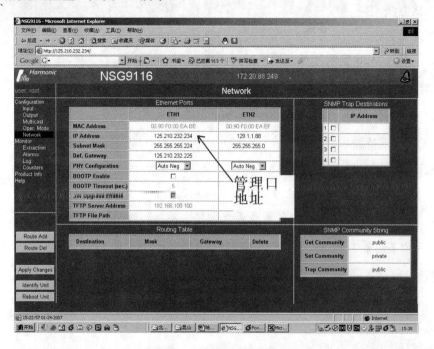

图 7-3 地址配置 Web 界面

7.2.2 IPQAM RID 规划

IPQAM RID（RegionID，区域信息）是指每一个光发机覆盖区域需要配置一个 RID，RID 为 256 进制数据，如 4.000—4.255。

7.2.3 AISP 管理 UDP 端口、PID 的规划

AISP 端口主要是在 AISP 系统向 IPQAM 设备相应的 UDP 端口发送强制插台指令时使用。原则上是在每台 IPQAM 设备上的每个输出频点上都需要规划 UDP 端口。PID 是 Packet IDentification（包标志符）的缩写。

7.2.4　点播业务 UDP 端口、PID 的规划

点播 UDP 主要是在配置 IPQAM 设备与中心 CDN 系统对接时使用，点播 UDP 需要根据使用 IPQAM 设备的不同而进行不同的配置，UDP 端口一般从 49156 开始，步长为 2。点播 PID 一般从 48 开始，步长为 16。

7.2.5　小视频 UDP 端口、PID 的规划

小视频 UDP 端口主要是在向 IPQAM 设备播发 IP 首页面中间的小视频数据流时使用。原则上是在每台 IPQAM 设备上的每个输出区域的主频点上都需要规划小视频的 UDP 端口，在 IPQAM 设备上，小视频的 UDP 端口对应的类型应该设置为 DATA 类型。

7.2.6　网页信息 UDP 端口、PID 的规划

网页信息的 UDP 主要是在局端设备向 IPQAM 播发 IP 首页面时使用，原则上是在每台 IPQAM 设备上的每个输出频点上都需要规划网页信息的 UDP 端口，根据某规划，网页 UDP 可以从 9000 开始，根据频点的增加，网页 UDP 相应增加 1。在 IPQAM 设备上，网页信息的 UDP 端口对应的类型应该设置为 DATA 类型。

7.2.7　主频点的规划

点播主频点主要是在 RID 信息的下发及首个点播频点使用。点播主频点设置必须与 CDN 上的配置一致。频点规划包括主频点和点播频点（副频点）规划，在进行频点规划时，要考虑原有网络中已经占用的频点资源的分布情况，必要时可以考虑进行分布部署规划，这样就可以实现有限频点的空分复用，同一个频点在不同覆盖范围中的多次重复使用，此外，在进行频点规划时还应该考虑片源码流率的大小，以保证有足够的片源供用户点播。

7.3　IPQAM 配置

在 NGB 网络中布署 IPQAM 的好处主要有：可以降低每个用户成本，可以降低视频服务对 IP 网络的要求，可以更好地适应高清业务对传输网络的高下行带宽要求。

7.3.1　IPQAM 基础配置

（1）IPQAM 参数配置：IPQAM 参数配置主要有 IP 地址、频率、输出电平。

（2）IPQAM 带宽分配原则：IPQAM 带宽分配时主频点应预留 5～10Mbps 带宽，用于 EPG 等控制数据下行，主频点其他带宽可以用于数据流下行；副频点可全部用于点播流下行，带宽分配原则如图 7-4 所示。

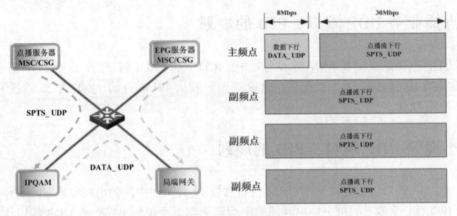

图 7-4　IPQAM 带宽分配原则

（3）数据下行占用 IPQAM 总带宽比例：如果设置 DATA_UDP 端口带宽为 8Mbps，占比 8/(4×38)=5%，故可忽略不计。

（4）IPQAM 输出：通常 IPQAM 有多路 RF 输出，每路 RF 内部会捆绑组合多个 8MHz 频点，例如一台 24 路 IPQAM 有 6 个 RF 输出端口，每个 RF 捆绑组合 4 个频点，每个频点 8MHz/38Mbps，这样 1 个 RF 端口就相当于 4 个标准 QAM 调制器，6 个 RF 端口相当于 24 个标准 QAM 调制器。IPQAM 端口特性和带宽分配原则如图 7-5 所示。

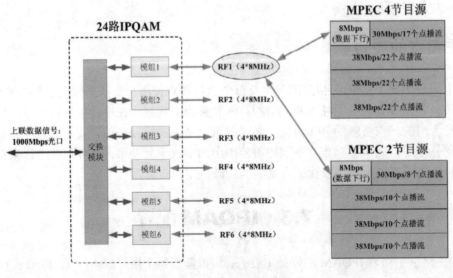

图 7-5　IPQAM 端口特性

7.3.2　确定 IPQAM 下带光发机数量

IPQAM 所带的光发机数量与所覆盖用户数以及数据流并发率有直接关系，IPQAM 覆盖用户数的估算方法是：

$$n=abcd \tag{7-1}$$

式中：n 表示单体 IPQAM 覆盖用户数；

　　　a 表示 IPQAM 的 RF 端口数；

　　　　b 表示每个端口拖带的光发机数；

　　　　c 表示每个光发机拖带光点数；

　　　　d 表示每个光点覆盖用户数。

　　数据流并发率：

$$\eta=[(aef\text{-}g)/nh]\times100\%=[(aef\text{-}g)/abcdh] \tag{7-2}$$

　　式中：　*η* 表示数据流并发率；

　　　　n 表示覆盖用户数；

　　　　a 表示 IPQAM 的 RF 端口数；

　　　　e 表示每端口绑定组合频点数；

　　　　f 表示每频点调制带宽，单位为 Mbps；

　　　　g 表示主频点下行数据，单位为 Mbps（通常取 5～10Mbps）；

　　　　h 表示单路视频码率，单位为 Mbps（H.264 编码标清情况一般可以取 2Mbps）。

　　从上面的式子可以看出，要确定数据流并发率需要考虑的因素比较多，几乎与上面两个式子中所有因子都有关系。而 IPQAM 所带的光发机数：

$$m=ab \tag{7-3}$$

　　式中：*m* 表示 IPQAM 所带的光发机数；

　　　　a 表示 IPQAM 的 RF 端口数；

　　　　b 表示每端口拖带的光发机数。

7.3.3　确定 IPQAM 的数量

　　IPQAM 的数量与用户总量以及单位 IPQAM 覆盖的用户下面的关系：

$$M=N/n \tag{7-4}$$

　　式中：*M* 表示 IPQAM 所带的光发机数；

　　　　N 表示覆盖用户数；

　　　　n 表示单体 IPQAM 覆盖用户数。

　　在确定 IPQAM 的数量时，还需要首先确定数据流并发率的基本区间，以兼顾保证必要的点播效率和经济效益。

7.4　IPQAM 部署与扩容

7.4.1　IPQAM 部署方式

　　IPQAM 部署方式根据其所处的位置不同可以分为完全的分布式、完全集中式和集中分布混合式三大类结构，如图 7-6 所示。完全的分布式部署服务器与调制器都在分前端，适合小区用户密度高，用户信息需求量大的场合，其视频服务器的服务范围相对较小，整体部署成本较高；完全集中式部署服务器与调制器都在总前端，适合小区用户密度较低，用户信息需求量较小的场合，其视频服务器服务范围相对较大，整体部署成本较低；集中分布混合式部署的各项指标介于前两者之间。实际工程中具体使用何种部署，应根据实地具体情况综合来确定。

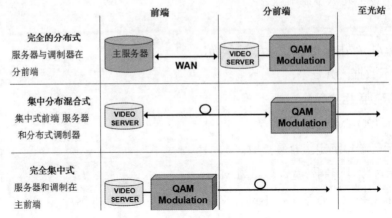

图 7-6　IPQAM 部署使用形态图

7.4.2　1550nm 分前端 IPQAM 的部署

1550nm 分前端采用 EDFA 光放输出，光放大器输入输出均为光信号，无射频 RF 信号。而 IPQAM 输出是 RF 射频信号，需要把射频 RF 信号和 1550 光信号混合。

"1550nm 内置光发+Overlay"组网技术能有效地解决 IPQAM 信号的插入，避免了二级光电转换。Overlay 叠加技术就是在分前端通过增加 Overlay 光发射机，它们的输出与前端传来的广播节目经光复用器耦合进同一光纤线路，一起传送给各个光节点。这种叠加传输方式既适合当前的模拟电视广播，也适合未来的数字电视广播，两者都工作于副载波复用光纤传输体制，只是副载波频段和调制方式不同。方案原理如图 7-7 所示。

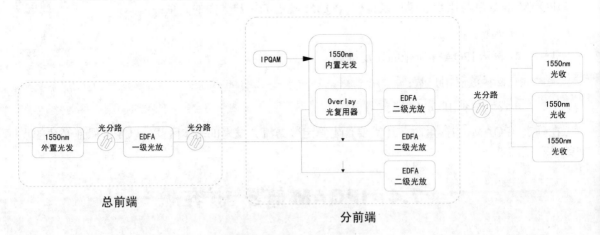

图 7-7　Overlay 组网原理图

7.4.3　1310nm 光网络 IPQAM 扩容

对于 1310nm 光网络 VOD 接入初期，用户开通率要求低时，可先将 IPQAM 设置在总前端进行集中部署，如图 7-8 所示的"低开通"位置，随着业务的开展，当用户开通率要求逐步提高时，IPQAM 扩容分步进行，如图 7-8 的"扩容 1"、"扩容 2"位置，逐级靠近用户，IPQAM 越靠近用户越容易实现有限的频点资源的空分复用。由于 1310nm 网络不便于直接进行光放大，在进行扩容的时候要进行相应的"光—电—光"的转换，对传输指标会产生一些消极影响。

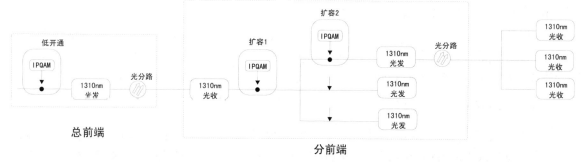

图 7-8　1310nm 光网络 IPQAM 扩容

7.4.4　1550nm 光网络 IPQAM 扩容

对于 1550nm 光网络 VOD 接入初期，用户开通率要求低时，可先将 IPQAM 设置在总前端进行集中部署，如图 7-9 所示的"低开通"位置，随着业务的开展，当用户开通率要求逐步提高时，IPQAM 扩容分步进行，如图 7-9 的"扩容 1"、"扩容 2"位置，逐级靠近用户，IPQAM 越靠近用户越容易实现有限的频点资源的空分复用。1550nm 网络可以直接进行光放大，在进行扩容的时候则不需要进行"光—电—光"的转换，直接采用"1550nm 内置光发+Overlay"组网技术能有效地解决 IPQAM 信号的插入，这样对传输产生的影响要小一些，并且便于实现多次扩容。

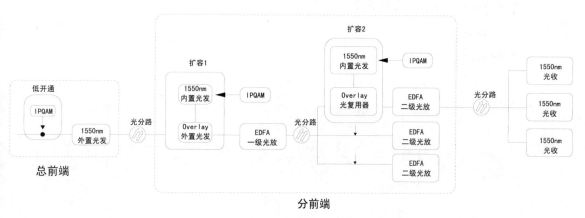

图 7-9　1550 光网络 IPQAM 扩容

7.4.5　IPQAM 部署实例分析

1. 频点规划

例如某广电网络农网在规划时由于未停模拟电视信号，频点资源非常有限，点播初期节目源多是标清信号，采用 H.264 编码时，码流率在 2Mbps 就能满足要求，初期规划时只分配 4 个频点给 IPQAM，这样一个 RF 端口就可以输出 4 个 QAM 频点，采用 QAM64 调制，总带宽 4× 38=152Mbps。DATA_UDP 下行数据占用 8Mbps，主频点剩余带宽 30Mbps，3 个副频点带宽为 3 ×38=114Mbps，两者带宽总和为 144Mbps，可以并发 72 路点播节目。

2. IPQAM 部署方式

IPQAM 分布部署于分前端，一台 48 路 IPQAM 有 12 个模块，即有 12 个 RF 输出端口，每个端口输出 4 个频点，负责一个区域。IPQAM 覆盖用户数每 4 个频点覆盖 1 个 1310nm 光发射机（或 1550nm 光放），每个光发射机（光放）带 6 个光节点，每个光节点覆盖用户 50 户，总覆盖用户数 300 户左右。1 台 48 路 QAM 覆盖用户数为 12×300=3600 户。

3. 设计并发率

每个频点并发用户数为 19 户，每个区域主频点预留 2 个流的数据作为窄带数据通道，每个区域（4 个频点）最大并发用户数 72 户。1 台 48 路 QAM 最大并发用户数为 12×72=864 户。设计最大并发率为 864/3600=24%。

4. 局端安装配置信息

（1）管理 IP 地址：IP 地址、子网掩码、网关。

（2）VLAN：管理 VLAN，宽带 EOC 终端 VLAN，窄带 VLAN。

（3）IPQAM 转发参数：IPQAM IP 地址，频率、UDP 端口。

7.5 思 考 题

1. 简述 IPQAM 在有线电视网络中的作用。

2. 简述 IPQAM 原理。

3. 简述 IPQAM 参数配置内容。

4. IPQAM 部署方式根据其所处的位置不同可以分哪几大类？

第8章 用户终端

相比互联网接入服务提供商，广电的优势是有海量正版的视频内容、高清节目源和能支持高清互动的传输网络。有线运营商完全有潜力将丰富的内容，通过IP、互联网传送到机顶盒以外的更多终端。凭借统一的云业务平台和日新月异的智能终端，不论是在家庭等小范围内的多终端组网互动，还是跨网络的"一云多屏"互动功能，都可以给用户带来非常好的体验，增强用户的满意程度。

随着智能手机、平板电脑的兴起，得益于移动智能终端良好的操控性，人们观看电视大屏的时间逐渐减少。同时，电视机行业已经快步迈入智能化的行列，互联网电视、OTT电视机顶盒已经普遍智能化，有线电视运营商的数字电视机顶盒智能化已经是大势所趋，时不我待。

8.1 机 顶 盒

8.1.1 DVB机顶盒

1. 机顶盒发展史

提起有线数字电视用户终端，一般会首先想到数字电视机顶盒。严格意义上讲，凡是能进行数字电视信号处理接收、能够用来收看电视的终端都应该涵盖在数字电视终端的范围内。所以，除了广电运营商的机顶盒外，数字电视机、IPTV机顶盒、网络电视播放器、平板电脑甚至PC和手机，都可以称之为数字电视终端。

随着技术的发展，各种终端技术正趋于融合，人们在不同的场景下使用不同的终端看电视，例如，包含1080P清晰度以下的视频将倾向于在电脑、平板甚至手机小屏上显示，而电视大屏将显示4K以上的超高清视频。因为4K电视生产技术已经成熟，或许不久的将来，4K将成为标配，8K才是真正的超高清。如果广电运营商继续通过机顶盒发展业务，必将面临更换机顶盒终端投资的风险。所以，如果把看现在意义的标清和高清电视继续仅仅定义于通过机顶盒，将在战略方向上产生失误，不但需要付出高昂的终端投资，也会导致广电运营商的市场萎缩。

机顶盒最初作为解决电视数字化改造的方案应运而生，在世界各国都得到了大范围的普及推广。机顶盒的全称叫做"数字电视机顶盒"，顾名思义，它就是放在电视机上面的一个盒子，它是一种将数字电视信号转换成模拟信号的变换设备。随着数字电视改造的完成和近两年新兴技术的出现，机顶盒的功能和作用也得到深度拓展，新的商业模式和市场机会也随之出现。总体来看，电视机顶盒经过如下三个发展阶段。

（1）作为信号转换装置的机顶盒

机顶盒（*set top box，STB*）作为数字电视（DTV）辅助设备是从20世纪90年代后期欧美国家试播数字电视和高清数字电视（HDTV）开始的。它的主要作用是使用户能够用原有的模拟电视机收看数字电视节目和高清数字电视节目，即提供数/模信号转换功能，通常把这类机顶盒称为数字电视机顶盒。其主要目的就是把数字信号转换成模拟信号，以便模拟电视可以显示通过数字信号传输过来的节目。

（2）集成机顶盒

随着机顶盒技术的发展和需求的增多，机顶盒逐渐增加了一些附加功能，如在机顶盒上加上预告节目的电子节目指南，发布政府惠民信息的数据广播，增加收入的 VOD 点播，用于管理机顶盒的用户管理系统和用于控制收费的 CA 系统等。这样，一个清晰的"集成机顶盒"功能实现架构就呈现出来。它的技术特点是各种软件相互集成在一起，一次成型难以改变，因而这种机顶盒的过渡性体现得非常明显，在"开放"、"交互"理念的深入普及下，这一技术也必然会遭到淘汰。

（3）互联网智能电视机顶盒

为了突破集成机顶盒的单向性，在 IT 技术和新媒体技术的推动下，智能机顶盒随之出现。它拥有传统机顶盒所不具备的应用平台优势，成为连接电视、网络和程序之间的智能设备；它可配合各类外围应用终端，可以很方便地扩展基于家庭通信、娱乐和生活应用的各项服务，为家庭用户提供更加丰富多彩的综合信息服务，具备多接口、多业务感知和承载、可管理等特点。在互联互通的网络时代，智能电视机顶盒的标配就是网络功能模块，所以智能电视机顶盒也叫做互联网智能电视机顶盒，比较有代表性的是 Apple TV 和 Google TV。

整体而言，机顶盒技术具有如下发展趋势：高清、交互、多模、多格式解码（不仅能够支持 H.264、MPEG-2/4、AVS、VC1 等传统电视领域的解码标准，还能支持 PC 上流行的 Flash、Real 格式，满足各种解码标准）、更多接口（通过为机顶盒增加 USB、HDMI、以太网接口、硬盘等外围接口，可以为用户提供丰富的应用功能，提升用户使用体验）、更先进的工艺和低功耗等是今后机顶盒技术的发展趋势。

另外，随着文化建设的繁荣和发展，各种优质的电视节目逐渐丰富，人们看电视的时间不是在减少，而是在增加，只不过开始在多终端上看电视，这会给电视新媒体的定义、监管和产业政策的制定方面带来新问题。所以，广播电视终端的定义需要扩展，更需要冲破仅仅定义机顶盒作为广电终端的桎梏。

2. 机顶盒工作原理

机顶盒对经过数字化压缩的图像和声音信号进行解码还原，产生模拟的视频和声音信号，通过电视机和音响设备给观众提供高质量的电视节目，目前的电视机只支持模拟信号的输入显示，有了它，用家里的模拟电视机就可以享受数字生活了。

有线数字电视机顶盒由高频头、信道解调器、信源解复用器、视频解码器、音频 D/A、音频解码器、嵌入式 CPU 系统和外围接口、条件接收模块等组成，具有交互功能的机顶盒则需回传通道，如图 8-1 所示。其工作过程如下。

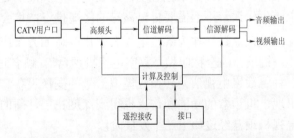

图 8-1 数字电视机顶盒结构

（1）机顶盒的高频头接收来自广电有线网络的射频信号，然后通过 QAM 解调器来完成信道的解码，送出包含多路视频、音频信号和其他数据信息的传送流给 CPU 的解复用器。

（2）CPU 内的解复用器则用来区分不同的数字电视节目，提取相应的视频、音频和数据流，送入 MPEG-2/H.264 解码器和对应的解析软件，完成解码操作。

（3）对于付费电视，条件接收模块对加扰的视频、音频实施解扰，解扰后的清流进入 MPEG-2 解码器完成解码操作。

（4）MPEG-2/H.264 解码器完成视频、音频信号的解码后，经过视频编码器和音频 D/A 转换，还原出模拟的视频、音频信号，在常规彩色电视机上显示高质量的图像，并提供多声道立体声节目供用户收看。

目前的数字电视机顶盒已成为一种嵌入式计算设备，具有完善的实时操作系统，提供强大的 CPU 计算能力，用来协调控制机顶盒各部分的硬件设施，并提供易操作的图形用户界面，如增强型电视的电子节目指南，给用户提供图文并茂的节目介绍和背景资料。同时，机顶盒具有"简单计算机"能力，内部软件功能和对网络稍加进行双向改造，很容易实现如因特网浏览、视频点播、家庭电子商务、电话通信等多种服务。图 8-2 和图 8-3 所示分别是数字机顶盒前后面板图。

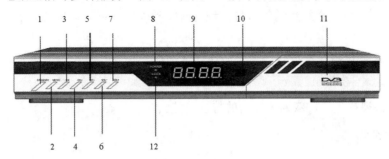

前面板主要部件说明

1.STANDBY：待机　　　　　　7.VOL+：音量加
2.MENU：主菜单　　　　　　　8.POWER：显示待机状态，待机时灯亮
3.OK：确定　　　　　　　　　9.数码管：显示当前频道数
4.CH+：频道加　　　　　　　10.接收窗：遥控器接收器
5.CH－：频道减　　　　　　　11. IC 卡插槽：用于插入 IC 卡（隐藏）
6.VOL－：音量减　　　　　　　12. LOCK：信号锁定，若锁定，信号灯亮

图 8-2　　数字机顶盒前面板图

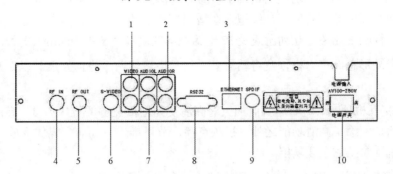

后面板接口功能说明

1.视频：视频输出口　　　　　　6.S 端子：亮色分离信号输出
2.右声道：音频输出口　　　　　7.左声道：音频输出口
3.网口：连接互联网，用于自动升级　　8.RS-232：串行通信口（用于调试和监控，用户无需使用）
4.射频输入：电视信号输入接口　　9.SPDIF：数字音频输出
5.直通输出：电视信号输出接口　　10.电源：开关

图 8-3　　数字机顶盒后面板图

机顶盒的基本功能是接收数字电视节目和广播节目，同时具有所有广播和交互式多媒体应用

功能，如下所述。

（1）EPG：电子节目指南，给用户提供一个容易使用、界面友好、可以快速访问想看节目的方式，用户可以通过该功能看到一个或多个频道，甚至所有频道上近期将播放的电视节目，目前软件一般都支持7天的节目预告信息显示，用户可以预约想看的节目，预约时间到以后，系统会自动提示用户确认收看已预约的节目。

（2）DB：数据广播，给用户提供新闻资讯、政务时要、分类广告、票务信息、电子报纸、天气预报等信息。

（3）Stock：股票，提供实时的股市行情、实时行情数据、股票分时数据、股票日线数据等信息。

（4）NVOD：准视频点播，是单向数字电视系统增值业务之一，广电前端利用视频服务器将一个数字电视节目在几个数字通道中延时播放，使用户在点播该节目时可以等待一段时间后完整地观看该节目，用户可以预约想看的节目，预约时间到以后，系统会自动提示用户确认收看已预约的节目。

（5）CA：条件接收，条件接收技术的核心是加扰和加密，是广电保障有授权用户收看加密节目的一种机制。

（6）VOD：视频点播，双向机顶盒的特性功能。

3. 机顶盒的分类

（1）根据传输媒介的不同，数字电视机顶盒分为：数字卫星机顶盒（DVB-S）；地面数字电视机顶盒（DVB-T）；有线电视数字机顶盒（DVB-C）。

（2）根据图像清晰度的不同，机顶盒分为：标清机顶盒；高清机顶盒。

（3）根据是否双向互动，机顶盒又可分为：单向机顶盒；双向互动机顶盒。

（4）按机顶盒的技术性能可分为：基本型，具有能满足免费数字电视业务和付费电视业务的基本功能；增强型，在基本型功能的基础上，具有能满足按次付费业务、数据广播业务、广播式视频点播和本地交互业务的功能；高级型，在增强型功能的基础上，具有视频点播业务、上网浏览业务、电子邮件收发业务、互动游戏及IP电话业务的功能，支持Internet接入、存储硬盘等。

从机顶盒产品形态而言，机顶盒将朝着多样化和模块化两个方向发展。以下几种机顶盒产品形态值得关注。

（1）高清交互机顶盒。随着运营商加大对高清交互增值业务的推广力度，高清交互机顶盒出货量将大幅度增加。除了高清功能之外，视频点播、节目推送、高清多媒体播放、PVR等都是未来的高清交互机顶盒上的主要功能。

（2）支持多媒体家庭网关机顶盒。家庭网关是多媒体数字家庭的核心，支持多媒体家庭网关机顶盒具备多接口、多业务感知等新特点，配合各类外围应用终端可以很方便地扩展基于家庭通信、娱乐和生活应用的各项服务，为数字家庭提供更加丰富多彩的综合信息服务。支持多媒体家庭网关机顶盒还可以拓展出更多的应用，如：实现家庭安防、家庭控制、家电照明、远程抄表、小区信息、增值服务等功能，为用户提供更多便利服务。

（3）统一开源平台系统的机顶盒。在三网融合大背景下，机顶盒功能越来越丰富，有线运营商业务需要多方对接，建立统一开源软件平台变得尤为重要，统一开源平台的理念类似于智能电视机领域的各智能操作系统，从谷歌的 Android 平台到苹果的 iOS 操作系统，从三星的 bada 系统到 LG 的 NetCast 2.0，从康佳的 SDK 平台到海信的 Widget 平台，基础代码基本都是完全公开的，除了厂家及合作的专业软件公司提供海量的高端应用程序外，软件爱好者、网友都可以根据爱好编辑各种奇思妙想的应用。统一开源平台系统的机顶盒代表机顶盒高端技术的发展方向。统一开源平台系统的机顶盒将使得我们的生活更加丰富多彩。

（4）绿色环保机顶盒。在产品设计、开发、使用、回收等各个阶段都考虑能耗问题。

（5）3D 机顶盒。随着 3D 技术的快速发展和 3D 电视信号的播出，3D 电视成为了近几年的热门，这也就要求机顶盒也要具备 3D 电视信号的接收和解码等功能。

机顶盒厂商应顺应市场的发展潮流，增加产品类型，加速产品的更新换代及升级，创新数字电视运营模式。

4. 机顶盒的硬件结构

（1）主板上的主要器件及作用。

① CPU：CPU 是数字电视机顶盒的心脏，它与存储器模块一起用来存储和运行软件系统，音视频硬件解码并对各个硬件模块进行控制。接口电路提供丰富的外部接口，包括通用串行接口 USB，以太网接口及 RS232，模拟、数字视音频接口，数据接口等。

② FLASH：非易失存储器，主要存储软件程序、保存节目信息等。

③ SDRAM/DDR：随机存储器，主要运行机顶盒的程序等。

④ EEPROM：电可擦写可编程存储器，读写速度比较快，用于存储经常读写的节目相关信息或系统参数等。

⑤ TUNER：将射频信号降为中频信号。

⑥ DEMODULATER：信道解码，给 CPU 提供解调后的 TS 流。

（2）电源板/适配器：负责给机顶盒提供工作的电压电流。

（3）前面板：主要提供给用户一些常用的功能按键、电源指示灯、信号锁定指示灯等。

（4）后端子板：包括各种输出的接口，射频信号输入、射频信号环出、IR 连接线接口、视音频输出接口、电源适配器接口。

（5）智能卡板：智能卡的读卡器。

5. 机顶盒的软件架构

机顶盒的软件架构由操作系统模块 OS、外设硬件驱动模块 Driver、内设驱动模块 Driver 以及 APP 应用模块等组成，如图 8-4 所示。

（1）操作系统模块 OS：主要负责进程调度、中断管理、内存分配、进程间通信、异常处理、时钟提取等。

图 8-4 机顶盒的软件架构

（2）外设硬件驱动模块 Driver：提供外围硬件设备的驱动，包括 I²C 总线、异步串行通信接口、并行通信口、非易失性闪存、遥控器、TUNER、信道解码模块等。

（3）内设驱动模块 Driver：包括图形显示驱动模块、音视频解码模块、Demux 解复用模块等。

（4）应用模块 APP。

① 数据库模块：主要是定义一组数据结构，用于保存节目播放时所需要的所有信息。

② GUI 图形用户接口模块：人机交互的界面，实现菜单、数字电视的各种应用功能（EPG、NVOD 等）。

③ CA 模块：加密节目的解密与解扰。

④ DB 数据广播模块：实现数据广播功能。

⑤ STOCK 股票模块：实现股票功能。

6. 机顶盒的工作原理

机顶盒的工作原理框图如图 8-5 所示，其工作过程如下。

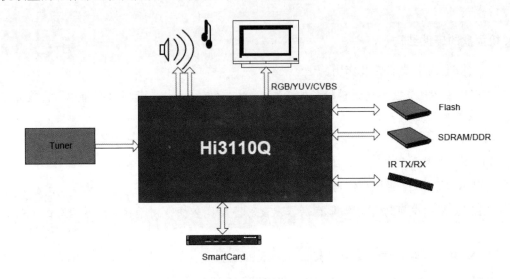

图 8-5　机顶盒的工作原理框图

（1）机顶盒的高频头接收来自广电有线网络的射频信号，然后通过 QAM 解调器来完成信道的解码，送出包含多路视频、音频信号和其他数据信息的传送流给 CPU 的解复用器。

（2）CPU 内的解复用器则用来区分不同的数字电视节目，提取相应的视频、音频和数据流，送入 MPEG-2/H.264 解码器和对应的解析软件，完成解码操作。

（3）对于付费电视，条件接收模块对加扰的视频、音频实施解扰，解扰后的清流进入 MPEG-2 解码器，完成解码操作。

（4）MPEG-2/H.264 解码器完成视频、音频信号的解码后，经过视频编码器和音频 D/A 转换，还原出模拟的视频、音频信号，在常规彩色电视机上显示高质量的图像，并提供多声道立体声节目供用户收看。

7. 用户终端技术质量指标

（1）应遵从国家广播电影电视总局关于数字广播电视机顶盒的各项技术规范和管理规定，并具有国家广播电影电视总局颁发的入网认定证书。

（2）应遵循国家、行业标准。应采用开放式结构，确保同类产品的相互兼容。

（3）应符合在正常工作条件下，MTBF 大于 50000 小时。用户终端软件升级的成功率必须达到或超过 99.5％。

（4）插入损耗≈2 dB。

（5）反射损耗：VHF 频段≥10dB，UHF 频段≥7dB。

（6）必须接有耐高压（≥2000V）设备隔离，以保证人身和系统设备安全。

（7）用户终端应接负载，使系统得以封闭。

8.1.2　OTT 终端

OTT TV 是指基于开放互联网的视频服务，终端可以是电视机、电脑、机顶盒、PAD、智能手机等。从消费者的角度出发，OTT TV 就是互联网电视，苹果推出的 Apple TV 和谷歌推出的 Google TV 就是基于此种模式。在国际上，OTT TV 指通过公共互联网面向电视传输的 IP 视频和互联网应用融合的服务。其接收终端为互联网电视一体机或机顶盒+电视机。在我国，OTT TV 是指通过公共互联网面向电视机传输的由国有广播电视机构提供视频内容的可控可管服务，接收终端一般为国产互联网电视一体机，如三星和 LG 推出的 Smart TV 等。

2011 年年末，广电总局的新政策给 OTT TV 盒子打开了一扇窗，OTT TV 牌照持有方有的开始自己开发 OTT 机顶盒，有的开始引入各种 OTT 机顶盒开展合作。2012 年 OTT 机顶盒不再处于灰色地带，一部分开始合法提供 OTT TV 服务。

1. OTT 盒子

OTT 盒子是机顶盒的演进。最初，机顶盒的引进是为了弥补电视调谐器能力的不足，需机顶盒接收电缆信号，然后把信号频率移到广播所不占用的频带上，这便是最早的机顶盒。随后又出现了数字电视机顶盒，可以将数字电视信号转换成模拟信号的变换设备，通过电视显示器和音响设备给观众提供高质量的电视节目。目前主流的机顶盒大概分为 3 种：一种是电信运营商发布的 IPTV 机顶盒，另一种是广电系统的机顶盒，第三种是目前所有厂家都志在必得的 OTT 盒子。

与很多电子产品的发展路径几乎相同，OTT 盒子也是由最简单的功能逐步发展成为一种"复合型"电子产品的，如同手机由最简单的通话功能逐步发展到今天的游戏、音乐、阅读、支付等各种数不清的功能。

事实上，对于 OTT 盒子这个距离电视最近的外置设备来说，有人认为未来是智能一体机的天下，OTT 盒子的前途不妙；也有人认为随着智能电视的普及和带宽的提升，OTT 盒子的发展会变得尤为重要，甚至可能会成为家庭互联网的重要入口；更有人不仅仅把 OTT 盒子看成电视的外置设备，同时也看作是手机的外置设备，通过此彻底实现"三屏联动"。正因为看法多元，于是形成了各路大军围攻 OTT 盒子的局面，苹果、微软、亚马逊、谷歌、华为、乐视、阿里、小米等企业来势凶猛。智能电视盒从 2013 年起大规模放量，预计到 2015 年将达到 3000 万台，而基于智能电视盒的互联网电视用户将达到 3100 万左右。显然，OTT 盒子已经成为新的电子产品竞争焦点。OTT 机顶盒的差异化主要体现在内容方面，但是由于政策要求，厂商必须与持有互联网电视运营牌照的七大牌照商合作。

OTT 盒子具有价格便宜、体积小、更新换代快等特点，消费者可以保持较高频率的更换，以此来保证智能电视的不断升级和"更新"。不仅如此，OTT 盒子还将 WiFi、NAS 存储等很多相关功能集于一身。简单来说，OTT 盒子的未来发展方向很可能成为台式机的机箱，将 WiFi、存储以及电视机顶盒的功能集于一身，这不仅能够快速地升级换代，而且对整个家庭云和家庭互联网的推动起到了非常关键的作用。

目前，OTT 机顶盒在我国尚处于市场引入阶段。由于受到国家相关政策的管控，企业发展 OTT 机顶盒业务存在一定的限制。但这并没有阻挡企业的脚步，包括同洲、华为、乐视网、中国联通等在内的传统机顶盒厂商、视频网站、电信运营商等纷纷试水 OTT 产业，在合作方式、运营模式上展开探索。仅就小米盒子从高调发布到迅速被叫停、再到现在通过与牌照商合作重新面市的事件，不难看出，在 OTT 机顶盒产业发展初期，产业链各方也都在摸索中。

除了宽带和联网设备，云计算是进一步推动 OTT TV 发展的另一个重要技术因素。对于用户而言，云计算提供了一个资源丰富的共享平台，使得用户可以不受限制地获得各种应用和服务。对于运营商而言，云计算为内容与业务运营提供后台支撑，有助于运营商向业务多元化和终端多元化转型。

云计算和服务计算使得用户不再关心底层的服务支持存在哪个位置，用户不需要知道服务和计算资源到底存在哪里，即相对于使用者而言是透明的。用户通过网络透明地使用计算资源（例如，网络、服务器、存储器、应用和服务）。

2. 基于云计算的机顶盒的技术框架

图 8-6 是基于云计算的机顶盒的技术框架，涉及多个层次设计。从底层到高层依次包括硬件存储层，存储簇层，存储服务管理层，视频服务管理层，第三方服务接入管理层，综合管理层，机顶盒服务智能接入层，机顶盒管理层。

（1）硬件存储层：由多个分布式服务器组成。从应用角度而言，使用 RAID5 存储解决方案。每组存储包括 3 块硬盘组建 RAID5 磁盘阵列，用于数据存储和操作的安全性。当有数据写入硬盘的时候，按照 1 块硬盘的方式，就是直接写入这块硬盘的磁道，如果是 RAID5 的话，这

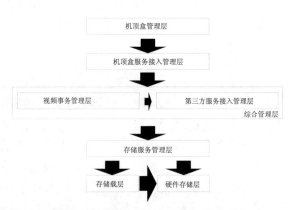

图 8-6 基于云计算的机顶盒的技术框架

次数据写入会根据算法分成 3 部分，然后写入这 3 块硬盘，写入的同时还会在这 3 块硬盘上写入校验信息，当读取写入的数据时，会分别从 3 块硬盘上读取数据内容，再通过检验信息进行校验。当其中有 1 块硬盘出现损坏的时候，从另外两块硬盘上存储的数据可以计算出第 3 块硬盘的数据内容。

（2）存储簇层：实现视频的录播功能，将一组计算机和存储服务器连接在一起对外工作，从而起到高性能计算的功能，实现动态负载均衡。一方面解决存储的分布式存储问题，例如一个视频文件可能由 10G 组成，并且分为 3 份，分别存储在 3 台不同的服务器上，在视频点播时，通过服务簇端的应用管理软件实现分布式读取，并整合在一起提供给用户。一方面解决电视信号源的录播功能，由于录播需要设计视频录制和压缩，其对于计算机的计算性能要求比较高。因此，将一组计算机连接在一起，使得它们的 CPU 合在一起使用，从而并行编译/并行系统等更智能化的处理，提高视频录制的效果。

（3）存储服务管理层：是视频服务管理层，第三方服务接入管理层与上诉两个层次的连接层。其根据存储和点播需求动态实现视频流文件的存放策略，并动态调度多个存储服务器实现视频点播。对于视频流而言，视频即可以是根据电视信号在定制的规则下自动化实现视频的录制，此外

由于视频也可以根据集成的搜索引擎查找网络上已存在的视频，例如搜狐视频或是网易视频等现有的视频资源。对于视频点播的调度，根据用户的请求以及各个存储簇的负载情况，实现存储服务管理。

（4）综合管理层：包括视频服务管理层和第三方服务介入管理层。视频服务管理层主要用于管理视频，以配置视频存储的位置，包括视频源的设置，视频格式设置等。第三方服务接入管理层主要用于配置其他商业业务，包括网上购物、在线游戏等，其中需要浏览器的支持。特定浏览器在机顶盒管理层是兼容的。另外，综合管理层还实现基于用户偏好进行内容推荐。根据用户所点播过的视频、地理位置和导航信息，推荐视频和产品信息给用户。

（5）机顶盒服务智能接入层：根据网络信号的稳定性，自动搜索引擎综合管理层的服务器地址，并根据预定协议与综合管理层进行交互。在该层上的协议在应用的角度，智能接入层一共需要发起 3 次握手协议。负责接收后端推荐的视频和产品信息，根据用户的喜好返回给用户。

（6）机顶盒管理层：基于 Android 系统实现机顶盒程序。由于 Android 的开放性，允许用户在系统上添加其他第三方软件，同时，机顶盒负责记录用户的操作信息，并将导航路径信息发送到机顶盒服务智能接入层。

3. 基于云计算的机顶盒技术实施

基于云计算的机顶盒的新兴商业模式如图 8-7 所示。基于云计算的机顶盒既要满足传统的电视播放需求，又要满足第三方企业提供的增值服务。一方面，电视点播作为用户的首选需求，电视点播允许用户在机顶盒所提供的视频服务中，快速地点播视频。第二方面，作为电视购物，它与传统的电视行业的购物是有区别的，新兴的电视购物不仅包括传统的电视购物，即针对某个产品，有主持人介绍并且搭配不同的介绍说明，而且还包括电子商务，

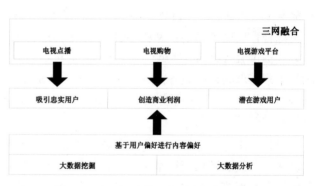

图 8-7 基于云计算的机顶盒的商业模式

即在有限的电视屏幕空间，以网页的形式展示商品，并且提供金融支付服务。第三方面，电视游戏平台作为游戏的扩展，使得传统的网游和益智类游戏有了很大的发展空间，包括收费游戏都可以在电视机顶盒上进行热插拔。所有这些商业模式的改变，不仅可以吸引到忠实的用户，而且还可以从电视购物中创造商业利润，以及针对潜在的游戏用户可以获得丰厚的商业回报。除此之外，通过云计算平台上的大量用户操作，进行大数据分析和挖掘，可以根据用户偏好进行相关内容的推荐，从而使得机顶盒成为一个智能化的家庭设备。

为了实现所提出的商业模式，采用多种技术以实现机顶盒功能，支持多种用户终端访问和管理，提供多种管理界面和报表，用于数据存储和数据备份存储等。

在硬件存储层架构实施方面，采用 DELL、HP 或 IBM 等商业机，采用 Cisiso 或华为路由器进行连接，实现存储网络。用于数据存储和数据镜像发布等，在平台方面，采用 Linux 系统或 Windows 为服务器操作系统，同时为了实现 RAID5，在每台服务器上配置了 3 块硬盘，用于数据备份和操作的连续性。在数据存储时，写入的同时还会在这 3 块硬盘上写入校验信息，当读取写入的数据的时候会分别从 3 块硬盘上读取数据内容，再通过检验信息进行校验。一旦发生错误，

例如硬盘失效，系统将自动切换到另外一个硬盘上。

在存储簇层架构实施方面，主要基于分布式系统基础架构 Hadoop 的 Map-Reduce 编程框架，主要由作业管理器与任务管理器两部分组成。其中，作业管理器主要完成以用户提交的作业为单位（作业单元）的作业调度，包括作业的优先级调度以及作业的开始、处理、终止等计算调度。任务管理器具体负责执行用户定义的操作，在作业单元的基础上，进行作业的分解和归并，产生相应的任务集，包括 Map 任务与 Reduce 任务，任务是程序执行的基本单元（任务单元）。任务管理器在执行过程中需要向作业管理器发送心跳信息，汇报每个任务的执行状态，帮助作业管理器收集作业执行的整体情况，为下次任务的分配提供依据。HDFS（Hadoop Distributed File System，HDFS）是一个高度容错的分布式文件系统，它能够提高数据访问的吞吐量，因此适合存储海量的大文件。当需要将 10G 分为 3 份文件存储时，使用 HDFS 可以使服务器上的视频存储被高速访问。

在存储服务管理层实现方面，架构一个基于 Lucene 的搜索引擎核心作为管理端的服务支持。Lucene 的核心是采用倒排索引技术的全文索引引擎。该引擎通过预先设定的哈希函数为每个检索词生成唯一的哈希值，并存储在文件系统中，这样查找效率就要比关系型数据库快得多。在后台设置一批网址，由搜索引擎系统自动执行爬虫程序去搜索视频数据。另外，提供多个 WAN ports 可作多种负载平衡算法，扩展网络设备和服务器的带宽、增加吞吐量、加强网络数据处理能力、提高网络的灵活性和可用性。算法包括依序 Round Robin，比重 Weighted RoundRobin，流量比例 Traffic，用户端 User，应用类别 Application，联机数量 Session，服务类别 Service，自动分配 Auto Mode 等。

综合管理层主要基于 Web Service 技术实现管理。在视频服务管理层方面，视频服务器以透明的方式提供服务接口，当用户请求视频时，根据 Web Service 的服务注册中心 UDDI 查询是否存在满足用户需求的视频服务，如果满足，通过 WSDL4J 调用 Web 服务，读取数据流信息，并且返回服务器。此外，第三方服务接入管理层，在 Web Service 基础上，允许网上购物接口，在线游戏等进行热插拔模式加入。

机顶盒服务智能接入层定义 3 次握手协议，用于确认服务器地址是否可用，并且添加事物协议。在每一次的数据流请求过程中，如果数据流在被查找到后未能被正确下载到机顶盒中，那么此时所有数据执行回滚并放弃双方交互的数据。这一设计主要是为了保护网上购物和机顶盒在线游戏金币的交易安全性而设置的。

在机顶盒管理层方面，考虑到开放性，使用 Android 系统进行集成。在机顶盒的应用程序方面，设置监控进程针对用户操作实时进行记录，同时定期进行数据分析和归类，发送到综合管理层以达到数据分析和数据挖掘的功能。当后台返回内容推荐时，根据内容解析用户当前导航位置，在应用程序上显示推荐的内容，包括视频内容，网上购物或广告信息。

8.1.3 DVB+OTT 融合终端

前面已经说过，DVB+OTT 主要是商业模式层面的创新，终端的实现仅仅是其中很小的技术环节。因此 DVB+OTT 融合终端主要是将 DVB 与 OTT 的功能进行一定程度的智能化集成，使用户不仅能接收数字电视 DVB 的内容，更能进行 OTT 的相关操作。DVB+OTT 融合终端主要特点如下。

（1）需要有一个开放的操作平台，如 Android 平台、苹果 iOS 平台以及 Windows 平台，只有平台开放，才能引进更多的合作伙伴和更多的内容合作商和更多的应用，能够有成熟的生态链的支持，同时也能降低终端的成本，所以，开放是这个平台最基本和最根本的特性和要求，这是以前机顶盒所不具备的。

（2）需要一个安全的平台，基于对终端的安全管控的要求，安全平台需要独立的安全引擎，支持各种应用和系统的保护，通过 Bootloader，对所有终端操作系统进行认证和加密，对终端和终端应用合法地安装，防止用户进行刷新，包括通过引导程序和系统程序加密存储。

（3）需要灵活和简便的操控环节，对于遥控器的要求是操作简便灵活，一个遥控器就能进行全部的操作。但随着多屏互动，三网融合的发展，进一步要求支持包括体感、手势识别以及语音识别，以及、面部识别等

（4）智能终端对处理器性能的要求提高，随着应用越来越复杂，随着对图形处理要求的提升，对系统的处理器的核数以及运算能力要求也提出更高的要求。

当然 DVB+OTT 对广电运营商来说也是双刃剑，由于 OTT 通常不依赖于网络，如果广电运营商无法对 OTT 通道进行绑定掌控，很可能既得不到 OTT 带来的利益，还会慢慢失去 DVB 的用户。

8.1.4　中间件技术

1. 中间件概述

为了实现交互式电视的各种功能，需要采用数字电视机顶盒，将数字信号进行接收、解码和处理。然而，早期的机顶盒依赖特定的硬件环境，所有的应用程序都是基于嵌入式实时操作系统编制的，只配置电子节目指南等简单的应用，无法满足人们对互动的要求。因此，现在和将来的机顶盒都采用了数字电视中间件系统，应用程序都是基于中间件编制的，并且与硬件无关，彼此之间相互独立，无数量限制的应用程序还可以从网络上下载，这样就可以为用户提供丰富的互动功能，包括电子节目指南，互动广告，股票信息，互动游戏，电视商务，视频点播等。

数字电视中间件技术已经成为交互式电视的核心技术，是各种交互式应用得以运行所不可缺少的条件。各级网络运营商只需要专心开发技术平台上的互动应用，而无需考虑技术平台和机顶盒的升级换代问题，因而可以保证互动电视的应用开发可以做到平滑的升级。数字电视中间件使得交互式电视的业务功能更加强大，内容更加丰富多彩，使得应用程序可以"一次开发，多次使用"。数字电视中间件技术的发展必定能带动一大批企业的发展，包括芯片提供商、电视机和机顶盒生产商、软件设计与开发商、应用程序提供商、电视运营商等。

数字电视中间件是指位于机顶盒实时操作系统和用户应用之间的核心软件，它将应用程序与底层的实时操作系统和硬件实现的技术细节隔离开来，支持跨硬件平台和跨操作系统的软件运行，使应用程序不依赖于特定的硬件平台和实时操作系统，从而使得应用程序的开发变得更加简单，使产品的开放性和可移植性更强，为机顶盒的制造商和交互业务提供商建立一个理想的开发与应用平台。图 8-8 描述了数字电视中间件在机顶盒中的位置。

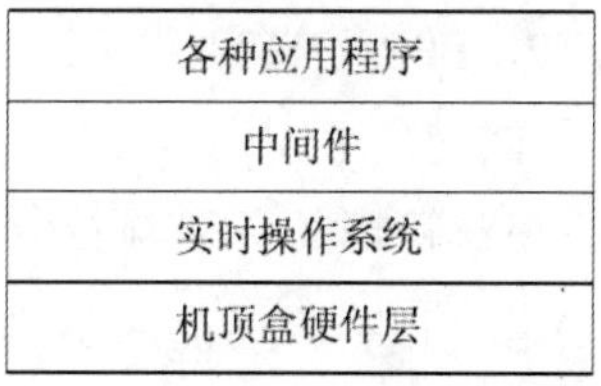

图 8-8　数字电视中间件在机顶盒中的位置

数字电视中间件所处的地位决定了其软件系统的构成具有如下几个特点。

（1）移植性：要求中间件软件的平台无关性，一方面独立于任何硬件平台，另一方面它所提供的与 Driver 层的接口应该是能够在大多数硬件平台上方便使用的。

（2）互操作性：要基于开放的标准，如 MPEG，DVB，JAVA，HTML 等现有的开放的国际标准，从而保证应用程序的通用性。

（3）采用通用的 API：采用统一的应用程序接口形式，要考虑：支持 TS 流的应用、下载、本地存储等应用；支持业务信息（SI）的提取；使广播商和应用提供商能够自己开发应用程序，允许实现广播和应用提供商可以方便把握的人性化交互界面。

（4）交互性：支持双向交互和不需要回传的本地交互，这是现代机顶盒的重要标志，如何在已有的硬件平台和网络基础上最大限度地延展机顶盒的交互能力，包括频道浏览、网络交互、应用下载等功能，是中间件开发的核心内容之一。

（5）可塑性和可组合性：根据不同的市场需要和用户的特殊情况，中间件提供的服务应该是可以组合的，可以制定不同的产品特性来满足不同层次的需求，这将方便新功能的加入，便于用户升级。当然，这一点是建立在中间件软件系统架构的稳定性之上。

数字电视中间件的应用开放性和平台无关性是其发展的必然方向，所以中间件通常由虚拟机构成，如 Java Script 虚拟机、Java 虚拟机等。采用虚拟机的概念，可以避免为一个平台特别重建内容。一个虚拟机也可称作驱动程序，它可定义为一个独立的工作环境，因此，程序员在开发机顶盒的应用程序时可以不必关心底层的硬件结构。中间件产品一般由非节目提供商和机顶盒厂家的第三方提供，这对于节目提供商制作节目和厂家生产机顶盒的进一步简化和标准化都是非常有利的。目前，国内外有不同的数字电视中间件标准，针对不同的标准，有不同的中间件产品。

2. 中间件系统

数字机顶盒中间件系统是一种层次型架构，由多个系统模块组成，如图 8-9 所示。

（1）机顶盒驱动层（STB Driver Layer）：由电视机顶盒制造商根据规范标准负责设计和编制，它提供 MPEG-2 表格数据提取、条件接收和 smart 卡控制、信道参数设定、音/视频流控制、Moderm 管理及其他的功能。

（2）核心系统模块（Core System）：由一系列模块组成。包括内存管理、线程调控、事件管理、安全性控制、数据下载管理及网络协议管理（TCPPZP，PPP，HTTP）等。

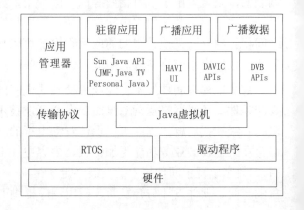

图 8-9 MHP 中间件的组件

（3）图像、多媒体模块（Graphics & AV System）：与下层平台接口，提供高级的函数，用于绘图、多视窗管理及音/视频控制。

（4）SI 引擎（SI Engine）：用于管理 SI 数据库，它负责提取 EIT、PMT 等常用 SI 表格数据，并且具有监察功能，它可提供频道搜寻已储存的数据，如频道名称等。

（5）Java 虚拟机（JVM）：用来解译执行 Java 应用程序，并提供 JavaDebug 等功能。

（6）网页浏览器（Web Engine）：支持 HTML3.2/4.0、XHTML、DOM/CSS 等，显示 HTML 网页，提供上网功能。

（7）Java 应用程序标准接口（Java API）：包含有多个 Java 程序包，用于开发交互式应用软件。它包括一些 J2ME 的程序包和一系列用于数字电视的专用程序包。

（8）Web 浏览器运行 Java Applet 的程序包。

（9）交互式应用程序（Interactive Applications）：并不属于中间件系统，它建立在中间件系统标准界面之上，但在中间件系统提供给用户的同时，也会提供用于协调各种交互式应用程序的内置应用控制器（Application Manager）。

3. 中间件标准

（1）MHP

MHP（*Multimedia Home Platform*，多媒体家庭平台）是 DVB 组织制定的一种数字电视中间件标准。MHP 主要定义了机顶盒中间件的整体结构、传送协议、内容格式、Java 虚拟机和 DVB-J 应用编程接口等内容。MHP 是一个开放的、统一的中间件。DVB-MHP 标准明确地提出，数字电视中间件系统中必须包含一个 Java 虚拟机，交互式应用使用 Java 语言进行编程，同时建议采用 HTML。

（2）OCAP

OCAP（*OpenCable Application Platform*，开放有线电视应用平台）是由美国 CableLabs 开发的数字电视中间件标准。OCAP 很大程度上基于 MHP 标准，同样采用基于 Java 技术的执行引擎，提供了包括应用编程接口、数据格式、应用层面的各种协议等内容。

（3）DASE

DASE（Digital TV Applications Software Environment，数字电视应用软件环境）是由 ATSC 组织制定的中间件标准，主要以 Sun（已被 Oracle 收购）公司的 JavaTV 为基础，力图制定出一个以 Java 为核心的标准。

（4）ACAP

ACAP（Advanced Common Application Platform，高级通用应用平台）由 ATSC 制定，该标准主要用于在北美的电视系统上实现通用的应用，支持包括有线、卫星和地面传输方式。

（5）STD-B24

STD-B24 是日本 ARIB 组织制定的中间件标准，基于 BML（Broadcast Markup Language）标记语言和 DSMCCData Carousel（数据轮播），并扩展了 JavaScript，以便更好地编写交互式应用。日本的一些企业，如 Access、Pioneer、Fujitsu 等都在研发符合 ARIB 标准的产品，以便支持解释 BML 的中间件系统。

（6）MHEG-5

MHEG-5 是英国 MHEG（Multimedia and HypermediaExpert Group）多媒体超媒体标准专家组制定的中间件标准，与 MHP 相比，MHEG 不仅需要较小的 RAM 空间和 MIPS 数值，而且完全免费，无需支付 MHP 般高额的授权费，因此近年受到越来越多的关注。

4. 中间件产品

目前国内外已有多种中间件系统，它们在产品性能、应用等方面各有千秋。

国外的主要有：NDS，OpenTV；Liberate；Microsoft TV；Alticast；CANAL+ MediaHighway。国内的主要有中视联的 upSYS 和上海高清的媒体烽火台。

（1）NDS 中间件

NDS Core 是一套应用于机顶盒、可升级的交互数字电视中间件解决方案。它基于 DVB 和 Internet 标准，1996 年面世以来，运行于一个实时操作系统，是一个既适用于增强电视，又符合 DVB－MHP 标准的中间件。NDS Core 的基本特点包括：提供预定服务功能、三层图像；支持 MPEG-2 I 帧；可选择支持 HTML 引擎和 Java。其应用程序可以用 HTML、JavaScript 和 Java 等开放的标准语言来编写。此外，它还可以提供电子节目指南和一些集成的数字电视应用。NDS Core 已经完全与 NDS Video Guard 有条件接收系统等集成在一起。

（2）OpenTV 中间件

OpenTV 早在 1995 年就开始从事数字电视中间件技术的研究。OpenTV 采用的编程语言是 C 语言，同 Java 相比，它具有编程难度大，调试难度高等缺点。OpenTV 还与松下共同开发了支持 DVB-MHP 的机顶盒，可以同时支持现有的 OpenTV 应用和 DVB-MHP 应用。DVB-MHP 应用的运行环境也是基于成熟、稳定的 OpenTV 基本库，并且保留了现有的 OpenTV 应用程序。但是 OpenTV 存在很多如双向数据通讯不通等尚未解决的问题，加上 OpenTV 固有的采用 C 语言开发，封闭性较强，应用开发难度远大于基于 Java 的系统。

（3）Liberate 中间件

Liberate 的中间件解决方案是服务器端基于 Oracle 数据库，客户端基于开放的 HTML 和 Java，主要是支持网上浏览功能。它最大的优点是基于多级运营商管理，有利于对多级运营的现状进行多级管理。

（4）Microsoft 中间件

软件业巨头 Microsoft 制订了一系列发展数字电视中间件系统及前端播发系统的计划，并在过去的三、四年中推出了一些产品，从最早的维纳斯（Venus）到最近的 Microsoft TV。Venus 是一个 HTML 浏览器，提供上网功能。Microsoft TV 基于 Windows 95 和 CE 及 Microsoft Media Player 技术，是一种将 PC 变成机顶盒的技术解决方案。对于电视这种大众媒体来说，将 PC 用作机顶盒，代价比较大。

（5）Alticast 中间件

Alticast 是韩国的数字电视中间件系统，它是目前号称第一家进入商业运营的基于 MHP 的中间件系统，Alticast 的主要设计方案是在美国制定、韩国开发的，是完全基于欧洲 DVB-MHP 的一种解决方案。

（6）中视联 upSYS 中间件

北京中视联 upSYS 是一种开放、嵌入式的机顶盒中间件系统，它既易于移植，又具有良好的可升级性与扩展性，支持用 Java/HTML 语言编写的交互式应用软件。upSYS 采用国际和国内数字电视标准和协议，给运营商提供了一个开放、灵活、易扩展、可移植的端到端的增值服务平台。它包括终端机顶盒的中间件、前端广播服务系统和交互式应用。

（7）媒体烽火台中间件

媒体烽火台中间件由英凯软件系统有限公司和上海高清联合开发。该中间件系统包括一个 Java 虚拟机和一个网络浏览器，能够支持 Java 编程和上网。该系统符合中国数字电视和 DVB-MHP 标准，支持国际标准的 DSMCC 数据下载协议。

5. 数字机顶盒中间件的选择

中间件的选择是决定数字电视（互动电视）业务成败的关键，因而各级网络运营商应非常慎重。在选择中间件时，首先应保证其具有一定的先进性，以 MHP 为标准，采用 Java 和 HTML 技术；其次是实用性，易于开发，运营商能较快地推出新的应用，特别是能方便省、地市级网络运营商的应用开发；再次是要能适应我国目前广电网络的现状，方便多级管理。所以在选择中间件时，一般应考虑以下几点。

（1）中间件系统应具有一个层次化、模块化的架构，使得它能够更好地扩展，更方便地增加新的功能；同时朝 MHP 标准靠拢，以满足数字多媒体的要求，能够将未来家庭娱乐设施联系在一起，起着联结纽带的作用，成为家庭多媒体娱乐中心。

（2）中间件系统必须提供一个高级应用编程接口（API），使得各种应用的开发变得十分便利。在现代计算机编程技术中，Java 是面向对象的编程语言，因其具有开发一次，到处运行的超越平台限制的特性，是数字电视应用开发的理想工具。当然，系统中必须有一个 Java 虚拟机，并采用 J2ME。

（3）HTML 语言在互联网上大量应用，能支持 HTMLPXML 语言和提供网页浏览是数字机顶盒中间件不可或缺的功能。另外，HTML 应用应与 Java 程序之间进行平滑过渡，同时应能够与目前互联网的网页数据兼容。

（4）中间件应支持一个标准的应用程序和数据下载协议，使得网络运营商能够将其应用和数据播放到不同的硬件平台上。建议将 DSMCC Data Carousel 作为下载标准协议，并根据需要加上流和流事件的传输与利用，构成一个完整有效的数据下载协议。

（5）在图形显示及字体、字符的处理方面，要求其功能强大、图形界面通用且丰富，能够高效地处理中文字体、字符集。

8.2　Cable Modem

Cable Modem 是用户端的电缆调制解调器，可以提供高速数据通信，比如 Internet 接入、在线娱乐、VOD、电视会议、远程工作组以及局域网互联等，是 HFC 网络的关键设备。一个典型的 CM 包含调制解调单元、电视调谐单元、解密单元，有的 CM 还具有以太网集线器功能、桥接器功能、路由器功能以及网络控制功能等单元。

CM 提供一个标准的 10Base T 以太网接口与用户的 PC 设备或局域网集线器相连，提供用户数据的接入，与 CMTS 一起组成完整的数据通信系统。

8.2.1　Cable Modem 工作原理

Cable Modem 的通信和普通 Modem 一样，是数据信号在模拟信道上交互传输的过程，但也存在差异，普通 Modem 的传输介质在用户与访问服务器之间是独立的，即用户独享传输介质，而 Cable Modem 的传输介质是 HFC 网，将数据信号调制到某个传输带宽与有线电视信号共享介质；另外，Cable Modem 的结构较普通 Modem 复杂，它由调制解调器、调谐器、加/解密模块、桥接器、网络接口卡、以太网集线器等组成，它无须拨号上网，不占用电话线，可提供随时在线连接的全天候服务。

CM 是一个双向接收发送设备。下行方向，数字信号调制在 88～860MHz 内的某一个 8MHz 带宽的载波频率上，调制方式多采用 QPSK 或 64QAM。上行信道设置在 5～65MHz（欧标，美标 5～42MHz）频段上，该频段的噪声干扰比较大，例如无线干扰，家用电器的脉冲噪声干扰和各种工业干扰，同轴电缆的失配和屏蔽不良也会侵入噪声，因此大多采用抗干扰能力较强的 QPSK 或 OFDM 调制方式。对于某些不对称 CM，上行信道带宽不超过 2MHz，可采用频分法，不同的 CM 采用不同的载波向前端传输上行信号，上行频率范围仍在 5～65MHz 范围内。

8.2.2　Cable Modem 的分类

随着 Cable Modem 技术的发展，出现了不少类型的 Cable Modem。目前世界上已有数十家公司在生产和研制 Cable Modem，例如，Com21，Bay Networks（LANcity），SA，GI，Motorola，Hybrid Network，IBM，Eenith 等美国公司，此外还有以色列的 Phasecom，日本的 NEC，NTT 和澳大利亚的 Telstra 等，我国也有企业开始研制和生产 Cable Modem，如深圳的傲能公司。每个公司的 Cable Modem 有一个产品系列，以适应不同用户的需要，用户应根据自己的情况来选择产品的型号。如图 8-10 所示。

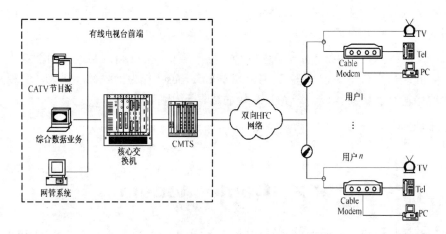

图 8-10　利用 CM 组建宽带数据网

按不同的角度划分，大概可以分为以下几种。

（1）从数据传输方向上有单向和双向 Cable Modem 之分。

（2）从传输方式上可分为双向对称式传输和非对称式传输。

（3）从网络通信角度上有同步（共享）和异步（交换）两种方式。同步方式是以 IP 交换的数据通信为基础的以太网技术，网络用户共享同样的带宽，当用户增加到一定数量时，其速率急剧下降，但采用有关技术可以避免或减少网络拥塞现象。异步方式是基于 ATM 分组交换技术，其电路实现较前一种复杂，系统造价较前一种高。

（4）从接入角度来看，可分为个人 Cable Modem 和多用户宽带 Cable Modem。宽带 Cable Modem 是多用户共享方式，可以具有网桥的功能，可以将一个计算机局域网接入。但宽带共享式存在安全性不好等缺点。

（5）从接口角度分，可分为外置式、内置式和交互式机顶盒。外置 Cable Modem 目前有两种与计算机连接的接口，即 RJ-11 以太网接口和 USB 接口。以太网接口的 Cable Modem 需要外接电源，由一个直流变压器提供，USB 接口的 Cable Modem 不需要另外配置电源。同时，外置式以太网接口的 Cable Modem 在连接到电脑前，需要给电脑添置一块 10M/100M 以太网卡，这也是外置式以太网接口 Cable Modem 的缺点。不过好处是可以支持局域网上的多台电脑同时上网。Cable Modem 支持大多数操作系统和硬件平台。内置 Cable Modem 其实是一块 PCI 插卡。这是最便宜的解决方案。缺点是只能用在台式电脑上，且性能相对差些。交互式机顶盒是真正 Cable Modem 的伪装。机顶盒的主要功能是在频率数量不变的情况下提供更多的电视频道。通过使用数字电视编码（DVB），交互式机顶盒提供一个回路，使用户可以直接在电视屏幕上访问网络、收发 E-mail、浏览网页等。

8.2.3　Cable Modem 的安装

Cable Modem 设备的连接比较简单，与 ADSL Modem 类似，只要将有线电视同轴电缆接入 Cable Modem 即可。为了在上网的同时收看电视节目，在 Cable Modem 接入系统中也需要一个三端口的分支器，分别用来连接有线电视外线、电视机和 Cable Modem，但此分支器的三个端口均为 RF 接口。

1. 安装分支器

先将有线电视同轴电缆的入户线接入分支器的输入端（IN），再将电视机和 Cable Modem 分别接入分支器的两个输出端（OUT）。

2. 连接 Cable Modem

Cable Modem 外部结构的后面板上有电源接口、同轴电缆（RF）接口及以太网（RJ45）接口。前面板上有各种指示灯和待机开关。待机开关加强了对最终用户的安全保护，该开关可切断 USB 和以太网与 CPE 的连接，而仍将 Cable Modem 保留在 RF 网络上，具有可靠、保密及良好的灵活性。Cable Modem 的应用从接入用户数量上来看，一般有两种方案：一是单用户使用；二是多用户共享使用。图 8-11 为 Cable Modem 连接示意图。

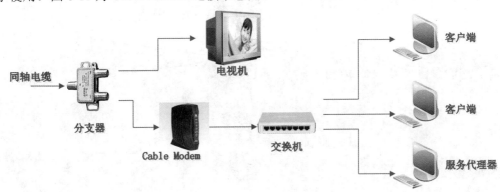

图 8-11　Cable Modem 的连接

3. Cable Modem 的驱动程序安装

Cable Modem 硬件安装好后，安装驱动程序。打开计算机，系统会自动发现新硬件，弹出添加新硬件安装向导，将驱动光盘放入计算机的光盘驱动器，然后按照提示一步步进行安装即可。

8.3 家庭网关

8.3.1 家庭网关概述

随着网络信息技术的发展，对于技术如何在家庭中被应用产生了重大的影响。首先是高速宽带 Internet 接入步入实用阶段；其次，家用电器数目的不断增长为家庭网络的出现提供了契机，目前市场上已出现了多种成熟的家庭网络技术，拥有网络家庭的数目正在迅速增加，通过网络，人们获得了各种丰富多样、个性化、方便舒适、安全高效的服务。实现家庭内部信息与外部信息的交换是家庭连网的目的，它的实现迫切需要在用户端有一种网络设备将它们连接起来，于是人们将在广域网中的路由器、网关平移到家庭网络中，诞生了**家庭网关（Home Gateway，HG）**。

它是一种简单的、智能的、标准化和灵活的整个家庭网络的接口单元，它可以从不同的外部网络接收通讯信号，通过家庭网络传递信号给某个智能设备。它是家庭网络中最核心的构成部分。家庭网络内部各设备与外部设备相互通信的设备，是家庭网络中最核心的构成部分。家庭网络内的设备通过它可以与数据网络进行信息交互，也可以进行内部设备之间的信息交互。家庭网关在家庭内部建立统一的数据处理中心，对家庭内部数据进行管理，对外连接运营商网络。

由于家庭网关跨接各种不同的行业，其具体应用也各有差异，目前不同公司或组织对家庭网关有着很多不同的定义和理解。通常家庭网关的一般定义为：一种简单的、智能的、标准的、灵活的整个家庭网络接口单元，可以从不同的外部网络接收通信信号，通过家庭网络传递信号给各个设备。图 8-12 所示是家庭网关的应用场景。

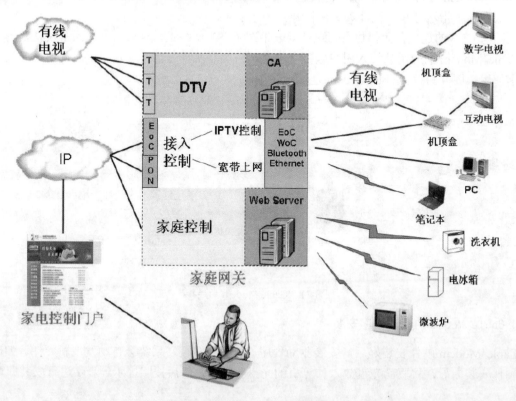

图 8-12　家庭网关的应用场景

8.3.2　家庭网关设备演进路线

家庭网络中一个很重要的部分是家庭网关，家庭网关设备是面向家庭用户的智能接入设备，以它为中心、充分利用现有广电网来建立家庭网络，并在多个设备间共享 Internet 网络连接，同时为用户提供安全的通信、娱乐、存储一体化功能的设备。作为家庭网络的核心，家庭网关在家庭中起到总控、协调所有设备的作用，并对用户提供统一、方便的使用界面。

结合家庭网络的发展趋势，华数数字家庭网关设备支持的业务应该分三个阶段进行演进。

（1）起步期，支持家庭数据+家庭娱乐（主要包括 VoD、IPTV、网络游戏、家庭影音娱乐等）+家庭控制（主要包括家庭内部家电网络控制、家电网络远程控制管理）等类业务。

（2）发展期，支持家庭数据+家庭娱乐+家庭控制+家庭安防（主要包括烟雾、煤气泄露、防盗报警等）+三表抄送（指水、电、煤三表数据自动读取）等类业务。

（3）成熟期，支持家庭数据+家庭娱乐+家庭控制+家庭安防+三表抄送+家庭医疗+远程教育等类业务。

8.3.3　家庭网关的功能

家庭网关应该具备四个方面的功能：接入功能、业务功能、管理功能以及传送功能。

1. 接入功能

该功能主要实现家庭网络与电信网络的连接。家庭网关作为链接外部网络和家庭内部网络的，能够通过多种方式接入多个网络，在提供接入手段的同时具有服务质量控制能力，保证家庭中不同业务的服务质量，这是家庭网关最基本的功能。

目前的接入公共网络的方式有很多种，如 ADSL、以太网、有线电视电缆都有可能作为接入方式。家庭网关也需要集成多种内部网络连接技术，可以通过电力线、双绞线、同轴线、无线等多种方式接入家庭网络中的设备，其他的不能满足家庭网络标准的设备则通过 EIEE1394，X.10 等接口接到一台转换设备连接到家庭网络中。

2. 管理功能

管理功能也称核心功能，包括地址功能、服务质量（QoS）功能、安全功能、远程管理功能、本地管理功能和设备自动发现功能。地址功能主要实现家庭网关自身 IP 地址的获得以及支持家庭内部终端获得 IP 地址；QoS 功能主要实现多业务流的分级处理及转发；安全功能主要防止外部网络对家庭网络的非法访问以及内部网络的非法接入；远程管理主要实现运营商对家庭网关的远程管理与控制；本地管理主要实现家庭网关的本地登录管理与控制；设备自动发现功能主要完成终端设备的自动发现和自动配置。

3. 业务功能

业务功能主要是完成部分公共网络推进到家庭中的业务功能。家庭网络中可能存在着娱乐、通信和控制等几种类型的业务。娱乐和控制类的业务，主要需要家庭网关做桥接、控制点或起转发的作用，而对于通信类的业务，由于其主要是公共网络延伸到家庭中的应用，家庭网关需要具备控制信令交换和编解码功能，同时还能够负责将业务转发到合适的应用设备上去。现在的专用型网关，如 PAD、机顶盒等都可以看作是具备业务功能模块的家庭网关设备。

4.传送功能

家庭网关的传送功能主要实现家庭网络内部设备与电信网络之间的 IP 包的传送。

8.3.4 家庭网关承载的业务

对于有线广播电视网络来说，家庭网关应优先考虑支持音、视频广播、接入控制以及家庭控制的业务，图 8-13 展示的就是家庭网关业务承载情况。

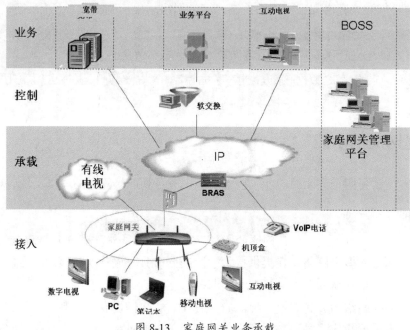

图 8-13　家庭网关业务承载

1.数字电视

家庭网关上存在 3～4 个高频头，每个高频头锁定一个频点。根据产品示意图可以看出，数字电视信号通过有线电视网传入家庭网关设备上，家庭网关进行解扰解密并通过 CA 系统认证后，传入家庭，在特定的电视机上显示相关图像。

2.接入控制

接入控制包括两部分功能，一是 IPTV 的接入控制，用来支撑 VoD 和互动电视等类业务，二是宽带上网，家庭用户利用广电宽带接入 Internet，浏览信息。信息传输全部通过 IP 网络来进行。

3.家庭控制

家庭控制是指家庭用户可以远程查看家庭内部信息、家电的状态，并控制它们执行特定指令。远程控制有两种实现方式，一是用户在家电远程控制门户上鉴权，认证通过后，用户直接与家庭网关中内置的 Web Server 交互，获得家电的状态信息并对其控制；二是用户在家电远程控制门户上鉴权，认证通过后，依然与控制门户交互，由门户通过私密通道与家庭网关交互，获得家电的状态信息并对其控制，整个过程对用户来说是透明的。

8.3.5　家庭网关的硬件结构

家庭网关是介于外部接入网络和家庭内部网络之间的集中式智能接口。不管今后外部网络技术和家庭网络技术如何发展，我们都可以对家庭网关各个功能模块加以抽象，提出它的硬件结构概念模型，如图 8-14 所示。

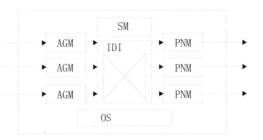

图 8-14　家庭网关硬件结构模型

家庭网关由方框中的数个插件模块（AGM、PNM 和 SM）和一个内部数字接口（IDI，Internal Digital Interface）组成。这些插件模块至少包含以下两类：接入网关模块（AGM，Access Gateway Module）：连接和协商所关联的外部接入，给定每一个具体服务传送技术并用标准的物理和电气接口接入服务；前端网络模块（PNM，Premises Network Module）：连接家庭内部网络技术和服务，会具体到每一个家庭内部网络并用标准的物理和电气接口端接相互关联的服务；附加的服务模块（SM，Service Module）可以支持所提供的特殊服务，针对于家庭网关的扩展应用。这些插件模块的功能和内部互操作及整个家庭网关将被操作系统（OS，Operating System）和一个或多个中央控制单元所控制。家庭网关的 OS 操作系统模块应能够平滑地支持设备、服务和网络之间的互操作，以对用户屏蔽系统的复杂性、分布性。操作系统可以实现以下操作：管理和分配内部数字接口资源；将多个网关元素的操作统一到单一的一个系统；代理协议；集成对电器、服务、用户的控制；提供目录或命名服务；提供安全功能和不可删除的日志文件；对用户提供容易使用的界面等。

8.3.6　家庭网关的软件结构

从软件角度来说，配合硬件系统结构的数字家庭网关分为三层。

（1）硬件驱动层：位于软件结构的最底层，通过嵌入式操作系统进行软件硬件的管理。如：驱动通信模块、串口、以太网等。

（2）OS 层：一般是一个小型操作系统，主要完成进程控制、文件系统管理、中断和中断处理、网络协议栈、各种系统调用等。

（3）应用程序层：位于软件结构的最上层，通过嵌入式操作系统的调用，实现任何需要的应用服务。如串口通讯、基于以太网的家庭信息远程查询和远程控制等。

8.3.7　FTTH+WOC 家庭网关

FTTH+WOC（*Wireless Over Coax*）家庭网关将 xPON 输出的以太网信号与 1550nm 光信号携带的 CATV 信号同时输入专用家庭网关，其中的 CATV 信号保持原来的频谱特性不变，以太网信号经调制后通过符合 802.11b/g/n 标准的 2.4GHz 信号进行双向收发，实现对家庭内的无线设备的联网覆盖，如图 8-15 所示。

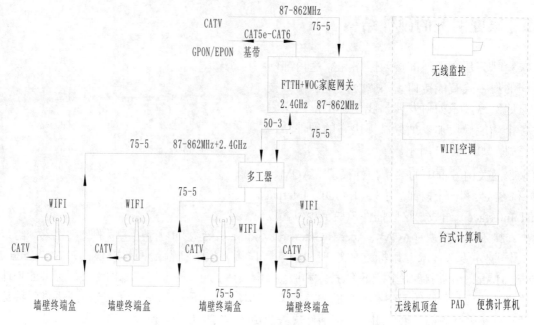

图 8-15　FTTH+WOC 家庭网关系统示意图

8.4　智　能　电　视

智能电视是从网络电视终端基础上发展而来的，是指像智能手机一样，具有全开放式平台，搭载了操作系统，可以由用户自行安装和卸载软件、游戏等第三方服务商提供的程序，通过此类程序来不断对彩电的功能进行扩充，并可以通过网线、无线网络来实现上网冲浪的一类彩电的总称。智能电视成为继计算机、手机之后的第三种信息交互访问终端，用户可随时通过智能电视访问自己需要的信息。因为家用 PC 的主要作用是浏览网页和看网络视频，所以智能电视将在功能上取代家用 PC，并利用其众多个性化的应用将观众拉回客厅，更会取代功能单一的传统电视和机顶盒，以电视为中心的客厅娱乐中心争夺战正在上演。

从终端形态上分，智能电视终端分为"智能电视机"和"智能机顶盒+普通电视机"两种形态。

8.4.1　智能电视的系统结构

1.智能电视的软件结构

如图 8-16 所示，图框中斜体字的内容是指用户可以自由安装卸载的软件，这些软件不需要电视机厂家定制开发。这个框图中的功能模块是业内普遍认为的智能电视需要配备的基本功能，实际的智能电视软件比这个框图罗列的功能要强大得多。厂家不同，特色功能会有所不同，比如文件播放功能；家庭卡拉 OK 功能；与 PAD、手机进行三屏互动；与电脑进行数据分享；语音输入，语音交互功能；图像输入，手势图形识别；与其他的智能家电联网之后组成物联网，实现智能安居、老人看护的功能，甚至可以实现远程医疗。

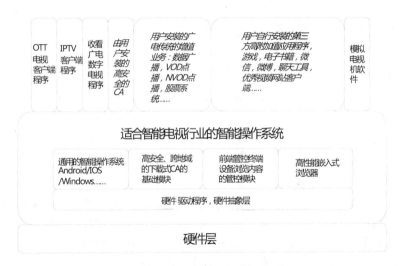

图 8-16 智能电视的软件结构图

智能电视已经不再是一种传统意义上的家电,它的软件结构和具备的功能也不再像以前的家电那样,而是取决于能够在电视上安装的软件功能以及智能电视芯片的性能。智能电视的用户可以对它的软件进行安装和卸载。所以随着行业的发展积累以及社会上第三方软件开发者的介入,智能电视的应用软件商店将越来越丰富,用户可以通过安装、卸载软件的方式来升级智能电视的功能,使智能电视满足用户的个性化需求。但是,智能电视不是我们经常见到的 PC 平台,也不是我们熟悉的智能手机的平台。就功能而论,虽然智能电视的功能不比智能手机或者 PC 的功能弱,却不允许用户像使用电脑一样随意浏览网络中的信息,因为通过智能电视浏览的内容和收看的视频都是受到政策严格管控的。所以,智能电视的平台需加入安全管控模块以及下载 CA 模块,广电可以通过这些模块完成对电视机屏幕的管控,保障智能电视的信息安全。

2. 智能电视的硬件结构

如图 8-17 所示,智能电视之所以"智能",主要是因为主 CPU 的高性能,使它能够像 PC 那样加载和卸载应用程序。智能电视主 CPU 普遍在双核以上,2014 年进入 4 核甚至 8 核时代,芯片工艺从 40nm 向 28nm 甚至 22nm 升级,处理能力是广电平移机顶盒的几十倍,甚至上百倍。

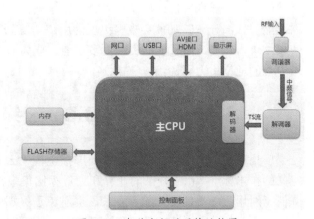

图 8-17 智能电视的硬件结构图

对图形处理能力不断提升的要求由来已久,早在 PC 时代就已经开始。一块高级的显卡比计算机主板还要贵,最先进的存储器首先被用于高级显卡,所以越高级的显卡图形处理能力越强,玩大型游戏越流畅。当智能电视进入高清和超高清时代时,显示点阵数量呈几何倍数上升,对图形处理能力的要求也相应大幅上升。

但目前很多芯片厂家也许是没有站在用户体验的角度,对智能电视高清图形处理要求较高的需求重视程度不够,导致这些芯片厂家只是为了应对运营商对机顶盒低成本的要求,没有从用户的角度对芯片加以定义,在市场需求的反应上与手机、平板电脑相比明显慢一拍。

8.4.2　智能电视的安全隐患

智能电视和 PC 一样能够上网浏览网页、看网络视频，与 PC、手机所具有的私密性不同，如果有不良信息出现在电视屏幕上，将会对我国的文化信息安全产生严重影响，不论从监管角度还是在传统道德层面，都是不能容忍的。所以，保证电视屏幕作为最后一个干净的、可管可控的信息终端非常重要。所以，智能电视遇到的第一个问题是如何保证从互联网上获取的信息是安全的。这仅仅靠建立 IPTV 和网络电视播控平台还不够，还需要从终端上对智能电视访问互联网进行安全管控，对网络链接行为进行管控。

其次是加密系统的安全问题。在智能电视上的加密系统一定是开放式的和标准化的，原来封闭的智能卡 CA 加密系统无法适应智能电视平台的开放环境，应该在电视终端的智能化时代被淘汰，否则会面临类似 B-CAS 的破解。在智能电视终端上，只能使用技术开放并且具有明确国家标准的下载 CA 技术。为了在开放环境下保证安全性，下载 CA 技术规范采用了密钥派生和多级密钥机制，并由芯片厂家、CA 公司和运营商分别掌握和管理，实现了 CA 软件的在线更换和升级，以及不同 CA 软件之间的灵活替换。不仅在开放的环境中最大程度地保证了下载 CA 的高安全性，而且还准备了下载 CA 被破解之后的各种解决办法，做到可以在线更换 CA 厂家，不受任何技术捆绑的限制。数字电视技术开发也不再局限于机顶盒厂家、CA 和中间件公司，保证了技术的开放性，实现了开放环境下的高安全。

8.4.3　智能电视的发展方向

电视正向高清和超高清方向发展，在大屏上收看视频的体验是其他终端所无法比拟的。家用 PC 在收看视频方面的最大特点是可以通过在线联网，浏览网页，自由观看感兴趣的网络视频。而当智能电视同样也具备该功能后，会把原来被 PC 拉走观看视频的部分用户重新拉回客厅，并且因其能替代部分 PC 功能会吸引更多的用户。等到智能电视发展到超高清电视，不仅在收视体验效果上进入佳境，而且能够实现更多功能，成为后 PC 时代的竞争制高点，智能电视作为家庭娱乐中心的地位将无可替代。

8.5　云终端简介

广播电视网络中的云终端是伴随广播电视"云"概念的产生而逐渐形成的，目前还没有明确定义的技术标准，由于复杂的计算和大量存储集中在"云"中，用户终端通过网络访问相关服务，降低了对用户终端的硬件配置要求，也避免了终端的频繁升级，系统需要升级时，可以在云端实现。但不同的网络运营的理解和定义也会有所不同，在此我们也只能做简单介绍。

8.5.1　全业务数字电视云终端

全业务数字电视云终端集成 EOC Slave，采用纯 IP 方式接入，实现数字电视和点播等业务承载；集成云终端软件，承载云媒体、云服务等业务；终端集成 HTML5，可以实现信息电视的加载。

8.5.2　窄带高清数字电视云终端

窄带高清数字电视云终端以单向高清数字电视机顶盒为基础，集成窄带 EOC 模块；集成云终端软件，承载云媒体、云服务等业务。

8.5.3　基础数字电视云终端

数字电视云终端基于低端单向高清机顶盒，配套外交互遥控器，完成交互功能的数字电视交互云终端。可实现点播、时移，以及开机广告、直播广告、云游戏等多种增值业务。具有基本的 MP2/H.264 高标清数字电视直播业务；统一机顶盒本地 EPG/UI；实现开机广告/直播广告；可实现统一部署的云业务（高标清点播、标清时移、其他云服务）；可实现广播视频会议；视频轮播 以及马赛克节目导航功能；具有统一 CA，并可以进行统一 Loader 升级。

8.5.4　云电脑一体机

云电脑一体机包括主机和显示器，具备宽带接入和数字电视功能，通过触控实现对云电脑的控制，通过 DOCSIS 实现宽带的接入，通过 Tuner 实现数字电视接入、IPQAM 点播和云游戏的接入。可以实现宽带上网及家庭宽带网关功能；支持终端认证、计费、业务变更等；可接入云宽带平台，实现网上冲浪、P2P 视频播放、本地游戏；支持接入媒体业务（高标清点播、标清时移、nPVR 及云盘共享）；可实现云游戏业务（同时支持本地游戏运行）；可实现云宽带的各项定制业务（云盘、UGC、AppStore、照片管理等），支持消息盒功能（集成消息盒 SDK），可以实现云电脑软件自动检查和升级功能，支持数字电视接入，支持云 CA。

8.5.5　云伴侣

在宽带 PC 上借助云伴侣可实现宽带高速接入和高速下载，具备 IPQAM 点播、数字电视接入、云游戏接入。

8.5.6　移动智能终端软件

在家庭环境下，通过在移动智能终端上安装客户端软件，能便捷地使用广电运营商提供的全方位业务。

8.6　思　考　题

1. 机顶盒的工作原理是什么？
2. 简述机顶盒的种类和发展趋势。
3. 什么是 OTT？OTT 盒子有何优缺点？
4. 简述基于云计算的机顶盒的技术框架。

5. 什么是 CM？简述 CM 的工作原理。

6. 简述 CM 的安装过程。

7. 什么是家庭网关？家庭网关的主要功能是什么？

8. 简述用户终端的发展方向和趋势。

9. 简述云终端的类型和基本作用。

第9章 NGB 网络支撑系统

网络支撑系统是 NGB 网络的必不可少的管理软件系统,它们对现代广电网络服务质量的保障以及网络的正常运行起着至关重要的作用,目前 NGB 网络支撑系统主要有 BOSS 系统、IPCC 系统以及设备网管系统。

9.1 BOSS 系统

9.1.1 BOSS 概念

BOSS 是业务运营支撑系统(Business Operations Support System)的简称,它涵盖了计费、结算、营业、账务和客户服务等系统的功能,它可对 NGB 网络上的各种业务功能进行集中、统一的规划和整合,是一体化的、信息资源充分共享的支撑系统。

BOSS 系统是一套全面应对 NGB 网络综合业务运营需求的支撑系统,将为广电运营商完成业务转型及拓展提供有力的支持,帮助降低运营成本,提高运营收益;BOSS 系统同时是一个高效的运营与管理平台,将大幅度提高广电行业的管理、运营、服务水平,为决策层提供强大的战略分析和执行工具,帮助广电运营商由"粗放式经营"转向"精细化管理",实现科学、灵活的发展战略,从而提升广电网络的核心竞争力。通过 BOSS 系统确保每位客户得到最恰当的服务,解决潜在的敏感的服务问题,帮助广电运营商做到在服务上领先一步,增加客户资源的保持力。

广电系统在引入 BOSS 系统之前,大量使用的是 SMS,但 SMS 难以扩展且不支持多业务,导致分业务独立建设,信息资源不共享,客户资料不统一。

BOSS 系统对多业务进行整合,实现统一的客户模型、账务模型、产品模型,支持多产品,支持使用量产品,支持预付费后付费融合。在计费和优惠上,通常参考电信运营商成熟的按账期计费、出账模式。在业务流程上可以通过人工工单流转和电子工单流转对业务流程进行定制,实现对不断变化的业务流程的支持。

对 BOSS 系统不应理解为仅仅是一个纯软件系统,更是一套运营理念和管理思想,BOSS 系统是一套逐步建立的系统,是一套和运营商共同成长的系统。广电 BOSS 系统首要的是管理好客户、管理好基本收视费。

9.1.2 三户模型

广电 BOSS 系统多采用客户、用户、账户三户模型;支持现金、银行代收、银行托收、网上转账、客服转账 (充值卡业务)等多种付费方式,数字电视客户缴费后,系统自动对客户进行 CA 授权,不需要人工单独授权。

广电 BOSS 中的三户模型概念系引进电信 BOSS 系统中的三户代表客户、账户和用户的三户概念，两者没有太大的区别，但广电领域的以家庭进行消费的特性（一个家庭可以有多个终端，统一计费统一缴费），决定了在广电 BOSS 中用户可以被多产品、主副产品所替代。如图 9-1 所示为 BOSS 三户模型示意图。

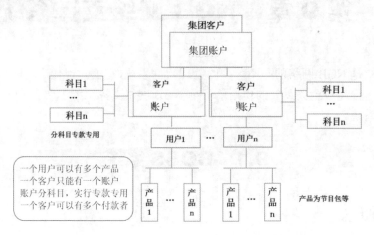

图 9-1　BOSS 三户模型示意图

9.1.3　BOSS 系统结构

1. BOSS 系统体系结构

BOSS 系统按体系层次可以分为四层：界面层、接入层、业务逻辑层、数据逻辑层。体系结构如图 9-2 所示。界面层主要是用户界面，负责直接与用户交互；接入层提供界面层与业务逻辑层的物理（网络、硬件）连通通道；业务逻辑层负责进行业务调度和数据调度；数据逻辑层负责对原始数据进行统一管理和存储。

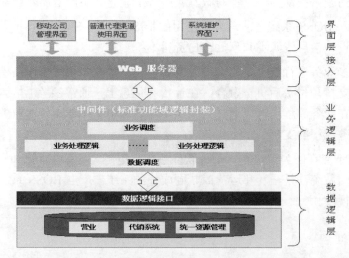

图 9-2　BOSS 系统体系结构图

2. BOSS 系统模块结构

BOSS 系统通常采用模块化设计，BOSS 模块的划分是按照实际运营时各部门操作的流程来设计的，每个模块都自成一体，对其中一块的更改或升级，对其他模块没有影响。通常 BOSS 系统按功能可分为多个模块子系统，如营业管理、运营管理、资源管理、计费处理、账务管理、查询统计、工程管理、接口管理、系统管理等主要子系统，图 9-3 为某大型广电网络运营商设计的 BOSS 功能结构图。不同的 BOSS 系统对子系统的称呼可能会有所不同，这里以某具体的 BOSS 系统为例做个说明。

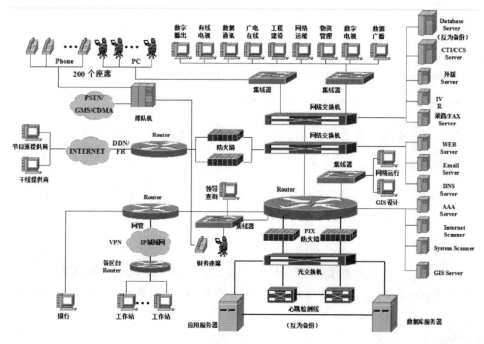

图 9-3　BOSS 系统功能结构图

9.1.4　BOSS 主要功能

广电 BOSS 系统功能主要包括：支撑将资源转化成利润的企业流程；支撑市场、销售、客户服务（如：产品开发与管理、业务受理、工单处理、账务处理等）；支撑资源运行维护的企业流程；支撑网络管理（服务提供、服务保障、服务计量，如：联机指令、专业计费、网管等）。系统核心功能是高效管理客户、资金、CA、信息、机顶盒和卡设备。

广电 BOSS 系统通常采用模块化设计，BOSS 模块的划分是按照实际运营时各部门操作的流程来设计的，每个模块都自成一体，对其中一块的更改或升级，对其他模块没有影响。主要有 10 个模块子系统。

1. 系统管理

包括权限控制、系统的维护（应用程序的启动、监控、系统备份等功能）、操作日志的管理；此外，还包括对系统运行所必须的基础数据（局数据）的管理。

2. 客户管理子系统

融合多业务的统一客户资料管理，包括客户群维护、客户资料维护、客户新增、客户关系维护、客户与群关系维护以及预受理客户到期查询。

3. 营业管理

营业管理主要完成在营业窗口接收的最终用户的各种业务申请，包括：新装、新装返销、新装撤销、定购修改、移机、移机返销、拆机、用户过户、用户转移、设备变更、设备变更返销、用户信息修改、批量新装及批量新装等，在业务受理过程中，系统根据资费计划计算业务受理所产生的各项费用。

4. 产品管理

对用户使用运营商所提供的服务的定价过程的管理，产品中的价格分为几个类别：服务使用费、业务受理费、周期定购费、资源使用费。

5. 计费管理

包括缴费管理、集中缴费管理、计费管理和欠费催费管理。

6. 资源设备管理

对终端资源和设备的管理，具体的资源类型包括：终端资源（机顶盒、智能卡）、号码资源、赠品/物品资源、标准地址资源、卡/凭券资源、IP 地址、纸质合同资源的管理。

7. 统计报表管理

周期的数据统计，并展现为报表；此处需要考虑统计报表与查询之间的区别，以及功能划分。统计报表偏向于处理周期性的，具有固定格式输出的查询，并且其结果通常需要在系统中保持一段时间。

8. 账务管理

完成系统各种账务参数设置、费用项目设置以及业务及设备资费设置，还包括发票管理、账单管理、欠费管理以及分账结算等功能。

9. 客服与工单管理

提供对订户的售前售后服务，包括订户业务咨询、派工维修、投诉处理、消息处理等。处理已生成工单的执行过程，进行跟踪记录，工单分发、工单回执管理等，确保对客户上门服务的质量和效率。

10. 对外接口管理

BOSS 系统与所有外部系统之间的接口，保证 BOSS 系统有很强的扩展功能，并且各个接口模块的加入不会影响原先逻辑业务的运行，如 CA 接口和银行接口的管理。

9.1.5　BOSS 的发展前景

随着网络技术的不断发展，BOSS 系统的建设规模也在不断扩大。当 BOSS 系统的运营工作进入正轨之后，国内网络运营商开始致力于服务质量的改善，实施内部整合与管理，提高企业所拥业务的整体运营水平，以期获得更多用户的支持。而企业运营水平以及内部管理水平的提高是以 BOSS 系统的建设和应用作基础的，同样，服务质量的提高也需要依靠 BOSS 系统的良好运行来完成，这便造成了国内网络运营商对 BOSS 系统的强烈需求，使 BOSS 系统的发展前景更加明亮。

1. 可促进 BOSS 系统积极发展的因素

（1）提高市场竞争力的需要

随着三网融合的进程加速，广电行业要想在激烈的市场环境中独占鳌头，那么必须要战胜其他网络运营商，构建更强的市场竞争力。在当前内外形势特别严峻的形式下，如何突破重围，提高企业管理、运营以及服务水平，便成了广大电信运营商所考虑的首要问题。由此，为了满足电信运营商提高市场竞争力的需要，大力建设和发展 BOSS 系统便顺理成章。

（2）发展新业务的需要

广电运营商发展新业务、提高管理、运营与服务水平，进而提升核心竞争力，成为争取市场份额的关键，新一代 BOSS 系统能够融合各种独立业务系统，能够快速有效地开发新业务。

（3）挖掘客户资源的需要

广电业务的开展和研究对象是广电客户，广电运营商所开展的一切广电业务都与客户密切相关。就广电运营商的营销战略来说，为客户提供优质的服务，并与客户实现信息共享是其营销中的一个重要策略。广电运行商想要更好地服务客户，就必须对客户本身以及客户的需求有所了解，而了解众多客户需求的最佳手段是建立一套客户服务系统。客户服务系统的建立在一定程度上促进了 BOSS 系统的积极发展。

2. 阻碍 BOSS 系统发展的因素

（1）业务流程纷乱

目前关于 BOSS 的研发技术已经趋向成熟，广电运营商想做以及能做什么成为关键。因而内部业务流程的重新梳理、各个信息系统的互相联通的规划，是广电运营商当前要解决的首要问题。广电运营商只有先理顺自己的业务流程，对体系架构有顺畅的思路，才能最终与集成商一起将运营支撑系统推向完善。

（2）传统 BOSS 系统分散

广电运营商的各个系统往往由单一业务为出发点，内部缺乏有效的互连互通，形成"信息孤岛"。BOSS 系统的重要功能是实现统一管理，并为企业决策提供信息支持，如果集中程度不够，统一管理和决策支持能力都将受到影响，同时也会造成人力及资源的浪费。

（3）运营理念陈旧

广电运营商在构建新的 BOSS 系统时，应该放弃过去的以业务为中心的经营观念，转为以客户为中心。陈旧的业务理念是电信运营商建设 BOSS 系统的重要障碍之一。

9.2 IPCC 系统

9.2.1 IPCC 概念

IPCC 是 IP CallCenter 的简称，本质上是以 IP 技术和 IP 语音为主要应用技术的呼叫中心构建方式，即利用 IP 传输网来传输与交换语音、图像和文本等信息，也是 NGB 网络中正在发展并且不可缺少的支撑系统，它与 NGB 的结合更加紧密。图 9-4 所示为当前的 IPCC 系统构架图。

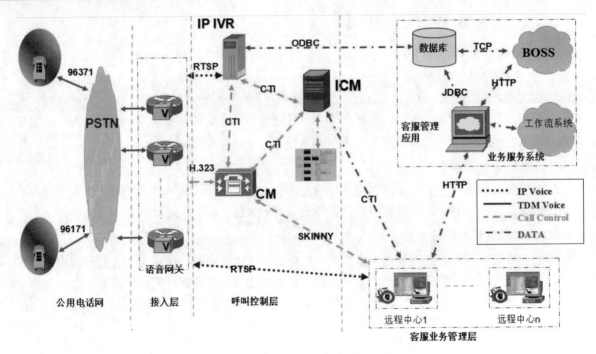

图 9-4　IPCC 系统构架图

IPCC 历经了小型交换机+普通电话机、语音自动应答+呼叫自动分发、CTI 技术和 All Over IP 四个阶段，才逐步形成发展起来，是相对于以往呼叫中心而形成的一种新的建设思路，其主体架构从传统的电信交换网及专有应用服务器转变为开放式、基于 IP 的语音、数据集成网。IPCC 的内部以 IP 数据包的形式处理所有视频、音频、数据、传真等信息，内部组成部件全面实现 IP 化。

另外，IPCC 将传统呼叫中心的技术特征与 Internet 技术融合起来，支持从门户网站、电话、Email、传真、短信、彩信、即时通讯、视频、微博、Webcall 等各种媒介接收信息，由 IPCC 统一受理后再反馈到各种媒介上。

随着三网融合的推进，IP 网络正在成为各类通信系统与通信设备交互信息的唯一承载网络，IPCC 也正在成为呼叫中心系统架构和建设的主要模式，目前国内外主要的电信设备制造、通信服务厂商，如 AVAYA、华为、中兴、集时通讯、Cisco 等均提出了 IPCC 解决方案。

9.2.2　业务应用

IPCC 支持传统架构呼叫中心所涉及的所有业务、业务类型，如技术支持、业务受理、信息查询、电话营销、市场调研等；应用领域涵盖电信、金融、政府、公共事业、制造业、零售业、物流、外包、IT、电子商务及其他；用以实现的业务功能包括：查询、咨询、投诉、报修、电话营销、客户关怀、市场调研、催收催缴、信息服务、业务受理、紧急通知及其他。

同时，IPCC 又不局限于传统架构呼叫中心的业务范围，因为 IPCC 的业务应用系统可以从接入与控制系统中完全分离出来，通过 IP 网络与它们结合构成呼叫中心。这样，在传统架构呼叫中心的基础上，IPCC 又衍生出很多新的业务，特别是基于 IP 网络的应用，如在线客服、呼叫中心托管、网站总机、网站 400、Webcall、视频呼叫与推送、IP 调度等。

9.2.3　架构模式

IPCC 将传统的程控电话交换机的业务接入、路由选择（交换）和业务控制三个功能模块独立出来，通过不同的物理实体或系统分别实现，同时进行一定的功能扩展，并通过 IP 网络将各物理实体连接起来，构成基于 IP 的体系层次，如图 9-5 所示。

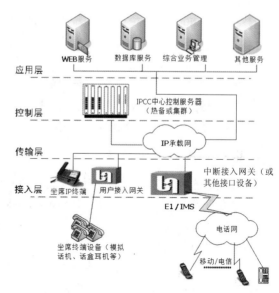

图 9-5　IPCC 层次体系

1. 接入层

接入层由各种网关设备或者类似于网关设备的接口设备组成，负责将各种不同的网络及终端设备接入到 IP 网络中来，功能类似于传统程控交换机上的用户模块和中继模块。接入层支持多种媒体接入，包括 VoIP 语音接入、Web 接入和 Email/FAX/SMS 接入。

2. 传输层

以 IP 承载网代替了传统电路交换中的交换矩阵，负责将 IP 网络内各类信息由信息源传送到目的地。对接入的不同媒体的呼叫进行处理，将其抽象为统一的呼叫，使得各种媒体可以媒体无关地与功能支撑层进行通信。

3. 控制层

控制层实际上就是 IPCC 中心控制服务器。主要负责进行呼叫控制，即完成呼叫连接的建立、监视和拆除，是 IPCC 系统的业务支撑系统，负责提供业务的解释、生成及控制功能。业务支撑层提供实现具体业务的资源，与业务交换层紧密关联，通过选配和组合，可以灵活地构造与具体业务相关的设备或模块。

4. 应用层

也称为业务应用层，该层的主要功能是在纯呼叫建立之上为用户提供附加增值业务。可以实现自动、人工业务，满足用户的需求。业务实现层采用了三层结构的设计模型，即程序逻辑与用户界面分离。

9.2.4　组建方式

目前 IPCC 从 20 坐席以下的小型呼叫中心，到 20 至 100 坐席的中型呼叫中心，再到 100 至 800 坐席的大型呼叫中心，以及 800 坐席以上超大型呼叫中心都有应用。

1. 小型 IPCC

对于小型呼叫中心，IPCC 大多采用一体机方式实现，就是一台机器解决所有接入、路由、IVR、ACD、录音、报表、客户管理、业务操作等相关业务与功能。从分层架构角度看，控制层与应用层可以在一台机器上实现。

2. 大中型 IPCC

对于 20 至 800 坐席的中等规模呼叫中心和大型呼叫中心，即可以采用一体机方式实现，也可以采用两台服务器或者多台服务器方式实现。如交换控制在一台服务器上实现，另配一台服务器负责 CTI 及数据存储，或者备置一台服务器用作系统热备。如果业务量比较多，业务模式比较复杂，也可以再增加一些诸如业务系统服务器、Web 服务器、报表服务器、录音服务器等服务器将对应业务单独处理，所有服务器的连接都采用 IP 承载网进行数据传输和交互。从分层架构角度看，控制层与应用层可以在一台机器上实现，也可以分别在不同的服务器上实现。

3. 超大型 IPCC

对于 800 坐席以上的超大型呼叫中心，呼叫控制与业务需要完全分离，IPCC 控制服务器只负责呼叫连接的建立、监视和拆除，其他所有呼叫中心的系统功能与业务功能都在多台业务系统上实现。例如，负责完成 IVR 的实现与设置采用 IVR 服务器，负责完成队列的实现与设置采用 ACD 服务器，负责完成坐席的实现与设置采用 CTI 服务器，负责完成业务实现的采用应用软件服务器，另外还有数据存储服务器、录音服务器、报表服务器、交易服务器等。

呼叫控制与业务分离的 IPCC，对接口要求更加标准化、规范化，目前所有云呼叫中心都属于呼叫控制与业务分离的 IPCC。

9.2.5 系统特点

1. 地理位置无关性

IPCC 支持分布式部署，无论是中继线路还是坐席都是远程分布式部署，如图 9-6 所示。用户可以通过设在不同地理位置的语音网关接入系统，而坐席的分布则完全可以按照业务的需要在全网络任意位置设置 IP 电话坐席。这一点是 PBX（Private Branch Exchange，用户级交换机）方案所无法随意实现的，PBX 可以通过放置远端扩展模块或 IP 远端坐席实现，但其有如下不足：①支持的远程节点数量和 IP 远程电话数量有限；②占用带宽资源大。不论是 IP 远程电话或扩展模块，其与中心点的连接往往只能采用 G711 语音连接，每路话音的带宽为至少 64K，当采用扩展模块时，扩展模块和中心模块的互连接口往往不是 E1 就是光纤，不论远程节点设置多少坐席，都要求 2M 以上的带宽，而一个 2M E1 连接除了用于信令控制外，所能连接的呼叫数往往只能低于 30 路，这对企业的广域网传输带宽要求是相当高的。对 IPCC 而言，有多少呼叫需要接入，则只需相应路数的带宽，且可以通过采用其他编码方式，如 G729 降低每路话音对带宽的要求。③路由优化功能不足。由于 IPCC 是基于路由器的路由表来建立语音 IP 包的交换连接的，若 IP 坐席电话与接入语音网关都在同一个地理位置（一个 IP 子网），则呼叫的语

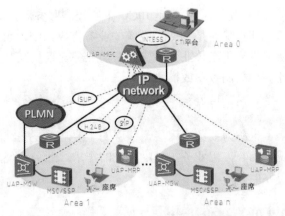

图 9-6　IPCC 的分布式部署

音 IP 包直接在本地交换完成，不需占用广域网的带宽，若是 PBX，由于其是集中时隙交换，故不能做到这种优化路由的功能，当呼叫从远程接入同时又被在同一地理位置的坐席受理时，会造成一路话音占用一上一下两路带宽，往往这些话音还只支持 G711，每路占用 64K 带宽，两路将占用 128K 带宽。

采用 IPCC 完全可以建成一个集合有集中式普通坐席群、适量分布适合地方的本地坐席，以及灵活的拥有特殊技能的移动坐席作为补充形式的呼叫中心。这样，企业就可以在人力成本较低、租金成本较低、管理方便的地方部署普通坐席群，可以在与数据源近或联系方便的地区设立本地坐席，同时将呼叫中心的主要设备及策略管理和专业技能坐席放置在企业总部。

2. 媒介无关性

IPCC 采用多层架构模式，在决策机制所在的应用层可以有效地屏蔽接入线路、设备属性，从而使得基于各种媒介的多种联系在统一的平台上得以充分整合。企业可以通过统一的路由策略，接收来自客户的各种方式的请求，包括 Internet、Email、传统电话、IP 电话、数字电视、移动电话、可视电话、传真、短信、微博、**IM（Instant Messenger，即时通讯）** 等。当然，在满足客户通过多种媒介方式的请求的同时，使得客服人员也能够透过 IPCC 用同样的多种方式，方便地应答请求或提供主动服务。

3. 全网的监控管理

IPCC 一般采用基于 Web 的多级化全网管理体系，所以每级管理人员可以极为灵活地接入系统获得本权限的管理信息，中心监管平台可以实现同步不同地区的呼叫中心系统信息，无论在任何节点，不管是本地还是远程，只要该点可以与所有需要管理的服务器相连，就可以真正实现呼叫中心的物理分布，集中管理，多坐席、多站点参与服务，方便整个系统的调度和监控的集中管理。

4. 网络化 ACD

IPCC 提供网络化 ACD（Automatic Call Distribution，自动呼叫分配）的能力，通过网络合理地安排各地话务员资源，自动将呼叫分配给最合适的地点和话务员进行处理。网络化 ACD 可以有效分配来电、Webcall、短消息等呼入，实时跟踪话务台状态，总中心、重要的分中心甚至是每个分中心都可以知道其他中心的坐席状态，从而生成有效话务队列，并可随时按照来话信息，充分地利用系统资源，提高系统的处理能力。

5. 移动性

IPCC 体现了 IP 的移动性，IPCC 的认证与配置方式可以实现业务零配置，即插即用，最大限度地减少了管理维护费用以及管理维护难度。内部电话移动不再需要修改任何配置和物理跳线，可以使企业彻底摆脱物理空间的限制，真正实现办公空间的虚拟化。

6. 建设成本低

IPCC 相对于 PBX 传统呼叫中心，成本优势非常明显，主要体现在：①硬件设备投入相对较低，而且坐席数量越多，差距越大；②布线简单、安装方便，可以降低实施、维护成本。

7. 系统扩容能力强

IPCC 的核心是"软交换"，突破了传统"交换机式呼叫中心"和"板卡式呼叫中心"在通讯原理、核心体系、系统架构等方面的局限。传统呼叫中心升级往往带来巨大的设备投资，由于技术瓶颈限制，系统扩容往往是电路和设备单元的扩容，随之带来机房空间、配套设备的大量投资，成本高昂；相比之下，IPCC 通过软件来代替硬件设备实现系统功能，如排队机是通过软件实现，话路控制也是通过软件实现，极大地降低了扩容成本。

8. 兼容性强

传统架构的呼叫中心，其语音交换以及业务控制的所有功能，各个厂家都是采用自由协议，不同厂家的产品难以兼容。而 IPCC 实现了信令和控制、业务分离，SIP 协议贯穿整个系统，不同组成模块即使采用不同厂家的产品，也可以进行无障碍互通，使得用户配置与部署更加灵活，强大的兼容性使得用户可以在不影响原有通讯业务的情况下平滑扩容、升级。

9. 节省长途电话费

IPCC 基于 VoIP 基础架构，允许用户通过互联网传输语音信息，企业可以充分利用已有的网络资源，节省大量长途电话通信成本。同时也比避开了公网电话的高峰阻塞，有效地提高了工作效率。

9.2.6 线路接入

IPCC 支持传统架构呼叫中心的所有线路接入，如数字中继线、模拟中继线、**GSM（Global System of Mobile communication，全球移动通讯系统）、CDMA（Code Division Multiple Access，码分多址）**等作为接入线路。目前各地电信运营商都在架设基于 IP 网络的 **IMS（IP Multimedia Subsystem，IP 多媒体子系统）**平台，它可以提供适合 IPCC 的 **VoIP（Voice over Internet Protocol，模拟音频数字化）SIP（Session Initiation Protocol，会话启动协议）**业务，如图 9-7 所示。

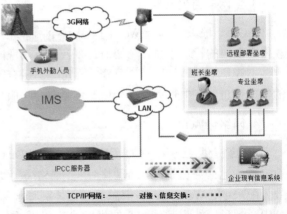

图 9-7　线路接入

目前 IMS 线路通常通过光纤专线接入，随着网络质量与带宽的提升，普通宽带网络和 3G 网络也可以提供 IMS 线路接入，如表 9-1 所示。

表 9-1　IMS 接入形式特点

用作 IMS 接入的网络传输形式	线路类型	所需设备
光纤专线或者宽带网络	有线网络	直接网络对接即可
3G	无线网络	3G 路由器或者 3G 网关
WIFI	无线网络	WIFI 路由器

9.2.7 典型方案

1. AVAYA IPCC 方案

AVAYA IPCC 方案系统图如图 9-8 所示，该系统由核心服务器：AVAYA S8730 媒体服务器 2

台，互为备份、接入网关 G650/G700、CTI 接口服务器 AES、CTI 服务器 AIC；录音服务器 NICE PERFORM、报表服务器 CMS、IVR 服务器 VPMS/MPP、数据库服务器以及应用服务器等组成。

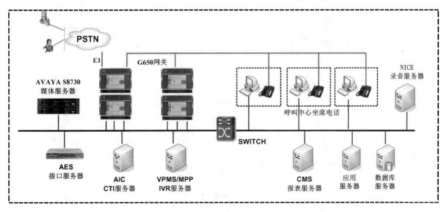

图 9-8　AVAYA IPCC 网络结构图

2. 华为 IPCC 方案

华为 IPCC 方案系统如图 9-9 所示，该系统由 ACD 服务器 UAP 8100、接入网关 IAD 网关、CTI（Computer Telephony Integration，计算机电话集成）服务器 SmartCTI、录音服务器、IVR（Interactive Voice Response，互动式语音应答）服务器、数据库服务器和应用服务器等组成。

3. 集时通讯 IPCC 方案

集时通讯 IPCC 方案系统如图 9-10 所示，该系统由 JUST PBX SERVER 服务器集群组、中继接入 TG 网关（在 IMS 中继接入环境下无需此项）、CTI 及 Proxy Server 服务器热备、数据库服务器、录音服务器、业务系统服务器、TTS/ASR 服务器和应用服务器等组成。

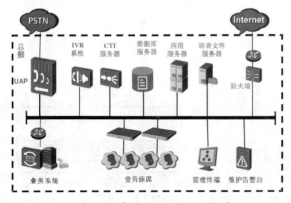

图 9-9　华为 IPCC 网络结构图

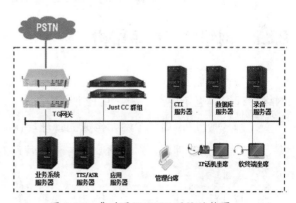

图 9-10　集时通讯 IPCC 网络结构图

9.3　网络管理系统

9.3.1　网络管理功能

网管对于 NGB 网络的正常运行起着至关重要的作用，其功能有故障管理、配置管理、性能管理、安全管理以及记费管理等，针对广播电视网络其具体功能可如图 9-11 所示。

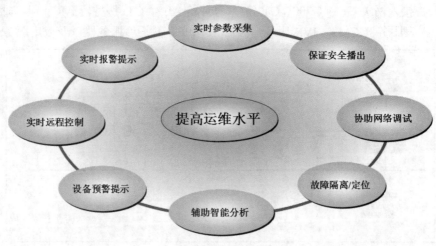

图 9-11　网管的基本功能

（1）故障管理：对传送网络及运行环境的异常进行动态检测、隔离和校正的过程。是五大功能中最基础的管理。

（2）配置管理：对网络单元、网络设备进行整体管理，收集、鉴别、控制来自代理的数据，将配置参数传送给代理及实时修改参数的过程。是最重要的网络管理功能。

（3）性能管理：对网络、网络单元、网络设备进行有效性评估和报告的过程。通过收集网络中各资源使用情况的统计数据（如网络的可用性、资源利用率、响应时间、阻塞情况和运行趋势），来分析网络的运行情况。

（4）安全管理：对事务处理、传送网络、管理网络本身和组织管理四个方面的安全进行管理。

（5）记费管理：测量网络中各种业务的使用量，确定使用成本的过程。

9.3.2　网络管理体系结构

网络管理体系结构自下而上可以分为网元层、网元管理层、网络管理层等五个层次，如图 9-12 所示。

（1）网元层：由单个网元构成的管理层次。

（2）网元管理层：对网络中的一组被管理对象进行管理的层次。

（3）网络管理层：对多个网元管理系统集中进行管理并统一向上提供信息的层次。

（4）业务管理层：网络管理层和事务管理层之间的接口层，它是收集并处理来自网络管理层和事务管理层信息的层次。

（5）事务管理层：全面支持高层管理人员的研究和决策，提高工作效率的层次。

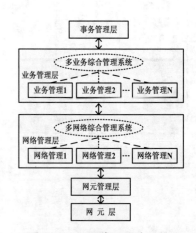

图 9-12　网络管理体系结构

9.3.3　网络管理标准协议

（1）电信管理网 TMN：ITU-T 为适应现代通信网综合、宽带等特点而提出的一种新型的管理电信网的网络。TMN 包括四个关键元素。

① 操作系统（OS）：实现各种管理功能的处理系统，通常由一组计算机组成。

② 工作站（WS）：实现人机界面的装置，它是网管中心的操作终端。

③ 数据通信网（DCN）：用来传递网管信息，提供管理系统与被管理网元之间的数据通信能力。

④ 一部分电信网设备：电信网中状态收集、网管指令执行和实施监控的设施。

（2）简单网络管理协议 SNMP：由因特网工程任务组（IETF）定义的一套组织管理 TCP/IP 网和以太网的网络管理协议。具体来说，是一个标准的用于管理 IP 网络上结点的协议。SNMP 包含四个关键元素。

① 管理者（Manager）：管理指令的发起者。

② 代理（Agent）：驻留在被管设备中的软件模块。

③ 管理信息库（MIB）：由 SNMP 代理维护的一个信息存储库。

④ 网络管理协议（SNMP）：一个异步式请求/响应协议。

9.3.4　广电网络管理系统建设

在建设广电网络管理系统中，需要进一步完善专业网元管理系统，增加对网络性能的监视。基于开放式标准的网管模型图如图 9-13 所示。

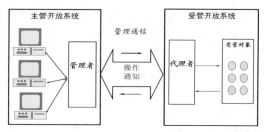

图 9-13　基于开放式标准的网管模型图

1. 网管系统结构

（1）网管系统的上层管理软件：完成网络及网络设备的配置管理、故障管理、性能管理、通道状态及安全管理和用户通道管理等。

（2）网管前端控制器：完成上层管理系统与被管理设备之间的协议转换。包括接口单元、数据收发单元和数据调整解调单元。

（3）被管理设备的网管单元或部件：由内置在被管设备内的网管应答器或外置式应答器组成。完成设备运行的数据采集、报告以及执行配置管理指令。

2. 地理信息系统

地理信息系统（*GIS，Geographic Information System*）是一种能把图形管理系统和数据管理系统有机地结合起来，对各种空间信息进行收集、存储、分析和可视化表达的信息处理与管理系统。在有线电视网络设备用户管理中所起的作用巨大。主要由 GIS 硬件、GIS 软件、地理空间数据、系统开发、管理和使用人员等构成。

9.3.5 机房设备网管的技术

1. 第一阶段——本地监控

基于 RS232/485 模式与 PC 直连，已经不能满足运维的需求，如图 9-14 所示。

2. 第二阶段——远程监控

基于 RS232/485 转 IP 传输，可以同时监控多个机房，如图 9-15 所示。

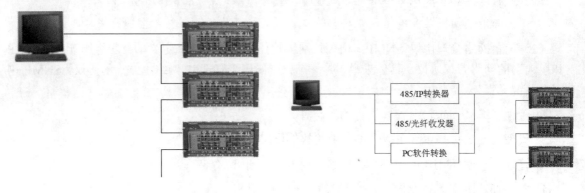

图 9-14　本地监控示意图　　　　　　　　图 9-15　远程监控示意图

3. 第三阶段——纯以太网监控

设备提供以太网 IP 网管接口，可以基于 SNMP、Web 或自定义协议远程访问协议层逐渐向 SCTE HMS 开放式标准靠拢，如图 9-16 所示为纯以太网监控示意图。图 9-17 所示的是一个基于开放式标准的机房网管解决方案。

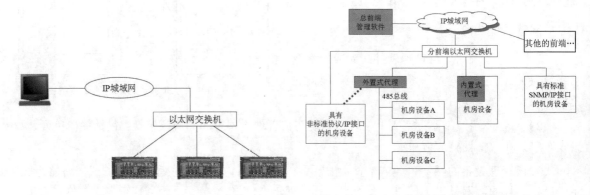

图 9-16　纯以太网监控示意图　　　　　图 9-17　基于开放式标准的机房网管方案

9.3.6 外围设备网管

外围设备网管与机房里的设备的网管有些类似，但由于设备到机房距离远了，通常不采用机房里的第一解决方案，将 RS-232 或 RS485 总线直接连接，通常会采用如图 9-18 所示的基于开放式标准的网络外围设备网管解决方案。

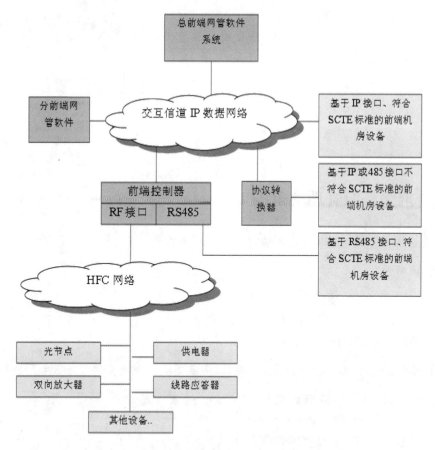

图 9-18　基于开放式标准的网络外围设备网管方案

9.4　综合网络资源管理系统

综合网络资源管理系统可对某特定网络运营商的跨代网络资源进行建设、管理，为其网络下的有线电视用户统一提供基于云服务的大量业务，并通过高效、综合、准确的网络资源管理系统进行技术支撑。

通过网络资源管理系统，完成网络资源信息的采集、编制、录入等规范的制定和统一，完成网络资源信息标准的制定及推广，真正做到全网资源的运营商内全范围共享。

综合网络资源管理系统将实现网络资源和信息服务资源的有效管理，建立面向客户的资源模型，形成企业共享核心资源库，对外提供相关的应用服务，为综合性、跨专业关联应用、业务管理提供基础，为业务开通、服务保障提供支撑，服务于市场营销和产品服务、企业经营管理、企业运行维护。

9.4.1　综合网络资源管理系统定位

实现对网络资源及信息服务资源的有效管理；建立跨专业、面向客户的资源模型，形成全网共享核心资源库；对外提供应用服务，为综合性、跨专业关联应用、业务管理提供基础；为全网市场营销、业务运营及管理、维护及服务保障提供技术支撑。

从资源分层角度，全网资源是多层次的。根据其业务支撑系统的总体架构，综合网络资源管理系统主要管理 OSS 域资源，其与 BSS 域资源的界定如图 9-19 所示。

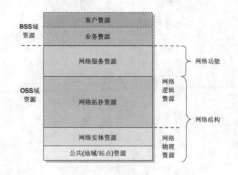

图 9-19　资源的界定图

9.4.2　综合网络资源管理的范围

资源管理的范围主要包括网络物理资源和网络逻辑资源。

1. 网络物理资源

网络物理资源泛指各种硬件设备或者设施构成的有形资源，是广播通信资源行使功能、提供广播、通信、信息服务能力的物质基础，包括各类物网络实体资源（传输设备、网络设备、接入设备）及公共资源（地域、站点、机房等）。

2. 网络逻辑资源

网络逻辑资源包括除物理资源之外的、无形的广播通信资源和信息服务资源（内容和应用），包括网络拓扑资源和网络服务资源。

综合网络资源管理系统一级业务功能框架按照采集适配层、数据管理层、应用功能层的逻辑结构分层，如图 9-20 所示。

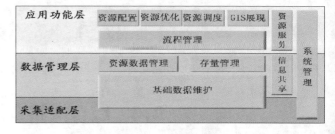

图 9-20　功能框架图

9.5　思　考　题

1. 什么是 BOSS 系统？

2. BOSS 系统的主要功能有哪些？

3. BOSS 系统按体系层次可以分为哪几层？

4. 什么是 IPCC 系统？

5. 简述 IPCC 系统构架。

6. 网管的主要功能有哪些？

7. 网络管理体系结构自下而上可以分哪几层？

8. 简述综合网络资源管理的范围。

第10章 有线广播电视网络设计与规划

有线广播电视网络设计与规划需要考虑多类因素，涉及网络结构、设备功能、机房配电、避雷接地以及工程成本、预算等多项相关知识。

10.1 有线电视网络的规划

有线广播电视网络是一个由多种设备和复杂的传输线路组合而成的完整体系。要使这个完整体系达到预期目的并最充分地发挥效能，必须事先进行周密的系统设计。

有线电视网络的设计，必须依据客观环境、条件以及建设和发展的基本要求，通观全局，周密考虑正确选用各种器件和设备，确定技术先进、经济合理、安全适用的系统方案。

一般来说，有线广播电视系统的设计过程可分为两个阶段：初步设计（网络的总体规划）阶段和具体设计（确定各组成部分的实施方案）阶段。

初步设计可以理解为宏观设计，其主要任务是根据客观要求确定系统的最优结构组成方式。从工程设计规范来看，它应完成的内容包括设计技术说明书、系统总体方案以及必要的方案图。

具体设计也可看成是微观设计，它所面临的任务是在系统总体方案已经确定的前提下，如何使方案的各个环节都能准确无误地变成现实。具体地说，它应确定各部分的具体组成、设备选型以及完成各类施工图表和设备材料清单以及施工日程进度的设计编制工作。

由于 NGB 现代交互式广播电视系统规模大、复杂程度大，系统的工作目标要求多种多样，加之环境条件等因素也各不相同，因而设计工作不可能按某一固定的模式进行，必须根据实际情况，灵活运用各种设计原则、方法，恰到好处地全面完成实际工程需要的各项设计任务。

10.1.1 前期准备

前期准备主要是体现在前期调研上，包含调研目的、内容以及资料整理。

1. 调研目的

通过对系统服务区域和对象的详细调查，获取有关城市规划、人口数量及分布、用户要求等直接影响系统整体构成和功能的信息，依据这些信息制订一个符合当地文化和经济总体水平的总规划。

2. 调研内容

为完成一个性能价格比好而且是切实可行的总体规划，需收集各方面的基础资料。

（1）人口数量及用户分布：人口数量确定了网络的最大可能服务能力；用户分布直接关系到节点设置和网络结构。用户包括一般住宅用户和政府机关、企事业单位、教育科研等团体用户。

（2）城市总体规划：包括现在和将来的行政区域划分、住宅区布局、道路网络等，与网络形式、拓扑结构有直接关系。

（3）当地社会经济总体水平及市民收入水平：有线网络建设规模、功能设置、网络档次都与当地的经济总体水平有关，因此市民收入水平是有线广播网络经济效益和投资回收期的主要参考点。

（4）当地民众对文化欣赏的主流及对收视节目的要求：频道的设置、自制节目的数量及风格、节目源类型，交互节目大需求及方式等。

（5）气象条件：包括风、雨、雷电、气温、湿度、酸雨、水灾等内容。

（6）地面线杆路由、地下管路路由分布：规划及设计网络的拓扑结构及路由，应尽可能利用已存在并有可能使用的设施，避免重复架杆、挖沟，提高城市线杆网络及地下路由的利用率，配合城市规划部门维护城市的整洁。

（7）供电条件：电网电压、频率的稳定程度与系统指标及运行的安全是有关系的，也影响着网络采用的供电方式。

（8）无线电干扰情况：如雷达、干扰台、大功率发射台、寻呼台、工业辐射等无线电干扰的存在，有可能影响 CATV 系统，特别是双向网络的正常运行，因此必须对此有充分的准备和有效的防范措施。

（9）开路电视及调频广播情况：包括节目套数、发射功率、座落地点、收视效果、接收点场强等，是系统规划和设计中不可缺少的部分。

（10）其他网络运营商的业务开展情况及发展水平：开展宽带综合业务应对社会上现有状况有所掌握，对未来市场有所预测。

（11）运营者财力投入能力：与网络的规划重点、设计分期及建设分期有关系。

（12）调研方法：主要采取调查访问的手段，对相关的城市规划部门、气象部门、电力部门以及部分用户进行走访，了解相关的基础技术参数以及用户的实际需求。

3. 数据整理及书面报告

认真整理在调查中取得的数据并形成一个书面报告，为编制项目规划文件和进行工程设计提供真实可靠的资料，是确保规划质量的基础。数据整理中应注意以下几点。

（1）数据的真实性：这里有两层含义，其一是指数据来源的可靠性。例如在收集用户数据时，数据应是近时期取得的数字。其二是指数据本身的稳定性，例如电波场强测试结果，要取得接近稳定的数字。

（2）数据的对比性：汇总具有相同性质而在不同条件下取得的数据或虽然是相同条件但由于其他原因造成不同结果的数据时注意突出其对比结果，籍此把实际情况反映得更加清楚。

（3）数据的全面性：取得的数据应尽可能地全面。任何一个相关信息都有可能成为制定规划的参考资料。

（4）合理分类：对收集到的数据按性质、用途进行分类，以便于阅读和查询。数据整理完成后，必须形成一个书面调查报告，在形成书面报告时应注意以下几点。

① 注明时间、地点、参加人员。

② 文字简洁，条理清楚。

③ 图表及数据有相关说明。

④ 官方和民间提供的文件、材料应附后。

10.1.2　规划与设计原则

网络总体规划是系统具体设计的主要依据。如果说由于系统设计不当或施工质量不佳造成的局部损失尚可以更改或补救的话，那么网络总体规划的失误将会造成全局性的影响和不可挽回的损失。因此，制定高质量的网络总体规划是建设有线广播电视网的关键，这个过程既是决策过程又是一个科学论证的过程。一般来说，网络总体规划应遵循以下基本原则。

（1）网络应具备开放性和兼容性。采用的技术体系应符合相关国内标准和国际标准，不宜采用私有协议。新建或改建的有线电视网络应对原有业务系统向下兼容。

（2）网络应具备技术先进性。应采用成熟、先进的国内、国际通信和网络技术，将网络规划设计成双向、交互式、多业务网络，满足三网融合的技术要求。

（3）网络应具有可扩展性。网络服务的用户数量和网络所提供的业务平台应具备可扩展性。物理网络（包括光纤网络和同轴电缆网络）应满足网络升级、扩展的要求，符合光进铜退、光纤到户的技术发展趋势。

（4）网络应具备良好的生存能力。网络设计应充分考虑网络的稳定性，支持网络节点设备的冗余、备份、软硬切换和网络线路保护，当设备或线路发生故障时，网络可采用灵活的保护策略和保护机制恢复运行。

（5）网络应具备良好的安全性，保证在网上运行的各业务系统的安全。

（6）网络应具备可管理性。

10.1.3　规划内容

1. 系统规模

系统规模包括：系统用户数量、服务延伸半径（最远距离）、频道、带宽、IP 地址资源分配和网络结构形式等。

（1）用户数量：根据调查报告中取得的人口数据确定入网用户的数量，并适当考虑递增幅度。确定入网户数时应考虑到因经济承受能力、人口群体职业差异而使实际入网户数低于实际现有户数的情况，并根据上述情况绘出用户分布规划图。

（2）服务延伸半径（最远距离）：从网络中心前端（分中心）至最远端的用户，构成了系统的服务半径。确定这个距离就是要选择一个合理的中心位置。根据用户的分布（已绘制的用户分布规划示意图）使这个距离较短且在各个方向上较为平均对系统是有利的。除了在地理位置上尽量选择居中外，还要做到远离无线电干扰源、高强度噪声源、震源及其他工业辐射和各种污染源。

有些时候也存在使用现有的某些建筑作为中心的场合，在这种情况下，应核算一下中心至远端用户的距离作为网络规划的参照，同时考察是否存在某些干扰，是否有合理有效的防护手段。

（3）频道、带宽、IP 地址资源的合理规划：播出频道多是广播电视的主要特点之一。播出频道（节目）的构成应照顾到政治、经济、文化、体育等各个领域。随着数字电视的推广应用，电视节目更加丰富多彩，但带宽资源仍然是有线电视网络发展的瓶颈，有线电视网络上往往既要传输单向电视节目，还要传输双向交互数据（互联网接入数据、视频点播数据流等），所以合理地分配和规划频率、带宽、IP 地址资源是十分重要的。

（4）有线电视网络结构：原有网络通常采用 HFC 星—树形式，目前则多结合 PON 技术和 EPON 技术实现电视与数据的传输。NGB 网络在广域网上和城域网上则会采用 OTN、SDH 技术以及 IP 技术，这样网络结构多以星—环形为基础，设置保护网络，以确保网络的持久稳定工作。

2. 业务类型规划

NGB 网络承载的业务类型可分为广播电视类、互动电视类、网络服务业务、互联网接入业务类、互联网数据传送增值业务类、多媒体通信类、媒体内容服务类等。

（1）广播式电视、声音和数据业务：包括模拟电视/声音广播、标清/高清数字电视广播、数字音频广播、数字广播、信息服务等的规划。

（2）交互式电视业务：包括视频点播、频道回放和时移等的规划。

（3）EPG 业务：广播式、交互式电子节目指南的规划。

（4）宽带因特网接入业务的规划。

（5）交易支付业务：包括购物、订单生成、订单支付、金融服务、交费充值等的规划。

（6）多媒体通信业务：包括视频电话、VoIP、多媒体彩铃、视频会议、视频共享等的规划。

（7）媒体内容服务：包括媒资的采集、处理、存储和播发等的规划。

10.1.4 网络设计的步骤

要有一个好的网络设计，首先应严格按照标准的设计流程，才能保证工程建设能顺利实施，达到预期效果。规划设计共分 6 大流程，分别是：初步设计与工程造价估算编制；技术设计与工程造价概算编制；施工图设计与工程造价预算编制；编制系统抢修、维护使用手册；工程造价估算、概算、预算编制和设计文件会审、批准流程的实施。

1. 初步设计与工程造价估算编制

初步设计与工程造价估算编制流程的实施分为 8 个步骤，分别为：绘制平面图纸、调查现场情况、规划网络和用户管理方案、初步确定光/电缆线路的路由、设计初步方案、初步确定设备/材料数量、初步确定其他工程造价、编制工程造价估算。

（1）绘制平面图纸要确定以下工作内容：设定大地原点，设定一定数量的参考点、设定图纸比例、设定图例、设定图层说明、设定图纸合并基准线、人员分工、现场踏勘，现场测绘草图、绘制平面图纸。

（2）调查现场情况要确定以下工作内容：调查用户分布情况、列明用户分布情况清单、调查现有路由情况、调查现有电源分布情况、调查电源变压器分布情况、调查地上/地下障碍物分布情况、调查区域自然情况（雷击、地质、气象）、调查现有用户管理方案。

（3）规划网络和用户管理方案要确定以下工作内容：规划分前端位置、规划光缆交接箱位置、规划光节点位置、规划电源和供电器位置、规划用户管理方案。

（4）初步确定光/电缆线路的路由要确定以下工作内容：初步确定环网路由、初步确定二级主干光缆路由、初步确定二级支线光缆路出、初步确定电缆线路路由。

（5）设计初步方案要确定以下工作内容：用户接入网初步设计、电缆网络初步设计、二级光网初步设计、环网初步设计、供电电源初步设计、机房初步设计、交接箱初步设计、光节点初步设计、迁移工程、动迁工程初步设计、杆路工程、管道工程初步设计。

（6）初步确定设备/材料数量要确定以下工作内容：用户接入网初步设计设备/材料清单、电缆网络初步设计设备/材料清单、二级光网初步设计设备/材料清单、环网初步设计设备/材料清单、供电电源初步设计设备/材料清单、机房初步设计设备/材料清单、交接箱初步设计设备/材料清单、光节点初步设计设备/材料清单、迁移工程、动迁工程初步设计设备/材料清单。

（7）初步确定其他工程造价要确定以下工作内容：管道工程、直埋工程、土建工程、绿化工程（补偿）、道路工程（补偿）、迁移工程（补偿）、杆路工程、征地、青苗补偿、其他补偿等。

（8）编制工程造价估算要确定以下工作内容：设备/材料部分购买成本、基本人工费、施工机具台班费、仪器仪表使用费、辅助材料费、其他直接费、间接费用、法定利润和税金、成建制施工队调遣费、上级管理费和质量监督费（检验费）。

2. 技术设计与工程造价概算编制

技术设计与工程造价概算编制流程的实施分为 7 个步骤，分别为：环网光链路、分光比、光功率计算和设计，波分复用计算、二级光链路、分光比、光功率计算和设计，波分复用计算、电缆网正向、反向链路损耗计算和设计，用户分配网正向、反向链路损耗计算和设计，电信号的 30dB 问题和 6dB 问题的平衡和解决（反向链路损耗应严格控制在 30dB 以内，反向链路损耗差应小于 6dB）、全网技术参数计算和设计，非线性失真参数和噪声的平衡问题、本单位内部协商、相关单位具体问题协商、相关人具体协商。签订有关协议、确定具体联络人和联络会议办法（如电力、通信、自来水、煤气、绿化、城管、市容、公安、小区物业管理等利害关系人，建设单位与设计单位共同进行）、修改并调整设计，重新进行计算，反复进行，直到完成、编制技术设计方案和工程造价估算书。

3. 施工图设计与工程造价预算编制

施工图设计与工程造价预算编制流程的实施分为 12 个步骤，分别为：确定准确位置，做出现场记号；确定准确路由，做出现场划线；优化设计方案，验算设计参数；明确主材参数规格，提出书面要求；明确设备参数规格，提出书面要求；书面规定施工工艺；规定特殊做法和细部做法；明确施工工序和交叉施工的主从关系；规定光电缆线路的标志和编号方案；规定光缆（尾缆）的配纤、配色、配盘、编号方案；分配子工程工作量；编制施工图设计书和工程造价预算书。

（1）确定准确位置，做出现场记号要确定以下工作内容：准确确定分前端位置、光缆/电缆/电源线进出口和余缆盘缆井（人孔）位置、准确确定光缆交接箱位置，光缆交接箱光缆进出口和余缆盘缆井（人孔）位置、准确确定光节点位置、准确确定供电器位置、准确确定光电缆引上/引下/引入/引出位置。

（2）确定准确路由，做出现场划线要确定以下工作内容：准确确定环网路由、准确确定二级光网路由、准确确定电缆网路由、准确确定管道开井位置，做出现场标记（标明人孔、手孔）、准确确定杆路的杆位，做出现场标记（标明过道杆等级）、准确确定墙壁支撑点位，做出现场标记（标明负重等级）、准确确定预留光、电缆位置（支撑点或井位）和长度、准确确定光/电缆标志顺序号码、准确确定光/电缆长度和功率（电平）损耗值。

（3）优化设计方案，验算设计参数要确定以下工作内容：优化一级光网分光比、优化一级光网光发射机功率、优化二级光网分光比、优化二级光网光发射机功率、优化光节点参数、优化电源参数、验算优化后的设计参数。

（4）明确主材参数规格，提出书面要求，要确定以下工作内容：架空线路主材（线杆、钢绞线、五金件）的参数和规格，直埋光/电缆、保护材料的参数和规格，地下管道、保护材料的参数和规格，墙壁线路支撑物、钢绞线、五金件的参数和规格，光缆交接箱（落地、架空、墙壁）、支撑物的参数和规格，光节点保护箱（落地、架空、墙壁）、支撑物的参数和规格，供电器保护箱（落地、架空、墙壁）、支撑物的参数和规格，避雷地极和引上材料的参数和规格。

（5）明确设备参数规格，提出书面要求，要确定以下工作内容：明确一级光网发射机参数规格、明确一级光网分光器参数规格、明确二级光网发射机参数规格、明确二级光网分光器参数规格、明确二级光网光节点参数规格、明确电源参数规格、明确其他设备参数规格、明确其他配套设备参数规格。

（6）书面规定施工工艺要确定以下工作内容：通用工艺的图号（编号）、通用工艺图纸（新编号）、编制通用工艺图纸适用说明、编制通用工艺施工工装图纸、编制通用工艺施工工装使用说明。

（7）规定特殊做法和细部做法要确定以下工作内容：特殊工艺图纸、特殊工艺说明、细部做法图纸、细部做法说明。

（8）明确施工工序和交叉施工的主从关系要确定以下工作内容：明确工程形象进度、明确物料进场顺序、明确施工工序、明确交叉施工的主从关系。

（9）规定光电缆线路的标志和编号方案要确定以下工作内容：二级光网支线光缆标志和编号办法、二级光网主干光缆标志和编号办法、一级光网光缆标志和编号办法、电缆网标志和编号办法、上架光纤标志和编号办法、电源标志和编号办法、光节点标志和编号办法、光缆交接箱标志和编号办法。

（10）规定光缆（尾缆）的配纤、配色、配盘、编号方案要确定以下工作内容：尾缆光纤的配色方案、二级光网支线光缆光纤配色方案、二级光网主干光缆光纤配色方案、一级光网配纤方案、二级光网分前端机房配纤方案、二级光网光缆交接箱配纤方案、光缆/光纤编号方案。

（11）分配子工程工作量要确定以下工作内容：架空杆路工程工作量、管道工程工作量、直埋工程工作量、墙壁敷设工程工作量、架空敷设工程工作量、管道敷设工程工作量、设备安装工程工作量、避雷工程工作量、其他工程工作量。

（12）编制施工图设计书和工程造价预算书要确定以下工作内容：施工图设计图册、施工图设计说明、施工工艺图册、施工工艺说明、设备汇总表、材料汇总表、工作量清单、工程预算书。

4. 编制系统抢修、维护、使用手册

编制系统抢修、维护、使用手册流程的实施分为 5 个步骤，分别为：编制易耗品清单、编制备品备件清单、编写系统使用手册、制定系统紧急抢修预案、制定系统维护规程。

5. 工程造价估算、概算、预算编制

流程的实施分为 5 个步骤，分别为：工程概预算总表（表一）、工程概预算综合取费表（表二）、工程概预算工作量表（表三）、工程概预算设备/材料表（表四—甲/乙）、工程概预算其他工程汇总表（表五）。

6. 设计文件会审、批准流程的实施

设计文件会审、批准流程的实施分为 6 个步骤，分别为：现场实地踏勘（原始）文件、初步设计和工程估算、技术设计和工程概算、一阶段设计文件会审结论、施工图设计和工程预算、二阶段设计文件会审结论。

10.2　设计方法和依据

10.2.1　有线电视系统设计目标和主要内容

1. 有线电视系统设计的目标

有线电视系统在中国是受众最广泛的系统，联系着千家万户。要建立一个优质的有线电视网络，必须做好技术方案的设计。

评价一个技术方案的优劣，常常用技术指标和经济指标两方面来衡量。对系统技术指标的要求是：一是系统的质量、功能满足要求，且满足今后的发展要求；二是在满足这些要求的同时要求核算其投资额是否已经达到最低。必须看到，系统的指标并不是越高越好，满足要求即可，功能并不是越多越好，满足使用要求即可，这样投资额才能降低下来。投入越少，将来获利越多，而且回报的时间越短。

有线电视系统设计的主要目标：一是保证系统的指标达到或超过国家标准或行业标准的要求；二是系统的经济指标最优。

2. 有线电视系统设计的主要内容

有线电视系统设计的主要内容包括 3 个方面：一是相关技术资料的收集；二是总体技术方案的制定；三是总体技术方案的评价。

（1）相关技术资料的收集在前面规划中已经涉及，这里不再赘述。

（2）总体技术方案的制定包括以下内容。

① 前端位置的确定。

② 传输方案的选择。

③ 用户小区的划分。

④ 网络路由走向的决定。

⑤ 系统指标的分配。

⑥ 系统电源供电系统的考虑。

⑦ 系统费用的预算。

（3）总体技术方案的评价内容如下。

① 方案的技术性指标的评价主要是：一是系统的质量是否达到或满足国家标准或行业标准的要求；二是系统的功能是否满足当前和今后发展的需要。

② 经济性指标指的是在相同的技术性指标的前提下，投资额是否已经达到最低。

10.2.2　有线电视指标分配

1. 有线电视系统指标分配的原则

在有线电视系统的技术指标中，有些指标是由设备本身保证的，如微分增益、微分相位、色亮度时延差等；另一些指标则是由系统中的许多设备累积而成的，如载噪比、非线性失真和频道的电平差等。分配时可按分系统来分配，即前端、干线、支线和用户分配等分系统。指标的分配不但可以使系统的总要求满足国家标准要求，而且可以设计得经济合理。各分系统所分得的指标是各分系统设计计算时的初始要求，没有这些要求就无法进行技术设计。有时候，由于分配不太恰当，计算结果可能不尽合理，应该允许做适当的调整，所以总体设计方案中也可以对此给出一个范围，而不是给出一个一成不变的死数据。

2. 载噪比（C/N）指标的分配

载噪比指标主要的份额应分给前端、干线和支线，因为这些部分的电平比较低，载噪比不容易做好，尤其是前端和干线要分得多一些。支线中的分配放大器或者楼栋放大器则由于要推动较多的用户，其输出电平往往很高，输入电平相应也比较高，因此不会造成较大的噪声干扰，载噪比的份额可以分配少一些。至于用户分配部分的设备都是无源部件，不会引起噪声，可以不用分配载噪比指标。载噪比指标的分配公式如下。

$$(C/N)_1 = -10\lg q_i + (C/N)_0 \tag{10-1}$$

式中：$(C/N)_0$ 为系统的总载噪比指标，$(C/N)_1$ 为第 1 个设备的载噪比；q_i 为分配给第 1 个设备的份额，如份额为 30%，即为 0.3。

根据这个公式可以求得相应份额的载噪比值。表 10-1 给出一个典型的载噪比指标的分配方案。

表 10-1　典型的载噪比（C/N）指标的分配

名　　称	前　端	干　线	支　线	分配放大	总　计
份额（%）	30	45	20	5	100
指标值（dB）	48.2	46.5	50	56	43

3. 非线性失真指标的分配

在现今的有线电视系统中，多数采用 CTB 和 CSO 两项指标来衡量系统的非线性失真。CTB 和 CSO 在系统中主要是分给干线、支线和分配放人器。前端基本上可以不分配指标，因为现在的前端设备都是单频道设备，混合部分采用无源电路混合器，不会产生非线性失真；分配网要推动较多的用户，输出电平必须高。干线则因为传输长距离也要占较多的指标。支线也有一定的距离，而且要分出许多支路信号，可能有 1-2 级放大器，当然也要占一定分量的指标。所以这三者几乎等分了全部的指标。非线性失真指标的分配满足下面的公式：

$$(CSO)_1 = -10\lg q_i + (CSO)_0 \tag{10-2}$$

$$(CTB)_1 = -20\lg q_i + (CTB)_0 \tag{10-3}$$

典型的非线性失真指标的分配方案如表 10-2 所示。

表 10-2　非线性失真（*CSO* 和 *CTB*）指标的分配

项 目 名 称	前 端	干 线	支 线	分配放大	总 计
占比份额（%）	5	30	25	40	100
CSO 指标值（dB）	67	59.2	60	58	54
CTB 指标值（dB）	80	64.5	66	62	54

4. 频道间电平差的分配

国家标准规定，频道间的电平差在全波段中不能大于 15dB，还有一些分波段的规定，根据目前的经验只要不大于 10dB 就可以通过。频道间的电平差是由系统中所有部分的频率特性的不平坦造成的，它们中间有的部分是随机起伏的，有的则是单调卜降的，相加的时候也就不能简单地得出结果。这种不定性使我们在设计的时候不能预计其数值，只能对各个部分规定一个比较合理的指标，使得最终在输出口上满足规定的电平差，如果实测达不到时再做一些调整。

前端部分的各频道电平应该是平坦的，它可以通过调整各频道设备的输出电平达到所需的标称电平，标称电平以混合器的输出为准，这样就消除了混合器的不平坦度；一般经过调整以后可以达到+0.5dB 的平坦度，其起伏则是随机的。电平能调得精确些当然更好，但与设备稳定性有关。所以前端部分频道间电平差分给+0.5dB 或~21dB 是必要的。

干线部分如果是由一段光缆组成，则可以分给±1dB，两段光缆组成可以分给+2dB；如果是全电缆组成，可以分配给±2dB。

用户分配部分的频道间的电平差是由电缆的倾斜特性和无源器件的倾斜损耗等造成的，所以它的特性并不完全符合电缆的倾斜特性，但基本符合。另外电缆还有温度特性，在不同的环境温度下，损耗和斜率都会有些变化。总体来看，倾斜特性的频道间的电平差是最主要的，我们希望用户分配部分的频道间电平差不超过 7dB 或+3.5dB。其中，温度变化会引起 1.5dB 的电平差，常温下只允许 5.5dB 的电平差。

总结以上的要求，频道间的电平差的分配如表 10-3 所示。

表 10-3　频道间不平度指标的典型分配

名 称	前 端	干 线	支 线	分配放大	用户分配	总 计
不平度（dB）	1	4	2	1	5.5	10

5. 信号交流声比的分配

国家标准规定，信号交流声比（HM）指标值应不小于 46dB。一般情况下，如果我们用主观测量法来测量，即使低到 36dB，也不能发现交流声干扰，但是，如果交流声干扰是尖形脉冲波形时就很容易看出来。例如晶闸管（可控硅）的干扰、日光灯的干扰等，所以国家标准规定为 46dB。要达到这个指标是比较困难的，在干扰不是尖脉冲的情况下，可以降低要求。

信号交流声比（HM）的指标分配公式为：

$$(HM)_1 = -20\lg q_i + (HM)_0 \tag{10-4}$$

典型的信号交流声比的分配方案如表 10-4 所示。

表 10-4　信号交流声比（HM）指标的分配

名　称	前　端	干　线	支　线	分配放大	总　计
份额（%）	5	70	20	5	100
指标值（dB）	59	47.5	53	59	46

用户部分不分配指标是因为都是由无源器件组成，原则上不会产生交流声，但安装施工时必须将所有的接头接好，否则也可能产生交流声。

10.2.3　主要设备符号及设计文件编制

1. 有线电视系统常用图形符号

如表 10-5 所示。

表 10-5　有线电视系统常用图形符号

名　称	符　号	说　明
天线		天线（VHF、UHF、FM 调频用）
	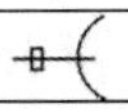	矩形波导馈电的抛物面天线
放大器	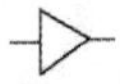	放大器，一般符号
	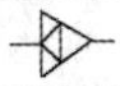	具有反向通道的放大器
	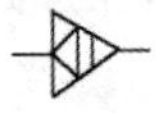	具有反向通路并带自动增益/自动斜率控制的放大器
	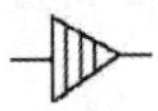	带自动增益/自动斜率控制的放大器
		桥接放大器（示出三路分支线输出）
	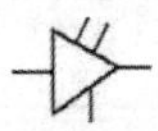	干线桥接放大器（示出三路分支线输出）
		线路（支线或分支线）末端放大器
		干线分配放大器
混合器或分路器	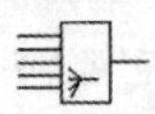	混合器（示出五路输入）
	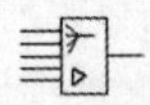	有源混合器（示出五路输入）
		分路器（示出五路输入）
分配器	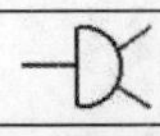	二分配器
	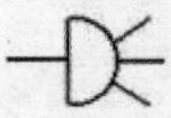	三分配器
	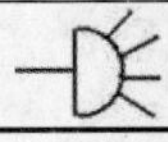	四分配器

名　称	符　号	说　明
分支器	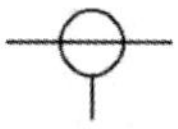	用户一分支器
	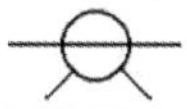	用户二分支器
	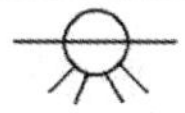	用户四分支器
供电装置	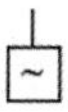	线路供电器（示出交流型）
	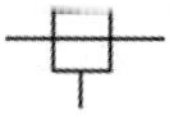	电源插入器
匹配终端	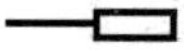	终端负载
均衡器与衰减器		固定均衡器
		可变均衡器
	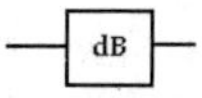 dB	固定衰减器
	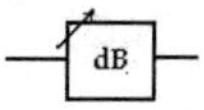 dB	可变衰减器
调制器解调器	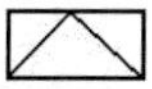	调制器、解调器、一般符号
	 V S ≈	电视调制器
	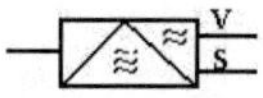 ≈ ≈ V S	电视解调器
	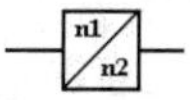 n1 n2	频道变换器（n_1 为输入频道，n_2 为输出频道）
光电设备	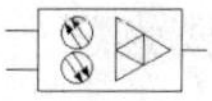	光工作站
	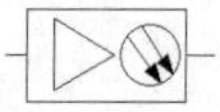	光发射机
	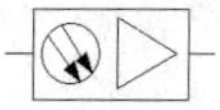	光接收机
	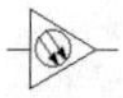	光放大器

2. 设计文件编制

设计文件由封面、目录、设计说明、用户分布表、地理位置图、干线系统安装图、干线系统原理图、分配系统图、干线系统器材表、分配系统器材表组成。

（1）封面的要求

① 封面的幅面通常为 A4 幅面规格。

② 封面的格式及内容：

- 页眉为 4 厘米，页脚为 4 厘米，左边距为 2.5 厘米，右边距为 2.5 厘米。

- 设计文件名称，位于幅面上方、居中。

- 光覆盖区域规划编号（供参考）如下。

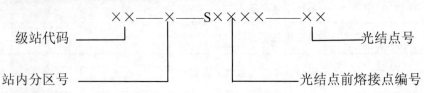

- 批准人。

- 设计单位全称并加盖公章。

- 完成日期。

- 详见封面样本。

（2）设计说明的要求

① 设计说明的幅面为 A4 幅面规格。

② 设计说明的内容

- 说明设计图系统的具体属地名称：行政区名+街道办事处名+居家委会名或单位名。

- 简述需特别说明的情况。

- 说明此设计中分配网是否调整改造，干线调整情况。

- 补充图纸中表达不完整的系统情况。

- 经过修改的设计要说明原设计的问题并说明修改的必要性。

- 新建楼房需说明设计每户终端数等。

（3）用户分布表的要求

① 列出系统所涉及的户型（1 型—高层建筑、2 型—多层建筑、3 型—筒子楼、4 型—平房）情况。

② 列出各楼的名称、楼号、层数、门数、每门每房的户数及全楼的总户数。

③ 统计出总户数。

（4）地理位置图的要求

① 选取比例为 1:5000，能反映光结点位置及相关环境信息的地图，幅面为 A4 及以上幅面。

② 用点划线框出光结点所覆盖的区域，在框内标注光结点编号。

③ 图中的街道、胡同及主要单位应用文字标出。

（5）干线系统安装图的要求

① 幅面

工程图纸的幅面应符合 GB/T148-1997 的规定，如表 10-6 和图 10-1 所示。

表 10-6　GB/T148-1997 规定的图幅表

尺寸代号 \ 图幅代号	A0	A1	A2	A3	A4
B×L	841×1189	594×841	420×594	297×420	210×297
a	25	25	25	25	25
c	10	10	10	5	5

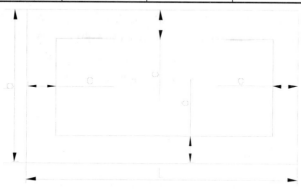

图 10-1　幅面格式图

② 参照 GB10609.1－89，标题栏应布置在图框内的右下角，外框线为粗实线，图表内分格线为细实线，如表 10-7 所示。

表 10-7　参考标题栏

XXXXXXX（工程设计文件具体名称）			
	签名	日期	图号
设计			
制图			比例
审核			
批准			第　张共　张
XXXXXXX（设计单位名称）			

③ 在比例为 1∶2000 的地理信息图上绘制干线电缆敷设、干线设备安装图，地理信息只选取与系统相关的建筑、道路、杆或管井等情况。

- 以图形符号表示干线电缆敷设方式，粗实线表示电缆，粗实线上方标注电缆型号，下方标注电缆长度（在改造网中，粗实线表示要改造的电缆，细实线表示不改造的电缆）。

- 以图形符号表示干线设备的安装位置图中所涉及的光收机、延放、供电器、分配放大器、过电型分支分配器应标注排列编号，并在图标框上方或左侧注明具体位置。

- 干线电缆长度的确定。

- 路由勘测实际距离的准确长度乘以 110%为设计敷设电缆长度。

（6）干线系统原理图的要求

① 图幅、图标要求同干线系统安装图。

② 干线系统原理图所采用的图形符号应符合相关国家标准的规定。

③ 光收机、延放、分配放大器应画出工作参数框并标注编号、型号及输入、输出电平、衰减值、均衡值等。电平高端以 860MHz 为参考点，电平低端以 70 MHz 为参考点。

④ 供电器应标出型号及规格。

⑤ 原理图中标出供电电源流向，在供电末端以供电阻断器表示，要求根据电缆环路电阻计算供电电压压降及电流过流值，以 A 为单位，精确到小数点后 3 位，标在工作参数框中。

⑥ 分支、分配器要求标注编号及规格。

⑦ 光端机编号通常可以"[局站代码]+[/]+[N]+[序号]"表示，如 CB.JWL/N023；放大器编号以"[光站代码]+[/]+[A]+[序号]"表示，CB.JWL/A001；光分路器编号通常可以"[局站代码]+[/]+[POS]+[序号]"表示，如 CB.JWL/POS023 分支、EOC 局端编号以"[光分路器代码]+[/]+[HS]+[序号]"表示，如 CB.JWL/POS023/HS002。

（7）分配系统图的要求

① 图幅、图标要求同干线系统安装图。

② 在图幅左侧作建筑物层高标尺、在图幅上方对应分支轴向位置标注楼门号。

③ 分支器的规格应标注在图形符号的半圆上方或左方，如图 10-2 所示。

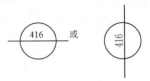

图 10-2　分支器规格的标注

④ 分配放大器标注编号、规格及输出电平，高端电平对应最高工作频率，如 1000MHz，低端电平对应最低工作频率，如 5MHz。

⑤ 电平不够时，分配放大器至各分支轴间的电缆可以采用-7 或-9 规格，缆线图符上方标注规格，下方标注长度。楼层间及分支器至终端盒的电缆一般采用-5 规格，缆线图符上方可不标注规格，下方标注长度即可，也可在标注中统一说明用缆情况。

⑥ 楼门结构相同的，可只标注一个楼门分支串的规格、型号、长度，其他楼门可不标注，但要在注中说明。分支结构不同的必须标注清楚。

⑦ 图中需更换的器件用双圈表示。

⑧ 新建双向网中要画出分配系统安装图（打孔的具体位置平面图）。

（8）系统器材表和分配系统器材表的要求

① 系统器材表的内容包括序号、材料名称、规格、单位、数量、代用型号、备注。幅面为 A4 幅面。

② 表标位于幅面下方，与表格相连，如表 10-8 所示。

表 10-8　参考表标

系统名称	"XXXXX 系统器材表"		分区编号	
设计	审核		领料日期	
制表	批准		领料人	
设计单位	××××（设计单位名称）		发料人	

10.2.4　有线电视主要技术标准

有线电视系统发展至今已经有几十年的历史，这其中也制定了不少行业和国家的技术标准和规范，这里仅列出部分。

（1）GY/T 106-1999 有线电视广播系统技术规范

（2）GY/T 122-1995 有线电视系统调制器入网技术条件和测量方法

（3）GY/T 124-1995 有线电视系统干线放大器入网技术条件和测量方法

（4）GY 5203-1995 广播电视安装工程费用定额

（5）GY/T 130-1998 有线电视用光缆入网技术条件

（6）GY/T 135-1998 有线电视系统物理发泡聚乙烯绝缘同轴电缆入网技术条件和测量方法

（7）GY/T 136-1998 有线电视系统竹节式聚乙烯绝缘同轴电缆入网技术条件和测量方法

（8）GY/T 137-1999 有线电视系统用分支器和分配器（5-1000MHz）入网技术条件和测量方法

（9）GY/T 138-1999 有线电视系统用无源混合器（5-1000MHz）入网技术条件和测量方法

（10）GY/T 139-1999 有线电视系统电视解调器入网技术条件和测量方法

（11）GY/T 140-1999 有线电视系统输出口（5-1000MHz）入网技术条件和测量方法

（12）GY/T 143-2000 有线电视系统调幅激光发送机和接收机入网技术条件和测量方法

（13）GY/T 144-2000 广播电视 SDH 干线网管理接口协议规范

（14）GY/T 145-2000 广播电视 SDH 干线网网元管理信息模型规范

（15）（GY/T 166-2000 有线电视广播系统运行维护规程

（16）GY/T 170-2001 有线数字电视广播信道编码与调制规范（ITU-T J.83）

（17）GY/Z 174-2001 数字电视广播业务信息规范

（18）GY/Z 175-2001 数字电视广播条件接收系统规范

（19）GY/T 180-2001 HFC 网络上行传输物理通道技术规范

（20）GY/T 184-2002 有线电视系统模拟光纤放大器技术要求和测量方法

（21）GY/T 185-2002 有线电视系统双向放大器技术要求和测量方法

（22）GY/T 186-2002 有线电视系统射频同轴电缆屏蔽性能技术要求和测量方法

（23）GY/T 194-2003 有线电视系统光工作站技术要求和测量方法

（24）GY/T 195-2003 有线电视系统双向用户端口技术要求和测量方法

（25）GY/T 198-2003 有线数字电视广播 QAM 调制器技术要求和测量方法

（26）GY/T 200.1-2004 HFC 网络数据传输系统技术规范——第 1 部分：总体要求

（27）GY/T 200.2-2004 HFC 网络数据传输系统技术规范——第 2 部分：射频接口及协议

（28）GY/T 201-2004 数字电视系统中的数据广播规范

（29）GY/Z 203-2004 数字电视广播电子节目指南规范

（30）GY/T 204-2004 有线电视用户服务规范

（31）GY 5013-2005 广播电视工程测量规范

（32）GY/T 209-2005 基于时分复用数字信道的宽带会议电视技术规范

（33）GY/T 211-2005 广播影视网络专有 IP 地址规划

（34）GY/T 212-2005 标准清晰度数字电视编码器、解码器技术要求和测量方法

（35）GY 5210-1995 有线广播系统（网络）工程建设投资估算指标

（36）GY 5211-1995 有线电视线路（网络）工程建设投资估算指标

（37）GY/T 217-2006 有线电视系统用射频同轴连接器技术要求和测量方法

（38）GY/T 218-2006 SDH 传输网网络管理接口规范——NMS-EMSQ3 接口管理信息模型

（39）GY 5058-1996 县级广播电视工程技术规范

（40）GY/T 5063-1998 市、县级有线广播电视网设计规范

（41）GY/T 5064-1999 县级广播电视工程建设标准

（42）GY/T 5073-2005 有线电视网络工程施工及验收规范

（43）GY/T 5074-2006 有线广播电视网络管理中心建设规范

（44）GY/T 5075-2005 城市有线广播电视网络设计规范

（45）GY/T 5076-2006 有线广播电视光缆干线网传输设备安装验收规范

（46）GY 5046-93 省级广播中心建设标准

（47）GY 5205-1995 县级广播电视工程建设投资估算指标

（48）GY/T224-2007 数字视频、数字音频电缆技术要求和测量方法

（49）GY/T226-2007 数字电视复用器技术要求和测量方法

（50）GY/T227-2007 数字音频信号在 2048kbps 线路中的传输格式

（51）GY/T228--2007 标准清晰度数字电视主观评价用测试图

（52）GY/T230—2008 数字电视广播业务信息规范

（53）GY/T231—2008 数字电视广播电子节目指南规范

（54）GBJ 143-90 架空电力线路、变电所对电视差转台、转播台无线电干扰防护间距标准

（55）GB 3659-1983 电视视频通道测试方法

（56）GB/T 15118-94 4X139264 kbit/s 光缆数字线路系统技术要求

（57）GB50200-94 有线电视系统工程技术规范

（58）GB/T 14919-1994 数字声音信号源编码技术规范

（59）GB 3174-1995 PAL-D 制电视广播技术规范

（60）GB/T 5465.1～5465.2-1996 电气设备用图形符号

（61）GY5212-1997 有线电视系统概预算定额

（62）GB/T 18472-2001 数字编码彩色电视系统用测试信号

（63）GB/T 18898.1-2002 掺铒光纤放大器 C 波段掺铒光纤放大器

（64）GB/T 18899-2002 全介质自承式光纤

（65）GB/T 18900-2002 单模光纤偏振模色散的试验方法

（66）GB/T 19263-2003 MPEG-2 信号在 SDH 网络中的传输规范

（67）GB/T 20030-2005 HFC 网络设备管理系统规范

（68）GB/T 19856.1-2005 雷电防护 通信线路 第 1 部分：光缆

（69）GB/T 19856.2-2005 雷电防护 通信线路 第 2 部分：金属导线

（70）GB/Z 19871-2005 数字电视广播接收机电磁兼容 性能要求和测量方法

（71）GB/T 16850.4-2006 光纤放大器试验方法基本规范 第 4 部分:模拟参数-增益斜率的试验方法

（72）GB/T20090.2-2006 信息技术先进音视频编码第 2 部分视频

10.3　前端和机房的设计

10.3.1　前端设计

前端系统无论是模拟系统还是数字系统的设计都应根据功能和规模的要求进行考虑。它包括：系统构成、设备选择、电平核算和指标核算。由于数字技术已经有逐渐取代模拟技术的趋势，所以这里我们将主要考虑数字电视系统或数模混合系统的前端设计。

1. 系统构成

前端系统的构成主要取决于整个网络的功能设置。功能越多，前端系统也就越复杂。

2. 设备选择

设备选择与系统构成有直接的关系，因此，对于前端设备的选择一般有两种情况。一种情况是：对于通用设备（例如，卫星接收机、调制器、交换机、服务器、路由器、OLT、ONU、CMTS 等）可以考虑完成系统设计后，根据分配给该部分的指标选择满足要求的设备。选择时应在充分调查制造商和设备的基础上，遵循如下原则。

（1）满足功能要求。

（2）满足技术指标要求。

（3）优先考虑环境适应性强的产品。

（4）通用性强，有发展余地。

（5）在市场上质量信誉好。

（6）售后服务有保证。

（7）有可接受的价位。

3. 电平核算主要检查该部分是否满足必要的设备运行条件

这个电平值在有些部位是可以调整的，但有些部分，则应尽可能地设定在额定值上，如光发射机的输入电平、调制器的输出电平等。在电平不能满足设备的给定值时，应采取措施，通过加减必要的设备或部件，使电平符合系统构成的要求。通过计算和调整系统设计，使各部分的电平值都运行在设备的最佳工作点。

4. 指标核算

虽然在指标分配和设备选择时，参照了给定的指标，但组成系统后，还要根据设备的实际数据再核算信号链路的重要技术指标。核算时应遵循下列原则。

（1）要选择不同的信号通路分别计算，最好选择有代表性的几个链路进行验算。

（2）要验算最好的一路和最不好的一路信号。

（3）使用设备数据时应取用典型值（额定值）而不能用最佳值。

（4）核算结果应优于分配指标。

（5）在核算中，有些数字设备更需要的是 S/N（信噪比）而不是 C/N，计算总 C/N 时，可将 S/N 转算成 C/N。

10.3.2 机房设计

在前端系统设计基本定形后，即可开始前端机房的设计。一般情况下，机房部分的设计不会影响信号系统的构成，只有在个别情况下，有可能需要稍微调整信号系统的设计。有线广播电视网络机房往往包括电视机房和数据机房，一些电视机房可能设在大型有线电视中心，并不是独立出来的，而是与诸如演播室、主控、播机房等技术用房一起组成一个有线电视中心。这种情况下，应与所有技术用房一起综合考虑、统筹布局，形成一个符合工艺流程、易于技术分区的总体结构，而数据交换机房往往是独立的。对于改造型或中小型有线电视中心，往往只有一个独立的前端机房，这种情况下，要充分考虑周围环境的影响，避免外界对信号系统造成的各种干扰，例如振动、噪声、电磁辐射、尘土等，下面分别叙述。

1. 机房选择

作为机房，其主要技术功能就是汇集视、音频信号及数据信号，进行相应处理后送入传输网络中去。因此，在机房选择上要依据其功能予以考虑。新建有线电视中心时，在一个综合建筑物内确定机房或改建一个系统选择机房时，主要掌握以下几个原则。

（1）位置适当

位置的选择要考虑到进线和出线的需要，不宜与信号源相距过远，以免信号受到干扰或较大损失。考虑到信号输出是送入电（光）缆网络居多，因此，在机房高度上，选择一个地面上第二层的房间是较理想的。这样，出线的高度与室外电缆工程的高度接近，易于安装和维护。

另外，前端机房内若有卫星接收设备，还应考虑与卫星天线保持较近的距离。因为卫星接收信号经下变频器输出的信号频率（第 1 中频）在 1GHz 左右，电缆或波导的损耗较大，线路过长会使信噪比劣化，一般长度不宜超过 40m。

（2）远离干扰源

由于前端系统是低电平小信号系统，且运行频带较宽，若存在恒定干扰源，即便采取相应措施，也难免串入干扰。因此，在选择房间时应从根本上消除隐患。机房主要考虑以下几种干扰源。

① 电源干扰：应与变配电室保持一定的距离和隔离，例如 10m 以上的距离和两层钢筋砼墙的隔离。

② 高压线干扰：机房墙外应避免与 10.5kV 以上的高压线路接近。目前我国尚无此方面的国家标准，根据经验应在 50m 以上的距离。

③ 工业辐射干扰及其他无线电干扰：应避开诸如大型电机、雷达等造成的辐射干扰，特别是附近的永久性工业设施，应尽量回避或保持一定的距离，一般宜在 500m 以外。

④ 同频干扰：这里主要是指机房的对外朝向上，应避免直接面对开路信号的发射台方向。在转发本地节目，经常采用不予频道变换而利用同一频道直接播出的方式。这时如在前端系统中串入左（前）重影信号，则在系统中是无法消除的。因此，应特别注意这一问题。

（3）远离振动源

前端机房应与具有强烈机械振动或持续机械振动的振动源保持一定的距离。例如大型泵站、车间、铁路、高速公路等。因为机械振动转换成电路系统中的寄生调幅的可能性也是存在的。因此选择机房时，应注意回避或与之保持相当距离。参照相应标准，距离应保持在 500m 以上。

2. 机房面积

前端机房的面积要求不是很严格。根据使用要求可设置设备机房、监控机房和管理控制室。

（1）设备机房是必须的，主要放置接收机、调制器、信号处理器、复合分离设备等机柜。小型前端设备机房，其面积可掌握在 $35\sim50m^2$，中型机房，其面积可掌握在 $50\sim80m^2$。

（2）监控机房主要放置切换控制设备、监听设备、监视设备和网管设备（如状态监测系统）。监测系统设备主要实现节目送出监视监听及网络监测等功能，机房可独立设置（一般与设备机房隔壁为好），也可与设备机房合并。独立设置该机房时，面积可控制在 $30\sim50m^2$ 范围内；与设备机房合并时，可在原设备机房面积基础上扩大 30%左右。

（3）管理控制室主要实现用户计费管理功能，放置计费系统设备和周边设备，一般可掌握在 $20m^2$ 左右。

（4）除上述三个主要技术用房外，还有一些辅助技术用房，可酌情考虑。

3. 室内环境

所谓室内环境就是为使系统稳定运行而要求的各种条件。

（1）建筑方面

应保留一定的建筑层高，一般室内净高要保证在 3.2m 以上，以满足设备的安装、维护、散热等方面的要求。

室内可考虑一部分自然采光（光线），但应尽量少开窗，特别是大型窗。窗、门应选用密封型，防止尘埃大量侵入，损坏设备。

适当做隔声处理，避免外界噪声大量传入。室内适当做消声处理，避免噪声积累过大，形成长回音空间和共振。

（2）结构方面

在结构设计时应主要考虑以下几点。

① 开间内尽量避免支撑柱。因为支撑柱的存在对机房的使用带来诸多不便，且不利于面积有效利用。

② 尽量避免宽梁高梁。宽梁高梁容易造成室内有效净空和净高的降低，且对通风等系统带不

便，从而影响机房的综合效果。

（3）其他

室内工作照度在任何时间应不低于150Lx（距地面1m高处）。

为保证设备的正常运行，室内应保持较好的通风条件，机房内温度应常年控制在15℃～32℃之间，湿度控制在30%～80%之间。应考虑到设备散热对室内温度的影响。

4. 土建处理

机房一旦选定后，要依据前端系统的需要进行土建处理。

（1）电缆通路

为使传输信号的电缆能便捷地与有关机房连接起来，需要向土建有关专业提出通路预留要求。这些通路主要安装视频电缆、音频电缆、射频电缆、数据通讯电缆、电源电缆、控制电缆及土建本身的各种电缆。

通路主要有如下几种方式。

① 线管预埋：根据设备布置及电缆数量，将相应管径的钢管预埋在地面下或墙壁内。管线应在土建设计时明确向土建专业提出预埋要求，包括路由、管径、数量、标高等。

② 电缆桥架：此方法简便易行，安装和维护都很方便，如果电缆总重量不是特别重，可不必向结构专业提出承重要求，安装时直接用膨胀螺栓吊装在顶板或安装在侧墙上（侧墙须是承重墙）。

③ 地面电缆沟：在机房做电缆明沟或暗沟，沟宽可掌握在20～50cm，沟深一般在20cm，减去盖板厚度净高应保证在15cm以上。地面垫层可用焦碴或陶粒砼土。明沟盖板应尽量与地面协调好；暗沟不影响地面美观和整齐，但使用起来有不便之处。一般采用明沟与暗沟相结合的作法。

④ 活动地面（架空地面）：此方法具有很大的灵活性，电缆可任意敷设在架空地面下，且不需做任何土建预先处理和预留，可在土建完全完工后再做地面安装，具有较好的自由度。

（2）荷载要求

一般情况下，前端设备属常规设备，不会有较大荷载，可不做特殊处理，按300kg/m^{2}向结构业提出荷载要求即可满足使用，最多不超过400kg/m^2。与此同时，应将设备分布告知结构专业，以便结构设计人员在做设计时予以考虑。

（3）防水处理

一般要求室内地面标高应不低于室外走廊地面标高。机房内不得存在水源，由于机房内全是精密电子设备，一旦水源失控将会造成重大损失。另外，出墙电缆预埋管应保持内高外低，管口高差大于5cm，以免雨水倒灌。

5. 设备布局设计与安装设计

（1）设备布局的好坏，会给系统造成一定程度的影响，例如连接电缆过于冗长造成阻抗失配或串入干扰，光线直接照射设备造成设备过热而不稳定等。因此，在设备布局设计时，首先要满足系统稳定运行所必须的条件，其次要为今后的维护工作提供方便。第三要合理实用、美观大方，创造一个好的工作环境。具体应考虑以下几点。

① 提高面积使用效率，尽量留出较大的自由空间，以利于设备的维护、散热及事业发展。

② 与墙壁保持一定的距离，一般应在 1.5m 左右，最低应保持不小于 Im，以便于设备的安装、维护和散热。

③ 设备之间及与外部设备保持较小的电缆距离，尽量减小信号损失和干扰串入的可能性。

④ 避免置于窗前，使阳光直接照射和室外空气直接吹入机柜。长时间阳光直接照射易使设备持续过热，造成设备损坏或加速设备老化，降低寿命；室外空气直接吹入设备，易受外界温、湿度和尘埃的影响，使故障率增加。

⑤ 重量较大的设备应尽量座落在结构梁上。

（2）设备安装的质量对系统的稳定运行有重要意义。在安装设计时应注意以下几点。

① 安装设计中要考虑到可行性和易于操作性，本着先下后上、先里后外、统筹考虑、有序进行的原则，特别要考虑到今后维护工作的方便性，避免一次有效性。

② 有效固定机架及机架内设备。为使设备与地面牢固固定，应考虑用地脚螺栓将机架固定在地面上，以避免自然界横向冲击力、地震力造成的位移，保证设备在非常条件下依然能正常运行。机架内设备要全方位固定，不得放弃任何固定点。电缆桥架安装应坚实可靠，有足够的承重余量。

③ 电缆连接部件牢固可靠，电缆路由短而有序，最好依信号性质排列，合理分路由、分捆，并做牢固安装处理。

以上内容都需在图纸上明确清楚地表达出来。

6. 消防

消防设计是任何建筑物都应考虑的。前端机房内设有贵重电子设备，且有一定的用电量和散热量，为避免火灾，室内装修不宜使用可燃材料，消防设施不使用消火栓，而应设置气体灭火器材，如"1301 灭火器"，以免造成"火灾不大水灾大"。具体设计时应执行《广播电视工程防火设计规范》。

7. 供配电

机房供配电主要掌握以下几个原则。

（1）申请功率容量要有一定的余量，但也不宜过大，总功率容量一般可按所有设备额定消耗功率之和的 1.5 倍提出。分线（回路线）容量可再大一些。

（2）配电盘（箱）应安装于易于操作和维护的部位，如进门两侧的墙壁或其他开阔的地方，不宜安置在死角或不便操作的位置。配电盘（箱）的回路数应满足实际设备数量的需求，并考虑到维护和发展的需要，留有备用容量和回路。设备用电源配电盘（箱）应与照明和其他配电盘（箱）分别设置，不宜共用。

（3）对供电的质量要有所控制，如频率稳定度，特别是幅度的波动应控制在 ±5% 以内，应使用 UPS 或电子稳压器。

（4）前端机房是所有信号的送出中心，且有许多网络设备，应保证在任何时候有电源供应，即：设置两路电源，在其中一路故障时，另一路能自动投入；或者设置 UPS，但应保证足够的安时数。

8. 电磁辐射与干扰防护

由于前端系统属于低电平运行系统，最高电平一般不超过 120dBμV，机房的辐射一般不存在问题。防外界辐射、抗干扰是前端机房应该考虑的问题。

但当室外场强超过 110dBμV/m，不能做到十分有把握时，就要采取必要的干扰防护措施。防护措施可以从以下几个方面考虑。

（1）首先应选择抗干扰性能好的前端设备；从接插件外观到整机屏蔽特性都要选择较考究的，标上"带外抑制（衰减）"性能高者应优先选用。

（2）电缆通路上采取防护措施。如电缆穿金属钢管（金属管应良好接地）；信号电缆与其他电缆分开、走不同的路由；电缆沟道做屏蔽处理；电缆桥架选用金属密封闭度大的产品；选用有屏蔽特性的电缆等。

（3）认真做好设备、管线金属外皮的接地，确保与接地干线的连接要紧密可靠。

（4）对机房做整体屏蔽处理，对今后开展三网融合业务更为重要。

10.4 有线电视网络电源设计

有线电视网络的电源要求供电连续、可靠，包括正常工作状态下的供电电源和应急状态下的备用电源。正常工作状态下的供电电源包括主电源；独立设置的稳流、稳压电源；备用电源主要是指不间断电源（UPS）和应急发电装置等，整个电源系统还包括供电、配电、操作、保护和改善供电质量的其他设备。

图 10-3 描述了建筑电源系统中各类设备的关系。

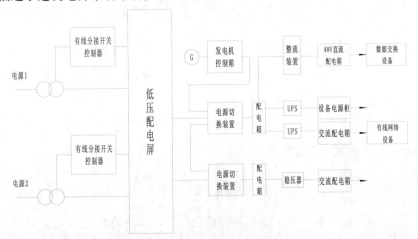

图 10-3 有线广播网络供电系统图

10.4.1 电源系统的供电质量

供电质量是指供电系统的电压、电流和频率的质量，它们是整个有线电视网络系统正常运行的保证。

对有线电视网络系统供电质量的要求如下。

（1）供电系统应采用频率为 50Hz，电压为 220V/380V 的 TN-S 系统，如图 10-4 所示。

图 10-4 TN-S 系统

（2）一般要求、安全可靠、技术先进。

（3）可靠性：不可用度 $\leq 5 \times 10^{-6}$。

（4）一般网络交流电源要求：电压偏离范围 220V±10%；频率偏移 50Hz±1%，电压波形畸变率 $\leq 7\%$；允许断电持续时间 4～200ms。如电源参数不符合上述要求，应采用 UPS 供电，并进行相关检测；电压波形畸变率达不到标准时应采用稳压或稳频措施。在电源污染严重，影响系统正常运行时，应采取电源净化措施。

10.4.2　电源供电方式

1. 电源按用户负荷要求性质的不同，可分成三类供电方式

（1）一类供电。一类供电是指供电如突然中断，将会导致重大的事故、人身危害、设备损坏等难以弥补的损失。如国防建设、省级以上广播电视系统、交通运输、财政、金融、证券等；对这类负荷应建立不间断供电系统。

（2）二类供电。二类供电是指供电如突然中断，将会导致重大的事故，计算机将不能正常运行，在一定程度上影响生产、通信、运输等，给用户带来一定的损失，对这类负荷应建立备用电供电系统。

（3）三类供电。三类供电是指供电如突然中断，不会引起重大的损失，这类负荷为一般用户供电系统。

2. 有线网络电源按供电介质不同，可分成两类供电方式

（1）220VAC 专线供电，一般不需要专门的供电设备。

（2）60VAC 芯线供电，需要 60V 供电器和电源插入器。

10.4.3　不间断电源

UPS（*Uninterruptible Power System*，不间断电源系统）是随着计算应用机的普遍而发展起来的，它为计算机系统的稳定和可靠工作、数据的安全传输与存储提供了保障，由于现代有线广播电视网络大量使用计算机，并且与数据交换以及 IP 技术结合紧密，为避免数据传输中断和数据丢失，要求在市电掉电后，后备电源能在 10ms 内对原负荷继续供电，使整个系统不致于丢失信息、损伤设备，保证有线广播网络的正常运行。

1. UPS 电源作用

（1）提高供电的可靠性

采用 UPS 供电后，当电源切换时，不仅供电不会中断，也不会产生电弧干扰，保证有线广播电视正常工作，不会丢失信息和损伤设备。

（2）提高供电质量

当市电供电时，电网的供电质量，受电网的负荷变化、运行方式、大负荷投入和切除，以及故障等情况影响，使电源电压和频率的精度难以满足有线电视网络的要求。采用 UPS 供电后，可将电网的谐波、电压波动、频率波动以及电压噪声等干扰隔离在负载之前，提高输出电压稳定精

度；降低输出电压波形失真度；降低输出电压不平衡度；过滤和消除高次（11-13 次）谐波，对电源起净化作用；提高电源调整的精度，UPS 的电压自动调节装置可使电压的调节精度达到±1%。

2. 不间断电源的实施

不间断电源的实施有两种方式：一种是由整个建筑统一提供的集中式不间断电源，各分项系统从统一的不间断电源系统引接；另一种是分散提供不间断电源，它由各分项工程独立配套。

3. 不间断电源的分类

按其工作原理可分成：在线式、后备式；在实际使用中还派生出多种变形结构，如电压按其输入、输出可分成：单进—单出、三进—单出。三进—三出。按输出波形可分成：正弦波（按内部处理方式又可分为：工频和高频）、方波。

（1）在线式 UPS

在线式 UPS，其最大特点是逆变器双向工作，在市电工作正常时，由 AC-DC、DC-AC 逆变器经输出变压器及滤波器、静态开关向负载供电；AC-DC 变换器同时向电池充电。

当市电出现失电、电压过高、过低等故障时，蓄电池向逆变器提供直流电，UPS 向负载供电，供电转换的切换时间比极短。

当市电供电恢复正常而逆变器出现故障，或输出过载时，UPS 工作在旁路状态，静态开关将负载切换到市电供电，并给出报警信号。其结构框图如图 10-5 所示，实物照片如图 10-6（a）、（b）所示。

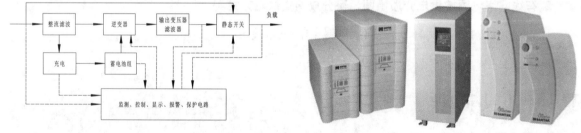

（a）1kVA-3kVA 在线式（b）6kVA-20kVA 在线式（c）500VA-1000VA 后备式

图 10-5　在线式 UPS 结构框图　　　　　　图 10-6　UPS 实物图

在线式 UPS 系统的特点如下。

① 因为无论有无市电，负载的全部功率都由逆变器给出，所以可以向负载提供高质量的电源，电压稳定度、频率稳定度、输出电压动态响应、波形失真度等指标都比较高。

② 市电掉电时，输出电压不受任何影响，几乎没有转换时间。

③ 因为无论有无市电，全部负载功率都由逆变器供出，UPS 的功率余量有限，输出能力不理想，所以会对负载提出限制条件，例如，限制输出电流峰值系数（一般只达到 3：1），过载能力、输出功率因数（一般为 0.8）、输出有功功率（小于标定的 kVA 数）、应付冲击负载的能力等。

④ 由于整流电路会对电网形成电流谐波干扰，输入功率因数低，经滤波后，一般最小的谐波电流成分在 10%左右，输入功率因数只有 0.8 左右。

⑤ 在市电存在时，由于整流器、逆变器都承担 100%的负载功率，所以整机效率低，10kVA

以下的 UPS 为 80%左右，50kVA 的可达 85%～90%，100kVA 以上的可达 90%～92%。

（2）后备式（离线式）UPS

在市电工作正常时，转换开关切换到市电端，UPS 工作在旁路冷备用状态，电网电压经调压后直接向负载供电。

当市电出现失电、电压过高、过低等故障时，UPS 由蓄电池向逆变器提供直流电，转换成交流电向负载供电。

在电网失压和恢复的过程中，后备式 UPS 的切换过程会引起瞬间的断电，切换过程大约在 3～10ms 内完成，不影响负载供电；对计算机的工作不会有影响，切换过程会引起电压波动，其电压稳定性能要比在线式 UPS 差，因功率较小，使用范围相对有限。

后备式 UPS 的结构框图如图 10-7 所示，实物照片如图 10-6（c）所示。

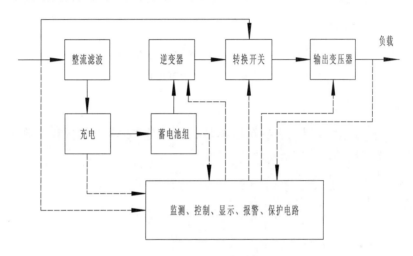

图 10-7　后备式 UPS 结构框图

10.4.4　应急发电系统

应急发电系统是有线广播电视网络中心主要的备用电源设施。对其主要要求是：能随时启动、可靠运行、性能达标、保障供电。通常采用快起式高速柴油机组作为备用电源。

柴油发电机组由柴油机、封闭式水箱、油箱、消声器、三相交流无刷同步发电机、电压调节装置、控制屏、联轴器和底盘等组成。一般系统设置的 UPS 只能保证一定时间的电源供给，真正较长时间的电源供给是需要应急发电系统的。在设计 UPS 时，一般要考虑从市电停止到应急发电机组启动完成所需要的时间，并预留足够的余量。

10.5　NGB 骨干网络设计

10.5.1　NGB 广播信道骨干网设计

随着 1550 外调制光发射机的技术突破、色散补偿技术的突破、前置 EDFA 技术突破、RFA

技术突破，广电干线调试技术突破等一系列技术的突破和成熟应用，使得 1550nm 广电干线纯光链路传输得以突飞猛进，模拟电视传输达到 300 公里以上，DVB-C 数字电视传输已经成功实施近 700 公里，预测将实际应用达到 1200 公里以上。由于 DVB-C 技术的发展，通过光电再生中继，传输距离可以近乎无限制传输。

1. 模拟电视指标分配

（1）系统载噪比 CNR≥43dB，预留 1dB 余量，CNR≥44dB。

（2）系统载波组合三次差拍 CTB≤-54dB，预留 1dB 余量，CTB≤-55dB。

（3）系统载波组合二次失真 CSO≤-54dB，预留 1dB 余量，CSO≤-55dB。

CTB、CSO 指标主要受有源器件非线性失真影响，分配时有源器件考虑多一些，前端设备位于混合器之前，又采取无源混合时，可以不考虑 CTB 和 CSO 指标分配，仅考虑 CNR 的分配。

2. DVB-C 数字电视指标分配

用户的数字电视相关测试标准为：64QAM 要求 MER≥25dB，预留 1dB 余量，MER≥26dB；256QAM 要求 MER≥28dB，预留 1dB 余量，MER≥29dB。

3. 1550nm 系统光链路指标设计

1550nm 光纤的损耗系数 α 为 0.20～0.22dB/km，工程施工之后光纤损耗系数 α 为 0.25dB/km。L_1、L_n 为每个分路所对应的光纤传输距离。

$$A = 10\lg\left(10^{\frac{\alpha L_1}{10}} + 10^{\frac{\alpha L_2}{10}} + \cdots + 10^{\frac{\alpha L_n}{10}}\right) \qquad (10\text{-}5)$$

系统光链路损耗=A+附加损耗+活动接头损耗

光缆损耗控制：总的光链路损耗<光纤长度×0.25dB/Km+2dB 工程余量。

对于 1550nm 骨干传输系统，在设计时需要考虑采用双环路由，以提高整个系统的可靠性，此外还要考虑影响系统的 CNR、CSO 及 CTB 指标，具体内容在 4.3.6 节中有详细阐述。

10.5.2 NGB 交互信道骨干网设计

1. 制定设计原则

就目前的技术和水平，打一定的前瞻量，制定一个有线电视宽带骨干网络的设计原则。

（1）宽带 IP 技术必将成为通信网络的新技术基础，是未来网络综合（"三网合一"）的核心技术，可以集成视频业务、话音业务和数据业务，成为下一代电信承载网络。

（2）光纤在未来的 15～20 年将走进千家万户，而且将承载着视频、话音和数据多种业务。因此拥有光纤接入网络就可能掌握未来竞争的主动权。

（3）建设一个城域光纤宽带 IP 网，在网上为用户提供各种传统服务及新兴的增值服务。

2. 制定设计目标和技术需求

就目前的技术和水平，打一定的前瞻量，制定一个有线电视宽带骨干网络的设计目标和技术需求。

（1）构造一个大吞吐率、高带宽的 IP 网络交换核心，能够满足各种宽带应用的需求。

（2）网络能够提供大量低成本、高带宽的接入端口，以用户能够接受的价格，提供高带宽网络服务。

（3）核心、骨干网络应具有极强的稳定性和容错性能，满足作为通信服务运营商的要求。

（4）从骨干网络到接入网络都要具有不同方式、不同等级的服务质量（QoS）保证，使网络能够支持视频点播、音频点播、实时监控、话音、网上教学等多种应用。

（5）作为运营服务平台，网络设计应考虑安全性、计费等功能。

（6）网络应具有极大的扩展能力，以满足日益发展的网络用户规模和应用规模。

（7）网络应具有全面的可管理性，能够在大规模的网络上面迅速实现故障隔离及各种网络应用、不同方向网络流量的分析，及时进行网络优化。

3. 进行骨干网络的模式比较

（1）直接采用 IP 技术建设骨干网的可行性

由于 Internet 的蓬勃发展，IP 协议已经成为政府机关、金融行业、科研教育、新闻媒体等各行业进行业务处理、信息交换和信息发布的主要载体协议，具有强大的市场基础。同时，随着 IP 技术自身的发展，CoS、QoS、RSVP 等技术的标准化和商品化，在 IP 上开展语音、视频等多媒体实时业务已经达到完全实用的程度，IP 作为统一的应用平台，市场占有率会越来越高。此外，直接采用 IP 技术建设骨干网可以避免协议转换所带来的损耗，起到降低网络建设和维护的成本、提高网络交换速率、通信效率、扩展升级能力、QoS 保证以及最大限度保护现有投资，实现网络的无缝连接和平滑升级的作用。

（2）对目前较为成熟的骨干网模式进行相应的比较，如 IP over ATM、IP over SONET/SDH、IP over DWDM 以及 IP over OTN 等，分别权衡它们在传输、网络结构、工程实施等方面的优缺点，然后进行综合裁定。

4. 网络现状分析

分析网络路由图，确定数据骨干网一级节点数目，二级节点数目。在一级节点中，确定整个网络的核心，各一级节点之间的网络连接形成网络主干线，当然，具体网络还是要依据各地的地理分布特点来确定。

以图 10-8 所示为例进行说明，A 区、G 区原本是二级节点，但由于处于两个一级节点之间，网络主干线要贯穿这两个二级节点，为保证网络干线的带宽和性能，A 区、G 区当作一级节点处理。一级节点之间拟提供千兆互连，二级节点拟提供千兆上连，每个节点应提供一定数量的千兆端口作为服务器连接端口，同时提供大量 10/100M 端口用作下连网络或者用户接入。

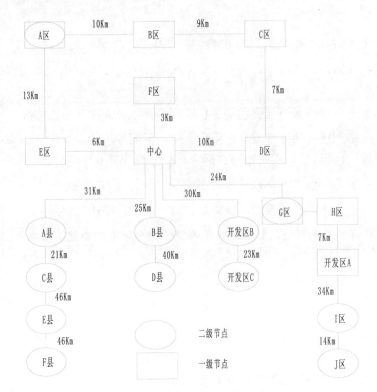

图 10-8　某市网络结点布局图

5.路由交换网络配置及设计

　　路由交换网络的配置和设计是在前面对网络路由现状进行分析和判断后，根据网络自身的特点以及网络建设方对网络的近期以及相对较长远一点时间内对网络功能的需求而作出的，一般包括一级节点配置和二、三级节点配置，下面我们仍然用上面的例子进行说明。

　　（1）一级节点配置

　　一级节点之间的连接构成有线电视数据骨干网的主要干线，应具有高带宽、高端口密度、高性能保证的特点，一级节点所构成的网络拓扑偶结构如图 10-9 所示。由于中心节点结构比较特殊，其内部配置拓扑结构如图 10-10 所示。

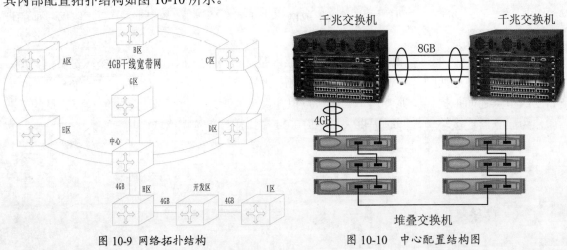

图 10-9　网络拓扑结构　　　　　　图 10-10　中心配置结构图

（2）二级节点配置

二级节点与一级节点的互连以及二级节点之间的互连构成有线电视数据骨干网的分支部分，二级节点通过一个千兆口与一级节点或另一个二级节点互连，提供全双工 2GB 的传输带宽。其中，图 10-11 所示为一级节点与二级节点互连的情况，图 10-12 所示为二级节点之间互连的情况。

图 10-11　一、二级节点互连　　　　图 10-12　二级节点间的互连

每个二级节点配置多台可堆叠的高性能交换机，提供高密度的 10/100M 端口，用于下连网络和用户接入。每个一级节点总共配置六台交换机，通过堆叠模块以菊花链的方式相连，堆叠总线速率可达 8Gbps，如图 10-13 所示。为保证网络的可靠性，每个堆叠提供两个备份电源。二级节点所构成的网络拓扑如图 10-14 所示。

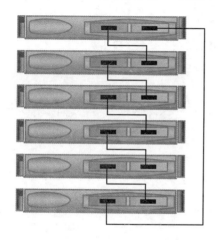

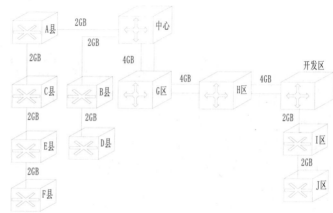

图 10-13　菊花链方式的堆叠模块　　　　图 10-14　二级节点构成的网络拓扑

10.6　接入网络设计

10.6.1　HFC 分配网的设计

1. 光分路器分光比的设计

由于光缆的大规模推广使用，前面我们已经提到了 FTTx 这种光缆分配方式，由于有线电视传输分配的特殊性，接收装置对光功率的要求比较高，所以有线电视的 FTTx 方式不适于全面采用等分到光点的模式，这样将会造成光功率的浪费，特别是有线电视在广大农村的传输分配这块，如果也采用等分光实现 FTTx，这样设备和资金的浪费是巨大的，为了提高光功率的利用率，我们应该采用非等比光分路器，而非等比光分路器的设计，往往要根据所在地的具体数据进行相应的设计和计算，这里通过一个实际案例来说明，非等比光分路器人工计算方法。图 10-15 所示为某村的村通工程要用到一个九路光分路器，其分路输出到各村的距离都是不一样的，分别是 4km、3km、4km、

3.2km、5.1km、9km、4km、4.5km、13km，可以看出有的距离相差很大，为了提高光发射机光功率利用率，必须对该分路器的分光比例进行较精确的计算，光发机的工作波长为1310nm。

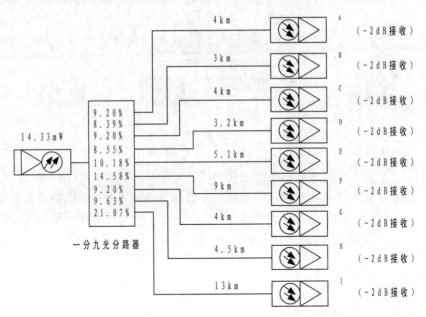

图 10-15　光分路器路由参数图

设定目标接收光平为-2dB，传输光缆损耗为 0.4dB/km（包括熔接头损耗），每对活动接头损耗为 0.3dB，九分路器附加损耗为 0.7dB。

A 到前端传输线路损耗为：L_A=0.4×4=1.6（dB）

A 到前端总损耗为（考虑到分路器插入损耗及活动接头损耗）：

$L_{A总}$=1.6+0.7+0.3×2=2.9（dB）

则分路器需向 A 提供的光功率为：$P_A = 10^{\frac{2.9-2}{10}} = 1.230$（mW）

B 到前端传输线路损耗为：L_B=0.4×3=1.2（dB）

B 到前端总损耗为（考虑到分路器插入损耗及活动接头损耗）：

$L_{B总}$=1.2+0.7+0.3×2=2.5（dB）

则分路器需向 B 提供的光功率为：$P_B = 10^{\frac{2.5-2}{10}} = 1.122$（mW）

同理，我们可以得到：

$P_C = 10^{\frac{2.9-2}{10}} = 1.230$（mW）

$P_D = 10^{\frac{2.58-2}{10}} - 1.143$（mW）

$$P_E = 10^{\frac{3.34-2}{10}} = 1.361 \text{（mW）}$$

$$P_F = 10^{\frac{4.9-2}{10}} = 1.950 \text{（mW）}$$

$$P_G = 10^{\frac{2.9-2}{10}} = 1.230 \text{（mW）}$$

$$P_H = 10^{\frac{3.1-2}{10}} = 1.288 \text{（mW）}$$

$$P_I = 10^{\frac{6.5-2}{10}} = 2.818 \text{（mW）}$$

这样可以得到分路器后的净光功率之和：

$$P = P_A + P_B + P_C + P_D + P_E + P_F + P_G + P_H + P_I = 13.374 \text{（mW）}$$

并求出分光比：

$$\eta_A = \frac{P_A}{P} \times 100\% = 9.20\%$$

$$\eta_B = 8.39\%；\quad \eta_C = 9.20\%；\quad \eta_D = 8.55\%；\quad \eta_D = 10.18\%$$

$$\eta_F = 14.58\%；\quad \eta_E = 9.20\%；\quad \eta_G = 9.63\%；\quad \eta_I = 21.07\%$$

考虑到分光器前的光缆损耗及一个活动接头：

$$L = 0.3 + 0.4 \times 0 = 0.3 \text{（dB）}$$

光发机功率为：

$$P_{总} = 10^{\frac{10LgP+L}{10}} = 14.33 \text{（mW）}$$

以上介绍的计算方法是人工计算的，比较繁琐，读者也可采用笔者开发的专门软件进行计算，这样效率更高，可参阅第 11.3.5 的相关内容。

2. 用户分配网的设计

用户分配网是整个 CATV 网络直接面对用户的最后一个环节，它具有工作电平高、分布范围大、影响面广等特点。因此在具体设计时，在保证性能参数指标的前提下，还必须结合实际情况充分考虑性能价格比、分配效率和便于发展、维修等因素。

（1）有源分配网络的结构

应根据用户分布的特点并结合网络特点、设备特点进行灵活选择，如是单项网络还是双向网络，双向网络是基于 EoC 还是 DOCSIS。

（2）分配线路的设计考虑

① 遵循最短路径设计原则和均等、均衡设计原则。

② 避开直射波、干扰波严重及易受损害的场所，并尽量减少与其他管线的交叉跨越，应到预定现场仔细勘察，以判断施工难易程度。

③ 分支放大器尽量设于服务区中心，各条支线尽量采用星形分配方式。

④ 合理搭配分配方案，必要时可考虑辅以衰减器。

⑤ 根据线路的长短来合理选择电缆粗细，综合考虑性能和价格因素。

⑥ 无源部件的短距串接数应尽量不大于 8 个。

（3）用户电平的选择

对大多数电视接收机来说，其正常接收电平的范围是 57～83dBμV，考虑到一定的余量，国家标准要求有线电视网提供的用户电平范围是 60～80dBμV。在系统设计时，必须充分考虑到有线电视网络可能出现的各种电平波动和不稳定（温度、频响、时间）因素，选取一个合理的用户电平设计值。

一般来说，考虑到邻频传输系统的特殊性和分配效率的要求，将用户电平的设计范围定为 66±6dBμV，按 3dB 预留老化余量后，用户电平应设计在 69±6dBμV 范围内，留出 1dB 网络随机性、复杂性不稳定因素余量，再加上温度变化引起的电平波动和线路偏差 2dB 左右，故用户电平最好应按 69±3dBμV 设计。

（4）无源分配网络的设计原则

① 不同的用户群离前端的距离以及信号经过放大器的数目等都是不同的，设计时应分别进行计算。

② 为做到均衡分配，一般都从楼房中间输入信号，经过分配器均匀送出；对距离较远处，则采用较粗的电缆，使各串分支器输入电平的差别尽可能小。

③ 为了带动更多的用户，设计时应选择分配损失尽可能小的分配器，尽量减少分支线的电缆长度。

④ 计算用户电平时应把最高频道和最低频道分开计算，使它们都符合设计要求。

⑤ 一串分支器的数目不能超过 4 个。

⑥ 为了保证用户端相互隔离大于 30dB 的要求，邻频系统中每一串分支器最后两个分支器的分支损失之和不能小于 20dB。

（5）EoC 无源分配网络的设计计算

在邻频传输 110MHz～860MHz 的 EoC 接入网中，有一幢七层楼，共 3 个单元，单元之间的距离是 6m，每单元 1 层 3 户，2～6 层 2 户，层高为 3.5m，如果单元二分配放在单元 4 层，总分配放在中间单元的 1 层，假设 EoC 局端输出电平为 97/101dB，设计各点用户电平，并计算 50MHz 左右的 EoC 链路损耗。按照上述数据，可以设计出如 10-16 所示的系统方案图。

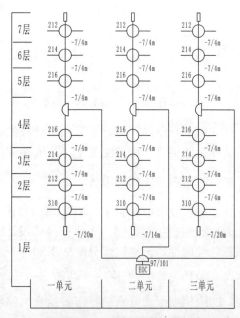

图 10-16　分配线路设计方案图

根据相关要求，在计算设计方案的电平时，往往选取路距最远、用户最多、条件最差的分配线路进行计算,因此针对图 10-16,应该选取最靠边的线路。利用第 4 章中的公式 $S_A=S_B-L_d-a \cdot l_{AB}$ 进行计算,计算中需要用到表 10-9 中的数据。

表 10-9　部分电缆分支分配器参数

	型　号	插入损失	分配/分支损失		型　号	插入损失	分支损失
分配器	204		3.8dB		324	1dB	24dB
	306		5.8dB		322	1dB	22dB
分支器	220	1.0dB	20dB	分支器	320	1.2dB	20dB
	218	1.3dB	18dB		318	2dB	18dB
	216	1.5dB	16dB		316	2.2dB	16dB
	214	1.8dB	14dB		314	2.8dB	14dB
	212	2.3dB	12dB		312	4dB	12dB
		50MHz		110MHz		860MHz	
-5 电缆损耗/100m		5.1dB		7.2dB		19.2dB	
-7 电缆损耗/100m		2.8dB		4.1dB		12.2dB	

一层:

低端电平:$97-5.8-0.2\times4.1-3.8-0.12\times4.1-1.5-1.8-2.3-10=70.5\mathrm{dB}\mu V$

高端电平:$101-5.8-0.2\times12.2-3.8-0.12\times12.2-1.5-1.8-2.3-10=71.9\ \mathrm{dB}\mu V$

EoC 链损:$10+2.3+1.8+1.5+0.12\times2.8+3.8+0.2\times2.8+5.8=26\mathrm{dB}$

二层:

低端电平:$97-5.8-0.2\times4.1-3.8-0.08\times4.1-1.5-1.8-12=71.0\mathrm{dB}\mu V$

高端电平:$101-5.8-0.2\times12.2-3.8-0.08\times12.2-1.5-1.8-12=72.7\ \mathrm{dB}\mu V$

EoC 链损:$12+1.8+1.5+0.08\times2.8+3.8+0.2\times2.8+5.8=25.6\mathrm{dB}$

三层:

低端电平:$97-5.8-0.2\times4.1-3.8-0.04\times4.1-1.5-14=70.9\mathrm{dB}\mu V$

高端电平:$101-5.8-0.2\times12.2-3.8-0.04\times12.2-1.5-14=73.0\ \mathrm{dB}\mu V$

EoC 链损:$14+1.5+0.04\times2.8+3.8+0.2\times2.8+5.8=25.7\mathrm{dB}$

四层:

低端电平:$97-5.8-0.2\times4.1-3.8-16=70.6\mathrm{dB}\mu V$

高端电平:$101-5.8-0.2\times12.2-3.8-16=73.0\mathrm{dB}\mu V$

EoC 链损:$16+3.8+0.2\times2.8+5.8=26.2\mathrm{dB}$

五层:

低端电平:$97-5.8-0.2\times4.1-3.8-0.04\times4.1-16=70.4\mathrm{dB}\mu V$

高端电平:$101-5.8-0.2\times12.2-3.8-0.04\times12.2-16=72.5\mathrm{dB}\mu V$

EoC 链损:$16+0.04\times2.8+3.8+0.2\times2.8+5.8=26.3\mathrm{dB}$

六层:

低端电平:$97-5.8-0.2\times4.1-3.8-0.08\times4.1-1.5-14=70.6\mathrm{dB}\mu V$

高端电平:$101-5.8-0.2\times12.2-3.8-0.08\times12.2-1.5-14=72.5\mathrm{dB}\mu V$

EoC 链损：14+1.5+0.08×2.8+3.8+0.2×2.8+5.8=26.6dB

七层：

低端电平：97-5.8-0.2×4.1-3.8-0.12×4.1-1.5-1.8-12=70.8dBμV

高端电平：101-5.8-0.2×12.2-3.8-012×12.2-1.5-1.8-14=72.2dBμV

EoC 链损：16+0.04×2.8+3.8+0.2×2.8+5.8=26.3dB

其他单元同样计算即可。

（6）指标验算和方案调整

设计完成后，应对用户分配网的载噪比指标和非线性失真指标进行验算，看看是否能够满足全系统分配的指标要求，一般来说，用户分配网的载噪比不会出现什么问题，验算结果绝大多数情况下都能满足要求，如出现极个别不符合要求的情况，应进行综合分析，找出原因并采取相应的调整措施；如果非线性指标不满足要求，应先考虑改变放大器的工作状态（即降低输出电平），并对无源分配网络作相应调整，看看是不是仍能满足用户电平的要求，如果不行，则应考虑选用更高档的放大器，以改善非线性失真指标。所有分支、分配器的空闲端口均应终接负载，以防系统的不匹配和反射。

这里的计算也比较麻烦，读者也可采用笔者开发的专门软件进行计算，见 11.3.5 节相关内容，这样效率更高，并且可以进行低频回传损耗计算以及具有多项指标先期设置等功能。

10.6.2　DOCSIS 技术双向网络设计

1. DOCSIS 双向 HFC 网络概述

在研究双向 HFC 网络时，通常我们按其反向通道划分为四块分别进行分析，以便得出建立双向 HFC 网的相关要求及正反向通道的具体设计思路和方法。这四大块分别为：用户分配部分、电缆传输部分、光缆传输部分、前端接入部分，如图 10-17 所示。其网络结构以及各部分的工作要点第 5 章已经做过介绍，这里不再赘述。

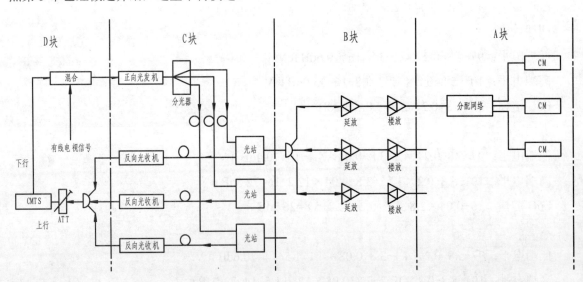

图 10-17　DOCSIS 双向网络结构

2. 双向 HFC 网络电平的描述方法

在双向 HFC 网络里，我们通常采用两种方法来描述两点或多点之间的电平关系：第一种是描述信号绝对电平值的"信号电平"，对于下行信号采用这种方式描述比较合适；第二种是描述信号相对电平值的"增益"或"损耗"，对于上行信号我们通常采用这种方法描述，这是因为上行信号是突发的，一般的仪器很难测量上行信号的电平值，因此我们通常用测量某个设备端口到 CMTS 上行接收端口的链路损耗的办法，来推算上行通道在这个端口的电平值。

3. 双向 HFC 网络的设计原则

（1）下行通道

在设计时，我们主要考虑的是到达用户的下行信号电平的高低及网络是如何对它进行合理分配的，基本设计方法可参照单向网。

（2）上行通道

在设计时，对于上行通道我们考虑的主要是链路的损耗，要求如下。

① 上行通道的链路损耗在一定范围内实现平衡和协调。

② 从光站到延放，从延放到楼放或从光站到楼放的任何一级有源器件之间的链路损耗必须比担当上行放大的反向模块增益低 5～6dB 左右，以确保调试中有一定的余量，如图 10-18 所示。

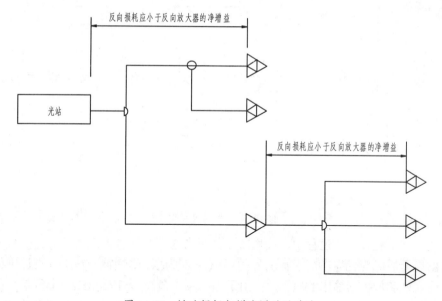

图 10-18　链路损耗与模块增益的关系

③ 同轴电缆的使用的问题。

通常多数人认为，在双向 HFC 网络中应该使用铝管电缆（主要是主干网络）或是四屏蔽电缆（主要是分配网络），但笔者认为这还应视情况而定，铝管电缆和四屏蔽电缆的屏蔽系数大约在 110dB 左右，而质量好的二屏蔽电缆的屏蔽系数也可以在 90dB 以上，两者相差不到 20dB，因此在不太大的用户分配网络中（如 300 户以下），在电缆接头制作和连接质量保证的情况下，采用二屏蔽的电缆也未尝不可，这是因为用户分配网的无源器件对噪声与反向信号有一定的衰减作用。而在主干电缆传输部分，由于它对反向信号没有衰减作用（增益衰减相抵后约为 0dB），因此在这部分还是建议采用铝管或是四屏蔽电缆较好，如果主干电缆全部地埋，也可以考虑采用质量好的二屏蔽电缆。关于这点我们曾在另一小区做过小范围实验，指标基本符合要求。

④ 分配网拓扑结构。

在具体设计中，光站以下尽量采用星型结构，但也不排除局部采取低分支损耗的树型结构，从本质上讲就是从光站出发到每个用户的电缆的电气长度尽量短、长度差距尽量小，不过笔者也不赞同诸如"在双向网设计中尽量用分配器，不用或少用分支器，禁止用分支损耗在 12dB 以上的分支器"等教条化的观点。

⑤ 双向放大器增益。

在我们设计的 HFC 双向网络中，一个四端口光站下带的用户一般不超过 1000 个，即每端口带的用户最多只有 250 户左右，这样光站下最多只有两级放大器，有的则是光站下直接带楼放，因此放大器的正向增益可以根据下行链路的最大损耗选择稍大一些的，如延放模块增益可在 30dB 左右，楼放模块增益可为 35～40dB，反向模块的增益则要根据上行链路最大损耗，选择高出 5～6dB 的反向放大模块，但反向放大模块的增益也不是越大越好，选得过大，一是浪费，二是不利于调试。

⑥ 用户盒。

现在有一种用户盒是专门为双向 HFC 网设计的，有单一的也有串一分支、二分配的，其内部电路如图 10-19 所示，从图中可以看出，如果采用串一分支或二分配用户盒，在设计时应考虑其下行电平及上行衰减。

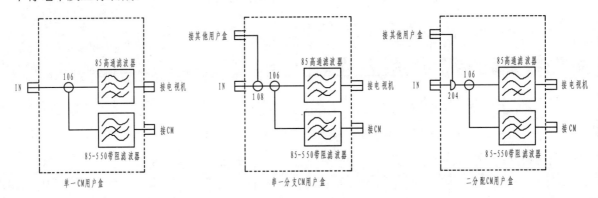

图 10-19　专用用户盒

综上所述，在实施设计的过程中，我们就不能只考虑下行信号，而要上下行信号一并考虑，并且当二者出现矛盾时应优先考虑上行信号的要求，必要时不惜牺牲一些工程设计中的经济指标——浪费一些光站和放大器输出的电平。但由于上行频率最高只有 65MHz，上行信号的百米损耗要比下行高端信号的百米损耗的低得多，因此在一般情况下，如果按以上原则设计，只要下行高端信号能满足设计要求，上行参数基本上也能满足设计要求。

10.7　防雷与接地设计

接地和防雷是有线广播电视工程中的重要配套项目，其安全性、可靠性将直接影响到各子系统的正常运行。接地装置和防雷系统优劣将直接影响人身安全以及系统设备的正常运行。

10.7.1　防雷

有线电视网络中有接收机、调制器、监视器、计算机以及通信等小信号设备，其中有不少是微电子设备，它们的工作电压低、绝缘程度低，存在耐受过压能力差，抗干扰、抗电涌的能力差等致命弱点，一旦遭雷电干扰，不但会使这些昂贵的设备自身损坏，而且有可能使整个系统的运行中断，造成巨大的经济损失。

整个网络的防雷是一个系统工程，其作用是防止网络设备、机房受直击雷和感应雷的破坏，它主要涉及建筑防雷设计、电气设计等专业，当然和弱电系统设计也有关，需综合考虑。

1. 建筑物防雷的基本知识

（1）雷电防护区

雷电防护区的划分是将需要保护和控制雷电电磁脉冲环境的建筑物，从外部到内部划分为不同的雷电防护区（LPZ），如图 10-20 所示。

① 直击雷非防护区（$LPZ0_A$）：电磁场没有衰减，各类物体都可能遭到直接雷击，属完全暴露的不设防区。

② 直击雷防护区（$LPZ0_B$）：电磁场没有衰减，各类物体很少遭受直接雷击，属充分暴露的直击雷防护区。

③ 第一防护区（LPZ_1）：由于建筑物的屏蔽措施，流经各类导体的雷电流比直击雷防护区减小，电磁场得到初步衰减（衰减的效果取决于整体的屏蔽措施），各类物体不可能遭受直接雷击。

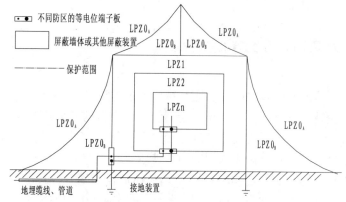

图 10-20　建筑物雷电防护区（LPZ）划分

④ 第二防护区（LPZ_2）：进一步减小所导引的雷电流或电磁场而引入的后续防护区。

⑤ 后续防护区（LPZ_n）：需要进一步减小雷电电磁脉冲，以保护敏感度水平高的设备。

序号更高的防雷区是为了防止信息丢失和信息失真而设置的。保护区序号越高，预期的干扰能量和干扰电压越低。

根据雷电保护区的划分，建筑物外部是直击雷的区域，在这个区域内的设备最容易遭受损害，危险性最高，是暴露区。但是通过外部的防雷系统，建筑物的钢筋混凝土及金属外壳等构成的屏蔽层可保护建筑免受雷击损害。故建筑物内部及数据通信计算机房、有线电视中心等所处的位置通常在非暴露区，越往内部，危险程度越低。

（2）建筑物雷电防护的等级

建筑物的雷电防护按规范规定分为三级，根据建筑物的性质、功能、重要性等因素确定。建筑物电子信息系统雷电防护等级选择见表 10-10 所示。

表 10-10　建筑物雷电防护等级

雷电防护等级	电子信息系统
一级	特别重要用途的属于国家级的大型建筑物，如国家级的会堂、办公建筑、博物馆、展览馆、火车站、国际航空港、通讯枢纽、国宾馆、大型旅游建筑、超高层建筑、国家重点保护文物类的建筑物和构筑物等
二级	重要的或人员密集的大型建筑物，如省部级办公楼，省级大型集会、展览、体育、交通、通讯、商业、广播、剧场建筑等。省级重点文物保护的建筑物和构筑物；19 层及以上的住宅建筑和高度超过 50m 的其他建筑物
三级	不属于一二类的防雷建筑，则称为三类防雷建筑

（3）直击雷和感应雷

雷电作为一种大气物理现象，每一次雷击都是由一系列的放电（云间、云地）形成的，可分为直击雷和感应雷两类。

① 直击雷

直击雷是指带电云层和大地之间放电，往往通过带电云层向建筑物或地面的树木、动植物上放电，瞬时电流可达到几十甚至几百千安，放电时间为 50～100μs，直击雷对建筑物和人畜危害甚大，可直接摧毁建筑物、构架或引起人员伤亡等。但直击雷只占雷击的 10%左右，可使用避雷针、避雷线和避雷网等来有效防范。

② 感应雷

感应雷是由雷电静电感应和雷电流的电磁感应两种原因所引起的，当带电的云层（雷云）靠近架空输电线路、地埋线路、金属管线或类似的传导线路时，会在它们上面感应出异性电荷，这些异性电荷被雷云电荷束缚着，当雷云对附近的目标或接闪器（如避雷针等）放电时，其电荷迅速中和，而输电线路上束缚的电荷便成了自由电荷，形成局部感应高电位。这种感应高电位发生在通信线路上也可达 40～60kV。该电压通过传输导体传送至设备，间接摧毁电子设备。此外，雷击后巨大的雷电流在周围空间产生交变磁场，由于电磁感应使附近设备感应出高电压，从而使设备损坏。

当雷击时，处于避雷针保护范围内的电源保险丝、电源变压器、整流元件、集成电路等元件遭损，就是感应雷击的明证。

对于有线网络设备和电子计算机系统等，感应雷击的危害最大。据资料显示，电子设备遭雷击损坏，80％以上是由感应雷击引起的。所以有线网络系统的防雷主要考虑防感应雷（或称二次雷击）引起的浪涌过电压的危害。

（4）感应雷引入建筑物的通道

感应雷引入建筑物的通道主要有。

① 电源线和各种电子设备的供电线路：据统计在感应雷击事故中，由电源线路引入的感应雷击约占 60％以上。

② 建筑物中的天线馈线：广播电视前端的卫星电视天线、卫星地面接收站天线、开路电视接收天线、调频广播天线、无线通信覆盖系统天线等，这些天线的馈线最易将感应雷引入。

③ 引入建筑物的网络接入线：电话线、局域网和通信设施接入线也很容易将感应雷引入。

④ 室外安装的电子设备引入建筑物的线缆（视频监控设备的探头、信号线等）也是建筑物引入感应雷的通道。

⑤ 建筑物内"长"距离布设的各种信号线缆。

⑥ 具有公共接地的建筑物中的一切金属管道，在直接雷电流流经其上时，其周围产生的磁场涡流会在金属表面感应出雷电冲击波。

⑦ 雷电放电时，在金属表面感应出来的雷电冲击波。

（5）雷电防护的核心措施是泄放和均衡

泄放是将雷电与雷电电磁脉冲的能量通过大地泄放，并且应符合层次性原则，即尽可能多、尽可能远地将多余能量在引入有线网络系统之前泄放入地；层次性就是按照所设立的防雷保护区分层次对雷电能量进行削弱。

均衡就是保持系统各部分不产生足以致损的电位差。采用可靠的接地系统、等电位连接用的金属导线和等电位连接器（防雷器）组成一个电位补偿系统，在瞬态现象存在的极短时间里，这个电位补偿系统可以迅速地在被保护对象所处区域内所有导电部件之间建立起一个等电位，使保护区域内的所有导电部件之间不存在显著的电位差。

有效的防雷系统包括以下内容，直击雷防护、一点接地网络以及暂态浪涌电压抑制三部分。

① 直击雷防护：避雷针（或避雷带、避雷网）、引下线和接地装置构成建筑物的直击雷保护，它一般都是由建筑的防雷设计解决。

② 一点接地网络：除独立避雷针外，其他交流地、保护地、信号地和防雷地等不同的接地接成一点接地网络系统，使其电位差不随雷击电流的变化而变化。这是抑制雷电电磁脉冲对建筑物内电子设备干扰的有效措施。

③ 暂态浪涌电压抑制（避雷器）。

由于大量电子器件在设备中的使用，系统中的暂态浪涌电压会给系统带来巨大的故障隐患。电子设备的雷电主要是通过引线引入的，电子设备群体的防雷保护，主要是通过加装不同类型的浪涌保护器（SPD）抑制雷电入口的脉冲过电压，同时处理好子系统引线的屏蔽及均压接地。

2. 等电位连接

过电压保护的基本原理是在瞬态过电压发生的瞬间（微秒或纳秒级），在被保护区域内的所有金属部件之间应实现一个等电位。等电位是用连接导线或过电压保护器将处在需要防雷的空间内的防雷装置、建筑物的金属构架、金属装置、外来的导体物、电气和电信装置等连接起来。

建筑物内的等电位连接有总等电位连接和电子信息系统机房的等电位连接。前者是将建筑物柱内主筋、各层楼板内的钢筋、基础内钢筋等连成一体，在每层（包括机房、弱电间等）都设有等电位连接的端子板；有线广播电视网络机房的等电位连接是在建筑物总等电位连接的基础上对重点防护对象的防护。机房的等电位连接方式如图 10-21 所示，典型接地系统如图 10-22 所示。

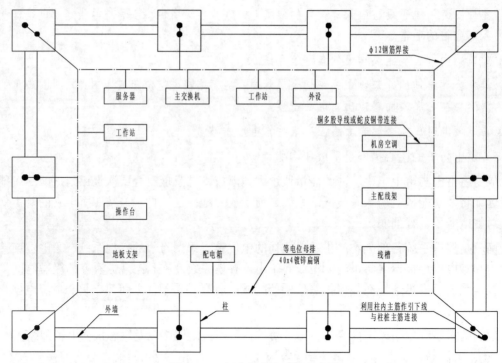

图 10-21 机房等电位连接示意图

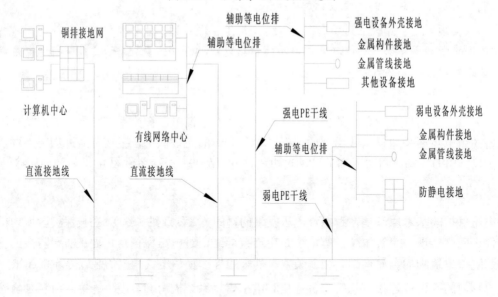

图 10-22 接地系统图

在等电位连接中的一些具体措施如下。

（1）等电位体要求将机房内的机柜、机架、金属管、槽、屏蔽线缆外层、电子设备的金属外壳、防静电接地、安全保护接地、浪涌保护器（SPD）接地端均以最短的距离与等电位网络的接地端子连接，接地干线宜采用截面积不小于 16mm^2 的多股绝缘铜芯导线。

（2）由于电气通道以及金属管路穿过各级雷电保护区，因此要求它们的金属构件必须在每一穿过点做等电位连接。

（3）进入建筑物的所有管线（包括电缆金属外皮、燃气、水、消防干管）和金属构件等，在进入大楼前要进行等电位连接。

（4）室内外进出的信号线、电源线和控制线等均应穿金属管，并在管两端分别和大楼的钢筋焊接。

（5）楼内的强电、弱电竖井的桥架、水平线槽、电梯轨道、电线暗管等必须进行等电位连接。

（6）机房内的抗静电地板的金属支架，应每 5m 用 6mm^2 铜线与等电位连接端子排连接。

（7）机房内的配电箱、柜、桥架、线槽、控制操作台、机柜、空调机等机壳必须接地。

（8）由于电感越大，瞬变电流在电路中产生的电压就越高，而电感主要与导线的长度成正比，因此，应使连接导线尽可能地短，必要时可采用多条导线并联或星型连接。

（9）对于系统中无法使用连接导线进行等电位连接的地力，应使用浪涌保护器（SPD）实现瞬态等电位连接。

在建立了由连接导线和浪涌保护器组成的等电位连接网络后，当网络出现瞬态浪涌过电压甚至受到雷击时，可以认为在极短的时间内形成了一个等电位岛，这个等电位岛对于远处的电位差可高达数十万伏，而岛内由于实现了等电位连接，所有导电部件之间不会产生有害的电位差。

3. 浪涌保护器（SPD）

浪涌保护器用于保护电子设备和装置免受浪涌的危害，以及为电子传输系统提供等电位连接。其主要原理是瞬态现象时将其两端的电位保持一致或限制在一个范围内，转移有源导体上的多余能量。浪涌保护器根据其应用主要分为电源系统防雷器、信号系统防雷器和绝缘火花间隙三种，实物照片如图 10-23 所示。

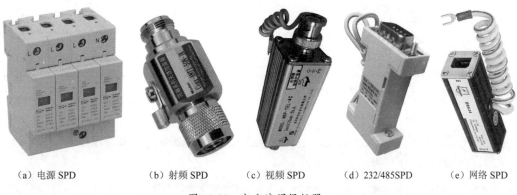

|（a）电源 SPD|（b）射频 SPD|（c）视频 SPD|（d）232/485SPD|（e）网络 SPD|

图 10-23　部分浪涌保护器

（1）供电系统的防浪涌保护

有线广播电视网络系统通常采用 TN-S 系统的接地方式，对电源系统的防雷一般可采用四级防护，最大限度地保护机房设备的安全性。

第一级保护：可装于室外，在电力变压器的副边端，保护电力电缆及整个建筑全部用电设备，每根电源线分别独立保护（此部分由建筑电气设计考虑）。

第二级保护：安装于分配电柜（楼层配电柜）（此部分由建筑电气设计考虑）。

第三级保护：安装于有线广播电视网络机房的主配电柜，保护机房内通过此配电柜的所有用电设备。

第四级保护：安装于需要特殊保护的设备，如计算机网络系统的主交换机、UPS 电源、机房空调电源等。安装在重要机器及设备的专用开关电源进线端，保护主机电源及用电设备（若所有机器均使用被保护的 UPS 的电源则此保护可不设）。

采用多级 SPD 防护的目的是达到分级泄漏，避免单级防护因过大的雷击电流出现损坏保护器和在设备电源端口产生高残压，确保设备的安全。浪涌保护器的选择要根据配电线路设备在雷电分区的位置，以及配电设备属于哪一级防电等因素选配。

电源线路的浪涌保护器（SPD）应分别安装在被保护设备电源线路的前端，并安装在各级配电箱的开关之后；SPD 各接线端子应分别与配电箱内线路的同名端相线连接。SPD的接地端与配电箱的保护接地线（PE）接地端子板连接，配电箱接地端子板应与所处防范雷区的等电位接地端子板连接，如图 10-24 所示。

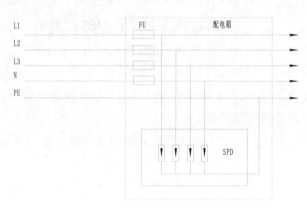

图 10-24　配电箱浪涌保护器连接

各级浪涌保护器的连接导线应平直，导线长度不宜超过 0.5m，连接导线的截面积参见表 10-11 所示。

表 10-11　SPD 连接导线截面积

保护级别	SPD 类型	导线截面积（mm²）	
		SPD 连接相线铜导线	SPD 接地端接铜导线
第一级	开关型或限压型	16	25
第二级	限压型	10	16
第三级	限压型	6	10
第四级	限压型	4	6

注：组合型 SPD 参照相应保护级别的截面积选择。

（2）信号线路的防浪涌保护

广电网络系统的信号线种类较多，各种不同的信号应选择不同的浪涌保护器。信号线路浪涌保护器的选择应按表 10-12 所示进行选择。

表 10-12　信号线路浪涌保护器选择列表

	非屏蔽双绞线	屏蔽双绞线	同轴电缆
标称导通电压（V）	$\geq 1.2U_n$	$\geq 1.2U_n$	$\geq 1.2U_n$
标称放电电流（kA）	≥ 1	≥ 0.5	≥ 1

注：U_n——最大工作电压。

（3）有线广播电视及计算机网络系统的防浪涌保护

① 各级浪涌保护器宜分别安装在直击雷非防护区（$LPZ0_A$）或直击雷防护区（$LPZ0_B$）与第一防护区（LPZ_1）的交界处，以及第一防护区（LPZ_1）与第二防护区（LPZ_2）的交界处。

② 采用光缆传输时，所有金属接头、金属挡潮层、金属加强芯等应在进户处接地。

③ 在重要设备，如接收机、调制器、复用器、编码器、路由器、局域网核心交换机等设备的

传输线路上安装适配的信号防浪涌保护器。

④ 信号线路的防浪涌保护器应根据被保护设备的工作频率、工作电压、传输速率、带宽、参数介质、插入损耗、特性阻抗、接口形式等参数选择。

⑤ 机房内信号线路防浪涌保护器的接地端宜用截面积不小于 $1.5mm^2$ 的多股绝缘铜导线，单点连接至机房内的局部等电位接地端子板，接地线应平直。

10.7.2　屏蔽

为使建筑物内某些特定的区域满足电磁环境的要求，应采用屏蔽措施，对有线广播电视系统而言，包括线缆的敷设与屏蔽、机房的屏蔽两个方面。

1. 线缆的敷设与屏蔽

（1）为防止有线广播电视系统与其他电缆线和机电设备间的电磁干扰，要求信号线缆的敷设满足以下条件。

① 在设计信号线缆的路由时，应尽量避免由线缆自身形成的感应环路。

② 确保信号线缆与机电设备间的距离，信号线缆与机电设备间的距离应满足表 10-13 所示的要求。

表 10-13　信号线缆与机电设备的最小间距

设备名称	最小间距（m）	设备名称	最小间距（m）
配电箱	1	变电室	2
电梯机房	2	空调机房	2

③ 确保信号线缆与电力电缆间的距离。信号线缆与电力电缆间的距离应满足表 10-14 所示的要求；

表 10-14　信号线缆与电力电缆的最小间距

类　别	信号电缆与电力电缆的敷设方式	最小净距离（mm）
380V 电力电缆（<2kVA）	与信号电缆平行敷设	130
	有一方在接地的金属线槽或钢管中	70
	双方都在接地的金属线槽或钢管中	10
380V 电力电缆（2～5kVA）	与信号电缆平行敷设	300
	有一方在接地的金属线槽或钢管中	150
	双方都在接地的金属线槽或钢管中	80
380V 电力电缆（>5kVA）	与信号电缆平行敷设	600
	有一方在接地的金属线槽或钢管中	300
	双方都在接地的金属线槽或钢管中	150

注：1.当 380V 电力电缆的容量小于 2kVA，双方都在接地的线槽中，即两个不同线槽或在同一线槽中用金属板隔开时，且平行长度不超过 10m 时，最小间距可以是 10mm。

（2）电话线缆中存在振铃电流时，不宜与计算机网络在同一根双绞线电缆中。

① 需要保护的信号线缆，宜采用屏蔽电缆；在线缆两端的屏蔽层及雷电保护区交界处做等电位连接，并接地。

② 若采用非屏蔽线缆，则应穿金属管道并埋地敷设；金属管道应电气导通，并在雷电保护区交界处做等电位连接，并接地。

③ 采用光缆传输信号时，应将光缆的所有金属接头、金属挡潮层、金属加强芯等在入户处直接接地。

2. 机房的屏蔽

（1）为防止机房的电子设备遭受雷击，应尽量将机房设在建筑物底层的中心部位，并尽可能设在远离外墙和结构柱的雷电防护区的高级别区域内。

（2）进入机房的金属导体；电缆屏蔽层及金属线槽应做等电位连接。

（3）当设备为非金属外壳或机房屏蔽达不到电磁环境要求时，可对个别设备设金属屏蔽网或金属屏蔽室。金属屏蔽网、金属屏蔽室应与等电位接地端子板连接。

10.7.3 接地

1. 接地的类型

建筑物内具有多种接地体，包括：

（1）防雷接地

为将雷电流迅速导入大地而设置的接地体。独立的防雷保护接地电阻应小于等于 10Ω。

（2）交流工作接地

将供电系统中的变压器中性点或中性线（N 线），直接或经特殊设备（如阻抗，电阻等）与大地作金属连接，称为交流工作接地。可保证单相电源的使用。N 线必须用铜芯或铝芯绝缘线，且不能与其他接地系统如直流接地、屏蔽接地，防静电接地等混接，也不能与 PE 线连接。独立的交流工作接地电阻应小于等于 4Ω；

（3）直流工作接地

为建筑物内的计算机、通信设备、网络设备及其他智能化设备提供稳定的供电电源和基准电位，采用较大截面的绝缘铜芯线作为引线，而设置接地体。它不宜与 PE 线连接，严禁与 N 线连接。独立的直流工作接地电阻应小于等于 4Ω。

（4）安全保护接地

安全保护接地就是将电气设备不带电的金属部分与接地体之间作良好的金属连接。是建筑物内设备及人身安全的保障。独立的安全保护接地电阻应小于等于 4Ω。

（5）屏蔽接地与防静电接地

屏蔽接地是为有效防止来自内部自身传导或外来的电磁干扰；防静电接地是将产生的静电导入大地的接地体。屏蔽接地与防静电接地的做法是：将所有设备外壳与 PE 线连接；穿管敷设的导线管路两端与 PE 线可靠连接；屏蔽线缆屏蔽层的两端与 PE 线可靠连接；室内屏蔽也应多点与 PE 线可靠连接。

在机房内，防雷接地应与系统机房的其他接地分开，并保持一定距离。

建筑物内智能化系统的交流工作接地、直流工作接地、安全保护接地等宜共用一组接地装置，共用接地体为接地电位基准点升由此分别引出各种功能接地引线。共用接地装置的接地电阻值必须按接入设备中要求的最小值确定。接地装置的接地电阻越小越好，通常要求共用装置的接地电阻小于等于 1Ω。

2.接地的处理

接地装置应优先利用建筑物的自然接地体，当自然接地体的接地电阻达不到要求时，应增加人工接地体。

（1）采用人工接地装置或利用建筑物基础钢筋的接地装置，必须在地面以上按设计要求位置设测试点。

（2）接地模块顶面埋深不应小于 0.6m，接地模块间距不应小于模块长度的 3～5 倍；接地模块埋设基坑，一般为模块外型尺寸的 1.2～1.4 倍，且在开挖深度内详细记录地层情况。

（3）接地模块应垂直或水平就位，不应倾斜设置，保持与原土层接触良好。

（4）测试接地装置的接地电阻值必须符合设计要求。

（5）在直击雷非防护区（LPZ0$_A$）或直击雷防护区（LPZ0$_B$）与第一防护区（LPZ$_1$）的交界处应设置总等电位接地端子板，共用接地装置应与总等电位接地端子板连接，通过接地干线引至楼层等电位接地端子板。

（6）机房应设局部等电位接地端子板，局部等电位接地端子板应与预留的楼层主钢筋接地端子连接；接地干线宜采用截面积不小于 $16mm^2$ 的多股铜导线连接。

（7）不同楼层的弱电间或不同雷电防护区的配线间应设置局部等电位接地端子板；配线柜的接地线应采用截面积不小于 $16mm^2$ 的绝缘铜导线连接。

（8）在电气竖井中的接地干线宜采用面积不小于 $16mm^2$ 的铜带明敷，并与楼层主钢筋做等电位连接。

（9）计算机等用电设备的接地：宜采用单点接地，并宜采取等电位措施。单点接地是指保护接地、工作接地、直流接地在设备上相互分开，各自成为独立系统。可从机柜引出三个相互绝缘的接地端子，再由引线引到总等电位接地端子排上共同接地；不允许把三种接地连接在一起；再用引线接到等电位接地端子排上，这种接法实际上变成混合接地，既不安全又会产生干扰，是规范不允许的。

10.8　思 考 题

1. 简述网络设计的步骤。

2. 简述有线电视系统设计的主要内容。

3. 简述前端设计的主要内容。

4. 简述机房设计的主要内容。

5. 简述电源供电方式的分类。

6. 简述不间断电源的分类。

7. 广播信道骨干网设计主要考虑哪些因素？

8. 交互信道骨干网设计主要考虑哪些因素？

9. 简述光分路器分光比的设计要点。

10. 简述电缆无源分配网络的设计要点。

11. 简述 CMTS 技术双向网络的设计要点。

12. 建筑物的雷电防护按规范规定分为几级？

13. 感应雷引入建筑物的通道有哪些？浪涌保护器的作用是什么？

14. 什么是等电位连接？

15. 简述接地的类型及接地电阻值的要求。

第 11 章　设计案例与工程创新

为了配合前面讲解的内容，这里给大家提供一些工程设计实例，并进行必要的分析和阐述，后面的工程经验与创新则是笔者在多年来的工作中实践和总结出来的，可供大家参考。

11.1　设计案例分析

11.1.1　NGB 省级数据网络规划设计

省级数据网络规划设计以某省级网络为例。

1. 省级业务展望

根据省级业务发展与规划，将主要承载 IP 多业务，包括 DVB 业务、互动电视业务、云宽带业务、数据通信业务，其分类如图 11-1 所示。

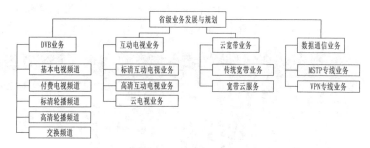

图 11-1　数据业务分类

从业务的发展来讲，DVB、云宽带、互动电视、数据通信都对网络提出了高带宽、高性能、高扩展性、高可靠性及低延时的要求，因此全省需要一张稳定、可靠并能承载大颗粒业务的网络来支撑业务的发展。

2. 省级业务支撑架构

为充分适应三网融合要求，依托"云、管、端"战略布局，建设"跨代网、云平台、全业务、多终端"网络与平台，采取统一部署、多级传送的业务网络架构来支撑省级的所有业务，如图 11-2 所示。

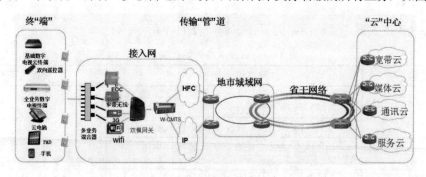

图 11-2　统一部署、多级传送的业务网络架构

统一部署就是建设云宽带、云媒体、云通讯、云服务为核心的云内容中心，形成大容量、高效率的统一云平台。

多级传送就是建设省级骨干网络、地市级骨干网络，将云内容传送到地县市城域网，通过超光网将业务传送到用户。

3. 省级网络设计规划原则

① 先进性：采用的技术应是业界先进的，选用的设备和软件应是国内外著名厂商的主流、先进的产品，但又不盲目追求高、洋、全，适应投资能力，既先进又实用。

② 开放性：必须符合相关国际标准及国内标准，避免个别厂家的私有标准或内部协议，确保网络的开放性和互连互通，满足信息准确、安全、可靠、优良交换传送的需要。

③ 高性能：业务流量增长很快，网络需要具备足够的处理性能，以满足未来 3~5 年内的业务发展需求。

④ 高可靠性：业务的发展需要稳定的网络来支撑，因此网络必须具备高可靠性特征，为业务发展提供冗余保障。

⑤ 高扩展性：在达到总设计目标的前提下，网络应有良好的高伸缩性，业务的发展都伴随着网络的扩展，网络应能方便升级且能最大限度地保护现有的投资。

省级网络从层次上看为三级架构，分别定义为省级骨干网络、地市级骨干网络、城域网，其分类如图 11-3 所示，各网络之间的关联关系如图 11-4 所示。

图 11-3　省级网络的三级架构　　　　图 11-4　各网络之间的关联关系

从图 11-4 所示的关系图中可以知道，省级网络主要由承载网络（省级 OTN 骨干网、地市级 OTN 骨干网）、业务网络（IP 业务网络、MSTP 业务网络）构成，业务网络的设计从省到地市、县市完成了端到端的业务传送，从而达到"一省一网"的架构。

4. 省级网络设计

根据业界技术的发展，省级网络的设计规划如表 11-1 所示。

表 11-1　省级网络的设计规划表

网络名称	网络设计规划	承载业务类型
省级 OTN 骨干网	采用单波 100G-OTN，总设计容量 80 波，8000G，一期建设 22 波，2200G	\
地市级 OTN 骨干网	采用单波 10G-OTN，总设计容量 160 波，1600G	\
省级 IP 骨干网	采用 IP 技术，设计容量 100G，提供 10GE、GE 端口接入	云宽带业务、互动电视业务、数据通信业务
地市 IP 城域网	采用 IP 技术，设计容量 10/40G，提供 GE、FE 端口接入	云宽带业务、互动电视业务、数据通信业务
县市 IP 城域网	采用 IP 技术，设计容量 10/40G，提供 GE、FE 端口接入	云宽带业务、互动电视业务、数据通信业务

续表

网络名称	网络设计规划	承载业务类型
省级 MSTP 骨干网	采用 MSTP 技术，设计容量 10G，提供 155M、2.5G、GE 端口接入	数据通信业务
地市级 MSTP 骨干网	采用 MSTP 技术，设计容量 10G，提供 E1、FE、GE 端口接入	数据通信业务
地市 MSTP 城域网	采用 MSTP 技术，设计容量 10G，提供 E1、FE、GE 端口接入	数据通信业务
县市 MSTP 城域网	采用 MSTP 技术，设计容量 10G，提供 E1、FE、GE 端口接入	数据通信业务

5. 省级 OTN 骨干网设计规划

根据省广电现有光缆资源情况，省级 OTN 骨干网将建设骨干北环和骨干南环，北环由 A、I、J 三个节点组成，覆盖 A 市（省会）、I 市、J 市，南环由 A、B、C、D、E、F、G、H、K 九个节点组成，覆盖该省剩余的其他所有地区，如图 11-5 所示。

6. 地市级 OTN 骨干网设计规划

地市级 OTN 骨干网主要承载地县市 IP 城域网、地市级 MSTP 骨干网及地县市 MSTP 城域网，设计采用 10G-OTN 技术，采用全保护的方式覆盖地市及所在县市，其设计结构如图 11-6 所示。

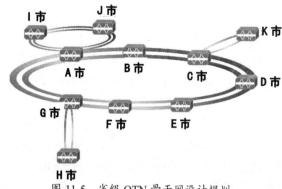

图 11-5　省级 OTN 骨干网设计规划

7. 省级 IP 业务网络设计规划

根据业务发展及规划，该 IP 省干网（WASU Province Network，WPN）将在省级各地市建设 11 个省干节点，省干节点分别与目前各地市及所辖县（市、区、县）的 IP 城域网互联，以此达到覆盖全省的 IP 网络架构，同时将在 A 市与 G 市分别建设云内容中心网络，实现全省的 DVB 业务、互动电视业务、云宽带业务、数据通信业务，如图 11-7 所示。

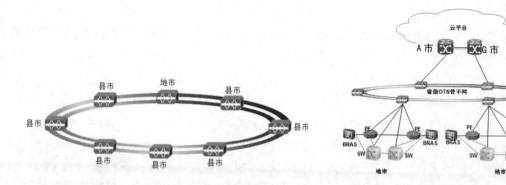

图 11-6　地市级 OTN 骨干网设计规划　　　　　图 11-7　省级 IP 骨干网络设计规划

全省 IP 网络结构以扁平化为主要特征，各地县市的城域网核心通过双归属上联到全省核心，各地市的流量通过全省核心进行集中转发，全省核心与云内容中心网络互联，构建成 IP 多业务的承载网。根据全省的业务规划，省级 IP 骨干网将在各地市分别部署两台 PE 设备、两台路由交换机、一台 BRAS（Broadband Remote Access Server，宽带远程接入服务器）以实现省级全业务需求。

8. 地县市 IP 城域网设计规划

① IP 城域网定位

城域网（MAN）最初产生于局域网（LAN）互连、网络规模及覆盖范围渐增和数据新业务发展的需要，以后随着形势的变化逐渐发展成为各类不同背景的运营商的区域性多业务通信网，IP 城域网络是指运营商在城市范围内提供数据业务的网络，是 Internet 互联网络在城市范围内的延伸，承载各种多媒体业务（云宽带、云媒体），汇集宽带、窄带用户的接入，以运营商网络的可管理性、可扩充性为基础，满足政府部门、企业等商业用户及个人用户对各种宽带 IP 的多媒体业务的需求。

② IP 组网技术

TCP/TP 协议在互联网中占据了统治地位，所以宽带城域网建成后，其承载的业务都将以基于 IP 包传送的业务为主，因此，宽带城域网的组网技术以 IP 包交换技术为核心。过去几年中，LAN 出现了很多技术发展成果，包括带宽、服务质量（QoS）、组播和可用性。在 LAN 中，以太网成为了占优势地位的技术；这不仅是由于它很简单、具有成本优势而且普遍存在，而且还由于它能够逐渐提高速度。在过去几年中，整个行业从共享的 10Mbps 发展到了交换 100 Mbps 和交换 1 Gbps、10 Gbps，40Gbps、100Gbps 标准已经出台，并且将逐步投入商用，而且上述所有的以太网全部采用统一的帧格式，使各种以太网之间可以实现无缝连接和平滑升级。由于以太网在可用性、成本和速度方面的发展，最重要的是绝大多数客户都在用以太网构建它们的网络，因此运营商可以向客户提供以太城域网业务，以满足用户的业务发展需求。

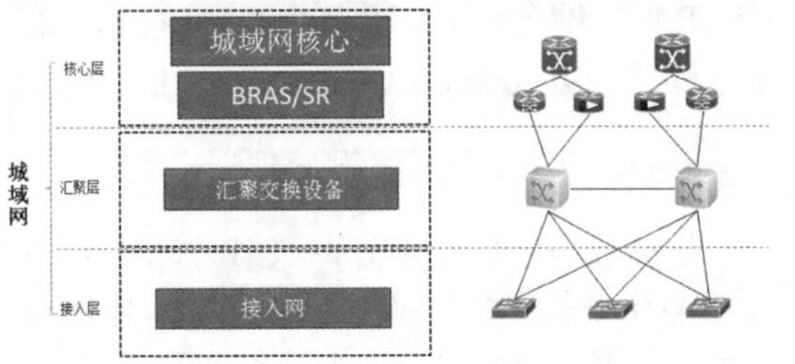

图 11-8　IP 城域网逻辑结构

③ IP 城域网结构

IP 城域网在组网逻辑结构上可分为核心层、汇聚层、接入层，其结构如图 11-8 所示。

核心层：核心层的主要功能是高速交换数据包，实现高速的数据流量运转，核心层的设备不但需要容量大，转发快，且需具备高稳定性。核心层的作用是把多个汇聚层连接起来，为汇聚层网络提供数据的高速转发，通过 BRAS/SR 设备实现与业务网络的互联。

汇聚层：汇聚层主要完成承上启下的功能，根据业务发展规模完成业务的接入汇聚，其主要作用是提供多端口的接入覆盖。

接入层：接入层的作用是将终端用户接入到宽带城域网络中，是网络向用户延伸的"最后一公里"。接入层通过各种接入技术和线路资源实现对不同业务需求、不同地理分布的用户覆盖。运营商目前的主流接入模式有 LAN、EPON+LAN，基于广电特色的还有 EPON+EoC、CMTS+CM 等接入模式，这些接入模式都各有优缺点，具体采用哪种接入模式要根据实际情况来区别对待。

9. IP 城域网与 IP 骨干网的对接设计

根据地县市 IP 城域网及省级 IP 骨干网的结构，网络对接设计结构如图 11-9 所示。

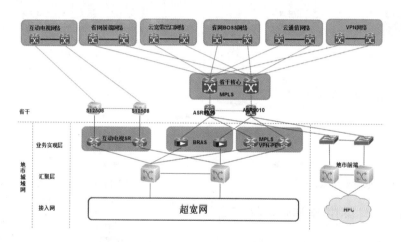

图 11-9 网络对接结构

从图 11-9 中可以看出，地县市城域网的业务实现层设备将与省干核心设备进行三层对接，通过业务实现层的路由策略实现该网络的全业务落地，因此地县市必须具备业务实现层的设备（SR、BRAS）才能满足该网络全业务落地的需求。

10. 省级 MSTP 骨干网络设计规划

该省各地市目前大多已经建设了覆盖市本级和市到县的 10G 传输网络，采用 SDH 或 MSTP 技术。根据业务分析，MSTP 网主要以承载大客户私有专线、各类 MST 电路以及大客户专网为主。基于 MSTP 技术成熟、先进、开放、设备标准化，不同厂商的 MSTP 设备已不存在兼容性问题，因此省级 MSTP 骨干网将采用 MSTP+OTN 的混合组网方式，建立一张省级 MSTP 骨干网，各地市可以利用 MSTP 现网资源，与省级 MSTP 骨干网互联，最终达到各地市多业务的互通，为省内各类 MSTP 电路、各类大客户专网的发展打下坚定的网络的基础。

规划各地市之间的 MSTP 业务量以 A 市（省会）、G 市为主，利用新建的 MSTP 设备与 OTN 设备进行组网，采用 MSTP 设备的两个 10G 端口与 OTN 的两个 10G 端口互联的方式，利用 OTN 骨干传输网与 A 端、G 端的 MSTP 设备组成三点式 10G 环网，保护方式采用 SNCP 的保护机制，地市间的 MSTP 业务可通过杭州、金华站的 MSTP 设备交叉连接，达到互通的目的，最终实现 MSTP 专线业务、大客户专网的发展，如图 11-10 所示。

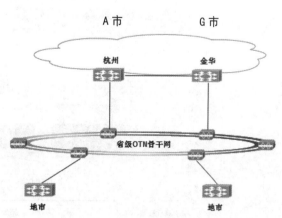

图 11-10 省级 MSTP 骨干网络

11. 地市级 MSTP 骨干网络设计规划

地市级 MSTP 骨干网主要利用地市现有的 MSTP、SDH 环网构成，其设计如图 11-11 所示。

12. 县市 MSTP 城域网设计规划

县市 MSTP 城域网主要完成地县市所属的区、乡镇的网络覆盖，其设计示意图如图 11-12 所示。

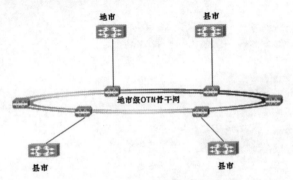

图 11-11　地市级 MSTP 骨干网络

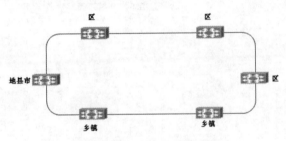

图 11-12　县市 MSTP 城域网

13. MSTP 城域网与 MSTP 骨干网的对接设计

根据省级 MSTP 骨干网、地市级 MSTP 骨干网、县市 MSTP 城域网的结构，其网络对接设计如图 11-13 所示。

14. 云宽带业务实现规划

PPPoE 是目前比较成熟的宽带用户的接入技术，国内外各大运营商都是采用 PPPoE 方式来实现宽带用户的接入。每个地县市需要有 BRAS 设备用于承载 PPPoE 宽带业务，BRAS 设备采用直挂的方式进行部署，各地市的用户通过二层 VLAN 透传到 BRAS 上实现 PPPoE 的终结，用户的统一认证将由全省 BOSS 统一提供，如图 11-14 所示。

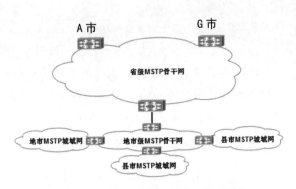

图 11-13　MSTP 城域网与骨干网的对接

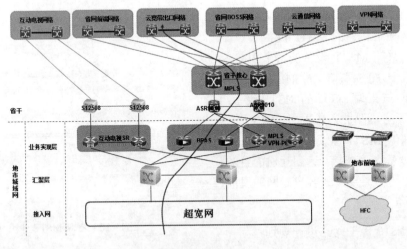

图 11-14　云宽带业务规划

15. 互动电视业务实现规划

互动电视 IP 网络采用双核心的方式，双核心设计可以避免单点故障，将故障的风险降到最低，具体的基于地市节点的技术实现方案如图 11-15 所示。

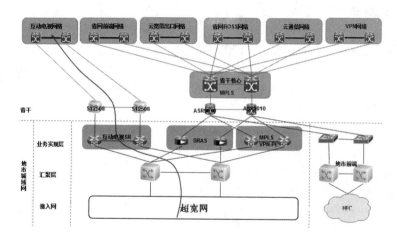

图 11-15 互动电视业务规划

互动电视用户通过二层 VLAN 终结于省级 IP 骨干网的 SW 设备上，省级 IP 骨干网的 SW 设备与互动电视中心网络双核心启用 BGP 实现与互动电视中心网络互通，并实现互动电视业务的双路由保护。

16. 数据通信业务实现规划

数据通信业务以 MPLS-VPN、MSTP 接入的方式来实现，其业务实现设计如图 11-16 和图 11-17 所示。

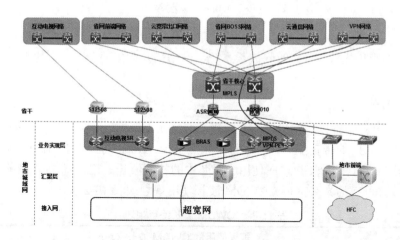

图 11-16 MPLS-VPN 数据业务接入

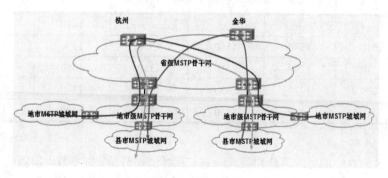

图 11-17 MSTP 数据业务接入

17. 接入网方案

接入网与二级传输网的对接如图 11-18 所示。

18. 超光接入网介绍

① 光接入网部分

光传输接入网由 HFC 光接入网和 IP 光接入网组成。光接入网应采取 HFC/IP 共缆分纤传输，同址分光、光节点同址布局的原则部署。每个光节点的光纤芯数应保证 4 芯。整个光接入网规划结构图如图 11-19 所示。

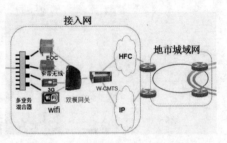

图 11-18　接入网与二级传输网的对接

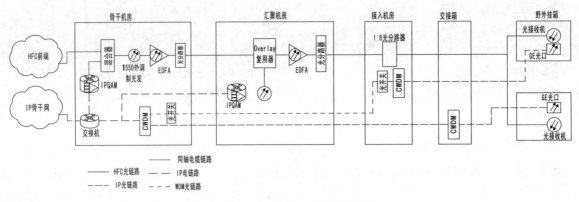

图 11-19　光接入网规划结构图

- HFC 光接入网

HFC 光接入网应优先选用 1550nm 波长系统，网络拓扑为多级分光、星型分配结构，每路信号占用一对光纤。

- IP 光接入网

综合考虑工程可实施性以及性价比，IP 光接入网采用 GE 光口。以太网+粗波分复用技术组网技术来提升 IP 光接入网的带宽能力，实现每个光点至少 1Gbps 的接入能力。IP 光接入网网络拓扑为多级星型分路结构，每个 GE 口应使用一对芯中的相同波长。在 IP 光接入网的波分复用段可通过光开关实现"1+1"的光路保护。CWDM 波长使用规划如表 10-2 所示。

表 11-2　CWDM 波长使用规划

光纤类型	规划使用的 CWDM 波长（nm）					
G.652B	1270	1290	1310	1330	——	——
	——	1290			1470	1490
	1510	1530	1550	1570	1590	1610
G.652D	1270	1290	1310	1330	1350	1370
	1390	1410	1430	1450	1470	1490
	1510	1530	1550	1570	1590	1610

- 光节点密度

根据 W-CMTS 的吞吐能力和光传输接入网的工程经济性分析，每光节点覆盖的用户数以 100～300 户左右为宜。在用户分布稀疏地区，光节点到用户的距离，以放大器不超过 1 级为原则。

- IPQAM

IPQAM 应综合考虑业务特点、经济性以及频率的可用性，在中心机房和边缘节点同步进行部署。对 SDV 等组播类业务和并发量不大的单播业务，可通过中心机房中部署的传统 IPQAM 提供服务能力，并使用电或光混合的方式混入 HFC 光接入网；对于高并发量的单播业务，可充分利用位于边缘 W-CMTS 内置的 IPQAM 功能，在边缘的 W-CMTS 设备上提供服务能力。

② 电接入网部分

- 中/高密度住宅区解决方案

中/高密度住宅区包括城区标准的多层、高层住宅小区，各类多层、高层新农居小区等。

基础构型：在网络结构方面，电接入网楼幢接入段为 1GHz 的星型双向同轴电缆网；家庭网络段为 1GHz 的星型双向无源同轴电缆网，同轴电缆单线入户；中/高密度住宅区超宽接入网基础构型示意图如图 11-20 所示，图中窄带 EOC 局端、终端以及集中分配器等设备是在向超宽接入网完全态构型演进过程中，将被逐渐取代和替换的设备。

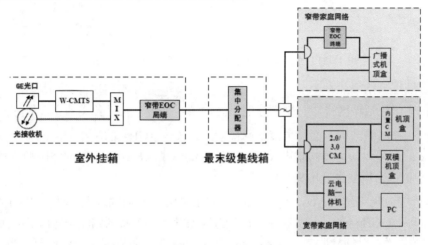

图 11-20　中/高密度住宅超宽带接入网基础构型示意图

完全态构型：在网络结构方面，电接入网为 1GHz 的星型双向同轴电缆网；同轴电缆单线入户；用户户内网络为 2.75GHz 的双向同轴电缆网；超宽接入网完全态构型示意图如图 11-21 所示。图中最末级集线箱内设备以及射频带互交天线、3G/4G 室内天线、WiFi 天线、室内 EOC 等设备是在超宽接入网在由基础构型向完全态构型演进过程中新增加的设备。对于已经实现光纤到集线箱的地区，可使用 B 类双模网关替换 A 类双模网关，也可通过增加额外的同轴电缆实现 W-CMTS 到光节点的延距传输。

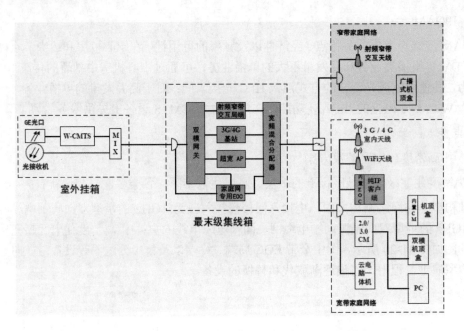

图 11-21　中/高密度住宅超宽带接入网完全态构型示意图

- 低密度住宅区解决方案

低密度住宅区包括城区排屋、别墅住宅小区，城区平房，农村各类独立农居等。

基础构型：在网络结构方面，电接入网楼幢接入段为 1GHz 的星型双向同轴电缆网；家庭网络段为 1GHz 的星型双向无源同轴电缆网，同轴电缆单线入户；低密度住宅区超宽接入网的基础构型示意图与中/高密度住宅区的完全相同。

完全态构型：在网络结构方面，电接入网为 1GHz 的星型双向同轴电缆网；同轴电缆单线入户；用户户内网络为 2.75GHz 的双向同轴电缆网；低密度住宅区超宽接入网完全态构型示意图如图 11-22 所示。图中双模网关、射频窄带交互局端、家庭网专用 EOC 局端和终端、WOC 适配器、射频窄带互交天线、内置 EOC 等是超宽接入网在由基础构型向完全态构型演进过程中新增加的设备。

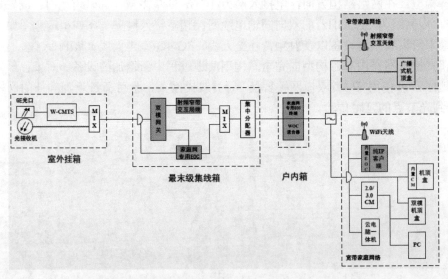

图 11-22　低密度住宅超宽带接入网完全态构型示意图

19. 超宽接入网建设方案

① 新建网络

- 光接入网部分

光接入网建设应采取 HFC/IP 共缆分纤传输，同址分光，光节点同址布局的原则部署，分光比不大于 1:16；每个光节点的光纤芯数应保证 4 芯。

- 电接入网部分

电接入网部分按照 1GHz 的星型双向同轴电缆网建设；同轴电缆单线入户。

- 用户家庭网络部分

按照 2.75GHz 的双向同轴电缆网建设；根据业务开展情况，安装 CWDM 相关设备、超宽接入网相关设备。

② 改造网络

- 光接入网部分

光接入网改造应采取 HFC/IP 共缆分纤传输，同址分光、光节点同址布局的原则部署，分光比不大于 1:16；每个光节点的光纤芯数应保证 4 芯。

- 电接入网部分

电接入网部分按照 1GHz 的星型双向同轴电缆网改造；同轴电缆单线入户。

- 用户家庭网络部分

能够改造的用户家庭网络按照 2.75GHz 双向同轴电缆网进行改造；不能够改造的用户家庭网络暂不改造；根据业务开展情况，按照 2.75GHz 的双向同轴电缆网改造用户家庭网络部分，安装 CWDM 相关设备、超宽接入网相关设备。

11.1.2 市县有线广播电视城域网

随着 1550nm 外调制光发技术的成熟，在市县级有线电视广播信道的城域网中也已经大规模使用，目前广泛使用的网络拓扑结构主要有树型和星型。

1. 树型网络

树型网络采用了较多的光分路器，信号从前端逐步分向各光节点，光纤采用共享的方式。有适用于线路紧张情况下的网络改造建设，费用低廉等优点，但也有一些无法回避的缺点，如不利于网络管理和开展交互式业务，故障率高，光纤线路增加了不连续点，易受 RIN（相对强度噪声）和 IIN（干扰强度噪声）影响，差的网络建设噪声甚至劣化 10～20dB 等。图 11-23 为某市县有线电视城域网网络拓扑结构图，该网络从前端到末端分两路，每路各设置两级光纤放大，共设置 9 个光分路器，这里比较麻烦的就是这 9 个分路器分光比的计算，计算方法在 10.6.1 章节中有详细介绍。

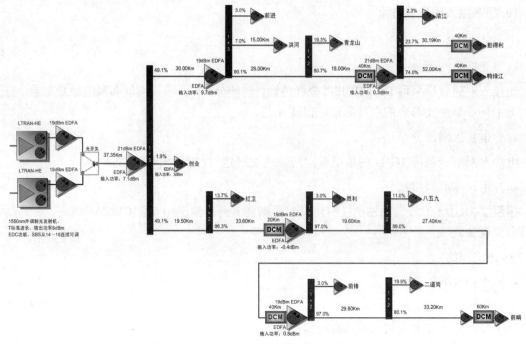

图 11-23　1550 光传输干线树型网络联网图

2. 星型网络

星型网络将具有控制和交换功能的星型耦合器作为中心节点（设在前端），中心节点向四周辐射，与各节点以独立链路相连。信号在节目源前端和各节点之间实现点对点传输。具有只与前端实现信号交换，适合大型网络建设，便于网络管理维护和升级改造，易于开展多功能开发及实现网络的交互式功能，业务适应性强等优点，但也存在光缆芯数使用量太大，使得初期建设费用较多等缺点，案例如图 11-24 所示。

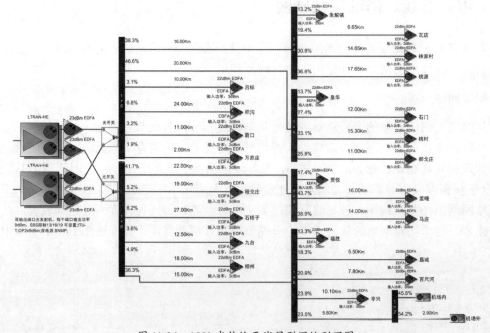

图 11-24　1550 光传输干线星型网络联网图

3. 环型网络

环型网络的所有节点都共用同一条公共链路，自成一个封闭回路。每个节点仅与两侧节点相连，每个节点可实现双向或单向传输。各节点组成环型，信号从前端出发，依次从一个节点流向下一个节点，最后传输回前端，这种网络拓扑结构在目前的实际应用中最为广泛和普遍，主要是因为它有较好的网络可靠性。

环型网络便于网络管理维护，开展多功能开发，尤其是数字信号传输，使线路设定的自由度和灵活性大为改善，易于节目的加入和接出。建立多个分前端，总体造价减少 1/3～2/3，主要光缆不再多重累计到前端，造成光纤重复，光缆的施工难度也相应减少。但也有网络技术难度大，对设备的可靠性要求严格，光纤资源需求大等缺点。案例如图 11-25、图 11-26、图 11-27 所示。

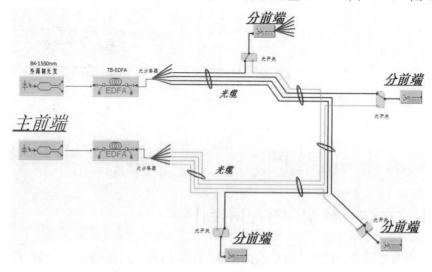

图 11-25　1550 光传输干线环型网络联网①

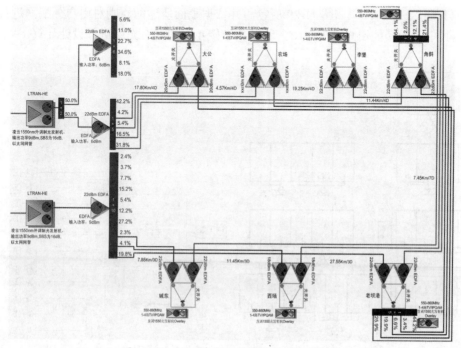

图 11-26　1550 光传输干线环型网络联网②

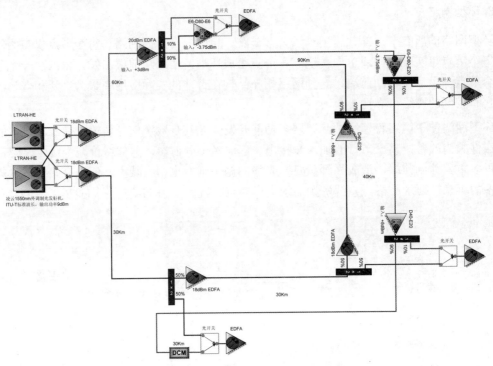

图 11-27　1550 光传输干线环型网络联网③

11.1.3　小区 CMTS+CM 双向分配网设计

　　某小区内共有 7 栋 7 层建筑，具体布局如图 11-28 所示，共有 422 个有线电视用户。为了保证双向 HFC 网络的反向指标，本小区设计用 1 台光站和 13 台 65/85MHz 分割的双向楼放，平均每个放大器只带 32 个用户，如图 11-29 所示。并依据上面所述的原则对用户分配网进行了设计，图 11-30 是其中 7 号楼的用户分配网图。现以 7 号楼 4 门为例对光站进行设计计算。

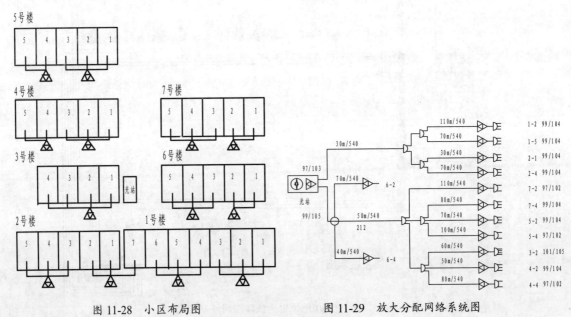

图 11-28　小区布局图　　　　　　图 11-29　放大分配网络系统图

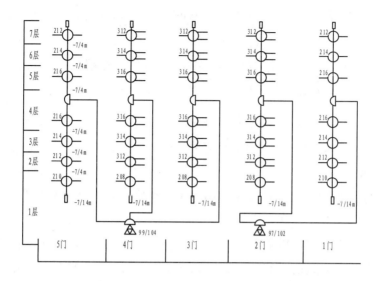

图 11-30　7 号楼分配网络图

1. 网络拓扑设计与参数计算

（1）本网络下行模拟信号频率最低为 Z_1（112.25MHz），最高为 DS_{22}（543.25MHz）；CMTS 下行 QAM64 数字信号频率为 705.00MHz，CM 的上行频率在 20～65MHz 之间选择，上行带宽 1.6MHz，调制方式为 QPSK，以上参数可以通过 CMTS 的配置文件设定。

（2）采用 PHILIPS 四端口光站，设计其下行输出电平为 $97_{Z_1}/103_{DS_{22}}$dB，回传激光器驱动的最佳功率密度为-42.4dBmV/Hz(厂家提供)，楼放用的是 ACI 公司的 MFT8/40PCS，带宽为 860MHz，正向增益为 40dB，反向增益为 24dB。主干电缆用 540，其百米损耗分别为 0.48dB$_{50MHz}$，2.2dB$_{Z_1}$，5.2dB$_{DS_{22}}$。楼层间电缆采用 75-7 四屏蔽电缆，用户端用 75-5 四屏蔽电缆，分支分配器采用 5～1000MHz 压铸全封闭的，用户盒采用数据口衰减 6dB，并带 85～550MHz 的陷波器单一盒。

（3）到 7 号楼 4 门放大器输入端的下行电平为（540 电缆长度为 50+80=130m）。

Z_1：$S_a = 97 - 2_{212 插损} - (6 \times 2)_{306 分配损耗} - (0.5 \times 8)_{F 头损耗} - (2.2 \times 1.3)_{电缆损耗} = 76.1dB\mu$V

DS_{22}：$S_A = 103 - 2_{212 插损} - (6 \times 2)_{306 分配损耗} - (0.5 \times 8)_{F 头损耗} - (5.2 \times 1.3)_{电缆损耗} = 78.2dB\mu$V

经过楼放 35dB 的放大模块的放大和选用适当均衡器和衰减器，输出电平可以调到 $99_{Z_1}/104_{DS_{22}}$dB。

此段反向损耗，按 50MHz 计算：

$L_{反向} = 2_{212 插损} + (6 \times 2)_{306 分配损耗} + (0.5 \times 8)_{F 头损耗} + (0.48 \times 1.3)_{电缆损耗} = 18.6$dB

基本符合要求。

（4）到 4 门各层用户的下行电平和上行损耗经过计算，分别为（均未考虑用户室内电缆、F 头及用户盒分配损耗等 4～8dB）。

一层分支口下行电平：　$71.8_{Z_1}/73.5_{DS_{22}}$ dBμV　　　上行损耗：约 26.5 dB

二层分支口下行电平：　$71.7_{Z_1}/72.6_{DS_{22}}$ dBμV　　　上行损耗：约 26.8 dB

三层分支口下行电平：　$72.7_{Z_1}/73.8_{DS_{22}}$ dBμV　　　上行损耗：约 25.9 dB

四层分支口下行电平：　$73.3_{Z_1}/74.6_{DS_{22}}$ dBμV　　　上行损耗：约 25.4 dB

五层分支口下行电平：　　　73.1$_{Z1}$/74.2$_{DS22}$ dBμV　　　　　上行损耗：约 25.4dB

六层分支口下行电平：　　　72.5$_{Z1}$/73.4$_{DS22}$ dBμV　　　　　上行损耗：约 25.9 dB

七层分支口下行电平：　　　71.5$_{Z1}$/72.2$_{DS22}$ dBμV　　　　　上行损耗：约 26.8 dB

可以看出，以上数据与前面设计要求基本吻合。

2. 系统关键位置电平、增益或衰减的计算

在这里我们采用功率密度作为设计和计算的依据（为便于计算，电平采用的单位为 dBmV）。

① 用户分配部分

用户端 CM 的最佳工作电平通常设在 45dBmV，此处 CM 的功率密度为（1.6MHz 是 CM 的上行频点带宽）

$$45-10\lg（1.6×10^6）=-17\text{dBmV/Hz}$$

设计整个系统增益或衰减，当分配网的损耗过大时，将导致 CM 即使工作在最大的发射状态也满足不了 CMTS 的接收电平需要。当分配网损耗过小时，将使 CM 发射电平过低而达不到通道所要求的 C/I 值，而导致通信不正常。

上行信号到楼放输入端时，由于经过了 30dB 的衰减，此处功率密度为：

$$-17+（-30）=-47\text{dBmV/Hz}$$

② 电缆传输部分

当上行信号到光站下行输出口时，由于电缆传输部分的增益设计值为 0dB，这段输出到光站上行入口（上行出口）信号的功率密度为

$$0+（-47）=-47\text{dBmV/Hz}$$

③ 光缆传输部分

光站内上行激光器驱动的最佳功率密度为（厂家提供）：-42.4dBmV/Hz

回传激光器最佳驱动的电平为

$$-42.4+10\lg（1.6×10^6）=19.6\text{dBmV}$$

因此，光站上行入口到激光器的驱动输入端的增益为

$$-42.4-（-47）=4.6\text{dB}$$

取光站上行入口到前端上行光收机输出端口的增益为 20dB（这个值可以通过人工调整取得，增益范围可以在 10～25dB 之间，不同设备可以有些差异），则回传激光器驱动输入端到前端上行光收机输出端口的增益为：

$$20-4.6=15.4\text{dB}$$

④ 前端接入部分

回传光收机的输出信号的功率密度为

$$-42.4+15.4=-27\text{dBmV/Hz}$$

由于 CMTS 的上行入口电平可在-15～+15dBmV 之间根据应用带宽选择，如果应用带宽大些，工作电平可以取高些，否则可以取低一些，通常可以取 0dBmV，此处功率密度为

$$0-10\lg（1.6×10^6）=-62\text{dBmV/Hz}$$

因此，从上行光收机的输出端口到 CMTS 的上行入口的衰减为

$-27-（-62）=35dB$

即在回传光收机输出端口到 CMTS 输入端口间需接上 35dB 的衰减器。

3. 双向 HFC 网络的施工

双向 HFC 工程实质上就是一项接头工程，往往是接头的质量就决定了整个工程的质量，一方面当芯线连接质量不好时，将影响上行信号的回传，因为上行信号频率较低，不容易耦合通过；另一方面当屏蔽层连接质量不好，外面信号容易窜入，从而降低上行信号的信噪比，笔者在工程调试中就发现过多起因电缆接头质量不好，致使上行信号无法回传而对下行信号影响不大的奇怪事例，下面两幅图就是笔者在工程调试中用德巨反向路径维护系统测得的某放大器反向通道幅频曲线图，其中图 11-31（a）为 F 接头有问题时测得的曲线，图 11-31（b）为同一接头经重新制作后复测的曲线，从中可以看出，接头对反向通道的特性影响有多大。

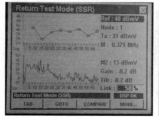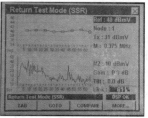

（a）接头有问题时　　　（b）接头经过处理后

图 11-31　接头对反向通道的影响

此外，F 头在与放大器或分支分配器连接时，应尽量旋紧，以免引起接触不良，这点往往不易引起广泛的重视，但却是不少双向网络不稳定的根源。

4. 双向 HFC 网络的调试

双向 HFC 网络由于同时肩负上行和下行信号的传输，而在双向放大器和光站上分别有正向放大模块、反向放大模块、正向光收模块和回传光发模块。因此在调试时可以对这些独立器件分开调试，而对于属于公共部分的电缆及无源分配器件，在调试时则必须兼而顾之。

为了便于大家对下面阐述的理解，还是先看一下第 4 章图 4-31 和图 4-45 光站和双向放大器设备的电路方框图。

（1）下行网络的调试

测量进入正向光收模块的光功率是否在 0～-3dBm 之间，测量光站输出下行电平的值是否在设计值附近，如果不满足要求，进行适当调整。

测量延放和楼放输入和输出下行电平的值，是否在设计值附近，兼顾调节下行模块前后的衰减和均衡等，使之达到设计要求。

（2）反向网络的调试

反向调试时，应该从分配网向前端逐级向前调试，这个调试过程被称为"BALANCE"——平衡，因为不同路由到前端的反向链路损耗是不同的，通过这个调平衡的过程可以减小 CMTS 长线 AGC 系统的工作压力。上行频带范围内平坦度应控制在 ±2dB 之间。

① 测量光发模块的光功率是否满足设计指标的要求，如果不满足要求，进行适当调整或更换。

② 调整回传光发模块的输入驱动电平，使其工作在最佳状态下，以获得最佳的噪声功率比（NPR），在光站的下行测试口（-20dB）加入 35dBmV 多载波信号，测量激光器驱动输入测试口（-20dB）的功率，兼顾调节光发模块的衰减和光站回传板上的衰减，使驱动输

入测试口的功率为 −0.4dBmV，即实际驱动激光器的功率为 19.6dBmV。

③ 回传光收机光功率的调试。

测量上行光收机的光接收功率，是否在 0～-7dBmW，典型值在-3～-5dBmW 之间，如不满足要求，则需要进行调整。

④ 回传光收机输出电平的测量。

在回传光发机调试完毕的基础上，继续在光站的下行测试口（-20dB）加入 35dBmV 的多载波信号，选择一个频率做参考，测量回传光收机输出的电平，并把它调节在 35dBmV，高低频点电平差小于 2dB，这段链路的增益就是设计值 20dB。

⑤ CMTS 上行接收端口衰减值的确定。

在 CMTS 的 UP 端口前需要接上一个的衰减器，其值就是上面回传光收机输出的电平(dBmV)的值，也就是说，在 CMTS 之前需要串一个 35dB 的衰减器，如果单位是 dBμV，则其值减去 60 即可。不过根据笔者经验，选择小 1dB，即 34dB 的衰减器更好，这是因为在回传光收机到 CMTS 的链路衰减小了 1dB，CMTS 的长线 AGC 就会提示 CM 降低发射电平 1dB，这样到达光站回传光发射机的功率密度也降低了 1dB，有利于光发机工作在线性区域。

（3）系统指标的测试

在系统调试完毕后，一般要对整个系统的指标进行必要的测试，在此我们采用德巨的 DSP860 和 9580SST 网络测试设备对本网络的指标进行了测试，表 11-3 所示是 7 号楼 2 门一楼分支口的测试报告。

表 11-3　用户端口测试数据

测试条件：端口输入电平 105dBμV，链路衰减 35dB，反向增益参考频率 24MHz
平坦度参考频率 24MHz、64MHz

测试设备：德巨 DSP860			日期：			测试位置：7 号楼 2 门一分支口	
	模拟信号				数字信号		
正向指标	电平（dBμV）		斜率（dB）	CTB/CSO	误码率（BER）		矢量误差 EVM	电平（dBμV）
	（L）73.4/（H）79.1		4.7		纠错前	纠错后		
	Z1	DS8	Z16	Z35	DS22	≤10E-9	≤10E-9	1.4%	70.8
	73.4	74.4	77.2	78.7	79.1				

反向指标	反向增益（dB）			4.2		增益平坦度（dB）		±2
	上行频率（MHz）	8	16	24	32	40	48	56	64
	反向 CNR（dB）	31	30	38	39	39	41	38	41
	CM 工作电平	99～101dBμV						

在表中需要说明的是：EVM 为星座图的矢量误差，极限值为 3.14%，数值越小越好；测量反向增益和斜率，是在用户端发射几组 105dBμV 的多载波信号，其中以 24MHz 为基准计算反向增益，以 24～64MHz 范围做参考计算反向斜率；反向 CNR（即 C/I）为信噪比，QPSK 方式的极限值为 25dB，大于 25dB 才能保证可靠运行；CM 的反向工作电平是指为使发回到 CMTS 的反向电平刚好为 60dBμV（0dBmV）时，CM 在用户端发射的电平值，一般在 98~110dBμV 之间为好。

11.1.4　实验 EPON+EOC 系统设计与调试

本次设计需要搭建一个 EPON+EOC 的实验测试系统，该系统包括 EPON 无源光网络分配和 EOC 有源同轴电缆接入两部分，为了体现完整性，系统考虑使用波分复用器、分光器、分配器、分支器等设备。外网将通过 OLT 设备上行端口接入，为了与实际应用相近，OLT 到 ONU 之间的距离考虑采用 20 千米的裸光纤连接。同时系统还要考虑传输电视信号，因此要设置一个三波长波分复用器（合波）接入有线电视信号，有线电视传输用 1550nm 波长，网络数据信号传输用 1490/1310nm 波长，ONT（ONU）侧设置一个 1:12 的分光器，以便配合使用 12 个用户终端设备（ONT 和光接收机）。信号到达 ONT 侧，使用解波分复用器（分波），以便光接收机和 ONU 可以分别接收电视信号和数据信号。

对于 EOC 系统，每套户终端设备，光接收机出来的电视信号和ONU出来的网络信号同时接入 EOC 头端，形成调制射频信号，后面接用户分配网络，通过分支、分配器到相应层的用户家里的 EOC 终端，EOC 再将同轴电缆的信号中的电视信号通过同轴电缆输到机顶盒再到电视机，而数据信号通过网线输到电脑。为了适应交互业务，机顶盒除了满足同轴电缆接入外，还要能够接入网线，便于信号回传。另外考虑实际中电视机的多样性，要求每个机顶盒

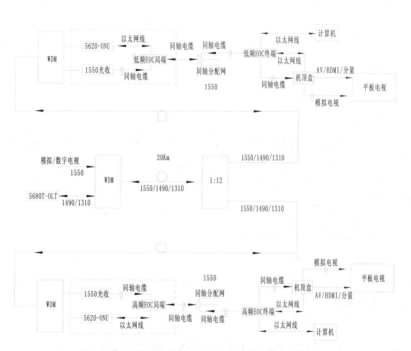

图 11-32　EPON+EOC 系统总体架构图

具有模拟电视、AV、HDMI 和分量信号输出接口。在实际应用中，EOC 有高频和低频 EOC 之分，为了进行实验演示和测试，本系统同时采用这两种 EOC。图 11-32 所示为该系统的总体架构图。

1. 设备选型

（1）设备功能介绍及型号选择

综合考虑市场占有率、设备性能以及售后服务等诸多因素，OLT 采用华为 SmartAX MA5680T，ONT 采用华为 SmartAX MA5620E-8。对于 EOC 设备，采用雷科通的 CP-N5011i 低频头端、CP-T5014E 低频终端、CP-N8011i 高频头端、CP-T8014E 高频终端。

（2）OLT（MA5680T）设备介绍

MA5680T 配套采用的是 N63-22 机柜，其尺寸为 600mm（宽）×300mm（深）×2200mm（高），可以容纳的最大用户数 4K（纯 EPON，1:32 分光比，两框满配情况），图 11-33 所示为 MA5680T 机柜配置。

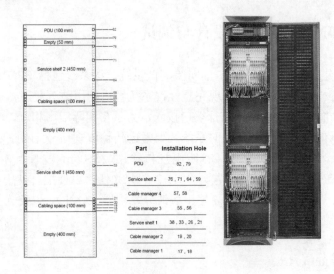

图 11-33　MA5680T 的正面及板卡布局图

① 拥有较强的交换能力，其交换容量达到 400G，每槽位带宽可达 10G，并且支持 20G 的上行带宽。

② 通过插入不同的接口板，可支持包括 EPON、GPON、百兆/千兆光以太网等所有的光接入方式，各种光接口板可以随意混插，可以提供 EPON 和 GPON 的 FTTx 接入方式，可以提供千兆光以太网接口，作为 DSLAM 或交换机的光汇聚设备。

③ MA5680T 可以提供多样化的远端 ONU，包括家庭型、楼道型、户外型等，为运营商提供完整的 FTTx 解决方案。

（3）ONU（MA5620E）设备介绍

SmartAX MA5620 是自然散热式 LAN、POTS 接入 MDU 设备，有 24 口、16 口、8 口 FE+POTS 三种规格。可为家庭用户或中小企业用户提供宽带上网和语音业务。设备支持远程下发配置，设备上电注册成功之后，即可建立管理通道和业务通道，无需人工现场操作，可即插即用，支持良好的管理、维护和监控功能，便于日常运营管理和故障诊断，支持 GPON/EPON/GE 三模自适应。

（4）EOC（CP-N5000 系列、CP-N8000 系列）设备介绍

CP-N5000 系列、CP-N8000 系列 EOC 产品适用于有线电视的双向网改造，提供了通过 HFC 网发展最后一公里宽带接入的最优解决方案。

设备实测吞吐量可达 100Mbps，时延指标小于 2ms，完全满足实时业务和非实时业务对系统性能的要求。系统支持 256 个用户同时在线，组网能力强、覆盖成本低。

（5）三波长波分复用器

三波长波分复用器用于将数据平台系统与 CATV 系统混合传输的连接，即实现 1550/1490/1310 三波长复用。合波器是两进一出（分波器是一进两出）3 个接口，1550nm 是从光发到光收传输电视信号，而 1490/1310 是在 OLT 到 ONU 之间传输数据信号。表 11-4 提供了三波长波分复用器特性。从表中可知，它具有较小的插入损耗（插入损耗是指一个指定输入端的光功率和一个指定输出光功率的比值，用分贝表示），还具有较好的隔离度（是一个输入端的光功率和由耦合器反射到其他端的光功率的比值，用分贝表示）使信号相互之间具有较少的干扰，另外，还具有较高的回损（回损表示信号反射性能的参数），如果回损过小，反射信号会影响光发射机的谐振腔的长度，

严重的将使光发不能正常工作。

表 11-4 三波长波分复用器特性

参 数		单位	类 型			
			G type		B type	
			Min	Max	Min	Max
工作波长	1310 Band	nm	1260	1360	1260	1360
	1490 Band	nm	1480	1500	1480	1500
	1550 Band	nm	1550	1560	1530	1560
插入损耗	1→2	dB		0.4		0.4
	1→3	dB		0.6		0.6
隔离度	1→2	dB	20		20	
	1→3	dB	25		25	
偏振相关损耗		dB		0.1		0.1
回损		dB	50		50	
方向性		dB	50		50	
工作温度		℃	-40	85	-40	85
储存温度		℃	-40	85	-40	85
尺寸		mm	∅ 5.5*35			
最大承载功率		mW	300			

2. EPON 硬件性能和系统搭建

（1）OLT（华为 MA5680T）设备配置

华为 MA5680T 为提供 20 个槽位的插拔单板式结构，设备板面分布如图 11-34 所示。设备包括上行板（GICG）、业务板（EPBA）、主控板（SCUB）和电源板（PWR）。本系统配置的两块 48V 电源板（PWR），分别处于 19 和 20 槽位，两块起到 1+1 保护。版面的 7 和 8 槽位分别用来配置两块主控板（SCUB）。根据设计需求，配置 1 块 EPBA 板和 1 块 GICG 板，用来接 ONU 设备，其他槽位以后可以扩容。

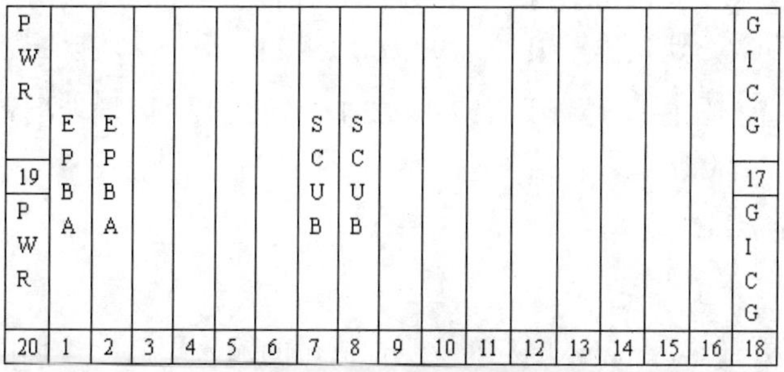

图 11-34 OLT 设备板面图

（2）ONT（华为 MA5620E）功能

在接入网的组网中，ONT（ONU）设备主要是作为业务接入的设备，其提供相应的宽带和载带接口，用于用户的业务接入，在不同数据流经过物理接口将数据传输到 ONU 设备时，ONU 就会对不同接口用户的不同业务流打上不相同的 VLAN 标签，用于标识不同数据流，并将相对应的数据流经过上行口传输到局端 OLT 端，在 OLT 接收到带有 VLAN 标签的数据业务后，同样将相对应的 VLAN 业务流从相应的上行光口传输到上层设备。在用户端接收相对应业务流量时，OLT 也只将带有用户 VLAN 标签的业务流通过设备光口传输到下面的 ONU，对应的 ONT 在接收到从 OLT 传输的业务流带的 VLAN 标签来判断数据流是属于哪个用户的，并将相对应 VLAN 标签剥离后传输到对应的用户端去。在网络中，OLT 和 ONT 主要就是对用户业务数据打上相对应的 VLAN 标签后进行透传和对用户接收的业务数据进行 VLAN 标签剥离后传送给用户。

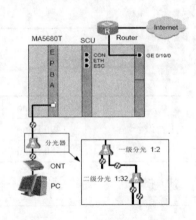

（3）EPON 系统连接

实验用 EPON 数据平台的系统连接框图如图 11-35 所示。

图 11-35　EPON 组网图

① 用 RJ-45 跳线将上行业务板与业务平台（如 Internet 交换机）连接。

② 用光纤跳线将 4 口 EPBC 业务板卡光口与三波分复用器的 1310/1490 端口连接起来，1550 端口接 1550nm 波长信号（如果不承载 1550nm 波长的 CATV 业务，这步可以不做）；将三波分复用器的合波端口与 6km 裸光纤连接起来；将 20km 裸光纤的另一头与 16 路分光器入口端连接起来，将 12 路分光器出口端与三波分复用器的合波端口连接起来；1310/1490 出端口与 MA5620E（ONU）光口连接起来（如果不承载 1550nm 波长 CATV 业务，这步可以不做）。

③ 用 RJ-45 跳线把 MA5620E（ONU）与计算机连接起来。

3. EOC 系统搭建

（1）局端设备端口介绍

RF IN：同轴电缆英制 F-Female 头接口。射频下行信号的输入端口，接光站等设备。

RF OUT：同轴电缆英制 F-Female 头接口。混合射频信号输出端口，通过分配网络接 EoC 终端设备、用户电视或用户机顶盒的 RF IN 端口。

UPLINK：10/100Base-T Ethernet 网络上联端口，连接 ONU 的以太网接口。配置网管 IP 和管理 VLAN 后在此端口生效，默认出厂 IP 为 192.168.1.1/24。

DEBUG：调试端口，固定 IP 地址为 192.168.2.1/24，且不会因局端配置网管 IP 而改变，故主机地址需配置在 192.168.2.0 网段。

POWER：220V 交流供电。

（2）终端设备端口介绍

RF IN：同轴电缆英制 F-Female 头接口。混合信号的输入端口，接局端或上一级中继设备。

RF OUT：同轴电缆英制 F-Female 头接口。CATV 信号输出端口，接用户电视或机顶盒的 RF 端口。

LAN l-4：10/100Base-T Ethernet 网络端口。连接用户 PC 或者机顶盒的以太网接口。

POWER：DC5V 供电。

（3）局端设备的连接

Debug：调试端口，固定 IP 地址为 192.168.2.1/24，且不会因局端配置网管 IP 而改变，故主机地址需配置在 192.168.2.0 网段。

Uplink：上联端口，配置网管 IP 和管理 VLAN 后在此端口生效，默认出厂 IP 为 192.168.1.1/24。

RF IN：接光收机输出网络。

RF OUT：接电缆分配网络到用户。

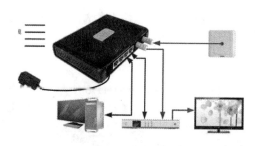

（4）终端设备的连接

RF IN：接用户家中的有线电视分线盒。

RF OUT：连接机顶盒的 RF IN 口。

LAN：连接机顶盒的网口或电脑终端。

终端设备连接可以参考图 11-36 所示。

图 11-36　终端设备连接

4. EPON 数据配置

（1）登录方式

MA5680T 和 MA5620E-8 设备支持通过命令行和网管两种方式进行配置和管理，命令行的下发可以通过登录超级终端实现，也可以通过 Telnet 到设备实现。

① 使用超级终端登录

如果维护 PC 已经与主控板 SCUL 上的控制接口"CON"用串口线连接好，可以通过超级终端登录 EPON 设备（如果没有串行输出口，可用 USB 转串行线转接）。操作方法如下。

- 在维护 PC 的 Windows 环境下，选择"开始→程序→附件→通讯→超级终端"。
- 在打开的"连接描述"对话框中输入一个用于标识此会话连接的名称，并单击"确定"按钮。
- 选择实际使用的串口（COM1 或 COM2），串口属性的参数取值配置为与系统缺省值相同（每秒位数：9600，数据位：8，奇偶校验：无，停止位：1，数据流控制：无），并单击"确定"按钮。
- 进入命令行界面后，输入管理该设备的用户名和密码（表 11-5），即可登录进行数据配置。

表 11-5　缺省用户名和密码

产品名称	用户名	密码	描述
MA5680T	root	admin	登录后进入系统管理员模式
MA5620E	root	mduadmin	登录后进入系统管理员模式

② 使用 Telnet 登录

如果设备网管已经配置完成，可以通过 Telnet 方式登录 EPON 设备。操作方法如下。

- 在维护 PC 的 Windows 环境下，选择"开始→运行"。
- 在弹出的对话框中输入"telnet x.x.x.x"并单击"确定"按钮，其中 x.x.x.x 为设备的 IP 地址。

● 进入命令行界面后，即可登录进行数据配置。缺省的用户名和密码见表 11-2 所示。

（2）配置流程

FTTB 网络可以为用户提供宽带上网和窄带语音业务，基本的配置流程如图 11-37 所示。

（3）OLT 数据规划

OLT 数据规划见表 11-6 所示，在数据整体规划中，首先将 VLAN 分为设备管理 VLAN、宽带 VLAN、语音 VLAN 三大部分。例如管理 VLAN 为 4008，管理 IP 为 10.71.43.26/24，剩余的 VLAN 用于后期网络扩容以及新业务开通时保留使用。根据产品说明，PON 端口 0/1/0 上网业务 SVLAN 为 2000，上行端口使用 IP 地址 0/20/0。

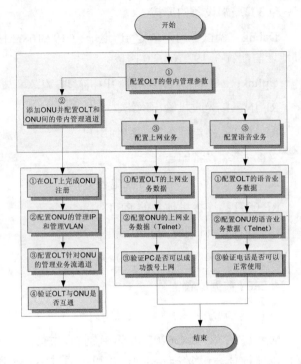

图 11-37　FTTB 业务配置流程

表 11-6　MA5680T 数据规划表

参　数	参数说明
管理通道参数	管理方式：由网管通过 SNMP 直接管理 管理 IP：10.71.43.26/24 管理 VLAN：4008
业务 VLAN（外层 VLAN）	根据 EPON 端口来划分上网业务 SVLAN： 1. PON 端口 0/1/0 上网业务 SVLAN 为 2000 2. PON 端口 0/1/1 上网业务 SVLAN 为 2010 根据 EPON 端口来划分语音业务 SVLAN： 1. PON 端口 0/1/0 语音业务 SVLAN 为 4004 2. PON 端口 0/1/1 语音业务 SVLAN 为 4014
上行端口 ID	0/20/0
PON 接入端口 ID	MA5620E：0/1/0
ONU 线路模板名称	MA5620E：ma5620e
DBA 模板	分别为 MA5620E 和 MA5616 配置 DBA 模板： MA5620E： 模板 ID：10（缺省模板有 9 个，索引号为 1～9） 类型：type 3，即"保证带宽+最大带宽"，且"保证带宽"为 102400kbps，"最大带宽"为 153600kbps（保证 100Mbps，最大 150Mbps，支持每用户大于 4Mbps）

（4）ONT（ONU）数据规划

ONT 数据规划参见表 11-7 所示，系统设计安装 12 个 ONT 设备，从网业务要分配 12 个 VLAN，一个用户一个 VLAN，可以从 501～512，上网用户的 FE 端口可以从 0/1/1～0/1/12，上行端口用 0/0/1，上下行速率都可以到达 4 Mbps。

表 11-7　MA5620E 数据规划表

参　　数		参数说明
管理通道参数		管理方式：由网管通过 SNMP 直接管理 管理 IP：10.71.43.100/14，网关为 10.71.43.1/24 管理 VLAN：4008 认证方式：MAC 认证
业务 VLAN（CVLAN）		上网业务 ：501～524（一个用户分配一个 VLAN） 语音业务：4004（OLT 上的一个 PON 端口分配一个 VLAN）
ONT ID		0
MAC 地址		0000-0000-3000
上行端口		0/0/1（PON 光口）
上网用户	FE 端口	0/1/1～0/1/24
	下行速率	4 Mbps
	上行速率	4 Mbps

5. MA5680T＋MA5620E 业务配置

主要是在 OLT 上添加并注册 ONU 和配置上网业务。

（1）在 OLT 上添加并注册 ONU

① 在 OLT 上完成 ONU 注册。

● 启动 EPON 端口 0/1/0 的自动发现 ONU 的功能。

MA5680T（config-if-epon-0/1）#port 0 ont-auto-find enable

系统将提示"The command is executed successfully"，稍后系统将上报自动发现 ONU 的告警。

MA5680T（config-if-epon-0/1）#

! EVENT WARNING 2009-08-22 12:00:03 ALARM NAME :The ONU is in Auto-find

PARAMETERS :FrameID: 0，SlotID: 1，PortID: 0，MAC: 0000-0000-3000（此 MAC 地址，因机而异）。

● 使用 profile-name 为 MA5620E 的 ONT 线路模板对 MAC 地址为 0000-0000-3000 的 ONU 进行确认，并指定 ONU 的编号为 0。

② 配置 ONU 的管理 IP 和管理 VLAN。

设置 ONU 的带内管理 IP 地址为 10.71.43.100/255.255.255.0，网关为 10.71.43.1，管理 VLAN 为 4008（与 OLT 下行的管理 VLAN 对应一致）。

③ 设置 PON 口为"基于 VLAN"的报文 tag 切换（添加或剥离）方式。

④ 配置 OLT 针对 ONU 的管理业务流。

在 EPON 端口 0/1/0 和 ID 为 0 的 ONU 之间建立多业务虚通道，并将此业务流绑定下行的管理 VLAN 4008，user-vlan 为 4008（与 ONU 上行的管理 VLAN 对应一致）。OLT 上对带内业务流不限速，因此直接使用索引为 6 的缺省流量模板，如果需要使用业务流限速，可以使用 traffic table ip 命令配置流量模板并在此引用。

⑤ 验证 ONU 与 OLT 是否互通。

在 OLT 上验证是否能 Ping 通 ONU 的管理 IP，如果成功收到返回消息，则可以在 OLT 上

Telnet 配置 ONU 的其他数据了。在正常收到回复报文后，保存上述所有配置。

6. 配置上网业务

配置上网业务流程如图 11-38 所示。

① 配置 OLT 针对 ONU 的上网业务数据。

② 验证 PC 是否可以成功拨号上网（或通过设置静态 IP 地址上网）。

- 正确连接 ONU 的各 FE 口与各 PC 的以太网口。

- 在各 PC 上使用 PPPoE 拨号软件进行拨号。拨号成功后，上网用户能通过 PC 成功访问 Internet 网络。

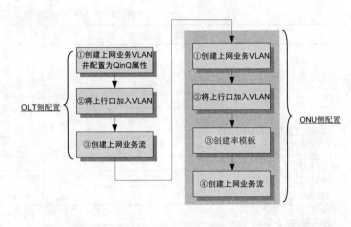

图 11-38 上网业务配置流程

7. 常用命令

登录用户名 root，密码 admin

MA5680T>enable	//打开特权 EXEC
MA5680T#config	//进入终端配置模式
MA5680T（config）#sysname　SJZ-HW-OLT-1	//设备命名 （一般为开局配置）
MA5680T（config）#switch language-mode	//切换语言，可以在中英文语言中转换
MA5680T　（config）　#terminal user name	//添加操作用户 huawei
User Name（length<6，15>):huawei	//设置用户名
User Password（length<6，15>):huawei123	//要求输入密码，输入部分不可见
Confirm Password（length<6，15>): huawei123	//要求再次确认一遍密码
User profile name（<=15 chars）[root]:root	//输入用户管理级别
User's Level:	
1. Common User　2. Operator　3. Administrator:3	//选择用户权限
Permitted Reenter Number（0--4）:1	//设置此用户名可重复登录次数 一般要求为 1 次
User's Appended Info（<=30 chars）:HuaweiAdm	//添加描述，可不设置
Adding user succeeds	
Repeat this operation?（y/n）[n]:	
MA5680T（config）#display board 0	//检查设备单板状态，此命令最常用

8. EOC 数据配置

（1）配置步骤

① 运行"cmd"控制台程序，远程登录"telnet 出厂 IP 地址"。

② 设备登录名为"root"，密码为"admin"，之后进入配置界面。

③ 更改 IP 地址，输入命令行：【set-ip-addr:addr="ip 地址"，mask="掩码"；】，注意配置成功提示【Succeed in…..】。

④ 更改管理 vlan，输入命令行：【set-nms-vlan:enable=1，vlanid=管理 vlan；】，注意配置成功。

⑥ 配置业务 vlan，输入命令行 1：【set-pub-portcfg:port=0，type=5，val=1；】，表示终端 LAN1 口设置为 access 模式，注意配置成功。输入命令行 2：【set-pub-portcfg:port=0，type=6，val=999；】，表示终端 LAN1 口业务 vlan 为 999；更改端口号，重复操作以上命令来配置其他端口。

⑦ 配置完成后，保存配置，输入命令行：【save-config；】，注意保存成功。完成配置和保存后，需要重启局端使配置生效，输入命令行：【reboot】，输入命令后需要按字母"y"确认，或者直接断电重启。

⑧ 确认是否配置成功，重新登录局端，输入命令行：【show-system-config；】，查看 IP 地址是否配置正确，输入命令行：【show-vlan-config；】，查看管理 vlan 是否配置正确，输入命令行：【show-pub-portcfg；】，确认终端业务 vlan 配置是否正确。

⑨ 错误配置更正，重新输入不同参数的相同命令行，可以覆盖原命令行，保存重启后生效。此外可以通过输入命令行：【reset-config；】恢复出厂设置。

（2）终端个性化数据配置

① 准备阶段

- 确认终端已上电，使用网线连接电脑和终端的任意一个端口。
- 配置电脑 IP 地址，地址为 192.168.1.0/24 这个网段，192.168.1.3 除外。

② 登录设备

- 打开任意 Web 浏览器，在地址栏中输入"192.168.1.3"，终端默认登录地址。
- 输入默认用户名 root，密码 admin。用户名密码输入成功后，可以看见主页面。

③ 功能介绍

- 设备概览：终端的一些基本信息。
- 硬件信息：设备 ESN，mac 地址等。
- 版本信息：设备软硬件版本。
- 无线信息：终端工作信道、接受/发送信号强度。
- Image 状态：主、备 image 版本信息。
- 设备性能：终端运行状态、时间、温度、CPU/内存利用率。

④ 设备管理：终端运行状态的一些基本信息。

- IP 配置：设置登录终端的 IP 地址，默认为 192.168.1.3。
- FTP 配置：设置 FTP 服务器，主要用于设备升级。
- 用户口令：登录终端的密码设置，默认为 admin。

- 配置保存恢复：当终端配置修改过后，需要保存该配置，此外还可以通过此项来重启终端或者恢复终端出厂设置。
- 流量：设备接口流量统计与管理。
- 流量监控：统计终端上联口（无线接口）和业务网口（以太网口）的流量（包括各种包个数和字节数）。
- 流量限制：终端各个端口的带宽限制，以及广播和多播包的个数限制，"-1"为不限制。

⑤ 设备端口管理配置。

- Bridge 配置：环路抑制时间配置、mac 老化时间配置，各个端口接入 mac 数限制。
- VLAN 配置：各个端口 vlan 设置以及端口 vlan 模式设置。
- 端口模式设置：端口工作模式设置，默认为自适应模式。

11.1.5　EPON+EOC 改造方案

1. 用户资源评估分析

某区域内双向网改用户的规模大约为 20000 户，在进行网络设计规划的时候，要进行一系列的用户资源评估分析，如用户的带宽分析、MAC 资源分析、VLAN 资源分析等。

（1）用户的带宽分析

按每用户 2M 的带宽来计算（分配原则：其中互动电视上行回传带宽 20K，话音业务带宽 100K，视频点播业务带宽 768K，宽带上网业务带宽 1512K，合计：2400K，预计提供 3M）考虑到整体用户接入数为 2 万，网络整体接入能力要达到 3M×20000=60G。

（2）用户 MAC 资源分析

用户端对 MAC 地址的需求，主要集中在数字机顶盒、NGN 设备和家庭 PC 设备，需要 3 个，为了提供足够的应用扩展性和灵活性，在扩容的网络方案中拟为每个用户提供 4 个 MAC 地址的分配量。网络需要提供的 MAC 地址接入能力要达到 4×20000=80000 个。

（3）用户 VLAN 资源分析

为了实现用户绑定，对所承载的业务进行更好的隔离，根据用户类型、业务类型和优先级对各业务数据流进行分流和 QoS 保障，扩容后的网络采用 PUPSPV 的 VLan 资源划分方式。针对每个用户的每种接入业务，分配不同的 VLan ID，这样就需要 3 个 VLan ID，考虑到网络的可扩展性，扩容后的网络为每个用户提供 4 个可用的 VLan ID。网络需要提供的 VLan ID 管理能力要达到 4×20000＝80000 个。

（4）用户 IP 资源分析

用户端对 IP 地址的需求，主要集中在数字机顶盒、NGN 设备和家庭 PC 设备，需要 3 个，为了提供足够的应用扩展性和灵活性，在扩容的网络方案中为每个用户提供 4 个 IP 地址的分配量。网络需要提供的 IP 地址管理能力要达到 4×20000＝80000 个。

（5）用户认证方式分析

为了提供多业务接入的需要和相应业务的用户管理能力，扩容后的网络为每个用户的接入业务提供两种业务认证方式，DHCP 和 PPPoE。其中，IPTV 业务采用 DHCP 认证方式，宽带上网业务采用 PPPoE 认证方式。BAS 设备需要提供的 DHCP 和 PPPoE 认证管理数量相同，都是 1×20000=20000 个。

（6）用户 ARP 资源分析

用户端对 ARP 资源的需求，主要集中在数字机顶盒、NGN 设备和家庭 PC 设备，需要 3 个，为了提供足够的应用扩展性和灵活性，在扩容的网络方案中为每个用户提供 4 个的分配量。即网络 BAS 设备需要提供的 ARP 资源管理能力要达到 4×20000=80000 个。

2. EOC 设备的规划

在 EPON+EOC 接入方案中，系统连接如图 11-39 所示，楼道接入层设置 EOC 头端，每个用户独立使用一个 EOC 终端，采用 HomeplugAV 标准。设计考虑到将来网络发展扩容，需要部分余量做扩展，目前网络规划每个 EOC 头端带 8 个 EOC 终端。

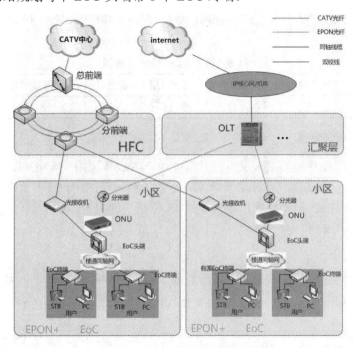

图 11-39　EPON+EOC 系统连接图

（1）MAC 地址数量的确定

每个 EOC 头端最多支持 16 个用户的接入，考虑到未来用户的发展，需预留部分用户量做扩容需要，目前暂时按每个 EOC 头端设计覆盖 12 个用户，66.7%的申请开通率，即 8 个用户实际使用计算。网络为每个用户分配 4 个 MAC，所以要求每台 EOC 头端提供的 MAC 地址能力是 4×8=32 个。

（2）VLan 数量的确定

每个 EOC 头端按带 8 个 EOC 终端接入计算，且在扩容网络中采用 PUPSPV 方式进行 VLan 资源的划分，为每个用户分配 4 个 VLan ID，所以要求每台终端提供的 VLan ID 数量是 4×8=32 个。

（3）带宽的确定

每个 EOC 头端按带 8 个 EOC 终端接入计算，每位用户提供 3M 的接入带宽，所以每台终端需提供的带宽能力是 3M×8=24M。

（4）收敛比的确定

EOC 头端提供百兆上行接入能力，按照目前每个 EOC 头端带 8 个 EOC 终端接入计算，剩余 8 个 EOC 终端做未来扩容预留，那么每个 EOC 设备实际上行带宽要求为 3M×8=24M，小于百兆上行接入能力，无收敛比。

（5）设备数量的确定

每个 EOC 头端设计覆盖 12 位用户，所以网络总共需要的 EOC 终端是 20000/12×8=13334 个，EOC 头端 20000/12=1667 个，即需要 13334 个 EOC 终端与 1667 个头端组网。

网络中的所有 EOC 头端都可以通过 EPON 系统专门设置的 VLAN 采用 HGMP 集群网管方式由上层设备进行管理。

另外，在二层接入设备中无需考虑 ARP、IP、DHCP 和 PPPoE 等指标。

根据上面的分析，得到 2 万用户接入规模，每用户分配 2M 带宽情况下，楼道 EOC 终端的规划方案如表 11-8 所示。

表 11-8　楼道 EOC 终端的规划

	用户数	MAC 地址数	VLan 数量	带宽（M）	收敛比	下行配置端口	设备数量
EOC（12 口）	8	32	32	16	无	8	2500

3. ONT（ONU）设备的规划

在 20000 个覆盖用户规模的接入层组网方案中，ONT 设备采用 MA5620E-8，它提供千兆上行接口模块和 8 个百兆下行端口，可以在下行方向连接 4 台（带的用户过多，OLT 端口下的 VLan 接入数量会大于 4K）EOC 头端，总共完成覆盖 48 位用户的接入，其中每台 EOC 头端平均有 8 个接入用户，总共接入 32 位用户，剩余能力则作为预留。

（1）VLan 数量的确定

每台 ONT 设备支持 32 位用户的接入，所以要求 ONT 设备支持的 VLan 数量是：

每台 ONT 支持的用户接入数×每用户分配的 VLan ID 数量=4×32=128 个

（2）带宽的确定

每台 ONT 设备需要提供的带宽为：

每台 ONT 支持的用户接入数×每用户分配的带宽数量=32×3=96M

（3）收敛比的确定

由于采用了 1:20 的分光比，所以每个 ONT 设备分得的带宽为：

OLT（MA5680T）线路带宽/分光比=1.25G/20=63M

如果每用户带宽分配 3M 带宽，则要求 ONT 设备提供 96M 的带宽能力，收敛比为 1:1.5。

另外，如果考虑每个 ONT 设备（MA5620E-8）能够支持 4K VLan 的定义和透传，综合这些指标可知，ONT 设备无需收敛。

（4）ONT（ONU）设备数量的确定

组网需要的 ONT（MA5620E-8）设备为：

用户接入总量/每 ONT 覆盖的用户量=20000/（4×12）=417 台

另外，在 ONT 上无需考虑 MAC、IP、ARP、DHCP 和 PPPoE 等指标。

根据上面的分析，得到 2 万用户覆盖规模，每用户分配 3M 带宽情况下，ONT 设备的规划方案如表 11-9 所示。

表 11-9　ONT 设备的规划方案

	用户数	VLan 数量	带宽（M）	收敛比	下行配置端口	设备数量
ONT（MA5620E-8）	32	128	96	1:1.5	4	417

4. OLT 端口的规划

如果单纯就 OLT 而言，每个 OLT（MA5680T）端口下可挂 32 个 ONT 设备，但考虑将每个 EPON 端口下的 VLan 接入数量必须控制在 4K 以内以及今后的扩容需求，设计初始我们让每个 EPON 端口下挂 20 个 ONT 设备。

（1）VLan 数量的确定

每个 ONT 下接入的 VLan ID 数量为 128 个，采用 1:20 的分光比，则每个 EPON 端口下接入的 VLan ID 数量为：

每 ONT 支持的 VLan 数量×每 EPON 端口下接的 ONT 数量=128×20=2560 个

在 4K 的允许范围之内，且给以后网络的扩容提供了一定的空间。

（2）用户数量的确定

每台 ONT 下接入的用户数量为 32，且每个 EPON 端口下挂 20 个 ONT 设备，所以每个 EPON 端口需要支持的用户数量为：

每 ONT 支持的用户数量×每 EPON 端口下接的 ONT 数量=32×20=640 个

（3）带宽的确定

每台 ONT 设备需提供的带宽为 96M，且每个 EPON 下挂 20 个 ONT 设备，所以每个 EPON 端口需要提供的带宽为：

每 ONT 提供的带宽×每 EPON 端口下接的 ONT 数量=96×20=1920M

（4）收敛比的确定

在每用户分配 3M 带宽的情况下，每个 EPON 端口需提供的带宽为 1920M，EPON 端口提供 1.25G 带宽，收敛比为 1:1.6。

（5）设备数量的确定

由于组网方案中需要 417 台 ONT 设备，且每个 EPON 端口能够提供 20 个 ONT 的接入，所以总共需要的 EPON 端口数量为：

组网所需 ONU 设备总量/每 EPON 端口下接的 ONU 数量=417/20=21 个（也是分光器所需要的个数）

采用华为 MA5680T-EPBD 的 8 端口业务板，则需要提供 21/8=3 块，或者采用华为 MA5680T-EPBC 的 4 端口业务板 6 块。

另外，在 EPON 端口的数据传输中无需考虑 MAC、IP、ARP、DHCP 和 PPPoE 等指标。

根据上面的分析，得到 2 万用户接入规模，每用户分配 3M 带宽情况下，EPON 端口的规划方案，如表 11-10 所示。

表 11-10　EPON 端口的规划方案

	用户数	VLan 数量	带宽（M）	收敛比	下行配置端口	8 端口 EPON 板数量
EPON 端口	640	2560	1920	1:1.6	20	3

5. OLT 设备的规划

OLT 设备采用 MA5680T，它有 16 个扩展槽，为网络提供足够的可扩展性。

（1）用户数量的确定

由于每台 MA5680T 最多可配置 128 个 EPON 端口，而每个 EPON 端口支持 640 个用户，所以每台 MA5680T 能够支持的用户数量为：

每 EPON 端口支持用户数×每 OLT 配置 EPON 端口数=640×128=81920

（2）VLan 数量的确定

MA5680T 采用灵活 QinQ 技术，进行二层 VLAN 标签的灵活实施。MA5680T 支持 4K 的外层 VLAN 标签能力。2 万用户的接入需要提供的 VLAN ID 数量为 20000×4=80000，而通过灵活 QinQ 技术扩展的 VlAN 资源可以达到 4094×4094=16760836，满足需求。

（3）带宽数量的确定

由于每台 MA5680T 配置使用其中的 21 个端口，而每个 EPON 端口需支持 960M 的带宽，所以要求设备支持的带宽为：

每 EPON 端口支持的带宽×每 OLT 配置 EPON 端口数=1920×21=40320M

（4）收敛比的确定

在每用户分配 3M 带宽的情况下，每台 OLT 设备需提供的带宽为 40320M，而 MA5680T 默认提供 20G 上行带宽，收敛比为 1:2。

（5）设备数量的确定

整个网改需要 21 个 EPON 端口，且每台 MA5680T 提供最多 128 个 EPON 端口，所以组网所需的 OLT 设备总量为：

组网所需 EPON 端口总数/每 OLT 设备提供的 EPON 端口数=21/128=1 台

另外，在 OLT 设备上无需考虑 MAC、IP、ARP、DHCP 和 PPPoE 等参数指标。

根据上面的分析，得到 2 万用户接入规模，每用户分配 1M 带宽情况下，OLT 设备的规划方案如表 11-11 所示。

表 11-11　OLT 设备的规划方案

设 备	用户数	预计开通户	VLan 数量	带宽(M)	收敛比	下行配置端口	设备数量
MA5680T	20000	13334	启动灵活 QinQ	40000	1：2	24	1

6. 汇聚层网络 BAS 设备的规划

在方案设计中，汇聚层网 BAS（Broadband Access Server，宽带接入服务器）设备采用的是 MA5200G。

MA5200G 作为多业务承载网的业务网关，可以实现多种宽带业务的接入，并提供了灵活的认证方式，如 PPPoE 认证、Web 认证和 802.1X 认证等，实现其作为 BAS 的基本功能。同时 MA5200G

也可以作为一台边缘路由器，支持 OSPF、ISIS、BGP 等路由协议，也支持 MPLS L3 VPN 和 MPLS L2 VPN，可以通过对业务分类，按策略把不同的业务分流到不同的 MPLS VPN 平面。MA5200G 还能承担安全控制网关的角色，防止账号、IP 等各类盗用；防止各类攻击，使用户数据通过隧道、加密，实现安全接入；防范网络病毒攻击，提供网络自勉疫能力。

（1）BAS 设备性能需求

在该组网方案中，由于每个用户需要提供 4 个 IP 地址、1 个 PPPoE 认证账户和 DHCP 认证账户，所以，组网中 BAS 设备的基本性能需求如下。

① IP 地址管理需求

在扩容网络方案中，每个用户需要配置 4 个 IP 地址，所以汇聚层网络的 BAS 设备需要管理的 IP 地址总量为：

接入用户总量×每用户分配的 IP 数量=20000×4=80000 个

② ARP 管理需求

BAS 设备需要支持的 ARP 数量等同于 IP 地址数量，即 80000 个。

③ PPPoE 和 DHCP 管理需求

在扩容网络方案中，每个用户需要配置 1 个 PPPoE 认证账户和 DHCP 认证账户，所以 BAS 设备需要提供的 PPPoE 和 DHCP 管理能力分别是：

接入用户总量×每用户的认证账户数量=20000×1=20000 个

（2）MA5200G 的数量需求

根据上面分析得到的性能需求来确定各项指标所需要的 MA5200G 单板数量和 MA5200G 设备的数量。

① 满足 ARP 需求计算

MA5200G 每单板支持的 ARP 数量为 16000，则所需的单板数量为：

ARP 管理需求/每单板支持的 ARP 数量=80000/16000=5 块

而每台 MA5200G 能够支持的最大 ARP 数量为 64000，则所需的 MA5200G 设备的数量为：

ARP 管理需求/每台设备的 ARP 管理数量=80000/64000=2 台

② 满足 PPPoE 需求计算

MA5200G 每单板支持的 PPPoE 为 8000，则所需的单板数量为：

PPPoE 管理需求/每单板的 PPPoE 管理数量=20000/8000=3 块

每台 MA5200G 能够支持的最大 PPPoE 数量为 32000，则所需的 MA5200G 设备的数量为：

PPPoE 管理需求/每台设备的 PPPoE 管理数量=20000/32000=1 台

③ 满足 DHCP 需求计算

MA5200G 每单板支持的 DHCP 为 16000，则所需的单板数量为：

DHCP 管理需求/每单板的 DHCP 管理数量=20000/16000=2 块

每台 MA5200G 能够支持的最大 DHCP 数量为 64000，则所需的 MA5200G 设备的数量为：

DHCP 管理需求/每台设备的 DHCP 管理数量=20000/64000=1 台

经过以上分析可知，该组网方案中需要的 MA5200G 设备总量为 2 台。

7. EOC 分配网络的设计

可以参考 10.6.1，这里不在赘述。

11.2 工 程 经 验

11.2.1 机房电源柜和路边光电交接箱

1. 机房电源柜

这是一个中小型有线电视前端机房的电源机柜的实际工程，机房进线采用三相 TN 方式供电，电源侧进线分相安装电压表和电流表，电源由 K1 控制，然后分四路，分别由 K2、K3、K4 和 K5 控制，分别供上级网络设备的 UPS，本机房的前端设备和机房空调使用，剩下一路备用。由于机房用电设备基本都是单向供电，且机房设备总耗电量在 6KW 以内，因此在设计考虑 UPS 时，直接采用三进单出在线式正弦波的 UPS，又因为所有用电设备基本都是容性负载，在选择 UPS 时考虑采用高频的，以期降低成本。UPS 电源设置一路旁路线路，由 K6 开关控制，这样当 UPS 设备损坏时可以将其拆下进行维护。图 11-40 所示为机房的电源机柜原理图。

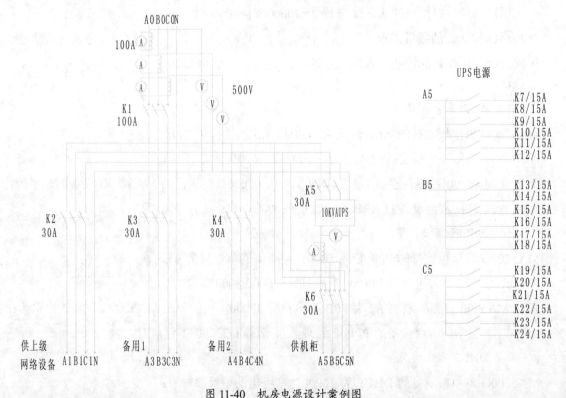

图 11-40　机房电源设计案例图

2. 路边光电交接柜

有线广播网络有许多 FTTC 设备是光电混合一体的，如 EPON+EOC、EPON+LAN 等，在用户侧的交接柜里既有光设备也有电设备，并且网络到交接箱后需要再分配、跳转的数量也相差很大，所以厂家生产的通用交接箱不一定好用，特别是一些比较核心的光电交接箱，多数情况下还是由广电网络部门自行设计。图 11-41 所示就是我们在实际工程中为达到自己的使用目的专门设计的交接箱，再由相关厂家定制生产的。

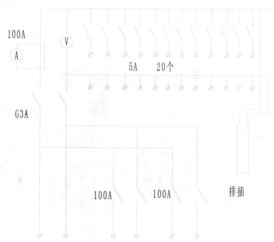

机箱外部采用不锈钢板制成，光配与19″机架有孔相通，孔径100毫米，光配与外界的出口应保证4条96芯光缆以及24条4芯光缆能进出，19″机架内设置电源排插，可以接8~10个负载。

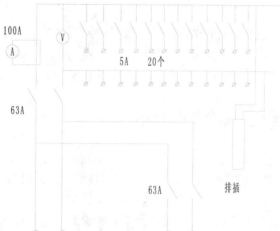

机箱外部采用不锈钢板制成，光配与19″机架有孔相通，孔径100毫米，光配与外界的出口应保证2条96芯光缆以及24条4芯光缆能进出，19″机架内设置电源排插，可以接8~10个负载。

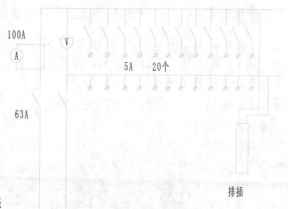

机箱外部采用不锈钢板制成，光配与19″机架有孔相通，孔径100毫米，光配与外界的出口应保证2条48芯光缆以及24条4芯光缆能进出，19″机架内设置电源排插，可以接8~10个负载。

图 11-41　路边光电交接箱设计案例

3. 光交接箱蚁（虫）患的防治

许多光交接箱会落地安装，往往会成为虫蚁寄居的理想场所，这些虫蚁会把巢穴安在光纤配线盘内，还会在光纤活动接头附近分泌大量酸性分泌物，附着灰尘和其他东西，往往会造成光纤活动接头的损耗变大甚至永久损坏，同时还可能给技术人员的维修带来不少麻烦，令广电、移动、联通以及电信运营商头痛不已，如图 11-42 所示。许多运营商一方面提高箱体的密封性，一方面用喷施杀虫剂的方式求得暂时平安，但虽时间的推移，效果十分有限。

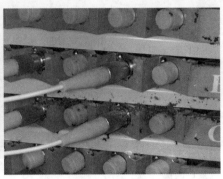

图 11-42 虫蚁侵袭的光交接箱

经过我们的试验，发现放置一定数量的卫生球（奈）效果不错，关键是提高箱体密封性，再合理控制卫生球容器的开孔大小，使卫生球（奈）挥发速度不是太快，又能达到不使虫蚁侵入的浓度。经过一年多的实践，再也没有发生虫蚁侵入光交接箱的情况。

11.2.2 等径杆的灵活应用

等径杆是一种上下端直径都相同的水泥杆，相对于普通锥形预应力水泥杆而言，它的特点是杆头杆尾直径一样，内部采用数目较多的螺纹钢做骨架，承受的机械负荷可以根据设计要求做得比较大一些，部分地方可以用做高桩拉杆、大角度无拉线转角杆、中小负荷的无拉线终端杆，由于没有了拉线，可以运用到城镇的道路改造等特殊场合中。

1. 利用双等径杆"H"型结构将架空缆线绕过电力变压器

我们曾经遇到过这样的案例，相关部门要求我们广电线路和电力线路在 0.8m 宽的隔离带范围内半行施工，电力部门先进场施工，他们在沿途每 300～500m 处都设置了一个 10.5KV、200KVA 电力变压器，而且不允许我们将钢绞吊线固定在它的变压器门字杆上，因此如何在保证我们网络线缆安全的前提下使线缆绕过电力变压器就成了一道绕不过的难题，经过几番周折，终于想到在电力变压器门字杆两侧约 0.5m 处各立一根等径杆，上端由于有高压线路，吊线不直接连接，因此在等径杆中间做一个拉线，如图 11-43（a）所示，其受力分析如图 11-44 所示，这里如果采用普通预应力杆可能会因为受力不支而断杆。后来从厂家的产品技术参数表查得，采用 φ18×16 配筋规格，该规格的等径杆的标准检验弯矩达到 76.5 kN•m，最大承载力检验弯矩达到 109.4 kN•m，（远高于预应力杆指标）当杆长为 8m，埋深约 1.7m，中间拉线高度距地面约 3m，上端吊线距地面约 6m，得到吊线处的额定负载约为：76.5kN•m/3m=25.5kN，即大约相当于可以承受 2600kg 的拉力，而最大承载拉力可以达到 3700kg，大于设计负荷要求，实景如图 11-43（b）所示。

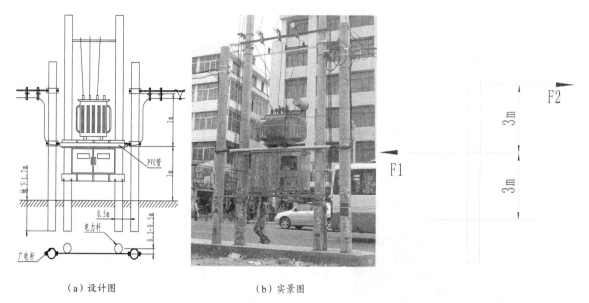

（a）设计图　　　　　　　　（b）实景图

图 11-43　有线电视线路通过等径杆绕过电力变压器施工图　　图 11-44　过电力变压器门字杆等径杆的受力分析

2.等径杆做大跨度"Γ"杆

在城镇道路改造中，有时还会涉及到十字路口的道路拓宽，如图 11-2-6 所示，图中左边是原来路口的架空路由，右图是现在要求拓宽的样子，显然架空线路需要移动杆位，曾经考虑过地埋，后因实地无法操作而只好做罢，也曾经考虑移动 4～6 根杆位，但这样一来不但需要移动杆位，还要拉长光缆和电缆，而有些地方的光缆和铝管电缆还无法拉动，此外还可能需要进行光缆熔接，加之是主干光缆线路，光缆芯数多，这种改法工程量比较大，同时线路转弯后还可能需要增设转角杆和拉线，这使施工更加困难。

鉴于以上情况，我们考虑采用等径杆+铁横担做大跨度"Γ"杆，如图 11-45 右图所示，从图中可以看出，架空路的路由基本不改变，只是把需要移动的电杆改为 φ12×14 的等径杆移到路中绿化隔离带中，然后在杆上增添一副 2～3 米的铁横担，把线路挂在铁横担上，如果这里采用普通的应力锥型杆，架设这样长的铁横担，弯矩指标可能无法支持，考虑到这种情况，我们采用等径杆，这样一来，前面提到的一些困难便迎刃而解了，施工量和施工难度大大降低，图 11-46 所示是该路口改造后的照片。

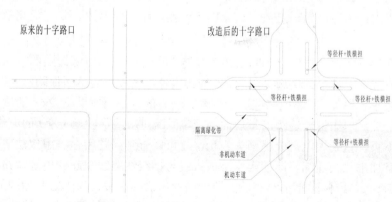

图 11-45　十字路口改造前后的平面图　　　　　图 11-46　改造后的照片

3.等径杆做无拉线转角杆

有些架空线路改造过程中，沿街道有不少地方需要转角杆，但是由于受环境和场地限制，无法设置拉线，如图 11-47 所示，从图中可以看出，转角杆两边的吊线的夹角比较大，受力分析如图 11-48 所示，我们假设两条吊线的拉力相等，均为 10kN，两吊线的夹角为 160°，F 是两吊线拉力的合力，F' 是等径杆产生的用于平衡两吊线合力的反作用力。由受力分析可以得出，$F=F_1Cos80°+F_2Cos80°=3.47$ kN，以 φ12×14 配筋规格的等径杆为例，分析等径杆可以产生不至于使杆损坏的反作用力，根据标准检验弯矩计算得到的 $F_0=37.8$ kN·m/6m=6.3kN，由于 $F_0>F$，系统是安全的（由厂家的产品技术参数表查得该规格等径杆的标准检验弯矩为 37.8kN·m）。

图 11-47　改造后的照片

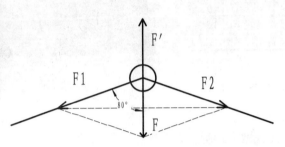

图 11-48　转角杆受力分析

如果反过来计算以上情况下两吊线的最小夹角，如果以 φ12×14 配筋的等径杆为例，吊线拉力也以 10kN 计算，可以计算得出 $Cos\beta=0.315$，$\beta=72°$，两吊线最小安全夹角为 142°；如果以 φ18×16 配筋的等径杆为例，$F_0=76.5$kN·m/6m=12.7kN，吊线拉力也以 10kN 计算，可以计算得出 $Cos\beta=0.635$，$\beta=51°$，两吊线最小安全夹角为 102°，基本可以满足系统稳定要求。如图 11-47 所示也实地展现了多根无拉线等径杆完成线路转弯的情况。

11.2.3　钳形表的妙用

在 220V 供电的有线电视分配网络中出现电源短路，检查往往比较麻烦。因为第一，短路的形式比较多，除了火线和零线直接短路以外，还有火线与钢绞线或火线与接地线接触引发的短路；第二，短路的支路电源闸刀无法会上，给测量带来一定的难度。由于可能是搭接引起的短路，接触电阻的非线性，用弱电流的万用表往往无法测量出短路所在；第三，各个放大器之间的距离相对较远，拆分线路的工作量较大；第四，如果是放大器变压器内侧短路，用万用表测电阻几乎根本无法判断是什么地方短路，基于以上几个原因，在检修过程中遇到的麻烦也就相对较多。

下面我们看看一种碘钨灯和数字钳型表快速排除 220V 供电的传输分配网电源短路的方法：根据电源网络负荷及分配网放大器的数量酌情选择 1～2kw 的碘钨灯，接在短路熔断保险丝（管）处，合上开关，这时碘钨灯会正常发亮，回路电路取决于碘钨灯功率的大小，如果是 2kw 的碘钨灯，则回路电流约为 8～10A，然后用钳型表逐级测量后面各级电源流过火线保险丝（管）的电流，顺着有大电流的线路一直向下查，直到大电流突然消失为止，就可以查到问题所在。用次法曾查出一处由于电源接头包扎不良加上几天连绵不断的雨水造成火线与钢绞线碰线引起的电源短路故障。还有一次，用此法查出维修人员维修时不小心将放大器里的变压器的次级人为弄短路的故障，这种故障在线路上无法用万用表量出短路的地方，因为万用表的电阻档只能测量线路的直流特性，无法测量电路的交流特性，而变压器初级的直流电阻很低，但交流阻抗却很高。

这个方法的主要特点是不必频繁拆分电源的分支线路，一方面可以降低劳动强度，提高工作效率，另一方面可以大幅度减少带电操作次数，特别是阴雨天，可以大大提高外线工人的工作安全系数。

11.2.4　工程中的接地问题

（1）在某乡镇中心机房里，就发生了由于接地处理不好而导致多次损坏 20mW 光发机中 OTEL-1688 激光模块的事情，据了解，第一次是停市电换自发电的时候损坏的，并且是经过多次换电后逐渐损坏的，开始我还怀疑是产品质量不好，让厂家又换了一台，第二次是设备从这个机柜搬到另一个机柜时发生的，这些现象比较像是接地系统的问题，询问搬机过程的细节，发现在搬机过程中，机壳地线与机柜里的地线是接上的，机柜的工作接地母线也做了接地，但由于机柜里地线部分有油漆，从而造成接地不良，如图 11-49 所示，上电接通信号时，是先上电，后接电口信号，这样看来光发模块的损坏就不显得奇怪了，很可能是本机接地不好，机上带电，系统电荷是通过外接同轴接地电缆的地线流向大地的，这样可能在系统刚上电的时候对器件产生一定的冲击，造成设备损坏。而对于小型的自发电设备而言，往往没有对发电设备的自身供电端进行接地（即电源不分零线和火线），这样整个自发电源始终处于悬浮状态，几次换电以后就有可能造成一些敏感元件的损坏。

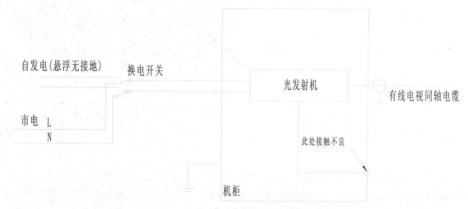

图 11-49　某机房自发电系统连接图

（2）三相电源中线接地问题。某一村村通工程，光收机的电源经常在夜间被烧毁。在这个村的有线电视入户工程中，用的是 60V 芯线供电的光收机，每次都是机内开关电源损坏，据施工人员反映，当地白天的市电高达 260V，由于当地的农网改造刚刚结束，我们的供电器又恰好被接在附近没有负载的那一相，我们起初猜测可能是因为农村电网电压不稳，夜间电压过高而引起光收机开关电源反复损坏，于是决定亲自去处理，必要时安装一个调压器，准备把过高的电压降下来，以保证设备的正常稳定工作。到实地一测发现，这个电压在 200～260V 之间波动，而且零线对我们的放大器箱接地外壳也有 40V 的电压，这下终于明白了，所有的根结都在此——农用三相供电系统的中性线接地开路或接地不良，此时的电压会随另外两相的负载情况出现波动，范围可在 100～300V 之间变化，像这种情况如果不解决其根源，即使安装调压器也是治标不治本的。后应我们的要求供电部门对中性线进行了处理，此后光收机就再也没有损坏了。

11.2.5　光缆续接包的妙用

通常光缆续接包是用于进行光缆熔接处的保护，一个偶然的机会，我们发现用它来保护配电房地缆沟里续接的电力电缆效果很好。

平时配电房到办公楼的地缆沟里是没有水的，老鼠在进出配电房地缆沟入口时，将低压电缆的外皮咬破，露出内部铜线的问题也就没有表现出来，那年的台风带来了大量雨水，我们的配电房也积了水，为了安全起见，我们只好让低压配电系统暂时断电几天，所有地缆沟中的电缆都在大水中浸泡三四天，待水退去后，在作了相应的清洁和除污工作后，便开始通电使用低压配电系统，但在后来几天里，不断出现电源大面积跳闸的事故，经检查终于发现原来一条 $3\times25mm^2+16$ mm^2 电缆在被老鼠咬破的地方已经烧焦短路。这下问题有些麻烦，如果重新换一条，不仅不经济，而且工程上实现难度巨大（要拆一些盖在上面的建筑物，其实这样做也几乎是不可能的），如果截断续接，电缆还是放在地缆沟里，干燥情况下绝缘倒好处理，再次进水后，绝缘又如何保证，为此我们还专门请教了电力部门的专业人员，他们也没有太好的办法，只说你们把接好的接头拉到地面上固定在地面以上的墙上的箱子里，这对我们来说也是不可能的，因为缆线长度相差太多。

后来笔者想到利用光缆续接包试试，因为它本身是 ABS 工程塑料壳体，既起到绝缘的作用，又可以有效地防水防潮，于是我们将受损电缆截断，用铜接头对接压接好，用绝缘胶布分别缠好，再找来一个三进三出的光缆续接包，其中一个入口和出口的大小和现有的电缆差不多，将包内原来用于续接光缆的其他配件取出不要，将已经接好的电缆的各条线分开一段距离放入光缆续接包里，在电缆出入续接包的位置包上适量的防水密封胶，然后像续接光缆一样将包封装好，整个完工后的照片如图 11-50 所示。

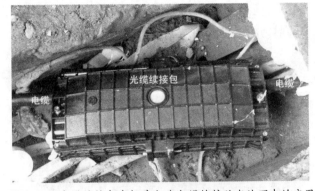

图 11-50　光缆续接包在机房电力电缆续接防水处理中的应用

实践证明这些举措是非常有效的，曾先后两次经受了台风带来的大暴雨的考验，这两次强降水使配电房外部高位积水，但由于有光缆续接包的保护，使电缆接头在水中浸泡了两三天仍安然无恙，同时由于采取了隔断水流的措施，加上使用抽水机抽水，这次我们的配电房在外部高位积水情况下，内部地缆沟水位很低，从而有效地保证了在外部高位积水情况下配电机房安全度汛。

11.3　技术创新

11.3.1　触点润滑脂在有线网络接头工程中应用

触点润滑脂以合成脂为基础，有一定的粘稠度，不易挥发和流失；有较高的闪点，不易燃烧；同时可以与触点表面金属材料和外部塑料材料相容；能够在一定的高温环境下可靠工作；本身应该没有对触点有害的物质存在。正被广泛应用于工业电器上触点的电气接触性能的改善。

1. 触点润滑脂的作用

（1）触点润滑剂对触点表面磨损的改善。可以有效地降低触点之间的机械摩擦，可以防止触点因摩擦而遭受的进一步氧化和腐蚀。

（2）触点润滑剂对触点表面产生弧光放电腐蚀的改善。实验证明，这种润滑剂可以在触点之间形成油桥，可以有效地破坏产生弧光放电的条件。

（3）触点润滑剂对触点表面污染的改善。

（4）润滑剂对触点表面镀层性能的改善。由于润滑剂可以在镀层表面形成一层比较坚韧的薄膜，可以有效地防止潮气通过镀层孔隙腐蚀基体金属。

2. 有线电视系统中影响触点性能的主要因素

（1）芯线供电，接头触点通过电流大，由接触电阻发热引起的高温氧化，而高温氧化反过来又加剧了接触电阻的增大；许多芯线供电系统中的芯线提供的电流可以达到 6～15A，这样对触点的接触性能也就提出了较高的要求。

（2）连接头密封不好进水，由电化学反应引起的腐蚀。有时连接头的镀层金属采用的材料是不一样的，这样将势必造成触头间的电化学腐蚀，最终造成触头之间的导电电阻加大，经恶性循环后也将造成触头的高温烧蚀氧化。

（3）长期与空气或有害的挥发气体接触而形成的自然氧化和腐蚀。如受到大气中的氧气、二氧化硫、二氧化氮及二氧化碳等酸性气体的侵蚀。

（4）由声波振动、风雨扰动、季节变换及电磁力作用引起的微振磨损而引发的电弧烧蚀氧化。这点在有线电视电接触系统中也会加速触头表面镀层的磨损，并引起芯线供电系统的触头的轻微的电弧烧蚀氧化。

（5）带电插拔引起的电弧烧蚀氧化。

3. 触点润滑工艺在有线电视网络中应用的测试实验及数据分析

在有线电视网络中的所有电缆连接头都是属于静触点，根据触点润滑剂的特点，我考虑在双向有线电视网络中首先试用型号为 SGB 的触点润滑脂。其主要特性如下。密度 1.113g/ml；滴点：250℃；温度范围：-35～130℃。为慎重起见，在试用之前，笔者做了一些前期实验测试工作。

（1）测试触点润滑剂对大电流的影响

为了测试触点润滑剂对芯线供电电流的影响，我们做相应的装置进行芯线大电流测试，在整个电路中共使用了 8 个 F 头，4 个 F 座对接头，其中两个 F 头不涂触点润滑剂，其余 6 个 F 头涂上触点润滑剂，接上电源 12V、20A 的直流电源，串联触点并带上 1.2Ω 的负载，实测通过芯线的电流为 10.3A，连续通电 60 天，没有发现接头有异常的状况，只是在未涂触点润滑剂的 F 头上发现有轻微的氧化痕迹。这证明触点润滑剂对触点的导电性能几乎没有影响。

（2）测试触点润滑剂在防酸抗腐蚀方面的作用

这个实验里，我们把经过上述分组通电测试的触点，分别放进食醋里浸泡 5 秒，接着继续通电 15 天，结果见对比照片，如图 11-51 所示，发现涂有触点润滑剂的 F 头的插针保护得较好，未涂触点润滑剂 F 头的插针则腐蚀得比较厉害。这个实验证明触点润滑剂在防抗腐蚀方面确实能起到较好的作用。

（3）测试触点润滑剂对信号的幅频特性的影响

这个实验里，我们用了 4 个 F 座双通，用了 8 个 F 头，每个头上都涂上触点润滑剂，然后用频谱仪进行测量，看润滑脂对高频信号是否有影响，图 11-52（a）是经过 8 个涂了润滑脂接头的频谱测试结果，图 11-52（b）是直接测量的结果，从图的对比可以得出以下结论。

图 11-51　防酸抗腐蚀测试结果（左涂、右未涂）

① 这种润滑脂对高频信号的幅频特性的影响甚微，从图中可以看到频谱图的斜率几乎没有变化，因此有理由认为它对高低频信号幅频特性的影响几乎可以忽略。

② 经过触点润滑剂处理过的良好接头对信号的损耗也很小，据文献记载，每个接头对信号的衰减大约有

 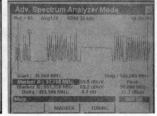

（a）进过 8 个涂润滑剂的 F 头　　　　（b）直接测量

图 11-52　触点润滑剂对信号的幅频特性影响的测试结果

0.05～0.2dB，这说明这种触点润滑剂确实能起到改善电气接触性能的作用，所以这个实验证明在有线电视网络中使用此类触点润滑剂对高频信号几乎没有衰减，同时还可以改善电气接触性能。

（4）测试触点润滑剂在防水防潮方面的作用

将上述的接头旋紧放入水中浸泡 48 小时后，打开接头发现，8 个接头除 1 个是因为螺纹不合有一点进水，其余 7 个没有进水，触点润滑剂本身经水泡过没有太大的变化，内部接头也光亮如新，如图 11-53 所示，这证明触点润滑剂在防水方面作用明显。

另外，如果采用热缩管加触点润滑脂，具体办法如下，先在需要涂抹润滑脂的地方适当涂上润滑脂，连上接头，再套上热缩管，在热缩管和电缆的缝隙处涂上足够的润滑脂，加热热缩管后，它会收缩，把润滑脂从电缆的缝隙处挤出并把电缆牢牢包紧，经过这样处理后的接头防水性能更好，而且美观牢固，如图 11-54 所示。

　　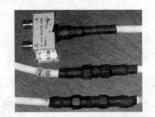

图 11-53　触点润滑剂在防水防潮方面的作用测试结果　　　图 11-54　配合热缩管使用

4. 应用

经过以上测试可以初步认为，虽然触点润滑剂原本不是为有线电视网络专门设计的，但它确实能在有线电视网络中的接头保护方面发挥较大的作用，起码可以使网络的稳定性、可靠性及使用年限得到提高。我们在双改造中，在化工企业厂区以及海边网络进行小范围应用，实践中发现涂上这种电器触点润滑脂的接头在芯线供电带电连接时，火花比较小或者几乎没有，总体效果明显。

11.3.2 广播电视宽带网络双路供电自动转换装置

随着有线广播电视网络宽带和互动点播等数字增值业务的发展，对系统供电的要求大大提高，这对于郊区和农村的一些采用就地取电的网络，如何保障电力的不间断供给就是一个重大问题。往往同一个光端设备（ONU+EOC 局端）下面带着两个区域，有可能甲小区有电乙小区没电，或者乙小区有电甲小区没电，针对这种情况，笔者开发了一款自动换电装置，可以有效地解决这类问题，如图 11-55 所示。如果甲乙两小区的 220V 线路不在同一电力变压器下，就可能不同时停电，则本装置就可以始终保持其下广电网络的电源不中断。

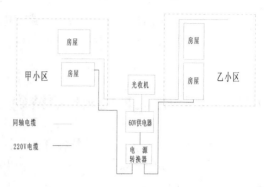

图 11-55 网络双路供电方案示意图

本装置的电原理图如图 11-56 所示，本电路采用电容降压配以直流继电器，以提高可靠性、降低成本并简化电路，降压电容 C1 采用耐压大于400V 的低频电容，整流电路中的D1-D4 采用 4 个 1N4007 组成桥式整流电路，滤波电容 C2 采用耐压 35V 以上的 470uF 以上的普通铝电解电容，稳压二极管的作用 D3 是保护三端稳压集成电路 7824 不被大于 40V 的电压击穿，R1 和 D6 构成继电器线圈泄放电路，继电器采用 HG4115-012-Z2C，

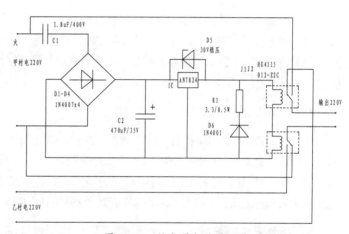

图 11-56 换电器电路原理图

常开触头负载为 20A，常闭触头负载为 10A。本电路最大的优点是来电后换电时间极短，几乎难以察觉，同时长期工作耗电也很小，并且无噪声，经实际使用验证，这比交流接触器要稳定和可靠得多，本人曾用交流接触器作过类似的换电器，一是噪声大耗电大，同时接触器的线圈还多次在夜间被烧坏。

整个电路中，比较关键的是 C1 的容量的确定，C1 的容量与继电器的直流电阻有关，笔者采用的这种继电器的直流电阻为 150Ω，工作电流为 80mA，由以下公式可计算 C1 的值：

$$C=100000/(2\pi f(U/I-R_0)) \tag{11-1}$$

式中：C 为所求电容容量，单位为 μF；

f 为电源频率，单位为 Hz；

U 为电源电压，单位为 V；

I 为继电器工作电流，单位为 A；

R_0 为继电器直流电阻之和，单位为 Ω。

经计算，在本电路中，C1 电容的容量为 $1.3\mu F$，考虑到二极管和集成电路 7824 的压降，以及电网电压下降的因素，可在 $1.5\sim1.8\mu F$ 范围内选取，但耐压一定要大于 400V。

做好的实物如图 11-57 所示，整个电路耗电小于 3W，集成电路 7824 消耗小于 0.5W，可以不必安装散热器，笔者为求更加保险，还是给它装了一个散热器。

图 11-57　换电器实物图

11.3.3　基于 Google Earth 的精确 CAD 地图的勘绘

广电网络的乡村覆盖工作，往往开始设计前要进行大量的人工测绘工作，这个工作不仅耗时费力，而且测绘效果也不够好。我们这里介绍的基于 Google Earth 的精确 CAD 地图的勘绘可以有效地解决这个矛盾。

1. Google Earth 图像获取

为了获取 Google Earth 图像，可直接进入网页，点选卫星图片，在搜索栏里输入"××省××县腾垟玉腾"，将比例放大到最大，接下来用"红蜻蜓抓图精灵"截图软件将卫星影像图片截下来保存到图片文件夹里。要保证目的区域的卫星影像截图不缺失，因此得到的图片中的图像信息应该是有重复的，之后利用 AutoCAD 将截下来的图形进行拼接。建议采用边截边拼的方式，这样能提高效率，且不容易遗漏。

2. AutoCAD 拼接卫星图像方法

打开 AutoCAD 2010，执行命令"插入\附着"，浏览选择"截图 00"，路径类型选择为"完整路径"，缩放比例统一指定一个相同比例 1:1。再将"截图 01"也附着到图纸上，找到"截图 00"和"截图 01"的相同部分，如图 11-58 所示。找到相同的地方后，在"截图 00"上选择线条清晰容易标记的物体，用红色多段线条标记，并将此多段线复制到"截图 01"的相同位置上，如图 11-59 所示。

图 11-58　红色方框里为两截图相同的部分　　　图 11-59　用多段线描绘两截图的参考点

接下来，我们选择其中的一张栅格图片，执行"对象捕捉"命令，将"对象捕捉"打开，对象捕捉的快捷键是 F3 键。然后选择"移动"命令，从"截图 01"的红线处移动到"截图 00"的红线处，因为打开了"对象捕捉"，系统会自动捕捉到转折点，图 11-60 所示为拼接效果。再用 AutoCAD 的放大功能检查拼接质量，如果偏差较大，应重新设置和拼接。

采用同样的方法，我们将腾垟乡的卫星影像逐个拼接，最后在 AutoCAD 中得到整个腾垟的卫星影像拼接图，如图 11-61 所示。

图 11-60　两截图拼接效果　　图 11-61　拼接完毕后的腾垟玉腾的卫星影像图

3. 图像尺寸矫正

为了计算出插入的栅格图像的正确缩放比例，需要对图像尺寸进行矫正，方法有多种，这里介绍一种：Google Earth 的比例在 Google Earth 的左下角有显示，最大分辨率时标尺线长可到 20 米，我们可以据此来缩放拼接的图形。步骤如下。

（1）将有比例线段的线条截图下来。

（2）在 AutoCAD 中执行"插入\附着图片"命令，按比例系数 1 打开上一步骤截下来的图。

（3）在 AutoCAD 中将图形进一步放大，最好是保证肉眼分辨率下最大的放大程度，选择绘图工具"直线"，在比例线段上画下一条标记线，如图 11-62 所示。

图 11-62　校正标尺

（4）选择"标尺"工具，用 F3 键打开"对象捕捉"，如测量出标记线的长度为 20.1062，则得出缩放系数为 200000/201062。

（5）执行"修改\缩放"命令，捕捉到所有图像单击，在命令提示"指定比例因子或[参照（R）]："后面输入平均缩放系数"200000/201062"，回车键即可。至此，直接在 AutoCAD 里测量的尺寸的数字大小就与实际的数字大小吻合了，单位根据实际有所改变。

如果读者觉得 20 米的范围过于短，误差会大，我们可以利用 Google Earth 的测距功能（网页版打开的方法是：单击右上角的"Google 地图实验室"，启用"距离测量工具"，单击比例尺旁边的"距离测量工具"，画一条距离更长的线。接下来一样采用上述所说的方法步骤进行操作，同样可以达到精准的缩放效果。

4. AutoCAD 电子地图的绘制

Google Earth 截图插入 AutoCAD 后，虽经拼接和尺寸校正，但还不是矢量图形，因此，需要进行图像的矢量化。

在 AutoCAD 里，将 Google Earth 图像作为底图，用二维多段线命令直接在上面描绘。为了方便管理和易于规划分析，在 AutoCAD 上新建几个图层，分别用作描绘房屋、山林、河道、道路等不同地理环境信息，并根据需要赋予各图层不同的色彩。

（1）面状地物的数字化

建筑物的数字化即把建筑物墙基的外轮廓用闭合的二维多段线画出来。根据建筑顶部的外轮廓形状画图，然后将画好的建筑外轮廓线平移到墙基对应的位置上，面状的绿化、铺装及运动场以及湖泊、池塘等的数字化与建筑物类似。绘制时必须注意与其他地物边界的重合。

（2）线状地物的数字化

道路的数字化即用二维多段线绘制道路的边线。线状水系（如沟渠、河流等）的数字化与道路数字化的方法类似。

通过以上的几步操作，Google Earth图像在AutoCAD里数字化后得到DWG格式的数字地图。在数字化好的地图上，可以进行距离测量、面积统计及规划设计等，矢量化好的图纸如图11-63所示。

图11-63　腾垟玉腾数字矢量图

5. 实地考察复核

将已经画好的图纸中的矢量图打印出来，然后到图纸上所在的现场进行现场复核。将图纸上所包括区域的各幢房子的信息都标记在图纸上，例如几层几间，位于哪条街道，门牌号从多少号到多少号；电线杆的位置也应当在准确的位置上标记出来。由于 Google Earth 上的信息并不是及时更新的，所以在图纸的区域内必然有新的不确定地理信息，这些应该在打印出的 CAD 图纸上补充起来，做好之后再将这些信息以合适大小的字体在数字电子图上标注出来，前面的矢量图经复核修正的局部放大图如图11-64所示。

图11-64　修正后腾垟玉腾数字矢量图局部放大

11.3.4　无人机房远程监视与控制

广电的部分机房如有线广播机房、无线发射机房，现在多数有逐渐无人职守化的趋势，因此许多地方希望能进行设备数据的监控，能进行远程的设备开启与关闭，这个方案就是基于以上的需求设计的。

某处有5台发射机的发射机房，需要进行无人化改造，电视台网络中心的技术人员要对发射机的仪表数据进行实时监测和控制，并能对发射机进行远程开启和关闭控制，另外当机房发生非法入侵事件时能及时向中心报警。

对发射机的工作数据进行采集我们考虑主要有两种方式，一种是通过单片机进行数据采集，这就要求发射机最好能提供相应的数据接口，由于5台发射机都没有数据接口，且来自不同厂家，这个方式完成起来不容易而且成本高，第二种采用分辨率高一些的摄像机，进行仪表数据的图像采集，通过视频监控的方式传输到中心机房，这个方式实行起来比较容易而且成本较低。因此我们选择了第二个方式，但如何进行远程设备电源的开启和关闭，又是新的问题，后来我们想到，视频监控系统中心的硬盘录像机可以对云台的动作进行远程控制，这样再利用硬盘录像机的云台操作界面的"L"、"R"来控制云台解码器，就可以实现对无

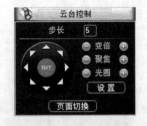

图11-65　云台控制界面
（左：停止，右：启动）

人机房设备的远程控制，如图 11-65 所示，但有一点需要注意，云台解码器只能点控（就是说如果需要控制云台向左转动，就要用鼠标点住左箭头，想向左转多少就按住鼠标多久），因此还需要通过适当的电路进行转换。

图 11-66 就是根据实际需求设计的机房远程监视与控制系统图。此系统由视频监控与记录单元、485 总线控制解码单元，机房设备控制单元和入侵报警单元等构成。工作过程如下。

（1）摄像机负责采集设备仪表数据图像，机房内部图像，通过光端机视频通道送到网络中心机房的硬盘录像机视频输入端。

（2）入侵报警探测器报警开关量通过光端机开关量通道送到网络中心机房的入侵报警主机。

（3）网络中心利用硬盘录像机云台控制界面，通过 RS-485 总线分别操控对应设备的解码器，来达到控制设备电源的目的，这里需要用中间继电器和接触器来实现点控电路的转换。为了便于维修维护，在远程控制的基础上还设置了设备的本地启动和停止按钮。

例如，技术人员在中心机房的硬盘录像机上按下对应发射机 1 控制云台右转的按钮，通过 RS485 总线以及光纤通道的传输，经解码器解码后，图 11-66 中的"R"接通，中间继电器 KM1 线圈就会得电，KM1-1、KM1-2 闭合，KM1 自锁，使得发射机 1 通电；如果想关闭发射机，只要在硬盘录像机界面上按下对应发射机 1 控制云台左转的按钮，即可使图 11-66 中的"L"接通，则中间继电器 KM6 就会短暂接通，KM6-1 中断，KM1 线圈失电，KM1-2 断开，发射机关闭。

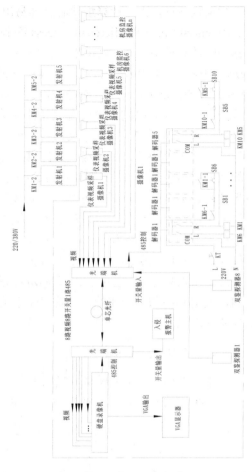

图 11-66　根据实际需求设计的机房远程监视与控制系统图

在实际工作中发现，整个系统刚刚通电的瞬间容易发生逻辑错误，为避免发生这样的情况，我们在实际电路中增加一个时间继电器 KT。

图 11-67 所示为安装好的系统控制单元总称。图 11-68 所示为中心机房的监视与控制前端。

图 11-67　系统控制单元总称

图 11-68　中心机房的监视与控制前端

11.3.5　自编广播电视工程设计软件

在广播电视工程设计中，有许多参数和指标需要估算或计算，有时甚至要对某些参数或指标进行反复核算，人工计算烦琐而且容易出错，这将大大影响设计效率和工程设计周期，为此笔者利用 Visual Basic 和 Microsoft Access 编制了一套广播电视工程设计软件包，它包含四块内容：指标分配计算模块、分配网电平计算模块、光分路器的计算模块和卫星、微波与无线发射的计算模块，如图 11-69 所示。可以计算 HFC 网的 C/N、CSO、CTB 指标；可以计算分配网用户端高低频输出电平，反向损耗。模块内有元件的数据库，设计时可自动调用，有数据录入口，便于用户自行录入。可以快速计算一级、二级甚至三级串联的光分路器的分光比，只要用户设置好光缆长度、光波长、活动接头损耗，单位长度光缆损耗等就可以快速计算出结果。可以计算本地地面站接收相应卫星的仰角和方位角，同时有城市经纬度数据库和卫星经度数据库，并留有数据库录入口，可进行录入和更新。还可以计算 MMDS 的视距范围，发射功率与信噪比的值。这里主要介绍两大模块的功能。

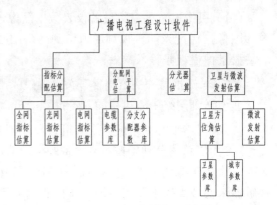

图 11-69　软件模块结构图

1.分配网电平计算模块

根据常用的分配网模型，我们把每个分支分配器看成是一个四端口元件，因此就可以把一个分支分配串的模型简化成图 11-70 所示的样子。

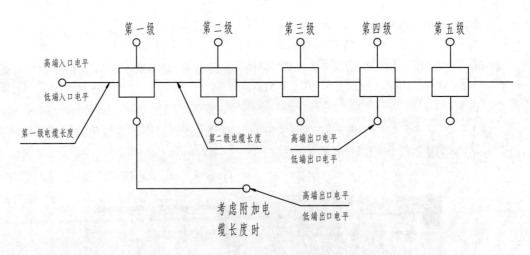

图 11-70　分配网模型简化图

根据此路由模型，其用户正向电平计算公式如下。

$$S_n = S_F - L_P - L_X - L_n - L_F - L_q - L_r \tag{11-2}$$

反向损耗计算公式如下。

$$L=L_P+L_X+L_n+L_F+L_q+L_r \tag{11-3}$$

式中：　S_n 表示用户电平；

　　　　S_F 表示放大器输出电平；

　　　　L_P 表示分配损失；

　　　　L_X 表示传输电缆损失；

　　　　L_n 表示分支接入损失；

　　　　L_F 表示分支损失；

　　　　L_q 表示接头损失；

　　　　L_r 表示附加电缆损失（必要时）。

　　例如有一个分配网，如图 11-71 所示，在具体工程计算中，首先计算左半边分支器网络的电平值，从选择栏里选出相应高低频点的频率，输入电平、电缆型号和分支器型号，输入相应的电缆长度，就可计算出各级高低频点的输出电平，反向损耗的结果如图 11-72 所示；在计算右边的串分支器的时候，要把左边第一级的计算结果做为右边计算的初始值。

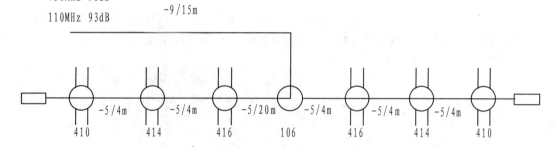

图 11-71　某实际分配网

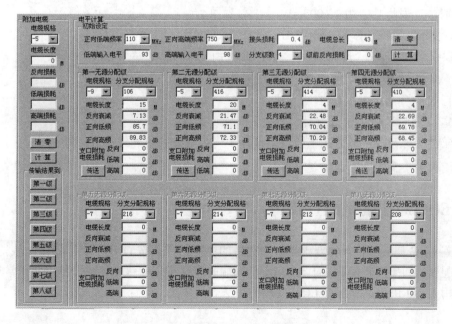

图 11-72　左半边分支器网络计算结果

如果计算结果不符合要求，则可修改某些参数，或是修改网络拓扑结构重新计算，直到符合设计要求为止。由于在计算时无须人工查询电缆衰减系数，分支分配器的插入损耗等，计算效率大大提高，特别是当一种拓扑结构无法满足要求时，修改拓扑结构再次计算则更有优越性。

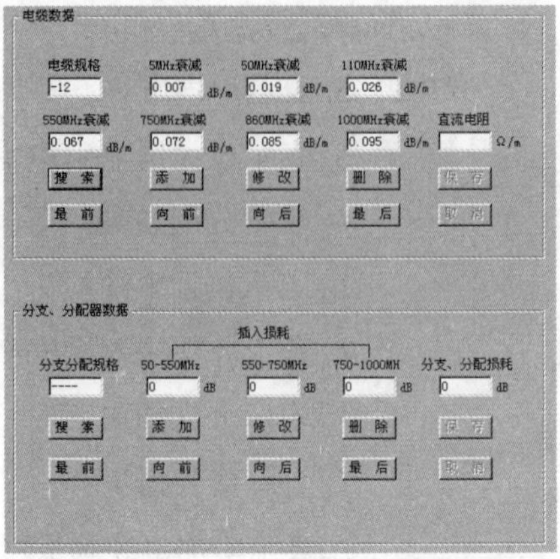

"附加电缆"栏的主要作用是：一单独计算某一长度电缆在相应频率下的高低端正向损耗和 50MHz 下的反向损耗；二当用户到分支器口还有一段较长的电缆的时候，可以先计算该电缆的损耗，然后通过传输结果按钮把结果传输到对应级的分支器口（当然也可通过键盘直接输入），最后再计算最终的结果。

用户可自行修改、添加和删除分支分配器、电缆数据，具体界面如图 11-73 所示。

图 11-73　数据库维护界面

2. 光分路器的计算模块

在光缆干线分配网络的设计过程中，光功率及光分路器的设计与计算相对复杂，也较容易出错，因此笔者也设计了一个计算分光比的模块，具有一定的实用性。以 10.6.1 节的光分路器为例子，从相应的下拉数据框□▼中选择合适的数据，经计算得到的结果如图 11-74 所示，与前面章节人工计算的结果一致。由于该系统需要一台光功率为 14.330mW 的光发机，而市面上与之接近的是 16mW 的，因此还可以利用逐步修改目标光功率的办法，依次把-1.40、-1.50 等填入"目标光功率"一栏中，最后得到当目标光功率为 -1.52dBm 时，光发机功率为 16.005mW，这就是说，当光发机的功率为 16mW 时，目的地的接收光功率为-1.52dBm。

在计算串级光分路器时，本人的设计思路是将后级的分路器及其以下的光缆折算成一定长度的光缆，再进行计算即可。为了配合这种计算，故而在本模块里设计了一个等效长度光缆折算工具。

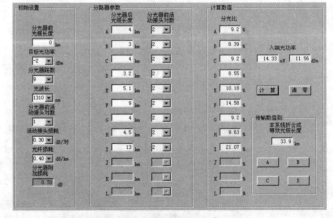

图 11-74　光分路器计算结果

其他模块由于篇幅限制这里就不再赘述。

11.3.6　EOC 局端批量配置技巧

在配置 EOC 局端时，往往要根据厂家提供的命令格式，按 ONU 厂家提供的规划表把参数修改后进行配置，如果同时配置几十台的 EOC 局端时容易出现差错，导致设备不能正常运行。这里介绍一种用 Excel 快速批量配置 EOC 局端的方法。

1. 研究 OLT 规划表

如图 11-75 所示，这是一个 16 口的 OLT 规划表。

PON口号	光节点编号	小区	PPPOE外层VLAN	PPPOE_VLAN(QINQ)	VOD_VLAN	EOC管理VLAN	EOC管理IP	光机管理VLAN	光机管理IP	ONU VLAN	ONU IP	EOC_MAC	光机_MAC	ONU_MAC
*/0/1:1					800	3068	10.24.48.2	3078	10.25.48.2	3088	10.26.48.2			
*/0/1:2					800	3068	10.24.48.3	3078	10.25.48.3	3088	10.26.48.3			
*/0/1:3					800	3068	10.24.48.4	3078	10.25.48.4	3088	10.26.48.4			
*/0/1:4					800	3068	10.24.48.5	3078	10.25.48.5	3088	10.26.48.5			
*/0/1:5					800	3068	10.24.48.6	3078	10.25.48.6	3088	10.26.48.6			
*/0/1:6					800	3068	10.24.48.7	3078	10.25.48.7	3088	10.26.48.7			
*/0/1:7					800	3068	10.24.48.8	3078	10.25.48.8	3088	10.26.48.8			
*/0/1:8					800	3068	10.24.48.9	3078	10.25.48.9	3088	10.26.48.9			
*/0/1:9					800	3068	10.24.48.10	3078	10.25.48.10	3088	10.26.48.10			
*/0/1:10					800	3068	10.24.48.11	3078	10.25.48.11	3088	10.26.48.11			
*/0/1:11					800	3068	10.24.48.12	3078	10.25.48.12	3088	10.26.48.12			
*/0/1:12					800	3068	10.24.48.13	3078	10.25.48.13	3088	10.26.48.13			
*/0/1:13					800	3068	10.24.48.14	3078	10.25.48.14	3088	10.26.48.14			
*/0/1:14					800	3068	10.24.48.15	3078	10.25.48.15	3088	10.26.48.15			
*/0/1:15					800	3068	10.24.48.16	3078	10.25.48.16	3088	10.26.48.16			
*/0/1:16					800	3068	10.24.48.17	3078	10.25.48.17	3088	10.26.48.17			

图 11-75　16 口的 OLT 规划表

2. 设计制作 Excel 来自动配置表

（1）利用 Excel 的函数公式，做一张自动配置模板，再导入厂家提供的不同规划表，形成自动配置表，主要参数人工填写，其他参数由批处理文件自动生成，保存在指定文件夹中，以便今后更换设备时，重新配置，不需重新用命令配置。

（2）这是 EOC 局端配置模板，在右上角多了一个"复制数据"按钮，在整个工作簿里多了一张"设置"的工作表，单击复制参数，把需要配置的规划表的内容导入，如图 11-76 所示。

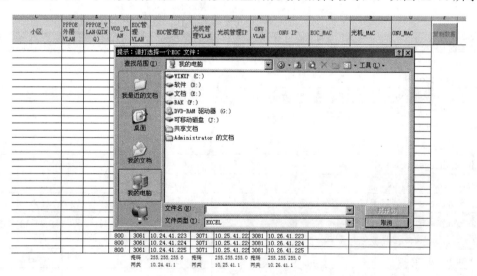

图 11-76　导入需要配置的规划表

（3）填写好光点编号、所属小区、PPPoE_VLAN（QINQ）、EOC 及 OUN 的 MAC 地址，双击所在行的任意地方，就能生成一个批处理文件，存放在设置好的路径里。

（4）改好电脑的 IP 地址，用网线连接 EOC 局端的 Debug 接口，双击该地址的批处理文件，对 EOC 进行配置，配置好的文件就储存在指定的文件夹中，在此文件夹中还有"查看配置.BAT"文件。

（5）配置完成之后，可以双击刚才指定文件里的"查看配置.BAT"，查看配置是否成功且是否正确，如图 11-77 所示。

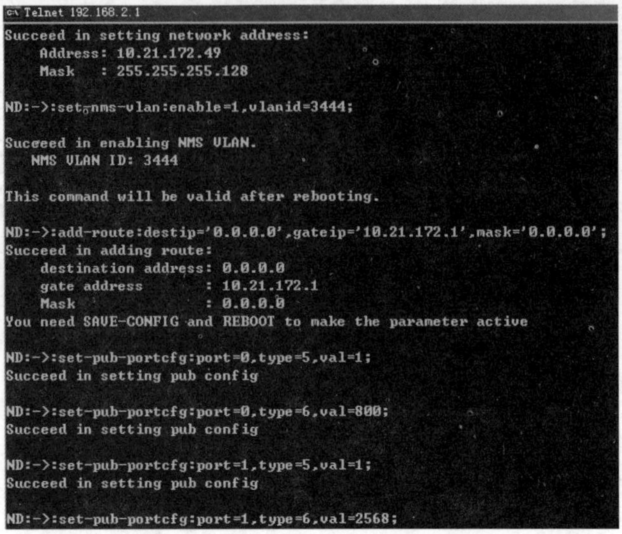

```
Telnet 192.168.2.1
Succeed in setting network address:
    Address: 10.21.172.49
    Mask   : 255.255.255.128

ND:->:set-nms-vlan:enable=1,vlanid=3444;

Succeed in enabling NMS VLAN.
  NMS VLAN ID: 3444

This command will be valid after rebooting.

ND:->:add-route:destip='0.0.0.0',gateip='10.21.172.1',mask='0.0.0.0';
Succeed in adding route:
    destination address: 0.0.0.0
    gate address       : 10.21.172.1
    Mask               : 0.0.0.0
You need SAVE-CONFIG and REBOOT to make the parameter active

ND:->:set-pub-portcfg:port=0,type=5,val=1;
Succeed in setting pub config

ND:->:set-pub-portcfg:port=0,type=6,val=800;
Succeed in setting pub config

ND:->:set-pub-portcfg:port=1,type=5,val=1;
Succeed in setting pub config

ND:->:set-pub-portcfg:port=1,type=6,val=2568;
```

图 11-77　查看配置是否成功是否正确

表 11-12 为本方法的 Excel 程序代码表。

表 11-12　Excel 程序代码表

命令合成	参数合成	参数1	参数2
set sh=wscript.createobject（"wscript.shell"）			
wscript.sleep 30			
sh.SendKeys" telnet　192.168.2.1"	192.168.2.1		
sh.SendKeys "{ENTER}"			
WScript.Sleep 30			
sh.SendKeys"root"	root		
sh.SendKeys "{ENTER}"			
sh.SendKeys"admin"	admin		
sh.SendKeys "{ENTER}"			
sh.SendKeys":set-ip-addr:addr='10.21.32.77', mask='255.255.255.128';"	:set-ip-addr:addr='10.21.32.77', mask='255.255.255.128'	10.21.32.77	255.255.255.128
WScript.Sleep 300		H2	H35
sh.SendKeys "{ENTER}"			
sh.SendKeys ":set-nms-vlan:enable=1，vlanid=3164;"	:set-nms-vlan:enable=1, vlanid=3164	3164	
WScript.Sleep 50		G2	
sh.SendKeys "{ENTER}"			
sh.SendKeys ":add-route:destip='0.0.0.0', gateip='10.21.32.1'，mask='0.0.0.0';"	:add-route:destip='0.0.0.0', gateip='10.21.32.1', mask='0.0.0.0'	10.21.32.1	
WScript.Sleep 50		H36	

命令合成	参数合成	参数1	参数2
sh.SendKeys "{ENTER}"	:set-pub-portcfg:port=0，type=6，val=802;		
sh.SendKeys ":set-pub-portcfg:port=0，type=6，val=802;"			
WScript.Sleep 50			
WScript.Sleep 50			
sh.SendKeys "{ENTER}"	:set-pub-portcfg:port=1，type=5，val=1;		
sh.SendKeys ":set-pub-portcfg:port=1，type=5，val=1;"			
WScript.Sleep 35			
sh.SendKeys "{ENTER}"			
sh.SendKeys ":set-pub-portcfg:port=1，type=6，val=1020;"	:set-pub-portcfg:port=1，type=6，val=1020;	1020	
WScript.Sleep 35			E2
sh.SendKeys "{ENTER}"	:save-config;		
sh.SendKeys "save-config;"			
WScript.Sleep 50			
sh.SendKeys "{ENTER}"			
WScript.Sleep 50	reboot		
sh.SendKeys "reboot "			
sh.SendKeys "{ENTER}"			
WScript.Sleep 10	Y		
sh.SendKeys "Y"			
sh.SendKeys "{ENTER}"			
WScript.Sleep 10	Y		
sh.SendKeys "Y"			
sh.SendKeys "{ENTER}"			
WScript.Sleep 30			
SH.SendKeys "exit"			
sh.SendKeys "{ENTER}"			

参 考 文 献

[1]刘剑波等.有线电视网络[M].北京:中国广播电视出版社. 2003.1

[2]唐明光.有线电视网络双向改造的技术选择[J].中国有线电视. 2007 (6).

[3]车晴等.数字卫星广播系统[M].北京:北京广播学院出版社. 2000.4

[4]黄宪伟.有线电视系统设计维护与故障检修[M].北京:人民邮电出版社. 2009.11

[5]胡容.基于 GPON 的 FTTx 接入方案.[J]通信世界. 2009.6(13)

[6]王慧玲.有线电视实用技术与新技术[M].北京:人民邮电出版社. 2004

[7]黄俊等.现代有线电视网络技术及应用[M].北京:机械工业出版社. 2010.9

[8]郭奕.唐继勇等.NVOD 系统结构分析以及关键技术研究.[J]中国有线电视. 2006.16

[9]赵梓森等.光通信工程（修订版）[M].北京:人民邮电出版社. 1999.9

[10]J.H.Franz,VK.Jain,徐宏杰等.光通信器件与系统[M].北京:电子工业出版社. 2002.3

[11]黄章勇.光通信中的新型光无源器件[M].北京:北京邮电大学出版社. 2003.2

[12]林如俭.光纤电视传输技术（第二版）[M].北京:电子工业出版社. 2012.11

[13]张鹏,阎阔.FTTx PON 技术与应用[M].北京:人民邮电出版社. 2010.4

[14]中国电信集团公司.EPON/GPON 技术问答[M].北京:人民邮电出版社. 2010.9

[15]唐纳德.拉斯金(美) 有线电视宽带 HFC 网络回传系统[M].北京:中国广播电视出版社. 1999.3

[16]高宗敏.DOCSIS V3.0——第三代电缆数据传输系统[J].有线电视技术. 2011.1-18

[17]曹蓟光,吴英桦.多业务传送平台(MSTP)技术与应用[M].北京:人民邮电出版社. 2003.11

[18]方宏一.有线电视宽带多媒体网络——原理、技术、发展战略与实际应用[M].北京:中国广播电视出版社. 2000.1

[19]胡先志.构建高速通信光网络关键技术[M].北京:电子工业出版社. 2008.4

[20]石晶林丁炜等.MPLS 宽带网络互联技术[M].北京:人民邮电出版社. 2001.3

[21]徐荣,龚倩.高速宽带光互联网技术[M].北京:人民邮电出版社. 2002.2

[22]温怀疆.HFC 网络中数字信号的测量及星座图分析[J].现代电视技术. 2005.4

[23]温怀疆.例说双向 HFC 网络的设计与调试[J].电视技术. 2004.2

[24]温怀疆.浅谈有线电视系统中常用的光无源器件[J].有线电视技术. 2005.6(12)

[25]温怀疆.用 Visual Basic 编制的广播电视工程设计软件[J].有线电视技术. 2003.10(20)

[26]温怀疆.接地在广播电视工程中的运用[J].中国有线电视. 2006.9(17)

[27]温怀疆等.安防工程施工与监理[M].北京:中国政法大学出版社. 2007.12

[28]中国统计年鉴 2013

[29]唐明光.FTTH 标准及实现技术 PPT.青岛: 2014 有线电视接入网建设研讨会议

[30]林挺逵.有线模拟电视基础知识新编.百度文库

[31]百度文库中部分有名、无名作者的 PPT, WORD 文档

[32]华为公司.部分 PPT, WORD 文档

[33]浙江华数公司.部分 PPT, WORD 文档